微机原理与应用

主　编　孙秀强
副主编　王　爽

HEUP 哈爾濱工程大學出版社

内容简介

本书以16位Intel8086/8088微处理器为基础，详细介绍现代微机的基础机型的特点和应用，帮助学生掌握微型计算机的基本原理，培养分析问题、解决问题的能力，通过举一反三，使学生将来能够适应微型计算机不断发展形势的需要。

本书可作为应用型高等学校理工科有关专业的本科生微型计算机原理与应用技术课程的教材，也可供从事计算机应用与开发的科研及工程技术人员自学参考。

图书在版编目(CIP)数据

微机原理与应用/孙秀强主编. —哈尔滨:哈尔滨工程大学出版社,2015.8(2018.8重印)

ISBN 978-7-5661-1128-9

Ⅰ.①微… Ⅱ.①孙… Ⅲ.①微型计算机-高等学校-教材 Ⅳ.①TP36

中国版本图书馆CIP数据核字(2015)第201440号

责任编辑 雷霞
封面设计 恒润设计

出版发行 哈尔滨工程大学出版社
社　　址 哈尔滨市南岗区东大直街124号
邮政编码 150001
发行电话 0451-82519328
传　　真 0451-82519699
经　　销 新华书店
印　　刷 北京中石油彩色印刷有限责任公司
开　　本 787mm×1 092mm 1/16
印　　张 19.25
字　　数 488千字
版　　次 2015年8月第1版
印　　次 2018年8月第2次印刷
定　　价 41.00元
http://www.hrbeupress.com
E-mail:heupress@hrbeu.edu.cn

前　言

微机原理与应用是高校理工科各专业的重要课程。该课程的任务是使学生从理论和实践上掌握微型机的基本组成、工作原理、接口电路及硬件的连接，建立微机系统整体概念，使学生具有应用微机系统软硬件开发的初步能力。

本着适应各专业的需要，另外为跟上当前计算机技术的发展，本书以 16 位 Intel8086/8088 微处理器为基础，详细介绍现代微机的基础机型的特点和应用，帮助学生掌握微型计算机的基本原理，培养分析问题、解决问题的能力。通过举一反三，使学生将来能够适应微型计算机不断发展形势的需要。

微机原理与应用是一门实践性很强的课程，因此本书加强了这方面内容的讲解，注重理论联系实际，从应用的实际需要出发，在讲清基本原理的基础上，强调接口电路分析和设计能力的训练。本书内容遵循学生的认识规律，对概念、术语的引入，从实际出发，由浅入深，概念明确，条理性好。

国内外同类的书很多，但我们经多年的教学经验感觉到：目前的教材很注重理论知识的介绍和讲解，内容枯燥，学生很难理解和掌握，影响了学生实际应用能力的培养。

本书的特色：在培养学生具有一定的理论知识的前提下，着重加强实际使用微机系统原理与应用方面的能力。

本书可作为应用型高等学校理工科有关专业的本科生微型计算机原理与应用技术课程的教材，也可供从事计算机应用与开发的科研及工程技术人员自学参考。

本书由孙秀强、王爽等编写，由孙秀强担任主编并统稿，王爽担任副主编，另外王雅欣、潘静、赵光、杨旭、李雅静等也为本书的编写做了大量的工作。

在本书的编写工作中，得到宋延民教授的大力支持与指点，并提出了许多有益的意见和建议。在此，作者谨表示诚挚的谢意。另外，本书在编写过程中，参考和引用了一些专家学者的论著，在此一并表示感谢。

因作者水平有限，书中不妥之处在所难免，敬请广大读者提出宝贵意见。作者的邮箱地址：sxqtj@126.com。

编　者

2015 年 8 月

前　言

目　　录

第1章　微型计算机基础

通过学习本章后，你将能够：

了解微型计算机的发展、特点；深入了解位、字节以及字长的概念；深入理解二进制补码的概念和应用；利用 ASCII 代码来表示由字母和数字组成的字符串；了解微型计算机系统都由哪些主要的部件组成，并掌握它们各自的功能；了解计算机系统中的三种总线，并掌握它们的用途；了解 RAM 和 ROM 的差别，并掌握它们的用途；理解微型计算机的工作过程。

1.1　概　　述

1.1.1　计算机的发展

电子计算机的发展通常以构成计算机的电子器件的不断更新为标志，目前使用最为广泛的是冯·诺依曼结构的微型计算机，简称微机（Microcomputer）。微型计算机的主要性能指标包括字长、主频、运算速度、内存储器容量等。

1. 字长

字长是计算机的中央处理器 CPU（Central Processing Unit）一次直接处理二进制数据的位数，一般与运算器的位数一致。就一般而言，字长越长，运算精度越高。一般计算机的字长有 8 位、16 位、32 位和 64 位等。

2. 运算速度

运算速度是指计算机每秒执行基本指令的条数。它反映了计算机运算和对数据信息处理的速度。表示计算机运算速度的单位有次/秒、百万次/秒、亿次/秒等。

3. 主频

主频是指计算机的主时钟频率，它在很大程度上反映了计算机的运算速度，因此人们也常以主频来衡量计算机的速度。主频的单位是赫兹（Hz），实际使用时常以 MHz，GHz 表示。

4. 内存储器容量

内存储器以字节为单位，其容量表示存储二进制数据的能力，因此也是计算机的一项重要的技术指标，常用千字节（KB）、兆字节（MB）、千兆字节（KMB）或吉字节（GB）表示。

1.1.2　信息存储单位

在计算机内部，各种信息都是以二进制编码形式存储的，因此我们有必要了解一下信息的存储单位。信息的存储单位通常采用“位”“字节”和“字”几种量纲表示。

1. 位（bit）

位是度量数据的最小单位，用来表示 1 位二进制信息。

2. 字节(Byte)

一个字节由8位二进制数字组成(1 Byte =8 bit)。字节是信息存储中最常用的基本单位。计算机的存储器(包括内存与外存)通常也是用存储的字节数来表示它们的容量的。

3. 常用的信息存储单位

KB (千字节 Kilo Byte)	1 KB =1 024 Byte;
MB (兆字节 Mega Byte)	1 MB =1 024 KB;
GB (千兆字节 Giga Byte)	1 GB =1 024 MB;
TB (太字节 Tera Byte)	1 TB =1 024 GB。

4. 机器字长

在讨论信息单位时,还有一个与机器硬件指标有关的单位,这就是机器字长。机器字长一般是指参加运算的寄存器所含有的二进制数的位数,它代表了机器的精度。机器的功能设计决定了机器的字长。一般大型机用于数值计算,为保证足够的精度,需要较长的字长,如64位以上等;而小型机、微机一般字长为32位和64位等。

5. 外存储器容量

外存储器主要用来存储暂不执行或不被处理的程序或数据,其容量也是一个重要的技术指标,它标志计算机存储信息的能力。其单位用兆字节(MB)、千兆(吉)字节(KMB或GB)或者兆兆字节(MMB或TB)表示。

在微型计算机中外存储器一般包括硬盘、软盘和光盘。在计算机系统的组成里,外存储器作为微机系统的输入和输出设备。

1.2 微型计算机的分类

微型机就是以超大规模集成电路的CPU为核心部件,配以内存储器、外存储器、输入设备(如键盘、鼠标)和输出设备(如显示器)等,再配以操作系统和应用系统所构成的计算机系统。它的主要类型有以下几种。

1. 单片机

把微处理器、存储器、输入输出接口都集成在一块集成电路芯片上,这样的微型机叫作单片机。它的最大优点是体积小,可放在仪表内部。但其存储器容量小,输入输出接口简单,功能较低。

2. 个人计算机

供单个用户操作的计算机系统称为个人计算机,俗称个人电脑,即PC,通常我们所说的微型机或家用电脑就是指这类个人计算机。它也是本书讨论的主要对象。

3. 多用户系统

多用户系统是指一个主机连接着多个终端,多个用户同时使用主机,共享计算机的硬件、软件资源。

4. 微型机网络

把多个微型机系统连接起来,通过通信线路实现各个微型机系统之间的信息交换、信息处理、资源共享,这样的网络叫作微型机网络。

计算机网络和微型机网络的根本区别在于,网络的各终端有一个自己的微机系统CPU,能独立工作和运行;而微型机网络的终端用户不含CPU,不能离开主机系统工作。

目前,由于微型机在网络环境下处理多媒体信息的技术日趋成熟,因而大大加快了它在个人以及家庭应用中的普及进程。在不久的将来,当微型机与交互式的电视、电话(手机)等家电设备相融合,而成为家庭和个人学习、办公、娱乐与通信的常用工具时,一个真正意义上的信息时代就已经到来。

1.3 计算机中数制和编码

1.3.1 无符号数的表示及运算

1. 数制

数制也称为计数制,是指用一组固定的符号和统一的规则来表示数值的方法。进位计数制:按进位的方法进行计数,称为进位计数制。

常用的进位计数制:二进制数以B(Binary)结尾,例如10011.101B;八进制数以字母O(Octal)结尾,为防止与数字0相混,经常以Q结尾,例如5672Q,67.34Q;十六进制数以H(Hexadecimal)结尾,例如24H, 9F1B.34CH,以字母开头的十六进制数在程序中出现时,其前面要加前导0;十进制数以D(Decimal)结尾,D可以省略,例如349.45D =349.45。

2. 计算机内部采用二进制数

尽管计算机可以处理各种数据和信息,包括常用的十进制数据,但计算机内部使用基本的数据和信息却只有0和1,即计算机内部使用的只是二进制数。

3. 无符号整数

在某些情况下,要处理的数全是正数,此时再保留符号位就没有意义了。我们可以把最高有效位也作为数值处理,这样的数称为无符号整数。

16位无符号数的表数范围是$0 \leqslant N \leqslant 65535$($0 \leqslant N \leqslant$ FFFFH);

8位无符号数的表数范围是$0 \leqslant N \leqslant 255$($0 \leqslant N \leqslant$ FFH);

n位二进制无符号整数可以表示十进制数的范围是$0 \leqslant N \leqslant 2^n-1$。

1.3.2 带符号数的表示及运算

1. 带符号数的表示

在计算机中只能用数字化信息来表示数的正、负,人们一般规定用“0”表示正号,用“1”表示负号。

机器数中,数值和符号全部数字化。计算机在进行数值运算时,采用把各种符号位和数值位一起编码的方法。

机器数的定义:有符号数在机器中的表示方法叫这个有符号数的机器数。它所表示的真正数值称为这个机器数的真值。

机器数的表示方法:常见的有原码、补码和反码表示法。

机器数表示中,用最高位作符号位,"0"表示"+","1"表示"-"。

2. 原码表示法

原码表示法是机器数的一种简单的表示法。其符号位用"0"表示正号,用"1"表示负号,数值一般用二进制形式表示。设有一数为 X,则原码表示可记作 $(X)_{原}$。

例如,$X_1 = +1010110B$,$X_2 = -1001010B$,其 8 位原码记作:

$(X_1)_{原} = (+1010110)_{原} = 01010110B$;

$(X_2)_{原} = (-1001010)_{原} = 11001010B$。

原码表示数的范围与二进制位数有关。当用 8 位二进制数来表示整数原码时,其表示范围:

最大值为 01111111B,其真值为 +127;

最小值为 11111111B,其真值为 -127。

在 8 位原码表示法中,对 0 有两种表示形式:

$(+0)_{原} = 00000000B$;

$(-0)_{原} = 10000000B$。

当用 16 位二进制数来表示整数原码时,其表示范围:

最大值为 0111111111111111B,其真值为 +32767;

最小值为 1111111111111111B,其真值为 -32767。

在 16 位原码表示法中,对 0 有两种表示形式:

$(+0)_{原} = 0000000000000000B$;

$(-0)_{原} = 1000000000000000B$。

n 位二进制原码可以表示十进制数的范围是

$$-(2^{n-1}-1) \leqslant N \leqslant 2^{n-1}-1$$

例 1-1 求十进制数"+38"与"-38"的 8 位原码。

解析 由于 38 = 100110B,所以:

$(+38)_{原} = 00100110B$;

$(-38)_{原} = 10100110B$。

例 1-2 $(X_1)_{原} = 01101001B$,$(X_2)_{原} = 11101001B$,$X_1 = ?$,$X_2 = ?$

解析 $X_1 = +105 = +1101001B = +69H$;

$X_2 = -105 = -1101001B = -69H$。

3. 反码表示法

机器数的反码可由原码得到。如果机器数是正数,则该机器数的反码与原码一致;如果机器数是负数,则该机器数的反码是它对应的正数原码,按位取反(包括符号位),即"0"变为"1","1"变为"0"。设有一数 X,则 X 的反码表示记作 $(X)_{反}$。

$X_1 = +1010110B$,$X_2 = -1001010B$;

其 8 位反码记作:

$(X_1)_{反} = (X_1)_{原} = (+1010110)_{反} = 01010110B$;

$(X_2)_{反} = (-1001010)_{反} = 10110101B$。

例 1-3 求十进制数"+38"与"-38"的 8 位反码。

解析 由于 38=100110B,所以:

$(+38)_{反}=(+38)_{原}=00100110B$;

$(-38)_{反}=11011001B$。

例 1-4 $(X_1)_{反}=00000100B,(X_2)_{反}=11111011B,X_1=?,X_2=?$

解析 $X_1=+4=+4H=+100B$;

$X_2=-4=-4H=-100B$。

反码表示数的范围与二进制位数有关。当用 8 位二进制数来表示整数反码时,其表示范围:

最大值为 01111111B,其真值为 +127;

最小值为 10000000B,其真值为 -127。

在 8 位反码表示法中,对 0 有两种表示形式:

$(+0)_{反}=00000000B$;

$(-0)_{反}=11111111B$。

当用 16 位二进制数来表示整数反码时,其表示范围:

最大值为 0111111111111111B,其真值为 +32767;

最小值为 1000000000000000B,其真值为 -32767。

在 16 位反码表示法中,对 0 有两种表示形式:

$(+0)_{反}=0000000000000000B$;

$(-0)_{反}=1111111111111111B$。

n 位二进制反码可以表示十进制数的范围是

$$-(2^{n-1}-1)\leqslant N\leqslant 2^{n-1}-1$$

4. 补码表示法

机器数的补码可由原码得到。如果机器数是正数,则该机器数的补码与原码一致;如果机器数是负数,则该机器数的补码是它所对应的正数的补码按位取反(包括符号位),并在末位加 1 而得到的。设有一数 X,则 X 的补码表示记作 $(X)_{补}$。

例 1-5 求十进制数"+38"与"-38"的 8 位补码。

解析 由于正数的补码和原码相同,所以:

$(+38)_{补}=(+38)_{原}=00100110B$;

$(-38)_{原}=10100110B$;

$(-38)_{反}=11011001B$;

$(-38)_{补}=11011010B$。

例 1-6 已知 $(X)_{原}=10011010B$,求 $(X)_{补}$。

分析如下:

由 $(X)_{原}$ 求 $(X)_{补}$ 的原则:若机器数为正数,则 $(X)_{补}=(X)_{原}$;如果机器数是负数,则该机器数的补码是它所对应的正数的补码按位取反(包括符号位),并在末位加 1 而得到的。现给定的机器数为负数,故有 $(X)_{补}=(X)_{反}+1$,即

$$(X)_{原}=10011010B$$

$$X=-0011010B$$

先求 +0011010B 补码是 00011010B,取反为 11100101B,再加 1 得到

$$(X)_{补}=11100110B$$

在8位补码表示法中,0只有一种表示形式:

$(+0)_{补}=00000000B$;

$(-0)_{补}=11111111+1=00000000$,由于受设备字长的限制,最后的进位丢失,所以,

$(+0)_{补}=(-0)_{补}=00000000B$。

n位二进制补码可以表示十进制数的范围:$-2^{n-1}\leqslant N\leqslant 2^{n-1}-1$(当采用8位二进制表示时,整数补码的表示范围:最大为01111111B,其真值为+127;最小为10000000B,其真值为-128。当采用16位二进制表示时,整数补码的表示范围:最大为0111111111111111B,其真值为+32767;最小为1000000000000000B,其真值为-32768)。

应用补码,则加减法运算都可以用加法来实现,并且两数的补码之"和"等于两数"和"的补码。目前,在计算机中加减法基本上都是采用补码进行运算的。

补码的运算法则:

$(X+Y)_{补}=(X)_{补}+(Y)_{补}$;

$(X-Y)_{补}=(X)_{补}-(Y)_{补}=(X)_{补}+(-Y)_{补}$。

例1-7 $X=64-10=64+(-10)$

$(X)_{补}=(64-10)_{补}=(64)_{补}+(-10)_{补}=01000000+11110110=00110110$

$$\begin{array}{r}01000000\\ +11110110\\ \hline 1\ 00110110\end{array}$$

1在字长为8位的机器中自然丢失,故减法和补码相加的结果一样。

在计算机中,不加说明,有符号数就是用补码表示。

1.3.3 二—十进制及ASCII编码

计算机中,对非数值的文字和其他符号进行处理时,要对文字和符号进行数字化处理,即用二进制编码来表示文字和符号。字符编码就是规定用怎样的二进制编码来表示文字和符号。

1. BCD码(Binary Coded Decimal)

人们习惯于使用十进制数,而计算机内部多采用二进制数表示和处理数值数据,因此在计算机输入和输出数据时,就要进行由十进制到二进制和从二进制到十进制的转换处理,这是多数应用环境的实际情况。

BCD编码方法很多,通常采用的是8421编码。这种编码较为自然、简单。其方法是用四位二进制数表示一位十进制数,自左至右,每一位对应的位权分别是8,4,2,1。值得注意的是,四位二进制数有0000~1111十六种状态,这里我们只取了0000~1001十种状态,而1010~1111六种状态在这种编码中没有意义。

这种编码的另一特点是书写方便、直观、易于识别。例如十进制数864,其二—十进制编码为

$$\frac{8}{(1000)}\quad \frac{6}{(0110)}\quad \frac{4}{(0100)}$$

$(19)_{BCD}=00011001B$。

而$19=10011B$。所以,要注意码和数的概念。

每个8421BCD码前面加上0011B,就是ASCII码:$9\rightarrow 1001_{BCD}\rightarrow 00111001_{ASCII}=39H$。

BCD 码在使用时有两种表达形式:一种是组合的 BCD 码,也称为压缩的 BCD 码,就是 4 位二进制数表达 1 位十进制数,在一个字节中可以用来表示 2 位十进制数。另一种是非组合的 BCD 码,也称为非压缩 BCD 码,在一个字节中的低 4 位表示 1 位十进制数,高 4 位的状态为 0。例如十进制数 79:

用组合的 BCD 码可以表示为

01111001_{BCD}

用非组合的 BCD 码可以表示为

0000011100001001_{BCD}

2. ASCII 码

ASCII 码是"美国标准信息交换代码"(American Standard Code for Information Interchange)的简称,是目前国际上最为流行的字符信息编码方案。ASCII 码包括数字 0 ~ 9、大小写英文字母及专用符号等 95 种可打印字符,还有 33 种控制字符(如回车、换行等)。7 位版本的 ASCII 码,用一个字节的低 7 位二进制数编码组成,所以 ASCII 码最多可表示(2^7 = 128)128 个不同的符号。例如,数字 0 ~ 9 用 ASCII 编码表示为 30H ~ 39H。又如,大写英文字母 A ~ Z 的 ASCII 编码为 41H ~ 5AH。

1.4 计算机系统

1.4.1 计算机系统的组成

一个完整的计算机系统包括硬件(Hardware)系统和软件(Software)系统两大部分。如图 1.1 所示。

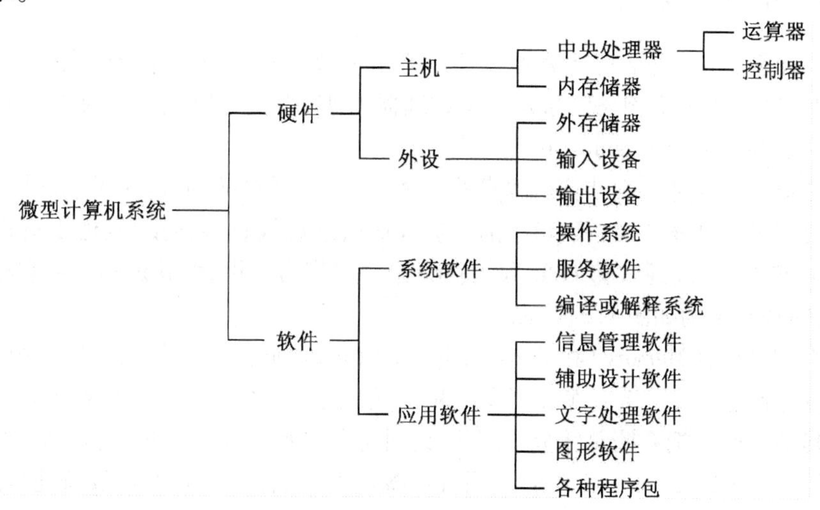

图 1.1 微机系统的组成示意图

硬件系统一般指用电子器件和机电装置组成的计算机实体。组成微型计算机的主要电子部件都是由集成度很高的大规模集成电路及超大规模集成电路构成的。这里"微"的含义是指微型计算机的体积小。

1.4.2 冯·诺依曼结构

冯·诺依曼结构如图1.1所示,是以控制器(Control Unit)、运算器(又称为算术/逻辑运算单元ALU(Arithmetical Logical UNIT))为核心,辅以存储器、输入设备和输出设备共同组成的。控制器主要功能:是计算机的“神经中枢”,用于分析指令,根据指令要求产生协调各部件工作的控制信号。运算器的主要功能:进行算术运算及逻辑运算。存储器用来存放指令和数据以及计算的中间结果和最后结果。输入设备用来输入程序和数据。输出设备用来输出计算结果。

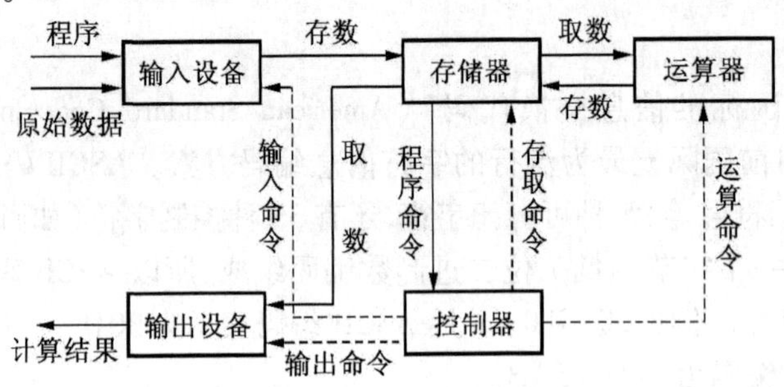

图1.2 冯·诺依曼结构

冯·诺依曼结构的要点:

(1)采取存储程序方式 即数据和程序均以二进制代码形式存放在内存相应地址中。

(2)采取程序控制方式 即通过执行指令直接发出控制信号控制计算机操作,而由程序计数器控制指令执行。

(3)计算机硬件组成 由运算器、控制器、存储器、输入设备、输出设备等5部分组成。

1.4.3 微机的总线结构

在现代计算机中,通常把运算器和控制器以及数量不等的寄存器做成一个独立部件,用一个超大规模集成电路实现,称为中央处理器CPU,微型计算机的中央处理器也称为微处理器MPU(Micro - processing Uint)。

微机的硬件系统是构成计算机本身的物理设备,包括机械的、电子的、磁性的部件。微型计算机大多采用总线结构,只有存储器与CPU通过总线直接连接,其他设备都通过相应接口与CPU连接,因此通常将CPU和内存储器一起称为主机,而其余的设备则称为外部设备,微型机的外部结构如图1.3所示。

把CPU、存储器(Memory)和输入/输出I/O(Input/Output)设备三个主要组成部分,用系统总线把它们连接在一起。所谓总线(Bus),就是连接系统中各扩展部件的一组公共信号线。按其功能通常把系统总线分为三组:地址总线AB(Address Bus)、数据总线DB(Data Bus)和控制总线CB(Command Bus)。系统总线把CPU、存储器和I/O设备连接起来,用来传送各部分之间的信息。

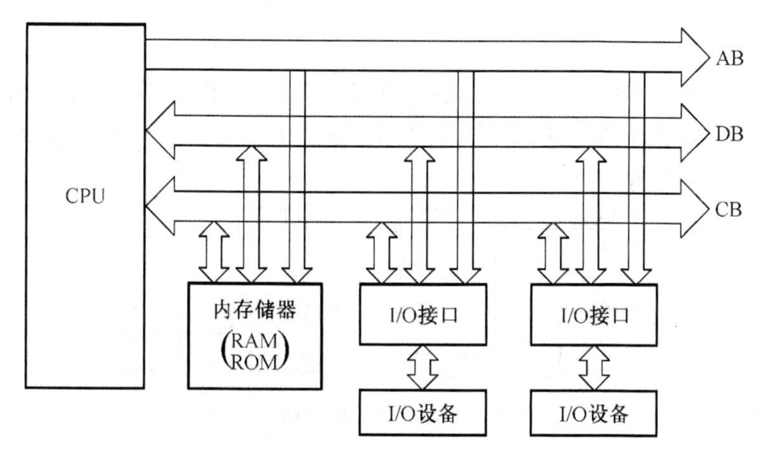

图1.3　微型机的外部结构

数据总线用于CPU与存储器之间或CPU与I/O端口之间传送信息。数据总线的位数同CPU与外部处理信息的宽度是一致的。数据总线是双向的,即可以进行两个方向的数据传送,因为CPU需要通过它发送和接收信息。计算机的处理能力与它的数据总线的数量相关。

某个设备(存储器的每个存储单元或I/O设备接口电路中的每个端口)要想被CPU识别,它必须先被分配一个地址。这个地址必须是唯一的。地址线用于传送CPU送出的地址信号,以便进行存储单元和I/O端口的选择。地址总线是单向的,只能由CPU向外发出。地址总线的位数决定着CPU可直接访问的存储单元和I/O端口的数目。例如n位地址可以产生2^n个连续地址编码,因此可访问2^n个存储单元。即通常所说的寻址范围为2^n地址单元。

控制线实际上就是一组控制信号线,包括CPU发出的以及从其他部件送给CPU的。例如:由CPU发出的信号,对地址线选中的存储单元是读还是写,等等。对于一条控制信号线来讲,其传送方向是单向的。图1.3中控制线作为一个整体,用双向表示。

系统总线的工作由总线控制逻辑负责指挥。系统中各部件均挂在总线上,所以有时也将这种系统结构称为面向系统的总线结构。目前采用的总线结构可分为单总线、双总线和双重总线。

1. 单总线结构

系统存储器M和I/O接口均使用同一组信息通道,因此,CPU对内存的读/写和对I/O接口的输入/输出操作只能分时进行,如图1.4所示。单总线结构适用于大部分中低档微机。

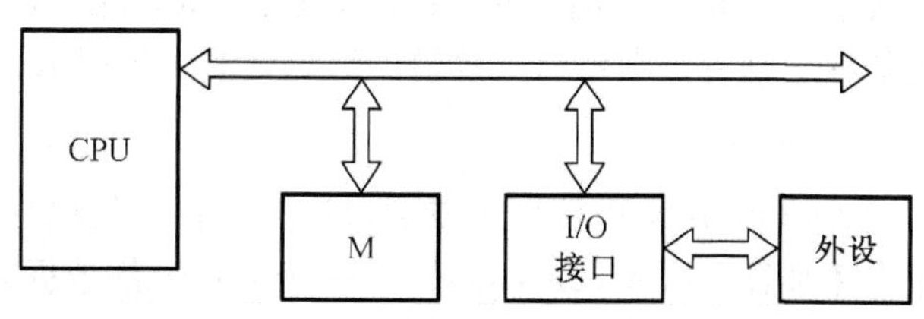

图1.4　微机的单总线结构

2. 双总线结构

存储器和 I/O 接口各具有一组连通 CPU 的总线,CPU 可以分别在两组总线上同时与存储器和 I/O 接口交换信息,因而拓宽了总线带宽,提高了总线的数据传输效率,如图 1.5 所示。双总线结构适用于高档微机。

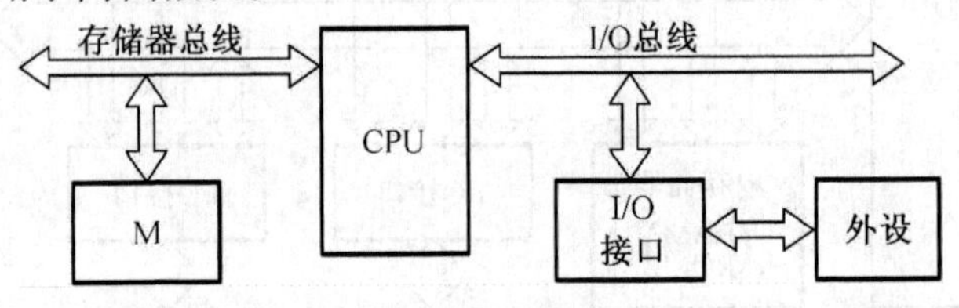

图 1.5 微机的双总线结构

3. 双重总线结构

有局部总线与全局总线这两种双重总线。CPU 通过局部总线访问局部存储器和局部 I/O 接口时, 工作方式与单总线相同。当系统中某微处理器需要对全局存储器和全局 I/O 接口访问时,则必须由总线控制逻辑统一安排才能进行,这时该微处理器就是系统的主控设备,如图 1.6 所示。双重总线结构适用于各种高档微机和工作站。

这样,整个系统便可在双重总线上实现并行操作,从而提高了系统数据处理和数据传输的效率。

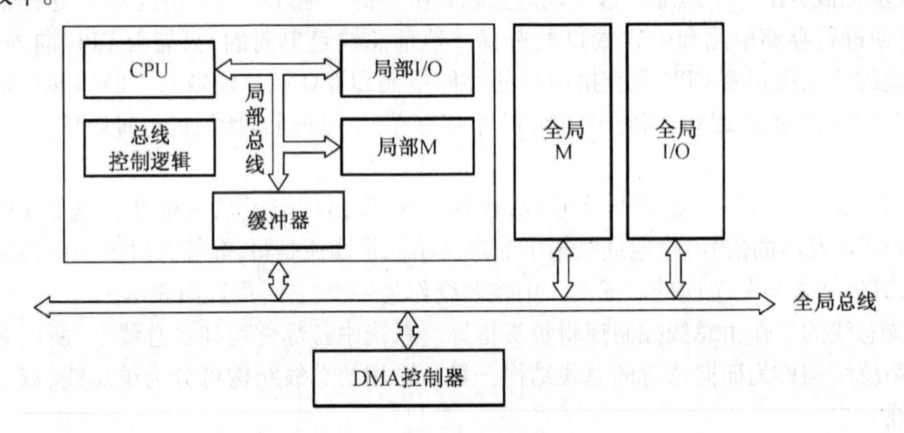

图 1.6 微机的双重总线结构

1.4.4 中央处理器

CPU 由运算器和控制器组成。有时也说:中央处理器(CPU)由运算器、控制器和寄存器组成。它是计算机的核心部件。典型微处理器的结构如图 1.7 所示。

1. 运算器

运算器又称算术逻辑单元,用来进行算术或逻辑运算以及移位循环等操作。参加运算的两个操作数一个来自累加器 AL(Accumulator),另一个来自内部数据总线,可以是数据缓冲寄存器 DR(Data Register)中的内容,也可以是寄存器阵列 RA(Register Array)中某个寄存器的内容。计算结果送回累加器 AL 暂存。

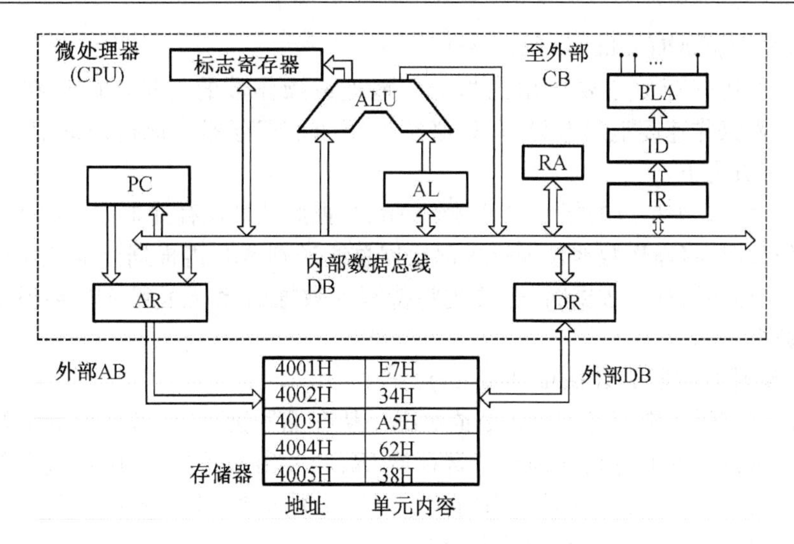

图1.7　典型微处理器的结构

2. 控制器

控制器又称控制单元CU(Control Unit),是全机的指挥控制中心。它负责把指令逐条从存储器中取出,经译码分析后向全机发出取数、执行、存数等控制命令,以保证正确完成程序所要求的功能。

(1)指令寄存器IR(Instruction Register)　指令寄存器用来存放从存储器取出的将要执行的指令码。当执行一条指令时,先把它从内存取到数据缓冲寄存器DR中,然后再传送到指令寄存器IR中。

(2)指令译码器ID(Instruction Decoder)　指令译码器用来对指令寄存器IR中的指令操作码字段(指令中用来说明指令功能的字段)进行译码,以确定该指令应执行什么操作。指令译码器可以想象为字典,其中存储了各种指令的含义,以及接到这些指令后如何动作。

(3)可编程逻辑阵列PLA(Programmable Logic Array)　可编程逻辑阵列用来产生取指令和执行指令所需要的各种微操作控制信号,并经过控制总线CB送往有关部件,从而使计算机完成相应的操作。

3. 内部寄存器阵列

通常,内部寄存器包括若干个功能不同的寄存器或寄存器组,下面分别介绍。

(1)程序计数器PC(Program Counter)

程序计数器有时也被称为指令指针IP(Instruction Pointer)。它被用来存放下一个要执行指令代码所在存储单元的地址。在程序开始执行前,必须将它的起始地址,即程序的第一条指令所在的存储单元地址送入PC。当执行各条指令时,程序计数器的值总是在不断递增,以便使其保持的总是将要执行的下一个指令代码的地址。该地址实际上就是程序计数器所存储的内容,它被放置到地址总线上以后,CPU就能够获取所需的指令。由于大多数指令是按顺序执行的,所以修改的办法通常只是简单地对PC加1。但遇到跳转等改变程序执行顺序的指令时,后继指令的地址(即PC的内容)将从指令寄存器IR中的地址字段得到。

(2)地址寄存器 AR(Address Register)

地址寄存器用来存放正要取出的指令的地址或操作数的地址。由于在内存单元和CPU之间存在着操作速度上的差异,所以必须使用地址寄存器来保持地址信息,直到内存的读/写操作完成为止。

在取指令时,PC 中存放的指令地址送到 AR,根据此地址从存储器中取出指令。

在取操作数时,将操作数地址通过内部数据总线送到 AR,再根据此地址从存储器中取出操作数;在向存储器存入数据时,也要先将待写入数据的地址送到 AR,再根据此地址向存储器写入数据。

(3)数据缓冲寄存器 DR(Data Register)

数据缓冲寄存器用来暂时存放指令或数据。从存储器读出时,若读出的是指令,经 DR 暂存的指令经过内部数据总线送到指令寄存器 IR;若读出的是数据,则通过内部数据总线送到运算器或有关的寄存器。同样,当向存储器写入数据时,也首先将其存放在数据缓冲寄存器 DR 中,然后再经数据总线送入存储器。

可以看出,数据缓冲寄存器 DR 是 CPU 和内存、外围设备之间信息传送的中转站,用来补偿 CPU 和内存、外围设备之间在操作速度上存在的差异。

(4)指令寄存器 IR(Instruction Register)

指令寄存器用来保存从存储器取出的将要执行的指令码,以便指令译码器对其操作码字段进行译码,产生执行该指令所需的微操作命令。

(5)累加器 AL(Accumulator)

累加器是使用最频繁的一个寄存器。在执行算术逻辑运算时,它用来存放一个操作数,而运算结果通常又放回累加器,其中原有信息随即被破坏。所以,顾名思义,累加器是用来暂时存放 ALU 运算结果的。显然,CPU 中至少应有一个累加器。目前 CPU 中通常有很多个累加器。当使用多个累加器时,就变成了通用寄存器堆结构,其中任何一个既可存放目的操作数,又可以存放源操作数。

(6)标志寄存器 FR(Flag Register)

标志寄存器有时也称为程序状态字 PSW(Program Status Word)。它用来存放执行算术运算指令、逻辑运算指令或测试指令后建立的各种状态码内容以及对 CPU 操作进行控制的控制信息。标志位的具体设置及功能随微处理器型号的不同而不同。编写程序时,可以通过测试有关标志位的状态(0 或 1)来决定程序的流向。

1.4.5 存储器

存储器是计算机的记忆和存储部件,用来存放信息。对存储器而言,容量越大,存取速度则越快。计算机中的操作,大量的都是与存储器交换信息,存储器的工作速度相对于CPU 的运算速度要低得多,因此存储器的工作速度是制约计算机运算速度的主要因素之一。

存储器是计算机的记忆部件,用来存放程序和数据,它分为内部存储器(内存或主存)和外部存储器(辅存或外存)。

1.内存

内存装在主板上,用于存放当前正在使用的或随时都要使用的程序或数据。内存又称为主存,它和 CPU 一起构成了计算机的主机部分。CPU 通过地址总线对内存寻址。微型计算机中主存储器由半导体存储器芯片组成。

内存按其性能和特点分为两类:ROM 和 RAM。

(1)ROM(Read Only Memory)是一种在使用时只能读出而不能写入的存储器,通常用来存放那些固定不变、不需要修改的程序。例如系统中的 BIOS(基本输入输出系统)。ROM 必须在电源电压正常时才能工作,但断电之后,其中存放的信息并不丢失,一旦通电,它又能正常工作,提供信息。

(2)RAM(Random Acces Memory),是可读、可写的内存,但其信息会因断电而消失。

微机内存一般就是指 RAM。RAM 又分为静态 RAM(Static RAM)和动态 RAM(Dynamic RAM)。SRAM 用触发器的状态来存储信息,只要正常供电就能稳定地存储信息。DRAM 用电容元件来存放信息,需要间隔一定的时间对存储信息刷新,以防电容漏电。

SRAM 速度快,集成度低,功耗大,价格贵。DRAM 速度慢,集成度高,功耗小。目前微机内存多采用 DRAM。

(3)高速缓冲存储器(Cache Memory)技术

微型计算机中的高速缓冲存储器是一种介于 CPU 和主存储器之间的存储容量较小而存取速度却较高的一种存储器。Cache 技术解决了高的 CPU 处理速度和较低的内存读取速度之间的矛盾,是改善计算机系统性能的一个重要手段。

2. 存储单元的地址和内容

计算机存储信息的基本单位是一个二进制位,一位可存储一个二进制数:0 或 1。每 8 位组成一个字节。在存储器里以字节为单位存储信息。为了正确地存放或取得信息,每一个字节单元给以一个存储器地址。8086/8088CPU 的地址线的宽度为 20 位。既然每个字节单元有一个二进制数表示地址,那么 20 位二进制数可以表示有 2^{20} 个地址,所以它可以表示的地址范围应该是 $0 \sim 2^{20}-1=0 \sim 1048575$,用十六进制数表示为 00000 ~ FFFFFH。

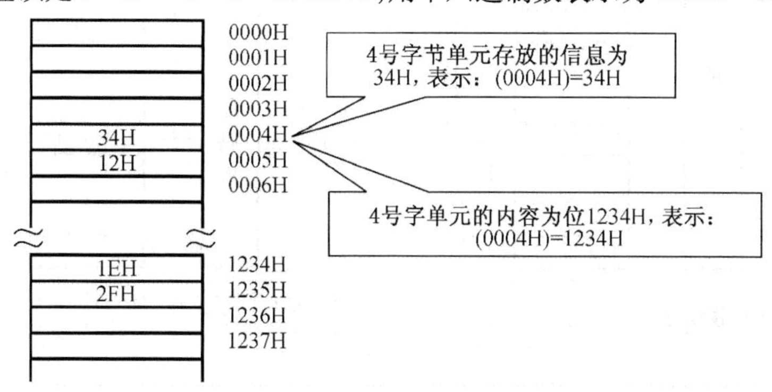

图 1.8 内存储器的结构图

在 8086/8088CPU 的系统中,字(Word)单元由两个字节单元组成,其地址采用它的低地址来表示。字存入存储器:低位字节存入低地址单元,高位字节存入高地址单元。

在 8086/8088CPU 系统中,同一个地址既可看作字节单元的地址,又可看作字单元的地址,这要根据使用情况确定。可以看出:字单元的地址可以是偶数,也可以是奇数。对于奇地址的字单元,要存取一个字需要访问二次存储器,当然这样做要花费较多的时间。所以,我们称偶地址的字单元为对准单元,奇地址单元为非对准单元。

如果用 X 表示某存储单元的地址,则 X 单元的内容可以表示为(X);假如 X 单元中存

放着Y,而Y又是一个地址,则可用(Y)=((X))来表示Y单元的内容。如图1.8内存储器结构中:

$$(0004H)=1234H$$

而 $$(1234H)=2F1EH$$

则也可记作 $$((0004H))=2F1EH$$

存储器有这样的特性:它的内容是取之不尽的。也就是说,从某个地址单元取出其内容后,该单元仍然保存着原来的内容不变,可以重复取出,只有存入新的信息后,原来保存的内容才会自动丢失。

3. 内存的操作

CPU对内存的操作有两种:读或写。读操作是CPU将内存单元的内容读入CPU内部,而写操作是CPU将其内部信息送到内存单元保存起来。显然,写操作的结果改变了被写内存单元的内容,是破坏性的,而读操作是非破坏性的,即该内存单元的内容在信息被读出之后仍保持原信息不变。

从内存单元读出信息的操作过程如图1.9(a)所示。假设将地址为90H的单元中的内容10111010B(BAH)读入CPU,其操作过程如下:(1)CPU经地址寄存器AR将要读取单元的地址信息10010000B(90H)送地址总线,经地址译码器选中90H单元;(2)CPU发出“读”控制信号;(3)在读控制信号的作用下,将90H单元中的内容10111010B(BAH)放到数据总线上,然后经数据缓冲寄存器DR送入CPU中的有关部件进行处理。

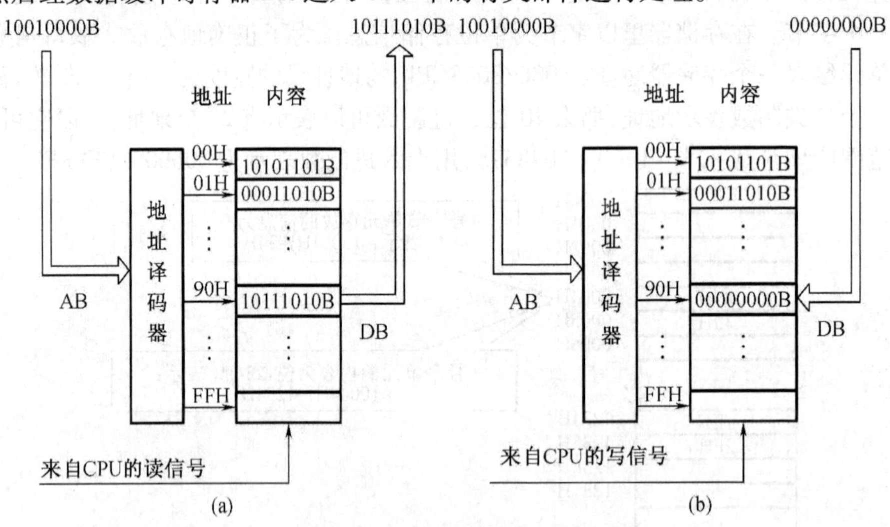

图1.9 内存单元的读/写操作的示意图

(a)内存读操作;(b)内存写操作

向内存单元写入信息的操作如图1.9(b)所示。假定要将数据00H写入内存中地址为90H的单元,其操作过程如下:(1)写入单元的地址信息90H经地址寄存器AR送到地址总线上;(2)待写入的数据00000000B经数据缓冲寄存器DR放到数据总线上;(3)CPU发出“写”控制信号,在该信号的作用下将数据00H写入90H单元。此时,90H单元中原有的内容10111010B就会被00000000B所替代。

1.4.6　I/O 接口与输入输出设备

I/O 接口是微型计算机与输入输出设备之间信息交换的桥梁。程序、数据及现场信息要通过输入设备输入给计算机。计算机的处理结果要通过输出设备输出,以便用户使用。所以,I/O 接口是微型计算机应用系统不可缺少的重要组成部件。任何一个微机应用系统的研制和开发,实际上是 I/O 接口的研制和开发。因此,I/O 接口技术是本书要重点讨论的内容之一。

1.4.7　微机软件系统

软件系统是指能够让计算机设备自动运行、正确地计算,以解决各种问题而编制的各程序的总和。计算机软件从 20 世纪 50 年代后期开始发展, 如今已成为计算机系统的重要组成部分。软件按其功能可分为系统软件和应用软件两大类。

1. 系统软件

系统软件主要包括操作系统 OS (Operating System)、语言处理程序 LP (Language Processor)、数据库管理系统、系统服务程序 (System Support Processor)等,系统软件具有通用性和基础性。

(1)操作系统是常驻内存的软件系统,是人与计算机进行通信的一个接口, 是对计算机硬件资源和软件资源进行控制和管理的各种程序的集合,是其他软件建立和运行的基础。

(2)在操作系统平台下运行的各种高级语言、数据库系统、各种工具软件及本书中涉及的汇编语言程序都是系统软件的组成部分。

2. 应用软件

应用软件是为用户为实现给定的任务而编写的或订购的程序。它只适用于给定环境的给定用途,且一般驻留在外部存储器内,只在运行时才调入内存储器。

计算机的硬件和软件缺一不可,它们共同构成微型计算机系统。

1.5　微型计算机的工作过程

微机的工作过程,对两级流水线的微机来讲,简单地说,就是取指令和执行指令。为使计算机按规定步骤工作,首先要编制程序。程序是一个特定的指令序列,它告诉机器要做哪些事,按什么步骤做。操作人员通过输入设备将程序和原始数据送入存储器,在程序运行后,计算机就从存储器中取出指令,送到控制器中去分析、识别。控制器根据指令的含义发出相应的命令,控制存储器、运算器和 I/O 设备的操作;当运算器任务完成后,就可以根据指令序列将结果通过输出设备输出。操作人员还可以通过控制台启动或停止机器的运行,或对程序的执行进行某种处理。

在编制程序之前,必须首先查阅所使用的微处理器的指令表(或指令系统),它是某种微处理器所能执行的全部操作命令的汇总,不同系列的微处理器各自具有不同的指令表。人们给每条指令规定了一个缩写词,或称作助记符。机器码用二进制和十六进制两种形式表示,计算机和程序员用它来表示指令。

表 1.1 为在某模型机上完成"7+10"操作所需的机器语言程序和汇编语言程序,假设该机器语言程序从内存中地址为 0000H 的单元开始存放。

需要说明的是,指令通常由操作码(Operation Code)和操作数(Operand)两部分组成。操作码表示该指令完成的操作,而操作数表示参加操作的数本身或操作数所在的地址。

假定完成"7+10"操作所需的机器语言程序(表 1.1 所示)已由输入设备存放到内存中。下面进一步说明微机内部执行该程序的具体操作过程。

表 1.1 完成"7+10"操作所需的机器语言程序和汇编语言程序

内存单元地址	机器语言程序	汇编语言程序	指令功能说明
0000H	10110000B	MOV AL, 7	双字节指令。将数字 7 送累加器 AL
0001H	00000111B		
0002H	00001000B	ADD AL, 10	双字节指令。将数字 10 与累加器 AL 中的内容相加,结果存放在累加器 AL 中
0003H	00001010B		
0004H	11110100B	HLT	单字节指令。停机指令

当计算机从停机状态进入运行状态时,首先将第 1 条指令的首地址 0000H 送程序计数器 PC,然后机器就进入第 1 条指令的取指阶段,其操作过程如图 1.10 所示。

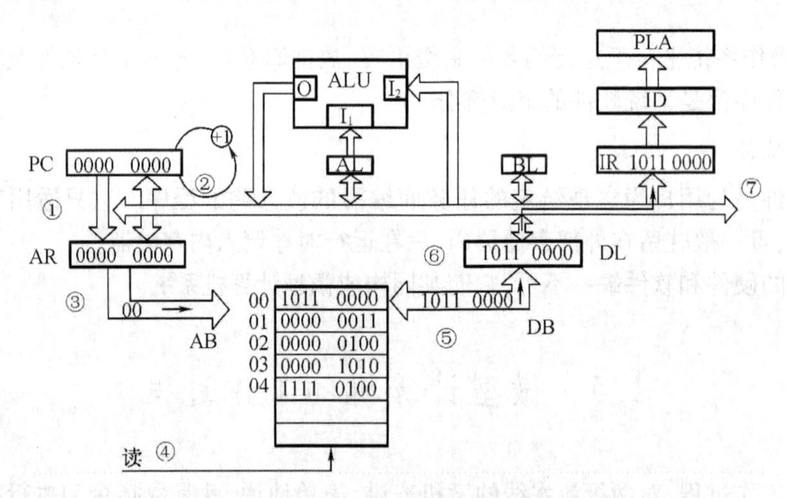

图 1.10 取第 1 条指令的操作过程示意图

①把 PC 内容送地址寄存器 AR。

②PC 内容送入 AR 后,PC 自动加 1,即由 0000H 变为 0001H,以使 PC 指向下一个要读取的内存单元。注意,此时 AR 的内容并没有变化。

③把地址寄存器 AR 的内容 0000H 放在地址总线上,并送至存储器系统的地址译码电路(图中未画出),经地址译码选中相应的 0000H 单元。

④CPU 发出存储器读命令。

⑤在读命令的控制下,把选中的 0000H 单元的内容即第 1 条指令的操作码 B0H 读到数据总线 DB 上。

⑥把读出的内容 B0H 经数据总线送到数据缓冲寄存器 DR。

⑦指令译码。因为取出的是指令的操作码,故数据缓冲寄存器 DR 中的内容被送到指令寄存器 IR,然后再送到指令译码器 ID,经过译码,CPU"识别"出这个操作码代表的指令,于是经控制器发出执行该指令所需要的各种控制命令。

接着进入第 1 条指令的执行阶段。经过对操作码 B0H 的译码,CPU 知道这是一条把下一单元中的操作数送累加器 AL 的双字节指令,所以,执行该指令的操作就是从下一个存储单元中取出指令第 2 个字节中的操作数 07H,并送入累加器 AL。取立即数的操作示意图如图1.11所示。

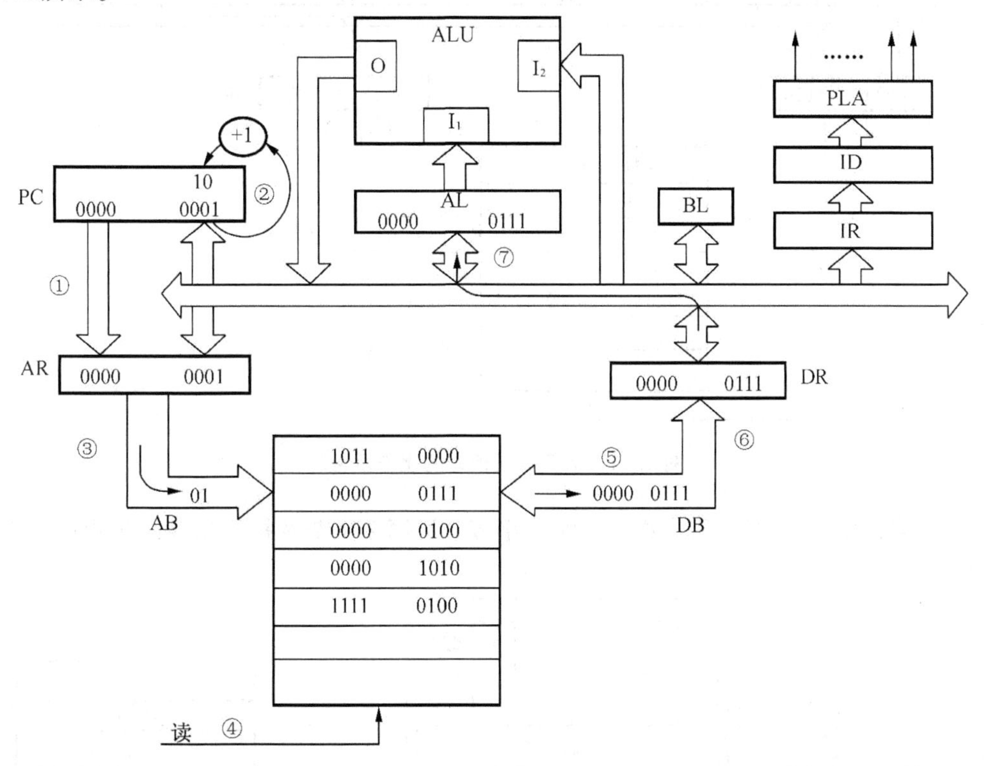

图 1.11　取立即数的操作示意图

①把 PC 内容 01H 送地址寄存器 AR。

②PC 内容送入 AR 后,PC 自动加 1,即由 0001H 变为 0002H。注意,此时 AR 的内容 0001H 并没有变化。

③把地址寄存器 AR 的内容 0001H 放到地址总线上,并送至存储器系统的地址译码电路,经地址译码选中相应的 0001H 单元。

④CPU 发出存储器读命令。

⑤在读命令的控制下,把选中的 0001H 单元的内容 07H 放到数据总线 DB 上。

⑥把读出的内容 07H 经数据总线送到数据缓冲寄存器 DR。

⑦数据缓冲寄存器 DR 的内容经内部数据总线送到累加器 AL。于是,第 1 条指令执行完毕,操作数 07H 被送到累加器 AL 中。

取第 2 条指令的过程如图 1.12 所示,它与取第 1 条指令的过程相同,只是在取指阶段的最后一步,读出的指令操作码 04H 由 DR 把它送到指令寄存器,经过译码发出相应的控制信息。当指令译码器 ID 对指令译码后,CPU 就“知道”操作码 04H 表示一条加法指令,意即以累加器 AL 中的内容作为一个操作数,另一个操作数在指令的第 2 字节中。

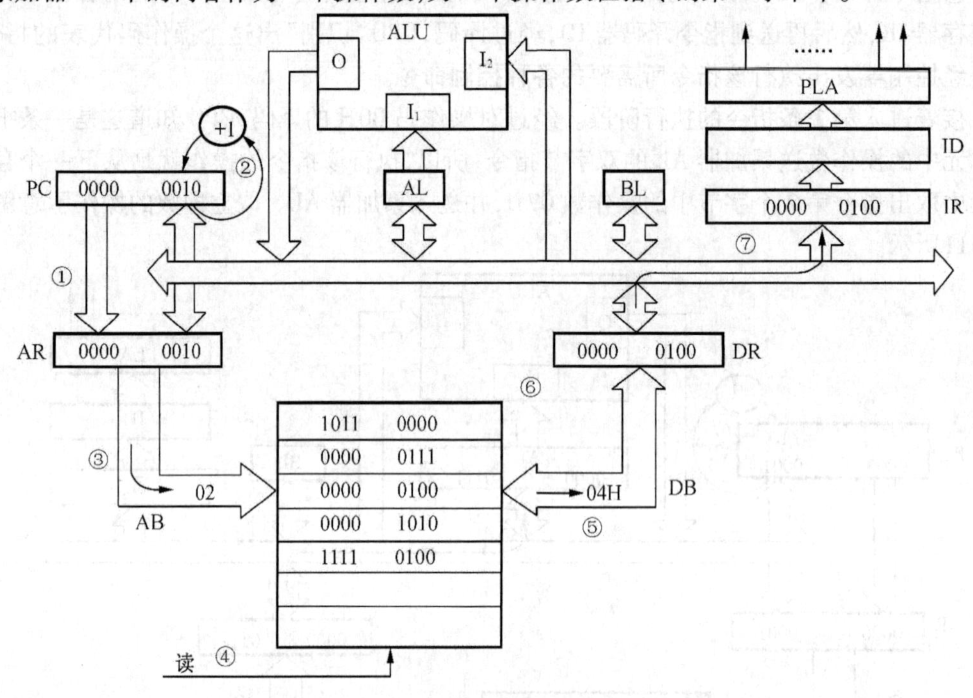

图 1.12 取第 2 条指令的操作示意图

执行第 2 条指令,必须取出指令的第 2 字节。取第 2 字节及执行指令的过程如图 1.13 所示。

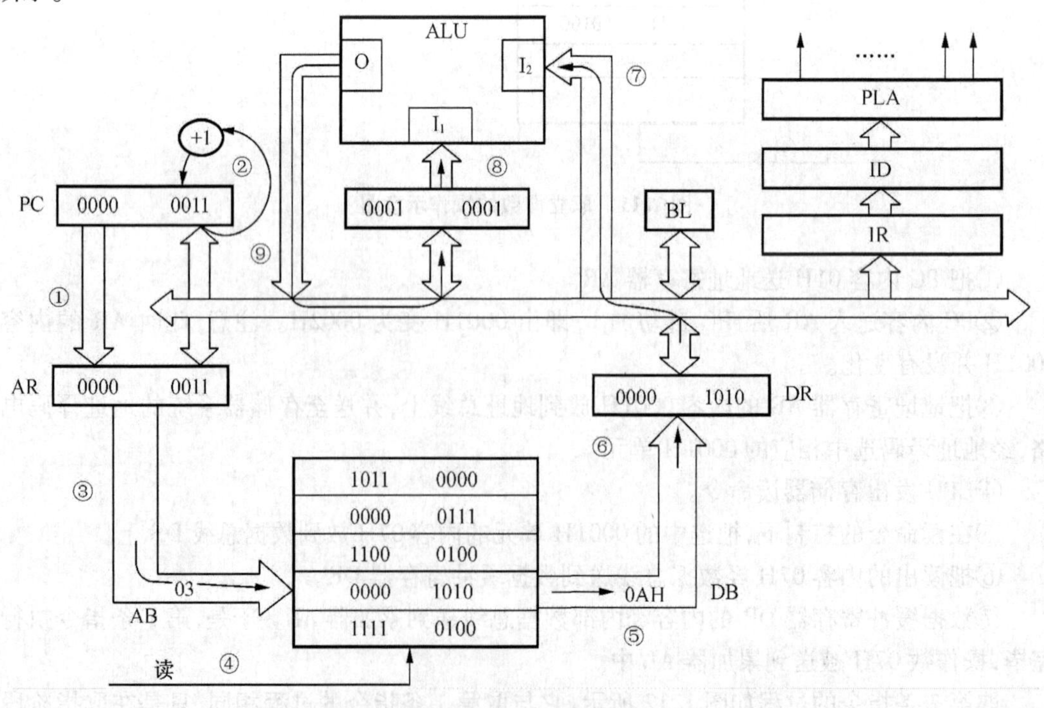

图 1.13 执行第 2 条指令的操作示意图

①把 PC 的内容 03H 送到地址寄存器 AR。

②当把 PC 的内容可靠地送到 AR 后,PC 自动加 1。

③ AR 通过地址总线把地址号 07H 送到地址译码器,经过译码,选中相应的 03H 单元。

④ CPU 发出读命令。

⑤在读命令控制下,把选中的 03H 单元中的内容即数 0AH 读至数据总线上。

⑥数据通过数据总线送到数据寄存器 DR。

⑦因在对指令译码时,CPU 已知读出的数据 0AH 为操作数,且要将它与已暂存于 AL 中的内容 07H 相加,故数据由 DR 通过内部数据总线送至 ALU 的另一输入端 I_2。

⑧ AL 中的内容送 ALU 的输入端 I_1,且执行加法操作。

⑨把相加的结果 11H 由 ALU 的输出端 O 又送到累加器 AL 中。

至此,第 2 条指令的执行阶段结束,AL 中存入和数 11H,而将原有内容 0AH 冲掉。接着,就转入第 3 条指令的取指阶段。

程序中的最后一条指令是 HLT。可用类似上面的取指过程把它取出。

当把 HLT 指令的操作码 F4H 取入数据寄存器 DR 后,因是取指阶段,故 CPU 将操作码 F4H 送指令寄存器 IR,再送指令译码器 ID;经译码,CPU“已知”是暂停指令,于是,控制器停止产生各种控制命令,使计算机停止全部操作。这时,程序已完成“7 + 10”的运算,并且和数 5 已放在累加器 AL 中。

从上面的例子可以看出计算机是怎样一步步完成指令规定的工作的。编制好的程序和计算中用到的数据存放在内存储器中,计算机可以在无人干预的情况下自动完成逐条取出指令和执行指令的任务。这就是所谓的“存储程序”的概念。

习　题　1

1. 简述冯·诺依曼型计算机的基本组成。

2. 名词(概念)简释:微处理器、微型计算机、微型计算机系统、单总线结构、双总线结构、双重总线结构、总线。

3. 简述计算机硬件与软件的关系。

4. 微型计算机有哪些主要技术指标?

5. 把下列字符转换成 ASCII 编码的字符串:

(1)W3TeR;(2)GR6zAT;(3)gOaD;(4)A9F4uR。

6. 回车键、换行、空格键的 ASCII 代码及其功能是什么?

7. 求下列带符号十进制数的 8 位二进制补码:

(1) +127;(2) -1;(3) -128;(4) +1。

8. 求下列带符号十进制数的 16 位二进制补码:

(1) +127;(2) -1;(3) -3212;(4) +1000。

9. 已知一个数的补码是 10011111B,这个数的真值是多少?

10. 已知一个数的补码是 00011111B, 这个数的真值是多少?

11. 设机器字长为 8 位,最高位为符号位,试对下列各算式进行二进制补码运算:

(1)16 + 16;(2)8 + 18;(3)9 + (-7);(4) -25 + 6;(5)8 - 18;(6)9 - (-7);

(7)16 - 6;(8) - 25 - 6。

12. 将下列组合的 8421BCD 码表示成十进制数和二进制数：

(1)01111001B;(2)10000011B。

13. 若 $X = -85$,$Y = 26$,字长 $n = 8$,则$(X+Y)_{补}$ = ________,$(X-Y)_{补}$ = ________。

14. 若 $X = -128$, $Y = -1$, 字长 $n = 16$, 则 $(X)_{补}$ = ________, $(Y)_{补}$ = ________, $(X+Y)_{补}$ = ________, $(X-Y)_{补}$ = ________, $(X+Y)_{原}$ = ________, $(X-Y)_{原}$ = ________。

15. 有一个 16 位的数值 0100000001100011：

(1)如果它是一个二进制数,和它等值的十进制数是多少？

(2)如果它们是 ASCII 码字符,则它们是些什么字符？

(3)如果是压缩的 BCD 码,它表示的数是什么？

16. 假设两个二进制数 A = 00101100B, B = 10101001B,试比较它们的大小。

(1)A,B 两数均为带符号的补码数。

(2)A,B 两数均为无符号数。

第2章　8086/8088 微处理器

通过学习本章后，你将能够：

掌握8086/8088 微处理器的主要特征、CPU结构及工作方式等基本知识，执行部件EU（Execution Unit）和总线接口部件BIU（Buinterface Unit）的功能，寄存器概念；掌握代码段、数据段、堆栈段以及附加段的作用，8086/8088CPU在存储方面的规则，存储器分段的方法，理解物理地址与逻辑地址的差别；了解标志寄存器的各个位的作用，8086/8088CPU各个引脚的功能，8086/8088CPU的数据、地址和控制总线的功能；掌握Intel8282、Intel8286以及Intel8288芯片各自的作用；了解堆栈的功能，8086/8088CPU的最大和最小模式的特点。

2.1　8086/8088 微处理器

8086 微处理器是美国Intel公司1978年推出的一种高性能的16位微处理器，同时还推出了一种准16位微处理器8088。

2.1.1　8086/8088CPU 主要特征

Intel8086/8088CPU 采用HMOS（High Perfomance MOS）工艺制造，40个引脚，采用单个+5 V电源供电，时钟频率5 MHz ~ 10 MHz。其主要特性如下。

1. 数据总线

8086CPU芯片内、外部都具有16位数据总线。而8088芯片内部具有16数据总线，而外部只具有8位数据总线。

2. 20位地址总线

可直接寻址1 MB存储器空间（因为$2^{20}=1$ M）。

3. 16位端口地址线

可寻址64 K个I/O端口（$2^{16}=64$ K）。

4. 有99条基本指令

具有对字节、字和字块进行操作的能力。

5. 可处理内部软件和外部硬件中断

中断源多达256个。

6. 支持单处理器

多处理器系统工作。

2.1.2　8086/8088 CPU 内部结构

8086 微处理器的内部结构如图2.1所示。它由两大部分组成，即总线接口部件BIU和执行部件 EU(Execution Unit)。和一般的计算机中央处理器相比较,8086 的 EU 相当于运算器,专门负责分析指令与执行指令。它不与系统总线打交道。而 BIU(Bus Interface Unit)则类似于控制器,专门负责取指令和存取操作数,它与系统总线打交道。

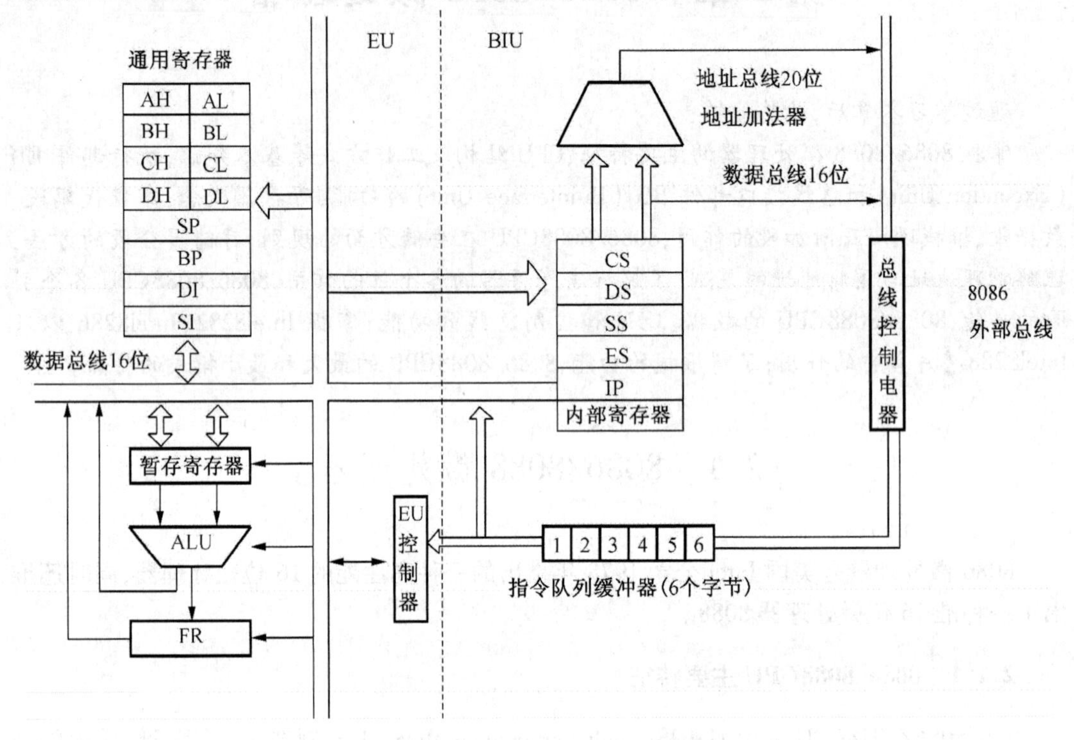

图 2.1 8086 微处理器的内部结构

1. 执行部件 EU

EU 单元负责指令的执行,由算术逻辑单元 ALU、标志寄存器、通用数据寄存器组、专用寄存器组和 EU 控制电路等组成,主要进行 16 位的各种运算及有效地址的计算。EU 不与计算机系统总线(外部总线)相关,而从 BIU 中的指令队列取得指令。这个指令队列中,存放着 BIU 预先由存储器中取出的若干个字节的指令(8088CPU 内部指令队列缓冲器为 4 个字节,8086 为 6 个字节长队列)。

(1)算术逻辑运算单元 ALU(Arithmetic Logic Unit)

算术逻辑运算单元是一个 16 位的运算器,可用于所有的逻辑/算术运算,计算 16 位的偏移地址送到 BIU,以形成 20 位的物理地址,以便对 1 MB 空间的存储器寻址,影响标志位 Flag。

(2)标志寄存器 FR

标志寄存器是一个 16 位的寄存器,反映 CPU 运算的状态特征和存放某些控制标志。8086/8088CPU 使用了 9 位。标志寄存器如图 2.2 所示。其中 6 个标志位用来反映 CPU 的运行状态信息,它们分别是:

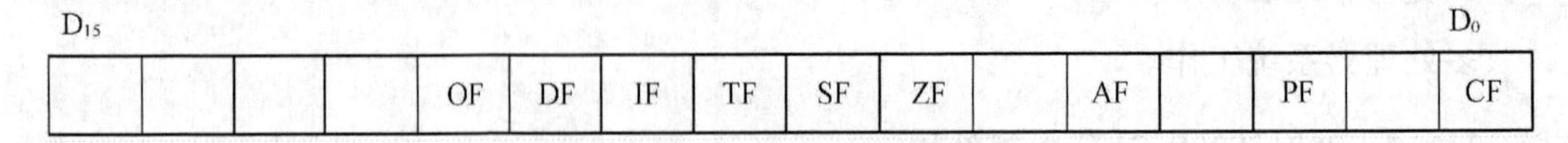

图 2.2 标志寄存器

CF(Carry Flag)进位标志:当执行一个加法(或减法)运算使最高位产生进位(或借位)时,CF 为 1;否则为 0。此外循环指令影响 CF。

PF(Parity Flag)奇偶标志:当指令执行结果中的低 8 位中含有偶数个 1 时,PF 为 1;否则为 0。

AF(Auxiliary Carry Flag)辅助进位标志:在字节(字)操作指令中,当执行一个加法(或减法)运算使结果的低半字节向高半字节有进位(或借位)时,AF 为 1;否则为 0。该标志常用于十进制数运算结果的调整,以得到十进制的结果。

ZF (Zero Flag)零标志:若当前的运算结果为零,ZF 为 1;否则为 0。

SF(Sign Flag)符号标志:它和运算结果的最高位相同。因 SF 与结果的最高位一致,故可用 SF 值反映结果是正或负。

OF(Overflow Flag)溢出标志:当补码运算有溢出时,OF 为 1;否则为 0。

另外还有 3 个控制标志位用来控制 CPU 的操作,由程序进行置位和复位。它们分别是:

TF (Trap Flag)跟踪(陷阱)标志:为方便程序调试而设置。若 TF 置 1,8086/8088CPU 处于单步工作方式;否则将正常执行程序。

IF (Interrupt Flag)中断允许标志:用来控制可屏蔽中断的响应。IF =1 使 CPU 可以响应可屏蔽中断请求,IF =0 使 CPU 禁止响应可屏蔽中断请求。IF 的状态对不可屏蔽中断及内部中断没有影响。

DF (Direction Flag)方向标志:用来控制数据串操作指令的步进方向。若 DF 置 1,则串操作过程中地址会自动递减;否则自动递增。

(3)8086/8088CPU 的内部寄存器

8086/8088CPU 内部共有 14 个 16 位的寄存器,其中包括 4 个 16 位的数据寄存器 AX,BX,CX,DX;2 个 16 位的指针寄存器 SP,BP;2 个 16 位的变址寄存器 SI,DI;2 个 16 位的控制寄存器 IP,标志寄存器及 4 个 16 位的段寄存器 CS,DS,ES,SS,如图 2.3 所示。

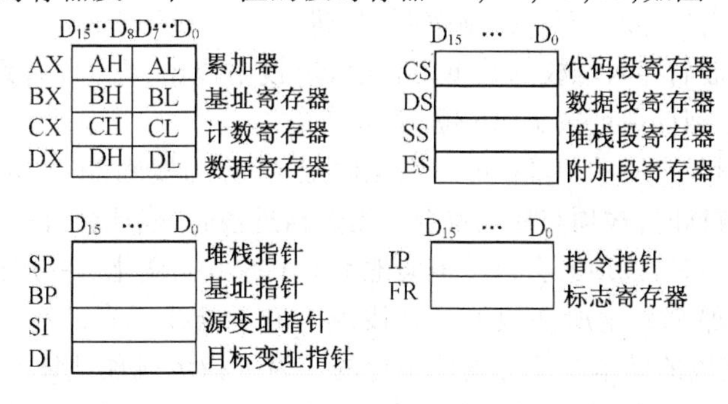

图 2.3　CPU 寄存器组结构

①数据寄存器

4 个 16 位的数据寄存器 AX,BX,CX,DX 用于暂存计算过程中所用到的操作数及结果。数据寄存器既可作为 16 位也可作为 8 位数据寄存器使用。当用作 16 位时,称为 AX,BX,CX,DX,每个寄存器又分为高低两字节,AH,BH,CH,DH 存放高位字节,AL,BL,CL,DL 存放低位字节;当用作 8 位时,AH,BH,CH,DH,AL,BL,CL 和 DL 可分别使用,这样,4 个 16 位寄存器就可当作 8 个 8 位寄存器来使用。4 个 16 位的数据寄存器除用作通用寄存器外,还有各自的专门用途,例如 CX 在串操作指令及循环中用作计数器等。

②专用寄存器

8086/8088 CPU 提供了 4 个专用寄存器,即基址指针寄存器 BP、堆栈指针寄存器 SP、源变址寄存器 SI 和目的变址寄存器 DI。地址指针和变址寄存器都是 16 位寄存器,一般用来存放地址的偏移量(即相对于段起始地址的距离)。SP 和 BP 是用来指示存取位于当前堆栈段中的数据所在的偏移地址,变址寄存器 SI 和 DI 用来存放当前数据段的偏移地址。不仅 4 个数据寄存器可以任意参加算术运算和逻辑运算,而且 BP,SP,SI,DI 也可以任意参加算术运算和逻辑运算,因而称以上寄存器为通用寄存器。

为了充分地利用这些通用寄存器,在某些指令中又对其中的寄存器做了特殊的约定,使这些寄存器在通用的基础上附加了一点特殊性。这些特殊的约定虽然增加了掌握指令的难度,但是当学完指令系统后会发现,这点难度是不大的,是容易克服的。

由于在变址寻址中,指定 BX 为基址寄存器,因此 BX 便被称为基址寄存器。

在循环控制或重复操作的指令中,常把循环或重复的次数放在 CX 或 CL 中,因而称 CX 为计数寄存器。在乘法、除法中,乘积或被除数超过 16 位时,总是用 DX 与 AX 存放,故 DX 便被称为数据寄存器。

对于 SI 和 DI 寄存器也有类似的情况,即在专用的串操作指令中,指定 SI 作为源串的地址指针,DI 作为目标串的地址指针,并在串指令执行时,自动地改变 SI 或 DI 的值,因而称 SI,DI 为变址寄存器。

SP(Stack Pointer)作为堆栈栈顶元素的指针,不能指向栈顶以外的元素,为此,增加了一个基址指针寄存器 BP(Based Pointrer),使它可以指向由 SS 作为堆栈段基址的栈中的任意位置。BP 与 SP 具有不同的概念和用途,我们要注意将它们区别开来。

(4)堆栈

在微型机中,堆栈是在内存 RAM 中开辟的一个特定的存储区,专门用来暂时存放数据或返回地址。堆栈存取信息的原则及寻址方式与普通存储区不同,普通存储区中的信息是按地址访问的,可以随机存取,而堆栈是按照"后进先出"LIFO(Last In First Out)的原则进行操作。也就是说,最后存入堆栈的数据,最先从堆栈中取出,在 PC 系列微机系统里堆栈段中的数据由高地址到低地址按字(16 位)存放。

堆栈示意图如图 2.4 所示。堆栈的一端是固定的,称为栈底;另一端是浮动的,称为栈顶。当堆栈中没有数据时,栈顶与栈底重合。当数据进栈时,栈顶会自动地向地址减 1 的方向浮动;而当数据出栈时,栈顶又会自动地向地址加 1 的方向变化。一般把堆栈中的数据称为元素,最后进栈的那个元素所在地址就是栈顶。由于堆栈元素的存入和取出必须遵循 LIFO 的原则,因此堆栈的操作总是对栈顶进行的。为了指示栈顶地址,所以要设置堆栈指针 SP,SP 的内容就是堆栈栈顶的存储单元的偏移地址。它的物理地址为 SS:SP = (SS) - 10H + (SP)。

数据写入堆栈称为压入堆栈(PUSH),也叫入栈。数据从堆栈中读出称为弹出堆栈(POP),也叫出栈。先入栈的数据由于存放在栈的底部,因此后出栈;而后入栈的数据存放在栈的顶部,因此先出栈。

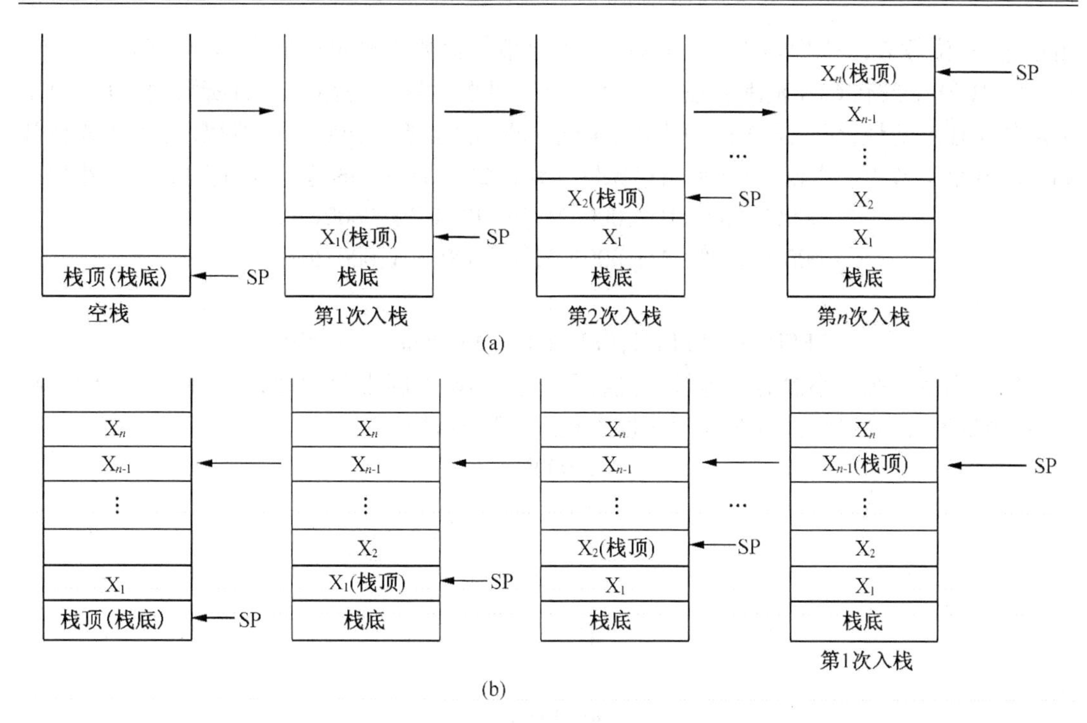

图 2.4　堆栈示意图

(a)入栈;(b)出栈

微型计算机多在主存储器中开辟堆栈。堆栈的使用有两种方式。一种是自动方式,即在调用子程序或中断时。这种堆栈操作无须用户干预,因此称为自动方式。另一种是指令方式,即使用专用的堆栈操作指令,进行进出栈操作。其进栈指令为 PUSH,出栈指令为 POP。

(5)EU 控制电路

EU 控制电路负责从 BIU 的指令队列缓冲器中取指令,并对指令译码,根据指令要求向 EU 内部各部件发出控制命令,以完成各条指令规定的功能。

2. 总线接口部件 BIU

BIU 单元用来实现 EU 的所有总线操作。它由 20 位地址加法器,段寄存器 CS,DS,SS,ES,指令指针 IP,指令队列缓冲器和总线控制逻辑组成。BIU 负责 CPU 与存储器或外部设备之间的信息交换。

将取指令部分和执行指令部分分开的好处是,在 EU 执行指令的过程中,BIU 可以取出多条指令放入指令队列中。当 EU 执行完一条指令后,就可以立即执行下一条指令,从而减少了 CPU 为取指令而等待的时间,提高了运算的速度。这是 8086/8088CPU 的一大优点。

(1)地址加法器和段寄存器

8086/8088CPU 芯片中的寄存器都是 16 位,而 8086/8088CPU 芯片地址线的宽度为 20 条,8086/8088CPU 系统的最大存储容量为 1M 字节,因为 $2^{20}=1\ 048\ 576=1\ 024K=1M$。

用 16 进制数表示 1M 字节的地址范围 00000H ~ FFFFFH。那么,在 16 位字长的机器里,用什么办法来提供 20 位地址呢?在机器中采用了存储器地址分段的办法。

程序员在编制程序时要把存储器划分成段,每个段的大小最大可达 64K,这样段内地址可以用 16 位数表示($2^{16}=64K$)。实际上,可以根据需要来确定段的大小,它可以是 1 个、100 个、1000 个或在 64K 范围内任意一个字节。机器对段的起始地址有所限制,段一般不能起始于任意地址,而必须从任一小段(paragraph)的首地址开始。机器规定:从 0 地址开始,每 16 个字节为一小段,下面列出存储器地址区的三个小段的地址区间,每行为一小段。

00000H,00001H,00002H,…,0000EH,0000FH;

00010H,00011H,00012H,…,0001EH,0001FH;

⋮

FFFF0H,FFFF1H,FFFF2H,…FFFFEH,FFFFFH。

第一列就是每个小段的首地址。其特征是:在 16 进制表示的地址中,最低为 0H。在 1M 字节的地址空间里,共有 64K 个小段首地址,可表示如下:

00000H;

00010H;

⋮

41230H;

41240H;

⋮

FFFE0H;

FFFF0H。

在 1M 字节的存储器里,每一个存储单元都有一个唯一的 20 位地址,称为该存储单元的物理地址。CPU 访问存储器时,必须先确定所要访问的存储单元的物理地址才能读取(或存入)该单元中的内容。

20 位物理地址由 16 位段地址和 16 位偏移地址组成,段地址是指每一段的起始地址,由于它必须是小段的首地址,所以其二进制数低 4 位一定是 0,这样就可以规定段地址只取段起始地址的高 16 位值。偏移地址则是指在段内相对于段起始地址的偏移值。这样,物理地址的计算方法可以表示如图 2.5 所示。也就是说:把段地址左移 4 位再加上偏移地址值就形成物理地址。或写成:

10H × 段地址 + 偏移地址 = 物理地址

每个存储单元只有唯一的物理地址,但它却可由不同的段地址和不同的偏移地址组成。段地址和偏移地址又称为逻辑地址。逻辑地址的表示形式为“段地址:偏移地址”。例如:逻辑地址是 8000H:1234H,其物理地址为 81234H。

在 8086/8088CPU 中,有四个专门存放段地址的寄存器,称为段寄存器。它们是:代码段 CS(Code Segment)寄存器、数据段 DS(Data Segment)寄存器、堆栈段 SS(Stack Segment)寄存器、附加段 ES(Extra Segment)寄存器。每个段寄存器可以确定一个段的起始地址,而这些段在程序当中则各有各的用途。

代码段存放当前正在运行的程序。数据段存放当前运行程序所用的数据,如果程序中使用了串处理指令,则其源操作数也存放在数据段中。堆栈段定义了堆栈的所在区域。附加段是附加的数据段,它是一个辅助的数据区,也是串处理指令的目的操作数存放区。程序员在编制程序时,应该按照上述规定把程序的各部分放在规定的区段之内。

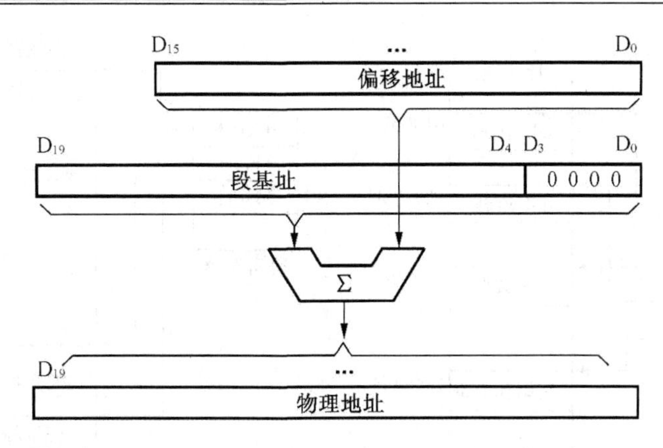

图2.5　8086/8088CPU存储器物理地址形成示意图

此外，段寄存器如何与偏移量形成相应的物理地址，这在8086/8088中有个基本约定。正常情况下，按这个基本约定形成所需的物理地址，但也允许有特例情况，被称为段超越，即不用约定的段基址，而是用可修改的段基址与某偏移量来形成所需的物理地址。段寄存器使用约定见表2.1。

表2.1　段寄存器使用约定

存储器存取方式	约定段基址	可修改段基址	偏移量地址
取指令	CS	无	IP
堆栈操作	SS	无	SP
源串	DS	CS,ES,SS	SI
目的串	ES	无	DI
数据读写	DS	CS,ES,SS	有效地址
BP做基址	SS	CS,ES,SS	有效地址

专用寄存器组中的指令寄存器IP只能与CS寄存器相互结合，才能形成指令的真正的物理地址。

例如取指令时，CS值为2000H，而IP值为3500H，则被取指令的物理地址为

```
      20000H        ——段地址×10H
+)     3500H        ——偏移地址
      23500H        ——物理地址
```

又如SS值为7900H，已知栈顶元素的物理地址为7B450H，则堆栈指针SP的值为

```
      7B450H        ——物理地址
-)    79000H        ——段地址×10H
       2450H        ——偏移地址
```

即SP值为2450H。

除非专门指定，一般情况下，各段在存储器中的分配是由操作系统负责的。每个段可以独立地占用64 KB存储区，如图2.6(a)所示。

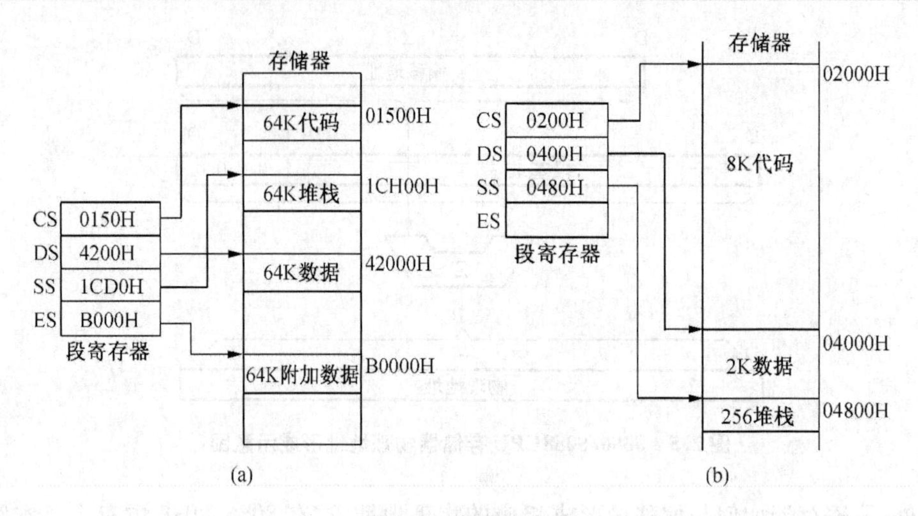

图 2.6 段分配方式

(a)段分配方式一;(b)段分配方式二

各段也可以允许重叠,下面的例子就可以说明这种情况。

例:如果代码段中的程序占有 8K(2000H)[8K = 8 × 1024 = 8192 = 2000H]存储区,数据段占有 2K(800H)[2K = 2 × 1024 = 2048 = 800H]存储区,堆栈段只占有 256 个字节的存储区。此时段区的分配如图 2.6(a)所示。从图 2.6(b)中可以看出,代码段的区域可以是 02000 ~ 11FFFH[64K = 64 × 1024 = 65536,具有 65536 个单元,65536 - 1 = 65535 = FFFFH,02000 + FFFFH = 11FFFH],但由于程序区只需要 8K,所以程序区结束后的第一个小段的首地址就作为数据段的起始地址。也就是说,在这里,代码段和数据段可以重叠在一起。当然每个存储单元的内容是不允许发生冲突的。

1MB 是 16 个 64KB 存储器的总和,但这并不意味着 1MB 只能包括 16 个逻辑段。因为这些段既可以首尾相连,可以相互间隔开,也可以相互重叠或者部分重叠(这里所谓的重叠只是指每个段区的大小允许根据实际需要来分配,而不一定要占有 64K 的最大段空间),只要不影响程序的正常执行(例如不会取错指令或数据等)即行,所以逻辑段个数可能多于 16 个也可能少于 16 个。实际上,段区的分配工作是由操作系统完成的。但是,系统允许程序员在必要时指定所需占用的内存区。

这种存储器分段的方法虽然给程序设计带来一定的麻烦,但它可以扩大存储空间,而且对于程序的再定位也是很方便的。

(2)16 位指令指针 IP(Instruction Pointer)

16 位指令指针 IP 用来存放将要取出的指令在现行代码段中的偏移地址。它与 CS 组合使用,才能确定下一个指令代码存放单元的物理地址。{CS:IP = (CS) × 10H + (IP)}。在程序开始执行前,必须将它的起始地址,即程序的第一条指令所在的存储单元地址送入 CS:IP。当执行指令时,CPU 将自动修改 CS:IP 内容,以便使其保持的总是将要执行的下一个指令代码的地址。由于大多数指令是按顺序执行的,所以修改的办法通常只是简单地对 IP 加 1。IP 不能用传送指令直接修改,但可以用间接方法修改(例如:中断,返回,转移,调用,等等)。

(3)指令队列缓冲器

8086 的指令队列为 6 个字节(8088 的指令队列为 4 个字节),在 EU 执行指令的同时,从内存中取下面一条或几条指令，取来的指令依次存放在指令队列中。它们按“先进先出”FIFO(First In First Out)的原则存放，并按顺序取到 EU 中执行。

指令队列缓冲器由 FIFO 寄存器构成，其工作流程如下：

①BIU 中的指令队列有 2 个或 2 个以上字节为空时，BIU 自动启动总线周期，取指填充指令队列。直至队列满，进入空闲状态。

②EU 每执行完一条指令，从指令队列队首取指。系统初始化后，指令队列为空，EU 等待 BIU 从内存取指，填充指令队列。

③EU 取得指令，译码并执行指令。若指令需要取操作数或存操作结果，需访问存储器或 I/O 端口，EU 向 BIU 发出访问总线请求。

④当 BIU 接到 EU 的总线请求，若正忙(正在执行取指总线周期)，则必须等待 BIU 执行完当前的总线周期，方能响应 EU 请求；若 BIU 空闲，则立即执行 EU 申请总线的请求。

⑤EU 执行转移、调用和返回指令时，若下一条指令不在指令队列中，则队列被自动清除，BIU 根据本条指令执行情况重新取指和填充指令队列。

取指令与执行指令时间图如图 2.7 所示。

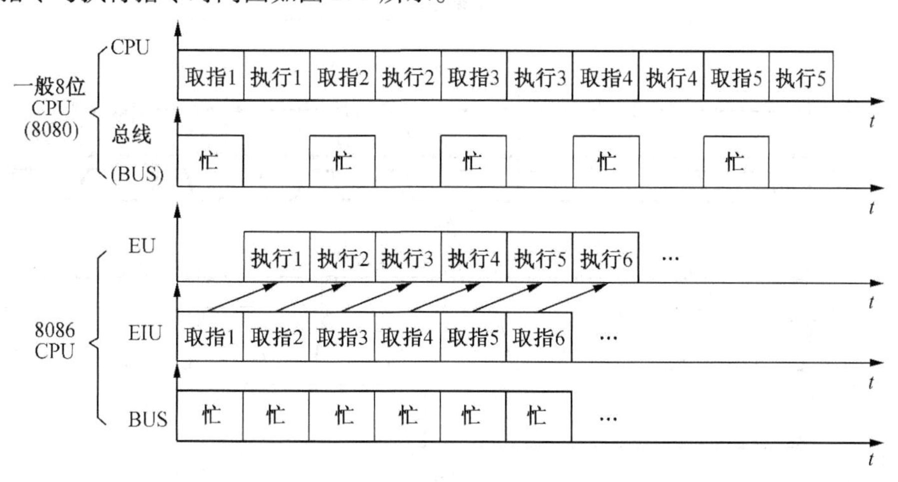

图 2.7　取指令与执行指令时间图

将 CPU 分为两个单元，可以使取指令和执行指令同时进行，减少了 CPU 为取指令而等待的时间，从而提高了 CPU 的利用率，提高了系统的运行速度。

(4)总线控制电路

总线控制电路将 8086/8088CPU 的内部总线和外部总线相连，是 8086/8088CPU 与内存单元和 I/O 端口进行数据交换的必经之路。它包括 16 条(8 条)数据总线、20 条地址总线和若干条控制总线，CPU 通过这些总线与外部世界取得联系，从而形成各种规模的 8086/8088 微型计算机系统。

总线控制电路提供系统总线的控制信号，实现数据、地址和状态信息的分时传送。由于 8086/8088CPU 仅有 40 个引脚，而 16 位的数据总线 DB(8086)及 20 位的地址总线 AB 若分离设置，将占用 36 个引脚，故 8086/8088CPU 采取了 AB/DB 分时复用的方法，但这样增加了总线控制的复杂程度。

(5)总线周期的概念

为了便于对 8086/8088CPU 引脚功能的说明，下面简要介绍总线周期的概念。8086/

8088CPU 在与存储器或 I/O 端口交换数据时需要启动一个总线周期。按照数据的传送方向来分,总线周期可分为“读”总线周期(CPU 从存储器或 I/O 端口读取数据)和“写”总线周期(CPU 将数据写入存储器或 I/O 端口)。

8086/8088CPU 一个最基本的总线周期由 4 个时钟周期组成,如图 2.8 所示。时钟周期是 CPU 的基本时间计量单位,它由 CPU 主频决定。如 8086 的主频为 10 MHz,1 个时钟周期就是 1/10 MHz =100 ns。一个时钟周期又称为一个 T 状态,因此一个基本总线周期中,习惯上将 4 个时钟周期称为 4 个状态,即 T_1,T_2,T_3,T_4。图 2.8(a)给出典型的总线周期波形图。

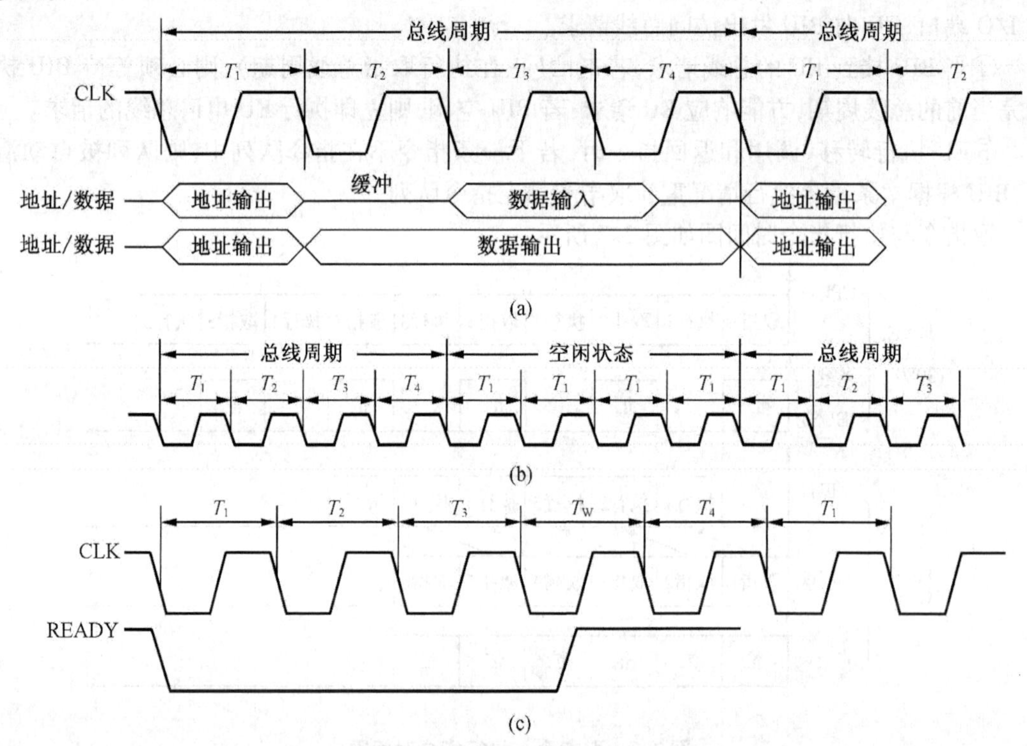

图 2.8 8086/8088 基本总线周期

在 T_1 状态,CPU 把要读/写的存储单元的地址或 I/O 端口的地址放到地址总线上,以指出要寻址的存储单元或外设的端口地址。

在 T_2 状态时,使总线的低 16 位(8086)、8 位(8088)浮空,成高阻状态,允许 CPU 有个缓冲时间把输出地址的写方式转换成可能是输入数据的读方式。总线的高四位(A_{19}/S_6 ~ A_{16}/S_3)用来输出本总线周期的状态信息。这些状态信息用来表示中断允许状态,当前正在使用的段寄存器等。

若是在“写”总线周期,CPU 从 T_2 起到 T_4,把数据送到总线上,并写入存储器单元或I/O 端口;若是在“读”总线周期,CPU 则从 T_3 起到 T_4,从总线上接收数据,在 T_4 状态,总线周期结束。

需要指出的是,只有在 CPU 和内存储器或 I/O 接口之间传输数据,以及填充指令队列时,CPU 才执行总线周期。如果在一个总线周期之后,不立即执行下一个总线周期,那么系统总线就处于空闲状态,即执行空闲周期。图 2.8(b)是具有空闲状态的总线周期。在空闲周期中可包括一个或多个时钟周期，在这期间，在高4位的总线上，CPU仍驱动前一个总线周期的状态信息；而在低16位的总线上，则根据前一个总线周期是读还是写周期来决定。若前一个周期为写周期，CPU会在总线的低16位继续驱动数据信息；若前一个总线周期为读周期，CPU则使总线的低16位处于浮空状态。在空闲周期，尽管CPU对总线进行空操作，但在CPU内部，仍然进行着有效的操作，如执行某个运算、在内部寄存器之间传送数据等。

图2.8(c)是具有等待状态的总线周期。由于外设或存储器的速度较慢，常常不能及时配合CPU传送数据。这时外设或存储器会通过READY信号线在T_3状态结束之前向CPU发一个“数据未准备好”信号，CPU测试READY信号线，如果为有效的高电平，则说明数据已准备好，可进入T_4状态；若READY为低电平，则说明数据没有准备好，CPU在T_3之后插入1个或多个等待周期T_W，直到检测到READY为有效高电平后，CPU会自动脱离T_W而进入T_4状态。这种加入等待周期的方法允许系统使用低速的内存和外设。

2.1.3　8086/8088引脚功能和工作模式

8086/8088的引脚说明如图2.9所示。

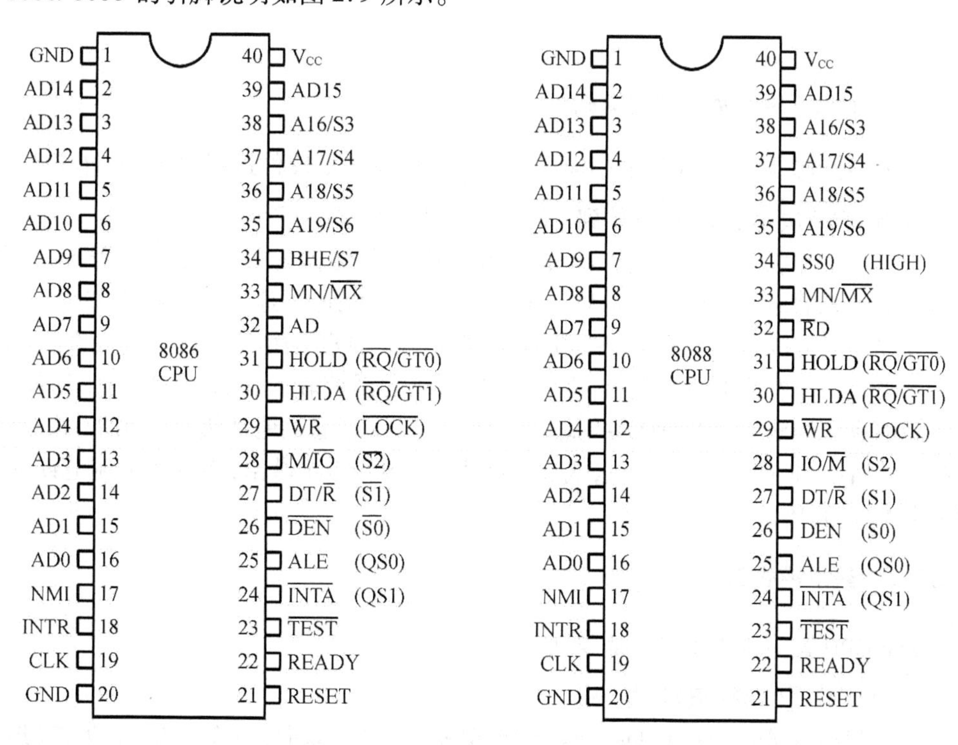

图2.9　8086/8088CPU的引脚图

8086/8088芯片的各类信号线包括20根地址线、8根(8088)或16根(8086)数据线及控制线、状态线、时钟、电源和地线等，总数大大超过了40根线。因此，为满足封装的要求，必须采用一线多用的办法。8086/8088引脚定义的方法大致可以分为以下五类：

第一类的每个引脚只传送一种信息。例如，第32脚只传送CPU发出的读信号$\overline{RD}$。

第二类的每个引脚电平的高低代表不同的信号，例如IO/$\overline{M}$(8088)。

第三类引脚在8086/8088的两种不同工作方式(最小模式和最大模式)下有不同的名称和定义。例如:第29脚为$\overline{WR}$($\overline{LOCK}$)。当8086/8088工作在最小模式时,该引脚传送CPU发出的写信号$\overline{WR}$,而当8086/8088工作在最大模式时,该引脚传送的是括号内的信号$\overline{LOCK}$,即总线锁定信号。

第四类的每个引脚可以传送两种信息。这两种信息在时间上是可以分开的。因此可以用一个引脚在不同时刻传送不同的信息,一般称这类引脚为分时复用线。例如,AD_0 ~ AD_7(8088),AD_0 ~ AD_{15}(8086)是地址和数据的分时复用线。当8088CPU访问内存或I/O设备时,在AD_0 ~ AD_7上首先出现的是被访问的内存单元或I/O设备某端口的地址信息的低8位,然后,在这些线上就出现CPU进行读写的8位数据。

第五类引脚在输入和输出时分别传送不同的信息,如$\overline{RQ}/\overline{GT0}$。输入时传送总线请求信号$\overline{RQ}$,输出时传送总线请求允许信号$\overline{GT0}$。

2.2 8086/8088的系统组成

2.2.1 8086/8088两种工作模式

两种工作模式:最大模式和最小模式。两种工作模式由硬件连线决定,通过8086/8088引脚信号MN/$\overline{MX}$决定。MN/$\overline{MX}$接到+5 V即为最小模式。

最小模式工作模式的主要特点:用于当所连的存储器容量不大,I/O端口不多时;8088CPU的系统的地址总线AD_0 ~ AD_7,A_8 ~ A_{15},A_{16} ~ A_{19}通过地址锁存器8282构成;系统的数据总线一般直接由AD_0 ~ AD_7提供;系统的控制总线直接由CPU的控制线供给。

最大模式工作模式的主要特点:用于当要构成的系统较大,要求较强的驱动能力时;8088CPU的系统的地址总线AD_0 ~ AD_7,A_8 ~ A_{15},A_{16} ~ A_{19}通过地址锁存器8282构成;系统的数据总线直接由AD_0 ~ AD_7提供,或通过数据收发器8286供给;系统的控制总线通过总线控制器8288供给。

2.2.2 最小模式系统组成

1.8086CPU最小模式下的引脚说明

(1)地址/数据(或状态)信号

AD_{15} ~ AD_0(Address Data Bus):地址/数据复用信号,双向,三态。在T_1状态(地址周期),AD_{15} ~ AD_0上为地址信号的低16位A_{15} ~ A_0;在T_2 ~ T_3状态(数据周期),AD_{15} ~ AD_0上是数据信号D_{15} ~ D_0。

A_{19}/S_6 ~ A_{16}/S_3(Address/Status):地址/状态复用信号,输出。在总线周期的T_1状态,A_{19}/S_6 ~ A_{16}/S_3上是地址的高4位。在T_2 ~ T_4状态,A_{19}/S_6 ~ A_{16}/S_3上输出状态信息S_6 ~ S_3。

S_4和S_3合起来指出当前正在使用哪个段寄存器,具体规定如表2.2所示。

表 2.2　S_4,S_3 的代码组合及对应段寄存器情况表

S_4	S_3	性能	对应段寄存器
0	0	交换数据	ES
0	1	堆栈	SS
1	0	代码或不用	CS 或未用段寄存器
1	1	数据	DS

其中 S_5 表示中断允许标志 IF 的当前设置,如为 1,表示允许可屏蔽中断请求;如为 0,则禁止可屏蔽中断。

S_6 始终保持低电平,在 T_2,T_3,T_W,T_4 状态,表示 8086CPU 当前与总线相连。

$\overline{BHE}/S_7$(Bus High Enable/Status):数据总线高 8 位使能和状态复用信号,输出。在总线周期 T_1 状态$\overline{BHE}$有效,表示数据线上高 8 位数据有效。$\overline{BHE}$,A_0 的组合及对应的操作见表 2.3 所示。在 $T_2 \sim T_4$ 状态输出状态信息 S_7。S_7 在 8086CPU 中未定义。

表 2.3　$\overline{BHE}$,A_0 的组合及对应的操作

$\overline{BHE}$	A_0	所用数据引脚	操作
0	0	$AD_{15} \sim AD_0$	从偶地址单元开始读/写一个字(16 位)
1	0	$AD_7 \sim AD_0$	从偶地址单元或端口读/写一个字节
0	1	$AD_{15} \sim AD_8$	从奇地址单元或端口读/写一个字节
 0 1	 1 0	 $AD_{15} \sim AD_8$ $AD_7 \sim AD_0$	从奇地址单元开始读/写一个字(16 位) 在第一个总线周期,将低 8 位信息送到 $AD_{15} \sim AD_8$ 在第二个总线周期,将高 8 位信息送到 $AD_7 \sim AD_0$

(2)控制与系统信号

ALE(Address Latch Enable):地址锁存使能信号,输出,高电平有效。用来作为地址锁存器的锁存控制信号。

$\overline{DEN}$(Data Enable):数据使能信号,输出,三态,低电平有效。用于数据总线驱动器的控制信号。

$DT/\overline{R}$(Data Transmit/Receive):数据驱动器数据流向控制信号,输出,三态。在 8086 系统中,通常采用 8286 或 8287 作为数据总线的驱动器,用 $DT/\overline{R}$信号来控制数据驱动器的数据传送方向。当 $DT/\overline{R}=1$ 时,进行数据发送;$DT/\overline{R}=0$ 时,进行数据接收。

8088CPU 的 $IO/\overline{M}$(Input and Output/ Memory):I/O 控制信号或存储器,输出,三态。$IO/\overline{M}$输出为低电平时,表示 CPU 和存储器之间数据交互;如果为高电平,表示 CPU 和 I/O 接口之间数据传输。

8086CPU 的 $M/\overline{IO}$(Input and Output/ Memory):I/O 控制信号或存储器,输出,三态。$M/\overline{IO}$输出为高电平时,表示 CPU 和存储器之间数据交互;如果为低电平,表示 CPU 和 I/O

接口之间数据传输。

$\overline{RD}$(Read):读信号,输出,三态。$\overline{RD}$信号有效,表示 CPU 执行一个对存储器或 I/O 端口的读操作,在一个读操作的总线周期中, $\overline{RD}$在 $T_2 \sim T_3$ 状态中有效,为低电平。

$\overline{WR}$(Write):写信号,输出,三态。$\overline{WR}$信号有效,表示 CPU 执行一个对存储器或 I/O 端口写操作,在写操作总线周期中,$\overline{WR}$在 $T_2 \sim T_3$ 状态中有效,为低电平。

NMI(Non - maskable Interrupt):非屏蔽中断请求(中断类型号为2),输入,上升沿有效。NMI 不受中断允许标志的影响,不能用软件进行屏蔽。

INTR(Interrupt Request):可屏蔽中断请求信号,输入,高电平有效。如果 INTR 信号有效,CPU 是否响应中断请求,受控于中断允许标志 IF 的约束。

$\overline{INTA}$(Interrupt Acknowledge):中断响应信号,输出。该信号用于对外设的中断请求(经 INTR 引脚送入 CPU)做出响应。$\overline{INTA}$实际上是两个连续的负脉冲信号,第一个负脉冲通知外设接口,它发出的中断请求已被允许;外设接口接到第 2 个负脉冲后,将中断类型号放到数据总线上,以便 CPU 根据中断类型号到内存的中断向量表中找出对应中断的中断服务程序入口地址,从而转去执行中断服务程序。

HOLD(Hold Request):总线保持请求,输入,高电平有效。当系统中总线主模块(如 Direct Memory Access,DMA)要求使用总线时,由该模块向 CPU 发送 HOLD 信号。

HLDA(Hold Acknowledge):总线保持响应信号,输出,高电平有效。HLDA 有效时表示 CPU 响应了其他总线主的总线请求。CPU 的数据/地址控制信号呈高阻态,而请求总线的总线主(DMA)获得了总线权。

CLK(Clock):时钟信号,输入。为 CPU 和总线控制逻辑提供定时。要求时钟信号的占空比为 33%。

RESET(Reset):复位信号,输入,4 个时钟周期的高电平。初次加电复位,不小于50 μs 的高电平。复位信号有效时,CPU 结束当前操作并对标志寄存器、IP、DS、SS、ES 及指令队列清零,并将 CS 设置为 FFFFH。当复位信号撤除时(即电平由高变低时),CPU 从 FFFF0H 开始执行程序,复位后 CPU 内部寄存器的状态如表 2.4 所示。

表 2.4 复位后内部寄存器的状态

内部寄存器	状态
FR	0000H
IP	0000H
CS	FFFFH
DS	0000H
SS	0000H
ES	0000H
指令队列缓冲器	空
其余寄存器	0000H

READY(Ready):准备好信号,输入,高电平有效。当 READY 信号有效时表示存储器或 I/O 准备好发送或接收数据。

MN/$\overline{MX}$(Minimum/Maximum Mode Control):最大最小模式控制信号,输入。决定 8086 工作在哪种工作模式。如果 MN/$\overline{MX}$ = 1(+5 V),CPU 工作在最小模式。MN/$\overline{MX}$ = 0(接地), CPU 则工作在最大模式。

$\overline{TEST}$(Test):测试信号,输入,低电平有效。和 WAIT 指令结合起来使用,在 CPU 执行 WAIT 指令时,CPU 处于空转状态,进行等待。当 8086 检测到$\overline{TEST}$信号有效时,等待状态结束,继续执行 WAIT 之后的指令。

GND:为地。

VCC:为电源,接 +5V。

8088 与 8086 绝大多数引脚的名称和功能是完全相同的,仅有以下三点不同。第一,AD_{15} ~ AD_0 的定义不同。在 8086 中都定义为地址/数据分时复用引脚;而在 8088 中,由于只需要 8 条数据线,因此,对应于 8086 的 AD_{15} ~ AD_8 这 8 根引脚在 8088 中定义为 A_{15} ~ A_8,它们在 8088 中只作地址线用。第二,引脚 34 的定义不同。在最大方式下,8088 的第 34 引脚保持高电平,而 8086 在最大方式下 34 引脚的定义与最小方式下相同。第三,引脚 28 的有效电平高低定义不同。8088 和 8086 的第 28 引脚的功能是相同的,但有效电平的高低定义不同。8088 的第 28 引脚为 IO/$\overline{M}$,8086 的第 28 引脚为 M/$\overline{IO}$,电平与 8088 正好相反。

2. 数据线/地址线的设置和分离

由于 8086/8088CPU 的大部分地址线和数据线、部分状态线是分时复用引脚,如图2.10所示。因此在进行系统扩充时,必须采用地址锁存器将地址信号从地址线和数据线、部分状态线分时复用引脚中分离开来。锁存器的锁存控制信号由 8086/8088CPU 的地址锁存信号 ALE 提供。ALE 的下降沿将地址线和数据线的分时复用引脚输出的地址锁存起来。通常使用的地址锁存器是带三态缓冲输出的八 D 锁存器 74LS373 或 Intel8282 锁存器。74LS373 或 Intel8282 锁存器管脚排列如图 2.11 所示。

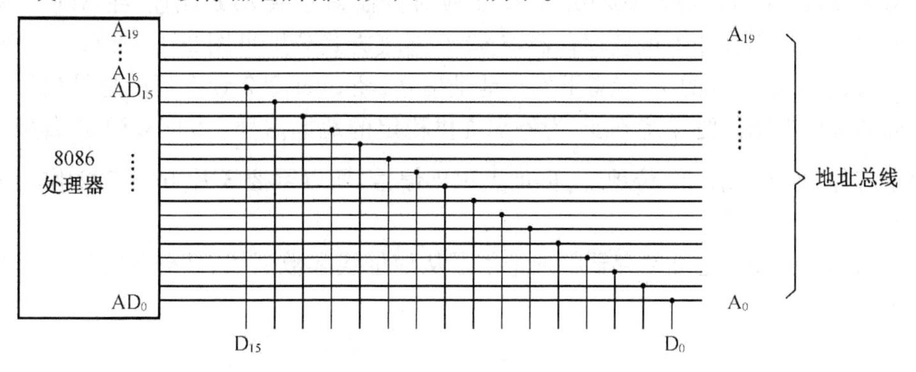

图 2.10　共享地址和数据总线与 8086 芯片的连接

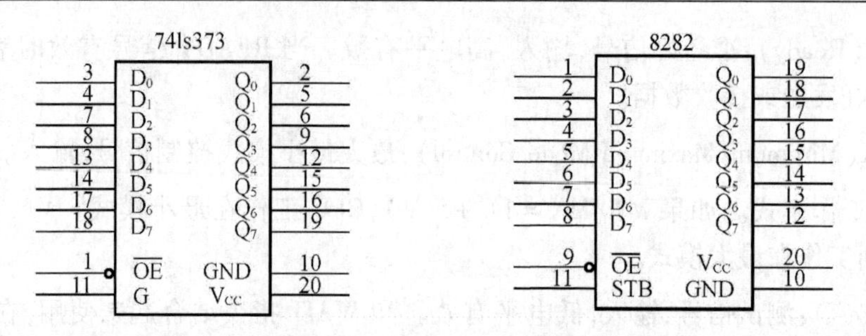

图 2.11　锁存器 74LS373 或 8282 锁存器管脚排列

74LS373 和 Intel8282 是带三态缓冲输出的八 D 锁存器，可简化成图 2.12 所示的结构。

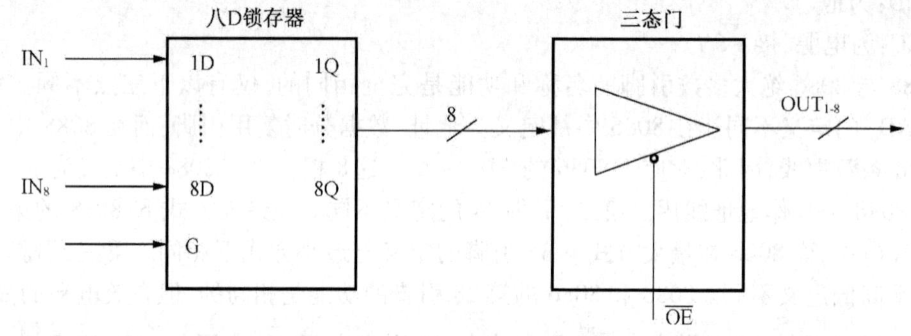

图 2.12　74LS373 和 8282 结构

当三态门的使能信号线$\overline{OE}$为低电平时，三态门处于导通状态，允许 1Q ~ 8Q 输出；当$\overline{OE}$端为高电平时，三态门断开，输出端呈高阻状态。74LS373 用作地址锁存器时，首先应使三态门的使能信号$\overline{OE}$为低电平，并且 G 输入端为高电平时，锁存器输出状态（1Q ~ 8Q）和输入端状态（1D ~ 8D）相同；当 G 端从高电平返回到低电平（下降沿）时，输入端（1D ~ 8D）的 8 位数据锁入 8 位锁存器中。因此当用 74LS373 和 Intel8282 作为地址锁存器时，它们的锁存控制端 G 和 STIB 可直接与 8086/8088CPU 的锁存控制信号端 ALE 相连，在 ALE 下降沿进行地址锁存。Intel8282 作为地址锁存器与 8086 连接方式分别见图 2.13 所示。当 8086 访问存储器时，在总线周期的 T_1 状态下发出地址信号，经 Intel8282 锁存后的地址信号可以在访问存储器操作期间始终保持不变，为外部提供稳定的地址信号。Intel8282 是典型的 8 位地址锁存芯片，8086 采用 20 位地址，再加上$\overline{BHE}$信号，所以需要 3 片 Intel8282 作为地址锁存器。

图 2.13 采用 8282 地址锁存器将地址信号从地址线和数据线、部分状态线分时复用引脚中分离开来。

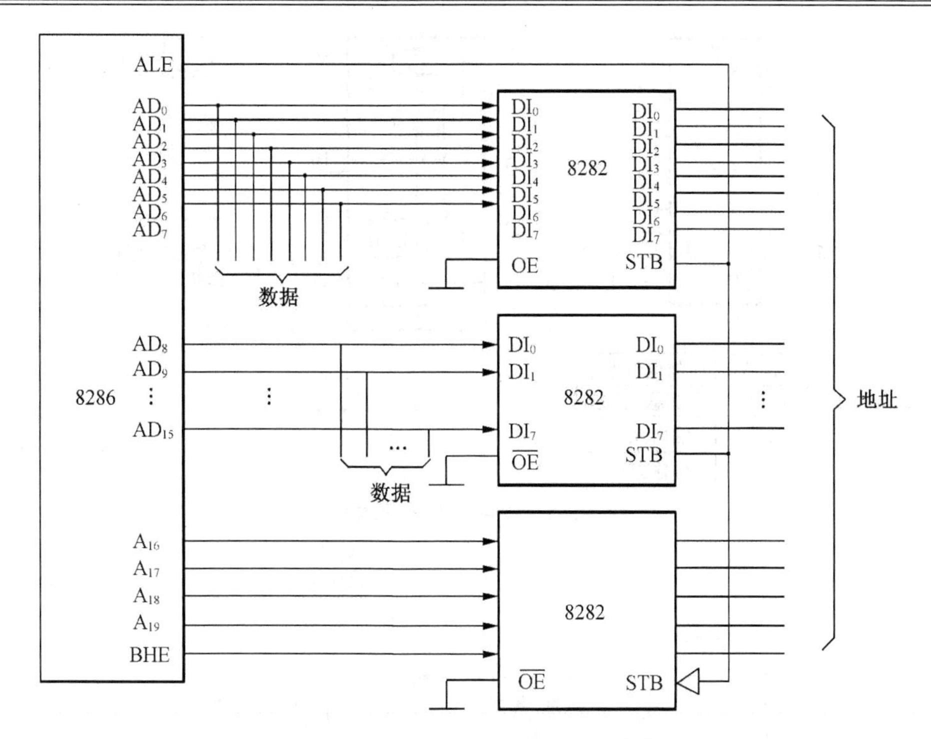

图 2.13　采用 8282 地址锁存器的系统电路图

3. 数据线的双向驱动

在微机的系统中，内存储器和外设接口往往都接在系统的总线上，CPU 总线的负载能力是一定的，当总线上挂的器件超过 CPU 可以带的负载时，应考虑总线驱动问题。在总线上加接缓冲器和驱动器，以增加 CPU 的负载能力，用于需要增加驱动能力的系统。常用的缓冲器和驱动器单向的有 74LS244 及 Intel8282 等，用于单向传输的地址总线和控制总线的驱动；对双向传输的数据总线通常采用数据收发器 74LS245 或 Intel8286 等。

8286 为具有三态输出的 8 位数据总线收发器，封装和逻辑图如图 2.14 所示。在 8086 系统中需要 2 片 8286，而在 8088 系统中只用 1 片就可以了。如图 2.15 所示为 8086CPU 系统的地址线和数据线的构成原理。

MN/$\overline{\text{MX}}$接高电平时，系统工作于最小方式，即单处理器方式，它适用于较小规模的微机系统。其典型系统结构如图 2.16 所示。图 2.16 中 8284A 为时钟发生/驱动器，外接晶体的基本振荡频率为 15 MHz，经 8284A 三分频后，送给 CPU 作系统时钟。系统中还有一个等待状态产生电路，它向 8284A 的 RDY 端提供一个信号，经 8284A 同步后向 CPU 的 READY 线发数据准备就绪信号，通知 CPU 数据已准备好，可以结束当前的总线周期。当 READY = 0 时，CPU 在 T_3 之后自动插入 T_W 状态，以避免 CPU 与存储器或 I/O 设备进行数据交换时，因后者速度慢而丢失数据。

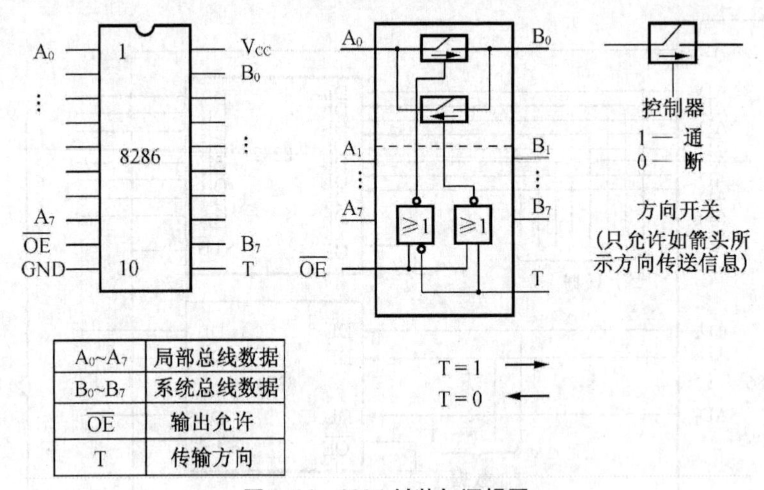

$A_0 \sim A_7$	局部总线数据
$B_0 \sim B_7$	系统总线数据
$\overline{OE}$	输出允许
T	传输方向

图 2.14　8286 封装与逻辑图

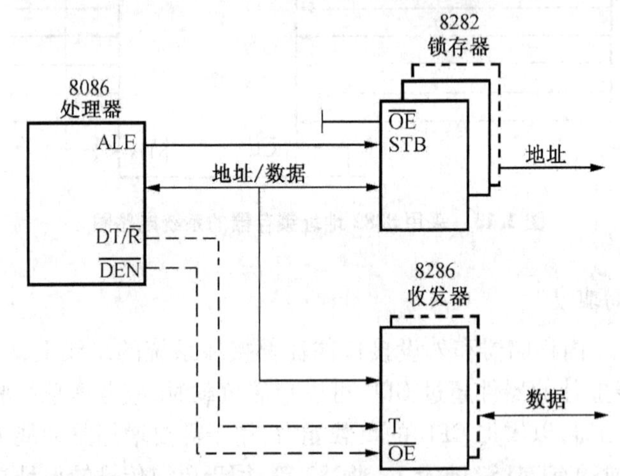

图 2.15　8086CPU 系统的地址线和数据线的构成原理

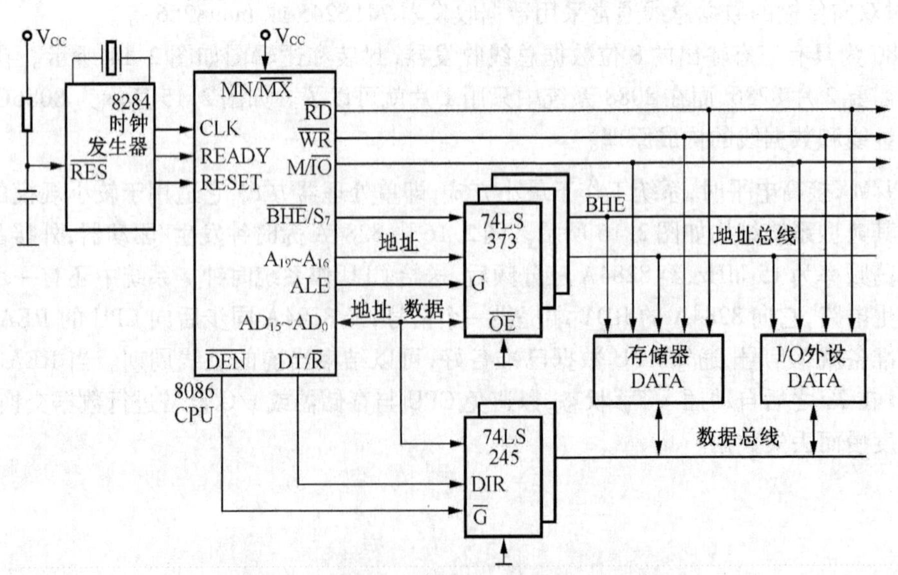

图 2.16　8086CPU 最小模式的系统组成结构

2.2.3　最大模式的系统组成

当 $MN/\overline{MX}$ 接低电平时，8086CPU 系统工作于最大模式，其典型系统结构如图 2.17 所示。比较最大模式和最小模式系统结构图可以看出，最大模式和最小模式有关地址总线和数据总线的电路部分基本相同，即都需要地址锁存器及数据总线收发器。而控制总线的电路部分有很大差别。在最小工作模式下，控制信号可直接从 8086/8088 CPU 得到，不需要外加电路。最大模式是多处理器工作方式，需要协调主处理器和协处理器的工作。因此，8086/8088 的部分引脚需要重新定义，控制信号不能直接从 8086/8088 CPU 引脚得到，需要外加 Intel8288 总线控制器，通过它对 CPU 发出的控制信号 $\overline{S_2}$，$\overline{S_1}$，$\overline{S_0}$(Bus Cycle Status)进行变换和组合，以得到对存储器和 I/O 端口的读写控制信号和对地址锁存器 Intel8282 及对总线收发器 Intel8286 的控制信号，使总线的控制功能更加完善。

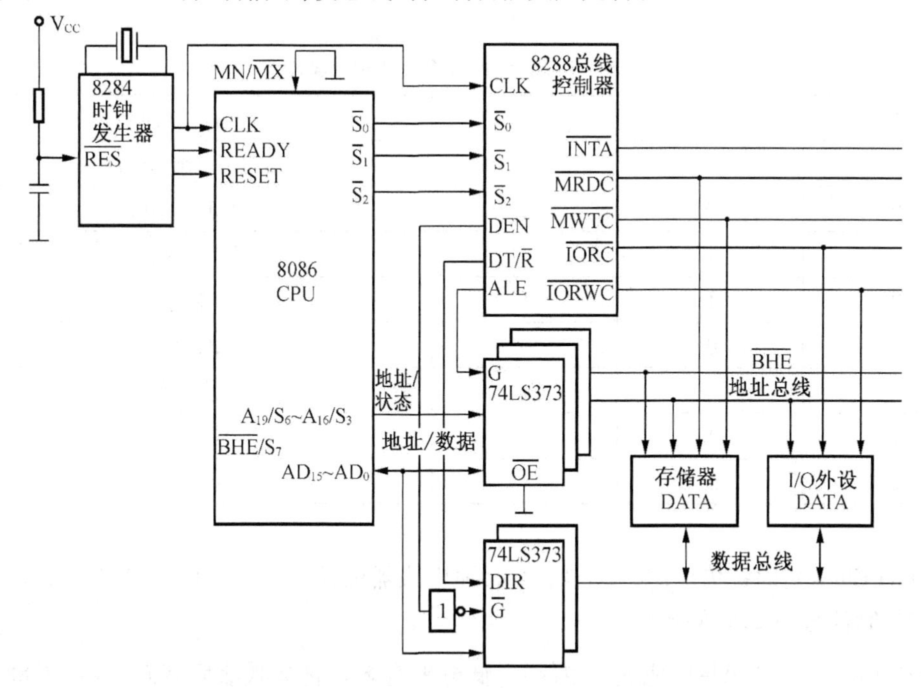

图 2.17　8086CPU 系统工作于最大模式的典型系统结构

Intel8288 总线控制器是 8086/8088 CPU 工作在最大模式下构成系统必不可少的芯片。它根据 8086/8088CPU 在执行指令时提供的总线周期状态信号 $\overline{S_2}$，$\overline{S_1}$，$\overline{S_0}$ 建立控制时序，输出读/写控制命令，可以提供灵活多变的系统配置，以实现最佳的系统性能。Intel8288 的结构和引脚信号如图 2.18 所示。

8288 的输入信号：

$\overline{S_2}$，$\overline{S_1}$，$\overline{S_0}$(Bus Cycle Status，最小模式为 $IO/\overline{M}$，$DT/\overline{R}$，$\overline{DEN}$)：总线周期状态信号，输出。这三个信号的组合表示当前总线周期的类型，如表 2.5 所示。在最大模式下，由这三个信号输入给总线控制器 Intel8288，用来产生存储器、I/O 的读写等相关控制信号。

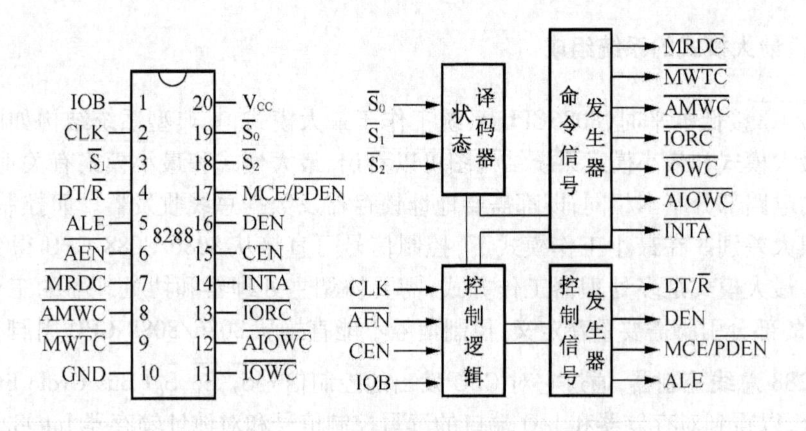

图 2.18　Intel8288 的结构和引脚图

表 2.5　$\overline{S_2}$,$\overline{S_1}$,$\overline{S_0}$代码组合及对应操作表

$\overline{S_2}$	$\overline{S_1}$	$\overline{S_0}$	操作功能
0	0	0	发出中断响应信号
0	0	1	读 I/O 端口
0	1	0	写 I/O 端口
0	1	1	暂停
1	0	0	取指令
1	0	1	读内存
1	1	0	写内存
1	1	1	无效状态

CLK(Clock):时钟信号,来自于 8284 时钟生成器的输入信号。时钟脉冲可对 8288 的命令和控制信号与 CPU 同步。

$\overline{AEN}$(Address Enable):地址启用信号,低电平有效。它被激活后有效,将对 8288 输出的命令至少持续 115 ns。

CEN (Command Enable):命令启用信号,高电平有效。它被用来激活/启用命令信号DEN。

IOB (Input/Output Bus Mode):输入/输出总线模式信号,高电平有效。它可以控制 8288 以输入/输出总线模式,而不是系统总线模式工作。在 8086CPU 系统中,该引脚接到低电平。

以下是 8288 总线控制器的部分输出信号:

$\overline{MRDC}$(Memory Read Command):存储器读命令信号,低电平有效。用于提供$\overline{MEMR}$(存储器读)控制信号。

$\overline{MWTC}$(Memory Write Command):存储器写入信号;$\overline{AWMC}$(Advanced Memory Write Command):高级存储器写入信号,低电平有效。用于通知存储器存储当前数据总线上的数

据。它们与$\overline{\text{MEMW}}$存储器写入信号相同，由 8288 提前一个时钟周期发出信号，这样，一些较慢的存储器将得到一个额外的时钟周期去执行写入操作。

$\overline{\text{IORC}}$(I/O Read Command)：I/O 读取命令，低电平有效信号，它的作用是告诉 I/O 设备把数据放到数据总线上。在系统中，它被称为$\overline{\text{IOR}}$(I/O read) I/O 读信号。

$\overline{\text{IOWC}}$(I/O Write Command)：I/O 写信号；$\overline{\text{AIOWC}}$(Advanced I/O Write Command)：高级 I/O 写信号，它们都是低电平有效。其作用都是将数据总线上的信息写入到 I/O 设备中。只是$\overline{\text{AIOWC}}$由 8288 提前一个时钟周期发出信号，这样，一些较慢外设将得到一个额外的时钟周期去执行写入操作。

关于 8086/8088 CPU 最大模式的其他引脚信号：

QS_1，QS_0(Instruction Queue Status，最小模式为 ALE，$\overline{\text{INTA}}$)：指令队列状态信号，输出。QS_1，QS_0 组合起来表示前一个时钟周期中指令队列的状态，以便从外部对芯片的测试。QS_1，QS_0 的代码组合及队列状态如表 2.6 所示。

表 2.6　QS_1，QS_0 的代码组合及队列状态表

QS_1	QS_0	指令队列状态
0	0	无操作
0	1	从队列中取出当前指令的第 1 个字节代码
1	0	队列为空
1	1	除第 1 个字节外，还从队列中取出指令的后续字节

$\overline{\text{LOCK}}$(Lock，最小模式为$\overline{\text{WR}}$)：总线封锁信号，输出。当$\overline{\text{LOCK}}$为低电平时，系统中其他总线就不能占用总线。LOCK 信号是由指令前缀 LOCK 产生的。在 LOCK 前缀后的指令执行完之后，硬件上便撤销了 LOCK 信号。

$\overline{\text{RQ}}/\overline{\text{GT1}}$，$\overline{\text{RQ}}/\overline{\text{GT0}}$(Request/Grant，最小模式为 HOLD，HLDA)：总线请求信号，输入/总线请求允许信号，输出，此信号为双向信号。CPU 以外的处理器可以用其中之一来请求总线并接受 CPU 对总线请求的回答。$\overline{\text{RQ}}/\overline{\text{GT0}}$优先级高于$\overline{\text{RQ}}/\overline{\text{GT1}}$。

习　题　2

1. 什么是微处理器，它包含哪几部分？
2. 8086 微处理器由哪几部分组成，各部分的功能是什么？
3. 简述 8086 CPU 的寄存器组织。
4. 试述 8086 CPU 标志寄存器各位的含义与作用，溢出和进位有何不同？
5. SP 和 BP 寄存器在使用时有何相同与不同之处？
6. 8086/8088CPU 系统中，存储器为什么采用分段管理？
7. 什么是逻辑地址？什么是物理地址？什么是偏移地址？如何由逻辑地址计算物理

地址？两个逻辑地址分别为 2003H:1009H 和 2101H:0029H,它们对应的物理地址是多少？上面的结果说明了什么？

8. 微处理器在什么情况下才执行总线周期？8086/8088CPU 系统中一个基本的总线周期由几个状态组成？在什么情况下需要插入等待状态？

9. 8086/8088 工作于最大模式时,8288 总线控制器主要提供什么功能？8086/8088 工作于最大模式时有哪些专用引脚？它们的主要作用是什么？

10. 8086CPU 和 8088CPU 的主要区别有哪些？

11. 8086/8088 微处理器的指令队列的作用是什么？

12. 8086/8088CPU 的 BIU 中有一个 20 位的地址加法器,有何用途？

13. 8086/8088CPU 系统中,有两个 16 位字 1ED5H 和 2A3CH 分别存放在 8086 微机存储器的 000B0H 和 000B3H 单元中。请用图表示出它们在存储器里的存放情况。

14. 哪些寄存器可以用来指示存储器地址？

15. 8086/8088CPU 系统中,如果在一个程序开始执行以前(CS) = A7F0H,(IP) = 2B40H,试问该程序的第一个指令代码的物理地址是多少？

16. 什么是堆栈,它有什么用途？可否利用 ROM 区作为堆栈使用,为什么？若(SS) = 2250H,(SP) = 0140H,若在堆栈中存入 5 个字数据,则堆栈的物理地址为________H;如果又从堆栈中取出三个字数据,则栈顶的物理地址为________H。

17. 8086 微机系统的存储器中存放信息如图 2.19 所示。试读出 30022H 和 30024H 字节单元的内容,以及 30021H 和 30022H 字单元的内容。

地址	内容
30020	12H
30021	34H
30022	ABH
30023	CDH
30024	EFH

图 2.19 数据存放情况

18. 8086/8088 系统中为什么要使用地址锁存器？

19. ALE 信号起什么作用？它在使用时能否被浮空？

20. 8086/8088CPU 工作在最小模式时,

(1)当 CPU 访问存储器时,要利用哪些信号？

(2)当 CPU 访问外设接口时,要利用哪些信号？

(3)当 HOLD 有效并得到响应时,CPU 的哪些信号要显高阻？

21. 8086/8088CPU 的 NMI 和 INTR 的不同之处有什么？

22. 8086/8088CPU 的哪些引脚采用了分时复用技术？哪些引脚具有两种功能？

23. 8086/8088CPU 微机系统最大和最小模式的主要特点和区别是什么？

24. 8288 总线控制器产生的控制信号,在大部分 CPU 的外部引脚中都有,为什么在 8086/8088 最大组态下,还要有总线控制器？

25. 将下表中的空白项填上正确的数字。

段值	所在段的首地址	段内偏移量	所访单元的物理地址
		1000H	3A020H
2010H			21A00H
	4B120H	2100H	
4B10H		2120H	
3100H		5A00H	
	2A010H		2B110H

第3章　指令和指令系统

通过学习本章后，你将能够：

掌握8086/8088CPU指令的各种寻址方式，并举出相应的例子；熟练掌握指令系统的全部指令。

3.1　指令和指令系统

3.1.1　指令

指令是计算机能够识别和执行的某种操作命令。每条指令都严格规定了在机器运行时必须完成的一种操作。不同的计算机具有各自不同的指令，对某种特定的计算机而言，其所有指令的集合，称为该计算机的指令系统(Instruction System)。

计算机中的指令由操作码字段和操作数字段两部分组成。操作码字段指示计算机执行什么操作；操作数字段指出操作数放在什么地方，还要指出操作结果送至何处。操作数字段可以是操作数本身，也可以是操作数地址或地址的一部分，还可以是操作数地址的指针或其他有关操作数的信息。

3.1.2　8086/8088CPU指令组成

一条指令中所包含的二进制代码的位数称为指令字长。按指令字长可分为定长和不定长(变长)两种指令系统。8086/8088CPU指令系统为变长指令系统。8086/8088CPU采用了一种较为灵活的指令格式，它由1至6个字节组成，每个字节都有特定的功能，指令字节长度随指令而异。

汇编语言是一种符号语言，它用助记符表示操作码；用符号或符号地址表示操作数或操作数地址。

3.2　寻址方式

寻址方式是指令中用于说明操作数所在地址的方法，也可以说是在指令中获得操作数所在地址的方法。

8086/8088CPU的操作数可位于寄存器、存储器或I/O端口中。对位于存储器的操作数可采用多种不同方式进行寻址。8086/8088CPU的寻址方式可分为程序地址寻址方式和操作数地址寻址方式。

3.2.1　固定寻址(Inherent Addressing)

这种寻址方式的指令大多为单字节指令,其操作是规定在CPU的某个固定的寄存器中进行,这个寄存器又被隐含在操作码中。在固定寻址指令中,固定操作数是被隐含了的。

例如:

DAA　　　　　　;十进制加法调整指令,调整操作固定在AL中进行。

3.2.2　立即寻址(Immediate Addressing)

立即寻址又称立即数寻址。操作数紧跟在操作码之后,直接放在指令中,与操作码一起放在代码段区域中,这种操作数称为立即数。

立即数规定只能为整数。在8086/8088系统中,立即数可以是8位或16位,若是16位,则要求低字节数放在低位地址中,高字节数放在高位地址中。例如:MOV　AX,2056H这条语句中,MOV指令是一个数据传送指令,它的功能是将数据2056H送AX寄存器,执行后,AL中为56H,AH中为20H,如图3.1所示。

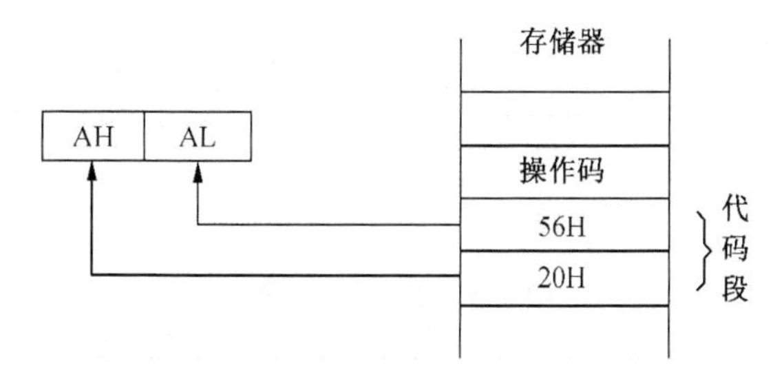

图3.1　立即寻址实例

注意:立即数只能作为源操作数(Source),不能作为目的操作数(Destination)。这种寻址方式主要用来给寄存器和存储单元赋初值。操作数直接在指令中,执行速度快。

3.2.3　寄存器寻址(Register Addressing)

操作数在CPU的内部寄存器中,寄存器名由指令指出,这种寻址方式称为寄存器寻址方式。例如:

MOV　BX,AX;将AX中的内容送入BX。

如指令执行前(AX)=2056H,(BX)=1200H,则指令执行后(BX)=2056H,(AX)保持不变,如图3.2所示。

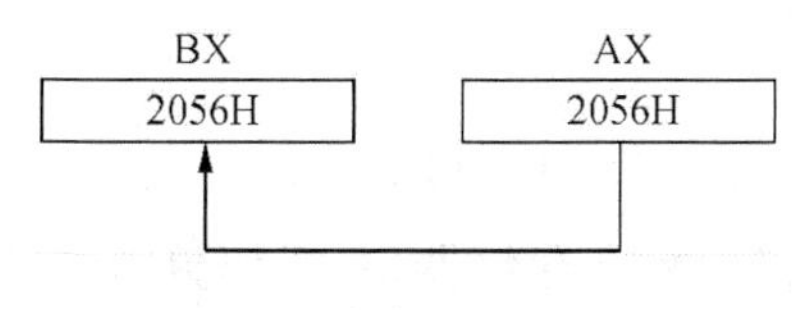

图3.2　寄存器寻址实例

这种从寄存器取得操作数的方式,与从存储器取操作数相比,执行速度更快。

3.2.4 存储器寻址(Memory Addressing)

1. 直接寻址(Direct Addressing)

直接寻址方式的操作数地址的16位偏移量(又称有效地址EA)直接包含在指令中,它紧跟在操作码之后,存放在代码段区域。如果指令前面无前缀指明在哪一段,则默认操作数存放在数据段寄存器DS中。它的地址为数据段寄存器DS加上这16位地址偏移量。例如:

MOV AX,DS:[2000H]

如果(DS)=3000H,EA=2000H,则物理地址为32000H,如图3.3所示。

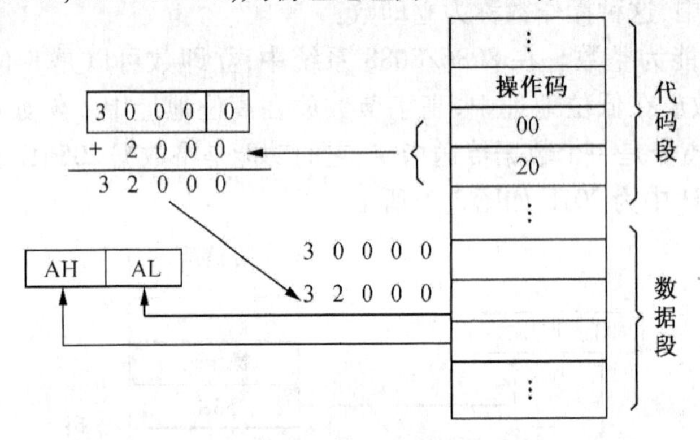

图3.3 直接寻址实例

如果存放操作数的存储区是在DS段以外的段中,则应在指令中指定段跨越前缀。例如:

MOV BX,ES:[2000H]

若(ES)=4100H,则执行过程是将43000H和43001H两单元的内容取出送BX。

在汇编语言中,经常用符号地址代替数值地址,例如:

MOV AX,BFF0H

其中,BFF0H为存放操作数单元的符号地址,它由伪指令确定。亦可写成

MOV AX,[BFF0H]

两者是等效的。

如F012H在附加段中,则应指定段跨越前缀如下:

MOV AX,ES:F012H

或 MOV AX,ES:[F012H]

2. 寄存器间接寻址(Register Indirect Addressing)

寄存器间接寻址方式的操作数在存储器中,操作数地址的16位偏移量包含在寄存器BX,BP,SI或DI之中。如果指令中未具体用前缀指明是哪个段寄存器,则寻址时,对BX,SI,DI寄存器,默认操作数在数据段寄存器DS中,即数据段寄存器DS加上SI,DI,BX中的偏移量为操作数的地址。

物理地址=10H×(DS)+(BX);

或

物理地址 = 10H × (DS) + (SI);

或

物理地址 = 10H × (DS) + (DI)。

如指令中指定 BP 寄存器,则操作数在堆栈段中,段地址在 SS 中,所以操作数的物理地址为

物理地址 = 10H × (SS) + (BP)。

例如:

MOV　AX,[BX]

如果(DS) = 2000H,(BX) = 1000H,则物理地址 = 20000 + 1000 = 21000H。

执行情况如图 3.4 所示,执行结果为

(AX) = 50A0H

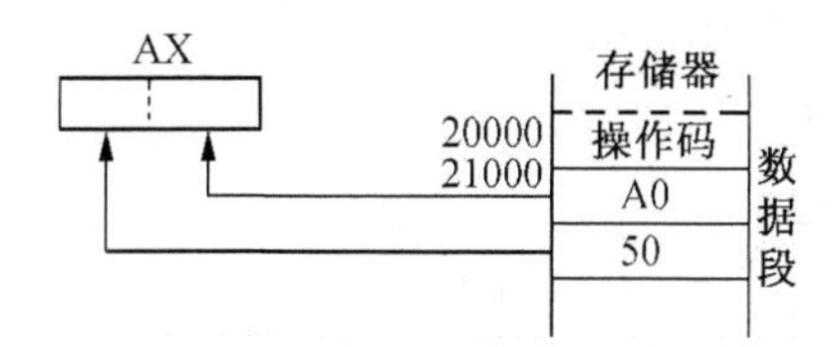

图 3.4　寄存器间接寻址实例

指令中也可指定段跨越前缀来取得其他段中的数据。例如:

MOV　AX,ES:[BX]

对 BP 寄存器,默认的段寄存器为 SS。例如:

MOV　AX,[BP]

3. 寄存器相对寻址(Register Relative Addressing)

采用寄存器相对寻址时,允许在指令中指定一个 8 位或 16 位的偏移量,这样偏移地址由一个基址(BX,BP)或变址(SI,DI)寄存器的内容加上一个偏移量来得到。如果指令中指定的寄存器是 BX,SI,DI,则操作数在数据段中,所以用 DS 寄存器的内容作为段地址。如指令中指定 BP 寄存器,则操作数在堆栈段中,段地址在 SS 中。即

$$EA = \begin{Bmatrix} (BX) \\ (BP) \\ (SI) \\ (DI) \end{Bmatrix} + \begin{Bmatrix} \begin{cases} 8\text{ 位} \\ 16\text{ 位} \end{cases} \text{位移量} \end{Bmatrix}$$

偏移量可以看成是一个相对值,因此把这种带偏移量的寄存器间接寻址称为寄存器相对寻址。指令中,这个 8 位或 16 位二进制数的位移量表示一个有符号数的补码,也就是说,位移量可以是正数,也可以是负数。如果位移量是 8 位二进制数,则位移的范围是 -128 ~ +127。如果位移量是 16 位二进制数,则位移的范围是 -32768 ~ +32767。

例如:

MOV　AX,COUNT[SI]

也可以写成

MOV　AX,[COUNT + SI]

若(DS) = 3000H,(SI) = 2000H,COUNT = 3000H,则如图 3.5 所示。

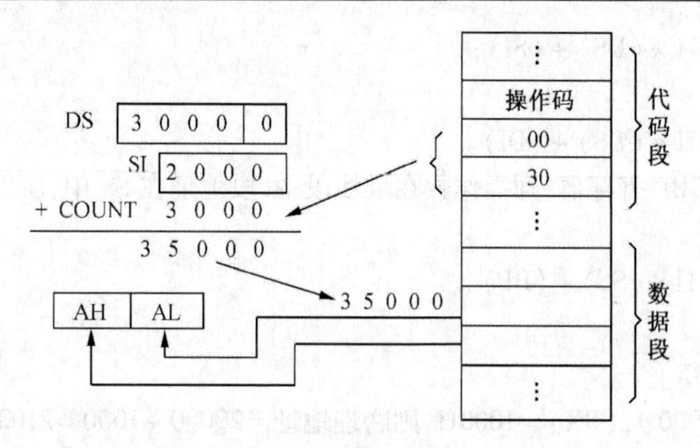

图 3.5 变址寻址

若(DS)=6000H,(SI)=2200H,指令:

MOV BX,[SI+0FFFEH]

指令中源操作数的物理地址为

6000H×10H+2200H+(-2H)=621FEH

其中 FFFEH 是 -2 的 16 位二进制补码。

如果使用 BP 变址,则操作数在堆栈段内。例如:

MOV AH,COUNT[BP]

若(SS)=5000H、(BP)=3000H;设 COUNT 为 16 位偏移量的符号地址,当其值为 COUNT=2040H 时,则偏移地址=3000H+2040H=5040H;物理地址=50000H+5040H=55040H。

直接变址寻址方式也可以使用段跨越前缀。例如:

MOV DL,ES:STRING[SI]

4. 基址加变址寻址(Based Indexed Addressing)

将一个基址寄存器(BX 或 BP)的内容加上一个变址寄存器(SI 或 DI)的内容形成操作数的偏移地址,这种寻址称为基址加变址寻址方式。这种寻址方式中,基址寄存器名和变址寄存器名均由指令指出。如无段跨越前缀,对 BX 寄存器默认的段寄存器为 DS。只要用上寄存器 BP,则默认的段寄存器为 SS。

因此物理地址=10H×(DS)+(BX)+(SI)

或(DI);

或物理地址=10H×(SS)+(BP)+(SI)

或(DI);

例如:

MOV AX,[BX][SI]

或 MOV AX,[BX+SI]

若(DS)=3000H,(BX)=2000H,(SI)=1000H,则偏移地址=2000H+1000H=3000H,物理地址=30000H+3000H=33000H。如图 3.6 所示。

此种寻址方式使用段跨越前缀时的格式为

MOV AX,ES:[BX][SI]

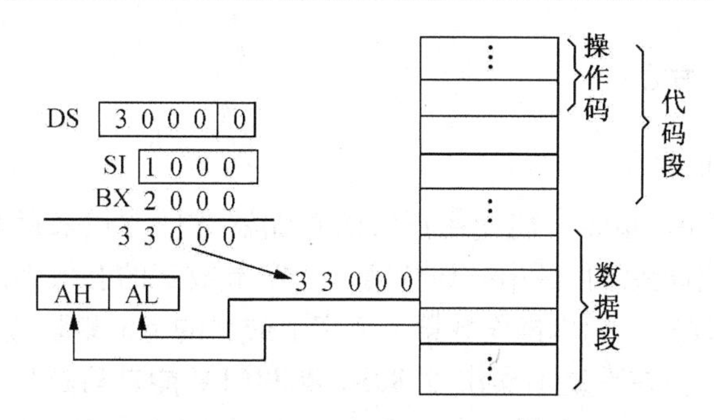

图 3.6　基址加变址寻址示意图

5. 相对的基址加变址寻址(Register Based Indexed Addressing)

与寄存器相对寻址类似,基址加变址寻址也允许带一个 8 或 16 位的位移量。因此,操作数的偏移地址是一个基址(BX 或 BP)寄存器的内容加上一个变址(SI 或 DI)寄存器的内容,再加一个 8 位或 16 位的偏移量。如图 3.7 所示。

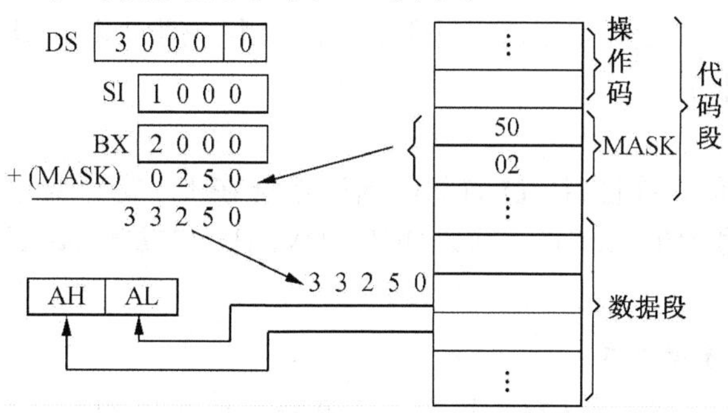

图 3.7　相对的基址加变址寻址

同样,当基址寄存器为 BX 时,使用 DS 为段寄存器;而当基址寄存器为 BP 时,则使用 SS 为段寄存器。因此物理地址为

$$物理地址 = 10H \times (DS) + (BX) + (SI) + 8\text{ 位位移量}$$

或(DI)或 16 位位移量;或

$$物理地址 = 10H \times (SS) + (BP) + (SI) + 8\text{ 位位移量}$$

或(DI)或 16 位位移量。

例如:

```
    MOV   AX,MASK[BX][SI]
也可写成 MOV   AX,MASK[BX+SI]
或        MOV   AX,[MASK+BX+SI]
```

设(DS)=3000H,(BX)=2000H,(SI)=1000H,MASK=0250H,则:

$$物理地址 = 30000H + 2000H + 1000H + 0250H = 33250H$$

这种寻址方式用起来比较灵活,尤其对堆栈数据的访问提供了较大的方便。访问堆栈数组时,将 BP 指向栈顶,位移量用来表示栈顶到数组首地址的距离,变址寄存器 DI 或 SI 用来指向数组中某个元素。

3.2.5 其他寻址方式

1. 串操作指令寻址方式

数据串(或称字符串)指令不能使用正常的存储器寻址方式来存取数据串指令中使用的操作数。执行数据串指令时,源串操作数第1个字节或字的有效地址应存放在源变址寄存器SI中(不允许修改),目标串操作数第1个字节或字的有效地址应存放在目标变址寄存器DI中(不允许修改)。在重复串操作时,8086/8088CPU能自动修改SI和DI的内容,以使它们能指向后面的字节或字。因指令中不必给出SI或DI的编码,故串操作指令采用的是隐含寻址方式。

2. I/O端口寻址方式

在8086/8088CPU指令系统中,输入/输出指令对I/O端口的寻址可采用直接或间接两种方式。

(1)直接端口寻址

I/O端口地址以8位立即数方式在指令中直接给出。例如IN AL,n;所寻址的端口号n只能在0~255范围内。

(2)间接端口寻址

这类似于寄存器间接寻址,16位的I/O端口地址在DX寄存器中,即通过DX间接寻址,故可寻址的端口号为0~65535。例如OUT DX,AL。它是将AL的内容输出到由(DX)指出的端口中去。

3. 转移类指令的寻址方式

指令系统中还有一种程序转移类指令。这类指令所指出的地址是将程序转移到指令规定的转移地址,然后再顺序执行程序。这种提供转移地址的方法称为程序转移指令地址的寻址方式。

3.3 8086/8088CPU指令系统

80X86指令系统的基础是8086/8088CPU指令系统。8086/8088CPU指令系统按其功能分为6种类型。它们是数据传送指令Data Transfer Instruction、算术运算指令Arithmetic Instruction、逻辑运算指令Logic Instruction、串操作指令String Manipulation Instruction、程序控制指令Control Transfer Instruction和处理器控制指令Processor Control Instruction。

3.3.1 数据传送指令

数据传送指令用于寄存器、存储单元或输入输出端口之间传送数据或地址。8086/8088CPU有14种数据传送指令,可分为4类:通用数据传送指令、输入输出数据传送指令、地址传送指令、标志传送指令。

1. 通用数据传送指令MOV(Move Instruction)

(1)MOV DST,SRC

MOV是指令助记符。

SRC 为源操作数,它可以是立即数、寄存器以及各种寻址的内存单元内容。

DST 为目的操作数,它可以是寄存器或者各种寻址的内存单元,不可以是立即数。

功能:将一个字节或一个字的操作数从源操作数复制至目的操作数。MOV 指令的执行不影响标志寄存器的内容。

简记为 DST←SRC。

MOV 指令有 6 种格式:

①CPU 通用寄存器之间传送(r/r)

MOV　CL,AL　;将 AL 中的 8 位数据传到 CL。

②通用寄存器和段寄存器之间(r/SEG)

MOV　DS,AX　;将 AX 中的 16 位数据传到 DS。

③寄存器和存储单元之间(r/M)

MOV　AL,[BX];将 BX 的内容所指存储单元内容传到 AL。

④段寄存器和存储单元之间(seg/M)

MOV　SS,[2000H];将数据段中 2000H 和 2001H 两字节存储单元内容传到 SS。

⑤立即数到通用寄存器(r/Imm)

MOV　SP,2000H　;将 2000H 送 SP。

MOV　AL,'E'　;把立即数 45H(字符 E 的 ASCII 码)送到 AL 寄存器。

⑥立即数到存储单元(M/Imm)

MOV　WORD　PTR [SI],4501H ;将立即数 4501H 送数据段中 SI 内容所指的字单元中。

对于基本的传送指令的使用,有几点需要注意:

①MOV 指令既可传送字节也可传送字,但应注意源操作数和目的操作数之间的类型匹配。例如:

MOV　ES,AL　;错

MOV　CL,4321H　;错

不匹配,源和目的操作数必须同为 8 位或是 16 位。

②在 MOV 指令当中,寄存器既可以作为源操作数,也可以作为目的操作数,但 CS 和 IP 这两个寄存器不能作为目的操作数,换句话说,这两个寄存器的值不能用 MOV 指令随意修改。例如:MOV　CS,AX 以及 MOV　IP,1000H 是错误的。

③立即数不能直接送段寄存器。也不允许在两个段寄存器之间直接传送信息。例如:

MOV　AX,2000H

MOV　DS,AX

段地址必须通过寄存器如 AX 寄存器送到 DS 寄存器。

④MOV 指令不能在两个内存单元之间直接传送数据,如果非要进行传送不可,则应通过内部寄存器间接进行。

⑤不允许用立即数作目的操作数。

MOV　2000H, AL　;错

⑥8086/8088CPU 系统规定:凡是遇到给 SS 寄存器赋值的传送指令时,系统会自动禁止外部中断,等到本条指令和下条指令被执行之后,才又自动恢复对 SS 寄存器赋值前的中断开放情况。这样做是为了允许程序员连续用两条指令分别对 SS 和 SP 寄存器赋值,同时又

防止堆栈空间变动过程中出现中断。了解这一点之后，就应该注意在修改 SS 和 SP 的指令之间不要插入其他指令。

(2)入栈指令 PUSH(Push Word or Double Word onto Stack)

指令格式：PUSH　SRC

PUSH 指令将字压入堆栈。

SRC 为源操作数，可以是除立即数之外的 16 位的寄存器或者内存字单元的内容(两个字节)。

功能：将源操作数中的一个字推入(也称压入)堆栈，其堆栈指针 SP 的值始终指向刚刚入栈的数据处，每进一个字后，栈顶指针 SP 的值减 2。

PUSH 的操作如下：

①SP←(SP) - 1

②SRC_H→(SP)

③SP←(SP) - 1

④SRC_L→(SP)

设(AX) = 2107H，(SP) = 0064H，执行 PUSH　AX 指令后堆栈的情况如图 3.8 所示。堆栈段中 0063H 单元内容为 21H，0062H 单元内容为 07H，(SP) = 0062H。

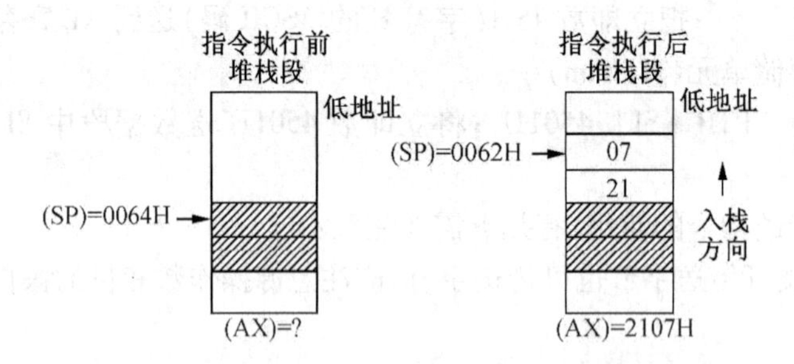

图 3.8　PUSH　AX 指令的执行情况

例如：

PUSH　AX　　　　　;将 AX 内容推入堆栈

PUSH　DS　　　　　;将 DS 内容推入堆栈

PUSH　WORD PTR[BX + DI];将 BX + DI 和 BX + DI + 1 两字节单元的内容推入堆栈

(3)出栈指令 POP(Pop Word or Double Word Stack)

指令格式：POP　DST

DST 是目的操作数。

功能：将 SP 所指的堆栈顶处的一个字取出(也称弹出)送至目的 DST 中，并且 SP 的值加 2。

POP 的操作如下：

①((SP))→DST_L

②SP←(SP) + 1

③((SP))→DST_H

④SP←(SP) + 1

如果在图 3.8 的情况下执行 POP　AX 指令的情况如图 3.9 所示。

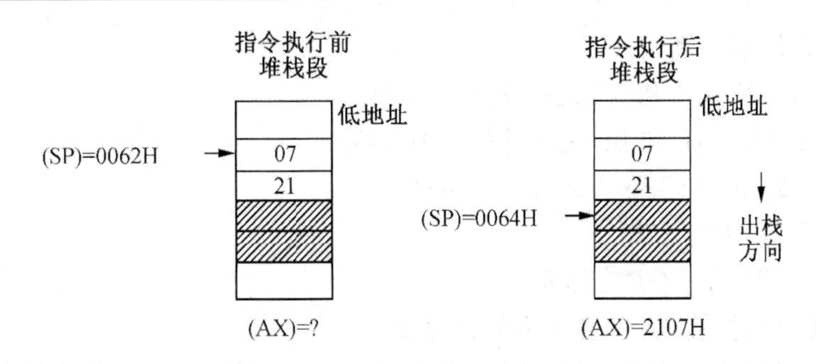

图 3.9 POP AX 指令的执行情况

指令执行后:(AL) = 07H,(AH) = 21H,(SP) = 0064H。

例如:

```
POP   AX     ;将栈顶两字节单元内容弹出送 AX
POP   DS     ;将栈顶两字节单元内容弹出送 DS
POP   BUFFER;将栈顶两字节单元内容弹出送 BUFFER 和 BUFFER + 1 两字节单元
```

堆栈操作指令的形式很简单,但使用时,仍有几点必须注意:

①堆栈的操作总是按字进行的,也就是说,没有 PUSH AH,POPBL 这样的字节操作指令;

②堆栈操作指令可以使用除立即数以外的其他寻址方式;

③堆栈操作指令也可以指定段寄存器作为操作数;

④CS 寄存器的值可以推入堆栈,但反过来,不能从堆栈中弹出一个值到 CS 寄存器;

⑤堆栈指令不影响标志位。

堆栈在计算机工作中起着重要的作用,如果在程序中要用到某些寄存器,但它的内容却在将来还有用,这时就可以用堆栈把它们保存下来,然后到必要时再恢复其原始内容。例如:

```
PUSH  AX;
PUSH  BX;
  ⋮
其间程序用到 AX 和 BX 寄存器;
  ⋮
POP  BX;
POP  AX;
```

堆栈在子程序结构的程序以及中断程序中也很有用,这将在以后加以说明。

(4)数据交换指令 XCHG(Exchange Instruction)

指令格式:XCHG $OPRD_1$,$OPRD_2$

功能:把操作数 $OPRD_1$ 和 $OPRD_2$ 中的一个字或一个字节的数据进行交换。可在寄存器之间、寄存器与存储器之间进行交换,但不允许在两个存储单元之间执行交换过程,并且段寄存器和 IP 寄存器既不能作为 $OPRD_1$,也不能作为 $OPRD_2$,且指令的执行不影响标志位。

简记为 $OPRD_1 \longleftrightarrow OPRD_2$

源、目的操作数之间交换一个字节或字的数据。源或目的操作数只能取通用寄存器或

通用寄存器与存储器。例如:

XCHG AX,CX ;CX 和 AX 之间进行字交换

XCHG AL,BL ;AL 和 BL 之间进行字节交换

(5)换码指令 XLAT(Translate Instruction)

指令格式分:XLAT OPR

或 XLAT (省略形式)

其中,OPR 为转换表名(即转换表的首地址)。

XLAT 指令的功能是将 BX 寄存器的内容加上 AL 寄存器内容,作为操作数的偏移地址,从这个地址取一字节内容送到 AL 寄存器中。

执行的操作:AL←((BX)+(AL))

在使用这条指令以前,应先建立一个字节表格,将字节表格在内存中的首地址先置于 BX 中,欲查字节距其首址的偏移值也提前置 AL 中,表格的内容则是所要换取的代码,该指令执行后就可在 AL 中得到转换后的代码。

在使用 XLAT 指令时,应注意:

①由于 AL 寄存器只有 8 位,所以表格的长度不能超过 256 个字节。

②该指令的执行不影响标志位。

例如:

(BX)=0040H,(AL)=0FH,(DS)=F000H;如图 3.10 所示。

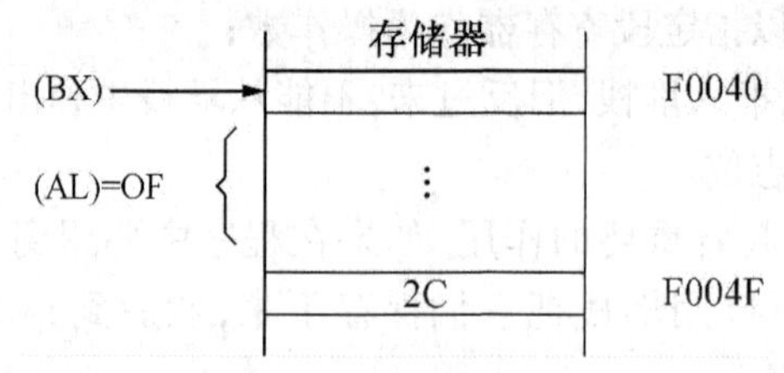

图 3.10 存储器示意图

指令:XLAT

把 F0000+0040+0F=F004FH 的内容送 AL,所以指令执行后:

(AL)=2CH

即指令把 AL 中的代码 0FH 转换为 2CH。

2. 输入输出数据指令(Input and Output Instruction)

在 8086/8088CPU 构成的 IBM PC 机里,所有 I/O 端口与 CPU 之间的通信都由 IN 和 OUT 指令来完成。其中 IN 完成从 I/O 端口到 CPU 的信息传送,而 OUT 完成从 CPU 到 I/O 端口的信息传送。CPU 只能用 AL 或 AX 寄存器接收或发送信息。

输入输出指令可以分为两大类:一类是直接输入输出指令;另一类是间接输入输出指令。

(1)输入指令 IN(Input Instruction)

直接输入指令(长格式)的格式:IN AL 或 AX,PORT;PORT 是端口地址。

功能是将数据从输入端口传送到 AL 或 AX 寄存器。

例如:

IN　AL,PORT;将PORT端口的一字节内容送AL。

IN　AX,PORT;将相邻两端口地址的字内容送AX。

间接输入指令(短格式)的例子如下。假定在执行这些指令前,在DX寄存器中已用传送指令设置好端口号。

IN　AL,DX;从DX所指的端口中读取一个字节。

IN　AX,DX;从DX和DX+1且所指的两个端口中读取一个字。

(2)输出指令OUT(Output Instruction)

直接输出指令(长格式)的格式:OUT　PORT,AL或AX

功能是将数据从AL或AX寄存器传送到输出端口中。例如:

OUT　PORT,AL;将AL的一字节内容送PORT端口。

OUT　PORT,AX;将AX的内容送PORT和PORT+1相邻两端口。

间接输出指令的例子如下。假定在执行这些指令前,在DX寄存器中已用传送指令设置好端口号。

OUT　DX,AL;将AL的一字节内容送DX所指定的端口。

OUT　DX,AX;将AL的内容送DX所指定的端口,AH的内容送DX+1端口输出。

CPU与外设通信时,输入/输出通信必须经过特殊的端口进行。外部设备最多可有65536个端口的端口号(即外设的端口地址)为0000~FFFFH。其中前256个端口(0~FFH)可以直接在指令中指定,这就是直接输入输出指令中的PORT,此时机器指令用两个字节表示,第二个字节就是端口号。所以用直接输入输出指令时可以在指令中直接指定端口号,但只限于外设的前256个端口。当端口号超过255时,则要用间接输入输出指令,此时DX的内容是端口号,而IN指令的作用是将DX中指示的端口号内的信息送AL或AX,OUT指令的作用是将AL或AX的内容送至DX中的内容所指示的端口中。当所送内容是一个字时,必须使用连续的两个端口号,端口地址即DX中的内容只能取偶数。

总而言之,IN和OUT指令提供了字和字节两种使用方式,选用哪一种,则取决于外设端口宽度。8088CPU是准16位机,外部数据总线是8位,因而只有字节传送指令,而8086CPU还有字传送指令。输入输出指令不影响标志位。

3. 地址传送指令

8086指令系统提供了3条地址传送指令。

(1)有效地址传送指令LEA(Load Effective Address)

指令格式:LEA　REG,SRC

其中,REG表示CPU内部的某一个16位通用寄存器。

功能:把源操作数的地址偏移量传给某16位的通用寄存器,这条指令常用来建立操作所需要的寄存器地址指针。

例:LEA　BX,[BX+SI+0F62H]

如指令执行前(BX)=0400H,(SI)=003CH;则指令执行后(BX)=0400+003C+0F62=139EH。

必须注意,在这里BX寄存器得到的是偏移地址而不是该存储单元的内容。

该指令的执行效果与MOV　BX,OFFSET[BX+SI+0F62H]相同。

LEA的功能是取有效地址。源操作数SRC必须是一个内存单元地址,目的操作数REG必须是16位的通用寄存器。此指令将源操作数的地址偏移量送目的操作数。例如:

LEA　DI,MAXX1;将符号 MAXX1 地址偏移量送 DI。

LEA　BX,[BP+SI];指令执行后,BX 中的内容为 BP+SI 的值。

LEA　SP,[0520H];执行后,使堆栈指针 SP 中的内容为 0520H。

(2)指针送寄存器和 DS 指令 LDS(Load Data Segment Register)

指令格式:LDS　REG,SRC

源操作数 SRC 必须是一个内存双字(4 个字节)单元地址,目的操作数 REG 必须是 16 位的通用寄存器。

执行的操作为

REG←(SRC);

DS←(SRC+2)。

功能:把一个存放在 4 个存储单元中共计为 32 位的目标指针(段地址和偏移量)传送到两个目的寄存器。其中后两个字节(高地址)内容,即段地址送到 DS;前两个字节(低地址)内容,即偏移量送到指令中所出现的目的寄存器中。

该指令传送了一个完整地址值。

例:LDS　SI,[10H]

如指令执行前(DS)=C000H,(C0010H)=0180H,(C0012H)=2000H;则指令执行后(SI)=0180H,(DS)=2000H。

LDS 指令的功能是完成一个地址指针的传送。地址指针包括段地址部分和偏移量部分。指令将段地址送 DS,将偏移量送一个 16 位的指针寄存器或变址寄存器。例如:

LDS　SI,[BX];将 BX 指向的 32 位地址指针的高 16 位送 DS,低 16 位(偏移量)送 SI。

(3)指针送寄存器和 ES 指令 LES(Load Extra Segment Register)

指令格式:LES　REG,SRC

执行的操作为

REG←(SRC);

ES←(SRC+2)。

这条指令除把目标段地址送 ES 外,其余与 LDS 相同。例如:

LES　DI,[BX+COUNT]

以上 3 条指令指定的寄存器不能使用段寄存器,且源操作数必须使用除立即数方式及寄存器方式以外的其他寻址方式。这些指令不影响标志位。

本组指令把变量的偏移地址(LEA)或段地址和偏移地址(LDS 和 LES)送给寄存器,以提供访问变量的工具。

4. 状态标志位传送指令

8086/8088CPU 指令系统提供了两条状态标志传送指令,它们的功能如下所示:

(1)将标志寄存器低 8 位内容送 AH 的指令 LAHF(Load AH from Flags)

指令格式:LAHF

执行的操作:AH←(FR 中低字节)

功能:将标志寄存器中的低 8 位传送到 AH 中,操作如图 3.11 所示。具体地说,就是将 SF(符号标志)、ZF(零标志)、AF(辅助进位标志)、PF(奇偶标志)和 CF(进位标志)传送到 AH 寄存器的相应位,即 D_7,D_6,D_4,D_2 和 D_0 位,执行 LAHF 指令后,AH 寄存器的 D_5,D_3,D_1 位没有意义。

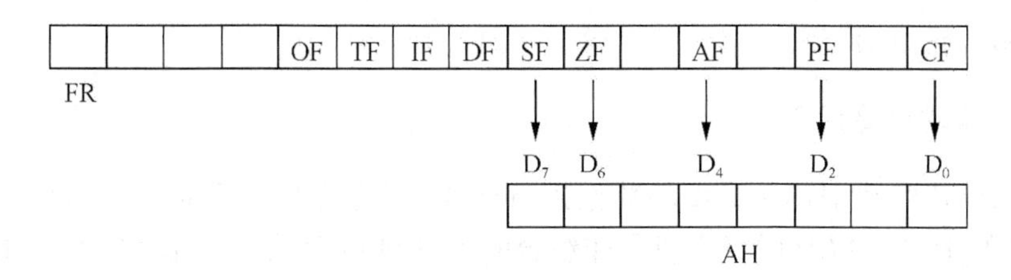

图 3.11　LAHF 指令的功能

(2)将 AH 寄存器内容送标志寄存器低 8 位的指令 SAHF(Store AH in Flags)

指令格式:SAHF

执行的操作:$FR_L \leftarrow (AH)$

功能:该指令的操作与 LAHF 相反,SAHF 指令将 AH 寄存器的相应位传送到标志寄存器的低 8 位。也就是说,如果用图来表示 SAHF 的功能,那么只要将图 3.11 中的 5 个箭头反过来就行了。这条指令不影响标志寄存器的 OF(溢出标志)、DF(方向标志)、IF(中断允许标志)和 TF(跟踪标志)。

(3)将 16 位标志寄存器内容压入堆栈的指令 PUSHF(Push Flags onto Stack)

指令格式:PUSHF

执行的操作:

②$SP \leftarrow (SP) - 1$;

②$FR_H \rightarrow (SP)$;

③$SP \leftarrow (SP) - 1$;

④$FR_L \rightarrow (SP)$。

功能:把标志寄存器 FR 推入堆栈指针所指的堆栈顶部,同时 $(SP) - 2 \rightarrow SP$。此指令的执行不影响标志位。

(4)将当前栈顶内容弹出至标志寄存器的指令 POPF(Pop Flags off Stack)

指令格式:POPF

执行的操作:

①$((SP)) \rightarrow FR_L$;

②$SP \leftarrow (SP) + 1$;

③$((SP)) \rightarrow FR_H$;

④$SP \leftarrow (SP) + 1$。

功能:把堆栈指针所指的一个字传送给标志寄存器,同时 $(SP) + 2 \rightarrow SP$。这条指令执行后标志寄存器的标志位就取决于原堆栈顶部单元的内容。

在 IBM　PC 的指令系统中,没有直接改变跟踪标志 TF 的指令,故要改变 TF 标志,须将标志压入堆栈,改变堆栈中该项内容的位 8 的值,然后再从堆栈中弹出标志。

```
PUSHF
POP    AX
OR   AX,0100H
PUSH   AX
POPF              ;TF 置 1,其他标志不变
```

PUSHF 和 POPF 指令一般用于子程序和中断处理程序的首尾,分别起保存主程序标志

和恢复主程序标志的作用。

3.3.2 算术运算指令

8086/8088CPU 可对四种类型的数据进行运算,即无符号二进制数、带符号二进制数、无符号组合的十进制 BCD 码或无符号非组合的十进制 BCD 码。算术运算指令的操作结果的某些性质用某种标志来表示,如进位标志 CF、辅助进位标志 AF、零标志 ZF、奇偶标志 PF、溢出标志 OF 等。

算术运算指令涉及两种类型的数据,即无符号数和有符号数。

无符号二进制数将所有的数位都看成数据位,所以无符号数只有正数没有负数。8 位无符号二进制数表示的无符号十进制数的范围为 0 ~ 255,16 位无符号二进制数表示的无符号十进制数的范围为 0 ~ 65535。

有符号二进制数将最高位定义为符号位,而数据本身用补码表示,因此,有符号数既可以表示正数,也可以表示负数。8 位有符号二进制数表示的有符号十进制数的范围为 -128 ~ +127,16 位有符号二进制数表示的有符号十进制数的范围为 -32768 ~ +32767。

那么,能否用一套加、减、乘、除指令既能实现对无符号数的运算,又可以实现对有符号数的运算呢?

对这个问题的回答是,对加法或减法来说,无符号数和有符号数可以采用同一套指令,对乘法或除法来说,无符号数和有符号数不能采用同一套指令。

无符号数和有符号数采用同一套加法指令及减法指令有两个条件。首先就是要求参与加法或减法运算的两个操作数必须同为无符号数或有符号数;另外,要用不同的方法检测无符号数或有符号数的运算结果是否溢出。

下面我们以 8 位二进制数相加为例分析一下数的溢出情况。

①带符号数和无符号数都不溢出

二进制加法	看作无符号数	看作有符号数
0000 0100	4	+4
+ 0000 1011	+11	+(+11)
0000 1111	15	+15
	CF=0	OF=0

上面算式在计算机中运算时,如果表示无符号数,就是 4 + 11 = 15,由于最高有效位没有向高位的进位,所以 CF = 0,此时,运算结果 15 小于 8 位无符号数的最大值 255,是正确的;如果表示有符号数,就是(+4) + (+11) = (+15),运算结果 +15 处于 8 位带符号数的表示范围 +127 ~ -128 之内,是正确的,此时,由于正数加正数,仍为正数,也就是说没有改变符号,所以溢出标志 OF 为 0。

②无符号数溢出

二进制加法	看作无符号数	看作有符号数
00001000	8	+8
+ 1111 1011	+251	+(-5)
1←00001011	259	+3
	CF=1	OF=0

现为3, 结果错

上面算式如果表示无符号数,那么就是 8 + 251 = 3,此结果显然不对。原因是 8 和 251 相加超出了 8 位无符号数的最大值 255,即产生溢出,此时 CF = 1。如果表示为有符号数,则为(+8) + (-5) = (+3),结果正确,这由于是一个正数和一个负数相加,因此不会使溢出标志 OF 为 1,而是为 0。

③带符号数溢出

二进制加法	看作无符号数	看作有符号数
00001000	8	+8
+ 01111100	+124	+(+124)
10000100	132	+132
	CF=0	OF=1
		现为-124，结果错

上面算式如果表示为无符号数,则为 8 + 124 = 132,没有产生进位,因此 CF = 0。对有符号数来说,则为(+8) + (+124) = (-124),这个结果显然不对。原因是 +8 和 +124 相加时,超出了 8 位有符号数的最大值 +127,此时,计算机根据两个相同符号数相加产生相反符号的现象,使溢出标志 OF = 1。

④带符号数和无符号数都溢出

二进制加法	看作无符号数	看作有符号数
10000111	135	(-121)
+ 11110101	+245	+(-11)
1← 01111100	380	-132
	CF=1	OF=1
	现为124，结果错	现为+124，结果错

上面算式如果表示为无符号数,则为 135 +245 = 124,这个结果当然不对。原因和前一种情况一样,是因为运算结果超出 8 位无符号数的最大值 255,即产生溢出了,此时 CF = 1。如果表示为有符号数,则为(-121) + (-11) = +124,这个结果也不对,原因是 -121 和 -11相加时,结果为 -132,超出了 8 位有符号数的最小值 -128,此时,计算机根据两个相同符号数相加产生相反符号的现象,使溢出标志 OF = 1。

上面的 4 个例子清楚地说明,溢出标志 OF 和进位标志 CF 是性质不同的两个标志,CF 位可以用来表示无符号数的溢出,OF 位则可用来表示有符号数的溢出。应该注意,如果②④中的进位值以 2^8 = 256 为其权值考虑在内时,得到的运算结果应该是正确的。

由此可见,对无符号数运算时,只要在执行运算后,判断 CF 是否为 1,便可知道结果是否溢出;而对有符号数运算时,只要在执行运算后,判断 OF 是否为 1,便可知道是否产生了溢出。

所有的算术运算指令,都会影响状态标志。总的来讲,有这样一些规则:

①当无符号数运算产生溢出时,CF = 1;

②当有符号数运算产生溢出时,OF = 1(除法指令除外);

③如果运算结果为 0,则 ZF = 1;

④如果运算结果为负数,则 SF = 1;

⑤如果运算结果低 8 位中有偶数个 1,则 PF = 1。

这里还要指出一点是,无符号数运算结果产生溢出只有唯一的一种原因,就是超过了最大表示范围,因此溢出也就是有进位。正因为是唯一的,于是可以看成是一种因果关系,而不是出错情况。实际上,在多字节无符号数运算时,正是利用溢出来传递低位字节往高位字节的进位。有符号数运算产生溢出表示出现了错误,这与无符号数运算产生溢出的情况不同。

1. 加法指令

(1)加法指令 ADD(Add Binary Numbers Instruction)

指令格式:ADD DST,SRC

执行的操作:DST←DST + SRC

功能:将源操作数和目的操作数中同为一个字节或一个字的数相加,其和送至目的操作数中。且该指令的执行影响标志位。DST 可以是寄存器或内存单元的 8 位或者 16 位二进制数,SRC 也可以是寄存器或内存单元的 8 位或 16 位数,还可以是立即数,但 SRC 和 DST 不能同时为存储单元的内容。

注意:该指令适合有符号数和无符号数的运算。

实现两个操作数相加,结果送原来存放目的操作数的地方。目的操作数可以是通用寄存器或存储器操作数。

例如:

ADD AL,50H ;AL 中的内容和 50H 相加,结果放在 AL 中。

ADD CX,1000H ;CX 中的内容和 1000H 相加,结果放在 CX 中。

ADD DI,SI ;DI 和 SI 中的内容相加,结果放在 DI 中。

ADD [BX + DI],AX ;数据段 BX + DI 和 BX + DI + 1 两个字节存储单元内容和 AX 相加,结果放在数据段 BX + DI 和 BX + DI + 1 所指的字节存储单元中。

ADD AX,[BX + 2000H];数据段 BX + 2000H 和 BX + 2001H 的两字节单元的内容和 AX 的内容相加,结果放在 AX 中。

ADD BYTE PTR [SI],200

应注意,存储器操作数与立即数相加时,必须指明操作数的类型。ADD 指令的执行结果将影响标志位 CF,AF,PF,ZF,SF 和 OF。

执行指令:

MOV AX,4652H

ADD AX,0F0F0H

```
  4652H          01000110   01010010
+ F0F0H    →   + 11110000   11110000
          1 ←    00110111   01000010
```

指令执行后(AX) = 3742H,ZF = 0(运算结果不为 0),SF = 0(运算结果为正数),CF = 1(无符号数溢出),OF = 0(带符号数不溢出)。

(2)带进位位的加法指令 ADC(Add with Carry Instruction)

指令格式:ADC DST,SRC

执行的操作:DST←DST + SRC + CF

功能:将源操作数、目的操作数与进位标志 CF 的值相加,和送入目的操作数,其余同 ADD 指令。

ADC 指令与 ADD 类似,不同之处在于两个操作数相加时,还要加上进位标志 CF 的当前值,结果送原来存放目的操作数的地方。

指令执行结果对标志值的影响与 ADD 相同。

例如:

ADC AX,SI ;AX 和 SI 中的内容以及 CF 的值相加,结果放在 AX 中。

ADC　DX,[SI]　;SI 和 SI+1 所指的字节存储单元的内容和 DX 的内容以及 CF 的值相加,结果在 DX 中。

ADC　BX,3000H　;BX 和立即数 3000H 以及 CF 的值相加,结果在 BX 中。

ADC　AL,5　;AL 中的内容和立即数 5 以及 CF 的值相加,结果送 AL 中。

ADC 指令为实现多字节的加法运算提供了方便。比如,有两个 4 字节的无符号数相加,这两个数分别放在数据段 2000H 和 3000H 开始的存储单元中,低位在前,高位在后。要求进行运算后,得到的和放在数据段 2000H 开始的内存单元中。

由于两已知数无法在一个字中装完,故不能直接使用 ADD 指令,应先设法将两个已知数的低 16 位相加,如有进位,则 CF=1,否则为 0,然后再进行两数的高 16 位相加,并吸收进位标志的值,从而保证结果的正确性,可以用如下程序段实现这种多字节的加法。

```
MOV   SI,2000H    ;取第一个数的首地址。
MOV   AX,[SI]     ;将第一个数的低 16 位取到 AX。
MOV   DI,3000H    ;取第二个数的首地址。
ADD   AX,[DI]     ;第一个数和第二个数的低 16 位相加。
MOV   [SI],AX     ;低 16 位相加的结果送到 2000H 和 2001H 单元。
MOV   AX,[SI+2]   ;取第一个数的高 16 位送到 AX 中。
ADC   AX,[DI+2]   ;两个数的高 16 位连同进位位相加。
MOV   [SI+2],AX   ;高 16 位相加的结果送到 2002H,2003H 单元。
```

设相加的两个 4 字节的无符号数为 2F365H 与 5E024H,相加的过程如下:

执行 ADD　AX,[DI] 后:

```
      F365H
    + E024H
-------------
   1←D389H
```

(AX)=D389H,SF=1,ZF=0,CF=1,OF=0;

执行 ADC　AX,[DI+2] 后:

```
   0002H
   0005H
 + 0001H    (CF)
-----------------
   0008H
```

(AX)=0008H,SF=0,ZF=0,CF=0,OF=0。

所以,在数据段 2000H~2003H 中最后得到的应为 8D389H。

(3)加 1 指令 INC(Increment by 1 Instruction)

指令格式:INC　OPRD

执行的操作:OPRD←OPRD+1

该指令执行结果影响标志位 SF,ZF,AF,PF 和 OF,而对 CF 无影响。

功能:将指令后的一个字节或一个字的操作数的值加 1,再送回到该操作数。其中 OPRD 即是源操作数,也是目的操作数。这条指令一般用在循环程序中修改指针和循环次数。

例如:

```
INC   AL        ;将 AL 中的内容加 1。
INC   CX        ;将 CX 中的内容加 1。
```

INC　BYTE　PTR[BP+DI+500H]；将堆栈段中 BP+DI+500H 所指的字节存储单元的内容加1。

2. 减法指令

(1)不考虑借位的减法指令 SUB(Subtract Binary Values Instruction)

指令格式：SUB　DST，SRC

执行的操作：DST←DST－SRC

功能：将同为一个字节或一个字的两个操作数相减，用目的操作数减去源操作数，其差存放在目的操作数中。

注意：该指令适合有符号数和无符号数的运算。

例如：

SUB　AL，10；

SUBCX，BX；

SUB[BP+2]，CL；

SUB　AX，[BX+2]。

SUB 的执行结果影响标志 SF，ZF，AF，PF，CF 和 OF。

若是有借位发生，则 CF＝1，说明此时有两无符号数相减溢出；如果作为两个有符号数相减时，OF＝1 说明带符号数的减法溢出，结果是错误的。操作数 DST 和 SRC 同加法指令一样有相同的限制。

减法运算不论减数为正或为负，都要将减数变为补码(减数各位包括符号位按位取反且在最低位加1)，然后与被减数相加。

减法运算影响标志位。

例如：SUB　WORD PTR[SI+14H]，0136H

如在指令执行前：

(DS)＝3000H，(SI)＝0040H，(30054H)＝4336H；

则在指令执行后：

```
  4336H            0100001100110110
 -0136H   →       -0000000100110110
                          ↓
                   0100001100110110
                 + 1111111011001010
                1← 0100001000000000
```

所以，(30054H)＝4200H，SF＝0，ZF＝0，CF＝0，OF＝0。

例如：SUB　DH，[BP+4]

如在指令执行前：

(DH)＝41H，(SS)＝4000H，(BP)＝00E4H，(400E8H)＝5AH；

则在指令执行后：

```
  41H          01000001            01000001
 -5AH   →     -01011010   →      + 10100110
                                   11100111
```

所以，(DH)＝E7H，SF＝1，ZF＝0，CF＝1，OF＝0。

(2)带借位位的减法指令 SBB(Subtract with Borrow Instruction)

指令格式:SBB　DST,SRC

执行的操作:DST←DST - SRC - CF

功能:将同为一个字节或一个字的目的操作数和源操作数相减,再减去进位标志值,其差存放在目的操作数中。SBB 指令与 SUB 基本相同,不同的是两个操作数相减时,还要减去借位标志位 CF 的当前值。

和带进位位的加法指令类似,SBB 主要用在多字节减法运算中。

执行 SBB 指令,当 CF = 0 时,都要将减数变为补码(减数各位包括符号位按位取反且在最低位加 1),然后与被减数相加。当 CF = 1 时,减数各位包括符号位按位取反,然后与被减数相加。

(3)减 1 指令 DEC(Decrement by 1 Instruction)

指令格式:DEC　OPRD

执行的操作:OPRD←OPRD - 1

功能:将 DEC 后的一个字或一个字节的操作数的值减 1,再将结果送回操作数。DEC 对条件码的设置方法,除指令的执行不影响 CF 标志外,其余同 SUB 指令。

操作数可以是寄存器或存储器。该指令将操作数视为无符号数。

例如:

DEC　AX　;将 AX 的内容减 1 后再送回 AX 中

指令执行对标志位 CF 无影响,但影响标志位 SF,ZF,AF,PF 和 OF。

(4)求补指令 NEG(Negate Instruction)

指令格式:NEG　OPRD

NEG 对指令中给出的操作数(一个字节或一个字)取补码,再将结果送回。因为对一个操作数取补码相当于用 0 减去此操作数,所以 NEG 指令执行的也是减法操作。

例如:

NEG　AL　　;将 AL 中的数取补码。

NEG　CX　　;将 CX 中的内容取补码。

如果操作数的值为 -128(即 80H)或者 -32768(即 8000H),那么执行求补指令后,结果没有变化,即送回的新的值仍为 80H 或 8000H,但使溢出标志 OF 置 1,其他则均为 0。

完成对操作数取补,即用零减去操作数,再把结果送回操作数。例如:

NEG　AL;操作数为寄存器。

NEG　MAXX;操作数为存储器。

该指令执行结果影响标志位 SF,ZF,AF,PF 和 OF,对于 CF 一般总是 CF = 1,只有当操作数为 0 时,CF = 0。

(5)比较指令 CMP(Compare Instruction)

指令格式:CMP　$OPRD_1$,$OPRD_2$

执行的操作:$OPRD_1$ - $OPRD_2$

功能:将同为一个字节或一个字的两个操作数相减,但差并不改变两个操作数,只是根据结果设置条件标志位 AF,CF,OF,PF,SF 和 ZF。CMP 指令后往往紧跟着一条条件转移指令,根据比较结果产生不同的程序分支。

CMP 指令只比较两个数之间的关系。若两数相等,则 ZF = 1,否则 ZF 为 0。若两数不相等,则其大小的确定可利用 CMP 指令执行后的其他标志位来确定。例如,对于无符号数,可利用 CF 标志值来判断。当 CF =1 时,则 $OPRD_1 < OPRD_2$;当 CF =0 时,则 $OPRD_1 \geq OPRD_2$。

对于有符号数,则用标志位 SF 和 OF 的状态一同来确定。在后面讲条件转移指令时,将看到 8088 指令系统中分别提供了无符号数比较结果的条件转移指令和判断有符号数比较结果的条件转移指令。这两组条件转移指令在执行时的差别就是前者只根据标志位 CF 来判断结果,后者则根据标志位 OF 和 SF 的关系来判断结果。

例如:

```
CMP   AX,BX
CMP   AL,100
CMP   AX,[SI+2]
```

3. 乘法指令(Multiply Instruction)

我们知道,进行乘法时,如果两个 8 位二进制数据相乘,那么会得到一个 16 位的乘积。与此类似,如果两个 16 位数据相乘,会得到一个 32 位的乘积。IBM PC 机指令系统规定:两个 8 位数相乘,有一个乘数放在 AL 中,另一个乘数是出现在指令中的 8 位寄存器操作数或内存操作数,乘积在 AX 中;两个 16 位数相乘,有一个乘数必在 AX 中,另一个乘数是出现在指令中的 16 位寄存器操作数或内存操作数,乘积的高 16 位在 DX 中,低 16 位在 AX 中。

乘法指令又分无符号数乘法和有符号数乘法。为什么要对无符号数和有符号数提供两种不同的乘法指令呢?看一个简单的例子。比如$(+3)\times(-2)=-6$,而$3\times14=42$(2AH)。用四位补码表示,-2 被表示为 1110B,因此$(+3)\times(-2)$和3×14都成了 0011B × 1110B。

如果用直接相乘的办法计算0011B ×1110B,则为

```
        0011B
      × 1110B
  --------------
  00101010B=2AH
```

这个结果对于 3 ×14 来说是正确的,但对于$(+3)\times(-2)$却是错误的。

如果用另一种方法来计算,即先将 1110B 复原为 -2,并去掉符号位,计算 3 ×2 后,再添上符号位,即取结果的补码。则为

```
        0011B
     ×  0010B
  --------------
    00000110B
```

再取补码 11111010B = FAH = $(-6)_{补}$。

这个结果对于$(+3)\times(-2)$是正确的,但对于 3 ×14 是错误的。

可见,在执行乘法运算时,要想使无符号数相乘得到正确的结果,有符号数相乘时,就得不到正确结果;要想使有符号数相乘得到正确的结果,无符号数相乘时,就得不到正确结果。为了使两种情况下分别获得正确的结果,于是 IBM PC 机对无符号数和有符号数相乘提供了不同的乘法指令 MUL 及 IMUL。刚才举的计算 3 ×14 的例子中体现的就是 MUL 指令的执行过程,而计算$(+3)\times(-2)$的例子中体现的就是 IMUL 指令的执行过程。

(1)无符号数乘法指令 MUL(Unsigned Multiply)

指令格式:MUL　SRC

执行的操作:

①字节操作数:AX←(AL)×SRC

②字操作数:DX,AX←(AX)×SRC

功能:把预置在 AL(字节)或 AX(字)中的被乘数与源操作数(也应同为字节或字)中的乘数相乘,积存放于 AX(两字节相乘后积为字)或 DX,AX(两字相乘后积为双字)中。指令中的源操作数 SRC 可以使用除立即数方式以外的任一种寻址方式。

例如:

MUL　BL;AL 中的 8 位无符号数和 BL 中的 8 位无符号数相乘,结果在 AX 中。

MUL　CX;AX 中的 16 位无符号数和 CX 中的 16 位无符号数相乘,结果在 DX 和 AX 中。

MUL　BYTE　PTR[DI];AL 中的 8 位无符号数和数据段中 DI 的内容所指的字节单元中的 8 位无符号数相乘,结果在 AX 中。

MUL　WORD　PTR[SI];AX 中的 16 位无符号数和数据段中 SI 的内容所指的字单元中的 16 位无符号数相乘,结果在 DX 和 AX 中。

MUL 指令运行结果只影响标志位 CF 和 OF。

(2)有符号数的乘法指令 IMUL(Signed Integer Multiply)

指令格式:IMUL　SRC

执行的操作:除了操作数是有符号数外,其余均与 MUL 相同。

例如:

IMUL　CL;AL 中的 8 位有符号数与 CL 中的 8 位有符号数相乘,结果在 AX 中。

IMUL　BX;AX 和 BX 中的两个 16 位有符号数相乘,结果在 DX 和 AX 中。

IMUL　BYTE　PTR　[BX];AL 中的 8 位有符号数和数据段中 BX 所指的字节单元中的 8 位有符号数相乘,结果在 AX 中。

IMUL　WORD　PTR[DI];AX 中的 16 位有符号数和数据段中 DI 内容所指的字单元中的 16 位有符号数相乘,结果在 DX 和 AX 中。

乘法运算指令 MUL 和 IMUL 在执行时,会影响标志位 CF 和 OF,但在此时,AF,PF,SF 和 ZF 是不确定的(注意:不确定的意义和不影响不同,不确定是指指令执行后这些条件码位的状态不定,而不影响则是指该指令的结果并不影响条件码,因而条件码应保持原状态不变),因而这 4 个标志位无意义。对于 MUL 指令,如果乘积的高一半为 0,即字节操作时的(AH)或字操作时的(DX)为 0,则 CF 和 OF 均为 0;否则(即字节操作时的(AH)或字操作时的(DX)不为 0),则 CF 和 OF 均为 1。这样的条件码设置可以用来检查字节相乘的结果是字节还是字,或者可以检查字相乘的结果是字还是双字。对于 IMUL 指令,当乘积的高半部分是低半部分的扩展,即高半部分的每位与低半部分的最高位相同时,则 CF 和 OF 均为 0;否则 CF 和 OF 均为 1。可见,CF = 1,OF = 1 表示高半部分包含有结果的有效数。

例 3 - 1　执行以下指令:

MOV　AL,0B4H

MOV　BL,11H

MUL　BL 或 IMUL　BL

后的乘积值。

(AL) = B4H 为无符号数的 180D,带符号数的 -76D;

(BL) = 11H 为无符号数的 17D,带符号数的 +17D。

执行 MUL BL 的结果为

(AX) = 0BF4H = 3060D,CF = OF = 1。

执行 IMUL BL 的结果为

(AX) = FAF4H = $(-1292)_{补}$,CF = OF = 1。

IMUL 指令为带符号数相乘指令,即将源操作数与寄存器 AL 或 AX 中的数都作为带符号数相乘,其余与 MUL 指令相同。

4. 除法指令(Divide Instruction)

8086/8088CPU 构成 PC 机的指令系统中也有对无符号数的除法指令和对有符号数的除法指令。

PC 机执行除法运算时,规定除数必须为被除数的一半字长,即被除数为 16 位时,除数为 8 位,被除数为 32 位时,除数为 16 位。指令格式中给出除数的长度和形式,计算机根据给定的除数为 8 位还是 16 位来确定被除数为 16 位还是 32 位。

(1)无符号数的除法指令 DIV(Unsigned Divide)

指令格式:DIV SRC

执行的操作:

①字节操作:16 位被除数在 AX 中,8 位除数为源操作数,结果的商在 AL 中,8 位余数在 AH 中。表示为

AL←(AX)/SRC 的商;

AH←(AX)/SRC 的余数。

②字操作:32 位被除数在 DX,AX 中,其中 DX 为高位字;16 位除数为源操作数,结果的 16 位商在 AX 中,16 位余数在 DX 中。表示为

AX←(DX,AX)/SRC 的商;

DX←(DX,AX)/SRC 的余数。

商和余数均为无符号数。

指令当中的源操作数 SRC 可以使用除立即数方式以外的任一种寻址方式。

例如:

```
MOV   CL,100
DIV   CL
```

完成寄存器 AX 中的数除以 100,商在 AL 中,余数在 AH 中。

(2)有符号数除法指令 IDIV(Signe Dinteger Divide)

指令格式:IDIV SRC

执行的操作:与 DIV 相同,但操作数必须是带符号数,商和余数也均为带符号数,且余数的符号和被除数的符号相同。

对除法指令,有几点需要指出:

①除法运算后,标志位 AF,CF,OF,PF,SF 和 ZF 都是不确定的。

②用 IDIV 指令时,如果是一个双字除以一个字,则商的范围为 -32768 ~ +32767;如果是一个字除以一个字节,则商的范围为 -128 ~ +127。如果超出了这个范围,商就会溢出,

那么,PC机会作为除数为0的情况来处理,即产生0号中断,而不是按照通常的想法使溢出标志OF置1。

③在对有符号数进行除法运算时,比如 -30 除以 +8,可以得到商为 -4,余数为 +2;也可以得到商为 -3,余数为 -6。这两种结果都是正确的,前种情况的余数为正数,后种情况的余数为负数。PC机的指令系统中规定余数的符号和被除数的符号相同,因此对这个例子,会得到后一种结果。

例3-2　设(AX)=0400H,(BL)=B4H。即(AX)为无符号数的1024,带符号数的 +1024;(BL)为无符号数的180,带符号数的 -76。

执行　DIV　BL的结果是

(AH)=7CH=124　余数

(AL)=05H=5　　商

执行IDIV　BL的结果是

(AH)=24H=$(+36)_{补}$　余数

(AL)=F3H=$(-13)_{补}$　商

除法运算时,要求用16位数除以8位数,当被除数只有8位时,必须将此8位数据放在AL中,并对高8位AH进行扩展。同样,用32位数除以16位数,当被除数只有16位,而除数也为16位时,必须将16位被除数放在AX中,并对高16位DX进行扩展。如果在这些情况下,没有对AH或DX进行扩展,那就会得到错误的结果。

对于无符号数相除来说,AH和DX的扩展很简单,只要将这两个寄存器清0即可。对于有符号数相除来说,AH和DX的扩展就是低位字节或低位字的符号扩展,即把AL中的最高位扩展到AH的8位中,或者把AX中的最高位扩展到DX的16位中。为此,PC机指令系统提供了专用于有符号数进行符号扩展的指令CBW和CWD。

(3)将字节扩展成字的指令CBW(Convert Byte to Word)

指令格式:CBW

执行的操作:将AL寄存器中的符号位扩展到AH中。即如(AL)的最高有效位为0,则(AH)=00H;如(AL)的最高有效位为1,则(AH)=FFH。

CBW在执行时,不影响标志位。

功能:CBW指令把AL中的一个字节的值变成一个字的值,但值不变。一个带符号数如要增加位数,只要将符号位向高位方向延伸即可,其数值不变。因此,CBW也可以是符号延伸指令。

遇到两个字节相除时,程序中要预先执行CBW指令,以便产生一个双倍长度的被除数。否则不能正确执行除法操作。

(4)将字扩展成双字的指令CWD(Convert Word to Double Word)

指令格式:CWD

执行的操作:将AX寄存器中的符号位扩展到DX中。即如(AX)的最高有效位为0,则(DX)=0000H;如(AX)的最高有效位为1,则(DX)=FFFFH。

CWD在执行时,不影响标志位。

功能:CWD指令把AX中的一个字变成(DX,AX)中的双字,其值不变。遇到两个字相除时,要预先执行CWD指令将AX中的被除数扩展成双字,即把AX中的符号扩展到DX中。

5. 十进制调整指令

前面提到的所有运算指令都是二进制数的运算指令,怎样得到十进制 BCD 码的运算结果呢? 8088 提供了一套十进制 BCD 码调整指令。

计算机也可以对 BCD 码进行加、减、乘、除运算,通常采用两种方法:一种方法是在指令系统中设置一套专用于 BCD 码运算的指令;另一种方法是利用对普通二进制数的运算指令算出结果,然后用专门的指令对结果进行调整,或者反过来,先对数据进行调整,再用二进制数指令进行运算。PC 机采用的是第二种方法。

那么为什么用普通二进制数据运算指令对 BCD 码运算时,要进行调整呢? 又怎样进行调整呢?

下面通过简单的例子说明十进制调整的原理。

(a) 6+3=9	(b) 8+7=15	(c) 8+9=17
0 1 1 0	1 0 0 0	1 0 0 0
+ 0 0 1 1	+ 0 1 1 1	+ 1 0 0 1
1 0 0 1	1 1 1 1	1←0 0 0 1

其中:

(a)的运算结果是正确的,因为 9 的 BCD 码就是 1001B;

(b)的运算结果是不正确的,因为十进制数的 BCD 码中没有 1111B 这个编码;

(c)的运算结果也是错误的,因为(8 +9)的正确结果应是 17,而运算所得到的结果却是 11。

这种情况表明,二进制数加法指令不能完全适用于 BCD 码十进制数的加法运算,因此在使用 ADD 和 ADDC 指令对十进制数进行加法运算之后,要对结果做有条件的修正。这就是所谓的十进制调整问题。

出错的原因在于 BCD 码是四位二进制编码,四位二进制数共有十六个编码,但 BCD 码只用了其中的十个,剩下六个没用。通常把这六个没用的编码(1010B,1011B,1100B,1101B,1110B 和 1111B)称为无效码。

在 BCD 码的加法运算中,凡结果进入或者跳过无效编码区时,其结果就是错误的。因此一位 BCD 码加法运算出错情况不外乎以下两种:

相加结果大于 9,说明已进入无效编码区;

相加结果有进位,说明已跳过无效编码区。

但不管是哪一种出错情况,都是相加结果比正确值小 6,这是因为出错是由六个无效编码所造成的。

为此,对 BCD 码加法运算,只要结果出现上述两种情况之一时,就必须进行调整,才能得到正确的结果。

调整的方法是把结果加 6,以便把因六个无效码所造成的“损失”补回来。这就是所谓的加 6 调整或加 6 修正。

前面讲过的 ADD 和 ADC 指令都是二进制数加法指令,对二进制数和十六进制数的加法运算都能得到正确的结果。但对于十进制数(BCD 码)的加法运算,指令系统中并没有专门的指令,因此只能借助于二进制加法指令,即以二进制加法指令来进行 BCD 码的加法运算。然而二进制数的加法运算原则不能完全适用于十进制数的加法运算,有时会产生错误结果。

（1）压缩十进制 BCD 码加法调整指令 DAA（Decimal Adjust for Addition）

DAA 指令用于对压缩十进制 BCD 码相加的结果进行调整，使结果仍为压缩的 BCD 码。DAA 指令应紧跟在加法指令之后，执行时，先对相加结果进行测试，若结果的低 4 位（或高 4 位）二进制大于 9（非法码）或大于 15（即产生进位 CF 或辅助进位 AF）时，DAA 自动对低 4 位（或高 4 位）结果进行加 6 的调整。调整在 AL 中进行，结果放在 AL 中。

DAA 指令对 OF 标志无定义，但影响所有其他条件标志。

使用压缩十进制 BCD 码进行加法运算时，应首先用二进制数加法指令 ADD 或 ADC 进行运算，并把计算结果存放于 AL 中，然后用 DAA 调整指令自动进行调整，使结果仍能用 BCD 码正确表示。

例 3-3

```
MOV   AL,56H
ADD   AL,47H
DAA
```

前两条指令执行的结果（AL）=9DH，CF=0，AF=0；经 DAA 指令（加 66H 的调整）后，（AL）=03H，CF=1，AF=1。

（2）非压缩十进制 BCD 码加法调整指令 AAA（ASCII Adjustment for Addition）

AAA 指令用于对非压缩 BCD 码相加结果进行调整，指令的操作如下：

若（AL）&0FH>9，或 AF=1 则：

AL←（AL）+6；

AF←1；

CF←（AF）；

AH←（AH）+1；

AX←（AL）&0FH。

例如：两个非压缩的十进制数的 BCD 码 06H+07H，结果应为非压缩的十进制数的 BCD 码 0103H，其操作过程如下：

```
MOV   AL,06H
ADD   AL,07H
AAA
```

```
              0000  0110  =  06    ; 非组合BCD
         +    0000  0111  =  07
         ----------------
                    1101  =  0DH   ; 不是非组合BCD
         +          0110           ; 调整
         ----------------
         AL ← 0001  0011           ; 组合BCD
         AF ← 1                    ; 再调整AF←1
AH = 0000  0000
 +            1                    ; AH←AH+1
---------------
     0000  0001
            & 0000   1111          ; AL&0FH
-------------------------
AX ← 0000  0001  0000   0011 = 0103 ; 结果送到AX中
```

（3）减法的十进制调整指令 DAS（Decimal Adjust for Subtraction）

指令格式：DAS

执行的操作：

AL←把 AL 中的差调整到压缩的 BCD 码形式。

具体的调整方法如下:

如果 AF 标志为 1,或者 AL 寄存器的低 4 位是十六进制的 A ~ F,则使 AL 寄存器的内容减去 06H,并将 AF 位置 1。

如果 CF 标志为 1,或者 AL 寄存器的高 4 位是十六进制的 A ~ F,则使 AL 寄存器的内容减去 60H,并将 CF 位置 1。

DAS 指令对 OF 标志无定义,但影响所有其他条件标志。

使用压缩 BCD 进行减法运算时,应首先用二进制数减法指令 SUB 或 SBB 进行运算,并把计算结果存放于 AL 中,然后用 DAS 调整指令自动进行调整,使结果仍能用 BCD 码正确表示,DAA 指令不影响 AH 寄存器的内容。

例 3-4 要求完成以下十进制数的减法运算:

83 - 38 = ?

现在采用压缩的 BCD 码形式来存放原始数据,则以上减法运算可用下列几条指令实现:

```
MOV   AL,83H
MOV   BL,38H
SUB   AL,BL    ;(AL) = 4BH
DAS            ;(AL) = 45H
```

(4)减法的非压缩 BCD 码调整指令 AAS(ASCII Adjustment for Subtraction)

指令格式:AAS

执行的操作:

AL←把 AL 中的差调整到非压缩的 BCD 码格式;

AH←(AH) - 调整产生的借位值。

具体的调整步骤:

①如 AL 寄存器的低 4 位在 0 ~ 9 之间,且 AF = 0,则跳过第②步,执行第③步;

②如 AL 寄存器的低 4 位在十六进制数 A ~ F 之间或 AF = 1,则把 AL 寄存器的内容减去 6,AH 寄存器的内容减 1,并将 AF 位置 1;

③AL 的高 4 位清 0;

④AF 位的值送 CF 位。

AAS 与 AAA 类似,但有两点不同:

①AAA 指令中的 AL←(AL) + 6 操作对应 AAS 中,则应改为 AL ←(AL) - 6;

②AAA 指令中的 AH←(AH) + 1 操作对应 AAS 中,则应改为 AH←(AH) - 1。

AAS 指令除影响 AF 和 CF 标志外,其余标志位无定义。

使用非压缩 BCD 进行减法运算时,应首先用二进制数加法指令 SBB 或 SUB 进行运算,并把计算结果存放于 AL 中,然后用 AAS 调整指令自动进行调整,使得在 AX 中得到两个非压缩 BCD 码的差仍能用非压缩 BCD 码正确表示。

例 3-5 要求完成以下十进制数的减法运算:

13 - 4 = ?

可先将被减数和减数以非压缩的 BCD 码形式存放在 AH(被减数的十位)、AL(被减数的个位)和 BL(减数)中,然后用 SUB 指令进行减法,再用 AAS 调整。可用以下指令实现:

```
MOV  AX,0103H   ;(AH)=01H,(AL)=03H
MOV  BL,04H     ;(BL)=04H
SUB  AL,BL      ;(AL)=03-04=FFH
AAS             ;(AL)=09H,(AH)=0
```

以上指令的执行结果为 13－4＝9,此结果仍以非压缩的 BCD 码形式存放。个位在 AL 中,十位在 AH 中。

(5)非压缩十进制 BCD 码乘法调整指令 AAM(ASCII Adjustment for Multiplication)

执行的操作:

AX←把 AL 中的积调整到非压缩的 BCD 码格式。

这条指令之前必须执行 MUL 指令,把两个非压缩的 BCD 码相乘(此时要求其高 4 位为 0),结果放在 AL 寄存器中。

本指令的调整方法是:把 AL 寄存器的内容除以 0AH,商放在 AH 寄存器中,余数保存在 AL 寄存器中。AAM 指令是根据 AL 寄存器的内容设置条件码 SF,ZF 和 PF,但 OF,CF 和 AF 无定义。

AAM 指令操作的实质是将 AL 中的二进制数转换为非压缩的 BCD 码,十位存放在 AH 中,个位存放在 AL 中。

例 3－6 要求进行以下十进制数乘法运算:

7－9＝?

可编程如下:

```
MOV  AL,07H
MOV  BL,09H
MUL  BL     ;(AX)=07H×09H=003FH
AAM         ;(AH)=06H,(AL)=03H,(SF)=0,(ZF)=0,(PF)=1
```

以上指令执行后,十进制乘积也以非压缩的 BCD 码形式存放在 AX 中,十位存放在 AH 中,个位存放在 AL 中。由于(AL)＝00000011B,所以(SF)＝0,(ZF)＝0,(PF)＝1。

对 BCD 码数据进行乘法运算时,要求乘数和被乘数都用非压缩的 BCD 码来表示,这是由于 8086/8088CPU 构成的 IBM PC 机的指令系统只提供了对于非压缩的 BCD 码相乘结果进行的十进制调整指令 AAM。

(6)非压缩十进制 BCD 码除法调整指令 AAD(ASCII Adjustment for Division)

除法调整指令 AAD 应放在除法指令之前,先将 AX 中的非压缩 BCD 码的被除数调整为二进制数,再进行相除。

AAD 指令要求被除数是存放在 AX 寄存器中的两位非压缩 BCD 数,AH 中存放十位数,AL 中存放个位数,而且要求 AH 和 AL 中的高 4 位均为 0。除数也是一位非压缩的 BCD 码,同样要求其高 4 位为 0。在把这两个数用 DIV 指令相除之前,必须先用 AAD 指令把 AX 中的被除数调整成二进制数,并存放在 AL 寄存器中。因此,AAD 指令执行的操作是:

AL←10×(AH)+(AL);

AH←0。

AAD 指令的操作实质上是将 AX 中的非压缩的 BCD 码转换为二进制,并放在 AL 中。

AAD 指令的用法与其他的调整指令(AAA,AAS,AAM)有所不同。AAD 指令不是在除法之后,而是在除法之前进行调整,然后用 DIV 指令进行除法,所得之商还需用 AAM 指令进行调整,最后方能得到正确的非压缩BCD码的结果。

AAD指令根据AL寄存器的结果设置SF、ZF和PF,OF、CF和AF无定义。

例3-7 要求进行以下十进制数除法运算:

73÷2=?

可先将被除数和除数以非压缩的BCD码形式分别存放在AX和BL中,被除数的十位在AH,个位在AL;除数在BL。先用AAD指令对AX中的被除数进行调整,之后进行除法运算,并对商(用AAM)进行再调整。可编程如下:

```
MOV  AX,0703H   ;(AH)=07H,(AL)=03H
MOV  BL,02H     ;(BL)=02H
AAD             ;(AH)×10+(AL)=07×10+03=73=49H
DIV  BL         ;(AL)=24H(商)(AH)=01H(余数)
AAM             ;(AH)=03H,(AL)=06H
```

例如,执行下列指令:

```
MOV  AX,0300H
MOV  BL,05H
AAD  ;(AH)×10+(AL)=03×10+0=30=1EH,0→AH 即(AX)=001EH。
DIVBL
AAM
```

执行前三条指令后,(AX)=001EH,DIV BL指令AL中得到06H,余数(AH)=00H。

3.3.3 逻辑运算和移位指令

逻辑运算指令包括AND(与)、OR(或)、NOT(非)、XOR(异或)指令和TEST(测试)指令。

8086/8088CPU逻辑运算指令可以对字或字节执行逻辑运算。由于逻辑运算是按位操作的,因此操作数应是位串而不是数。

1.逻辑运算指令

(1)非运算指令NOT(Logical NOT Instruction)

指令格式:NOT OPRD

执行的操作:OPRD←OPRD

功能:将操作数(可为字或字节)中各位求反(即0变1,1变0),该操作数(可为寄存器或存储器)兼作源操作数和目的操作数。此指令对标志位无影响。

例3-8 若(AL)=11110000B;则NOT AL指令使(AL)=00001111B。

完成对操作数求反,然后送回原处。

(2)逻辑与运算指令AND(Logical AND Instruction)

指令格式:AND DST,SRC

执行的操作:DST←DST∧SRC

功能:将源操作数和目的操作数中同为一个字或一个字节的相应各位按位相与,结果放在目的操作数中。

对两操作数进行按位逻辑"与"运算,结果送目的操作数。目的操作数可为通用寄存器、存储器,源操作数可以是立即数、寄存器、存储器。例如:

AND　AL,80H

AND　AX,BX

AND　BE[DI],SI

此运算经常用来屏蔽某些指定位(即置 0)或保留某些位。

例 3-9　若(AL)=11100011B,用 AND 指令将 1,3,5,7 位屏蔽,但保留其他位。

指令序列如下:

MOVAL,11100011B

ANDAL,01010101B

运行后(AL)=01000001B。

(3)逻辑或运算指令 OR(Logical OR Instruction)

指令格式:OR　DST,SRC

执行的操作:DST←DST ∨ SRC

功能:将源操作数和目的操作数中同为一个字或一个字节的相应各位按位相或,结果放在目的操作数中。

此运算经常用来对某操作数的指定位"置位"(即将该位上的值设置为 1)和保留指定位上的值。

例 3-10　若(AL)=11000110B,试用 OR 指令将高 4 位保留,低 4 位置位。

指令序列如下:

MOV　AL,11000110B

OR　AL,00001111B

运行后(AL)=11001111B。

对两操作数进行按位逻辑"或"运算,结果回送目的操作数。操作数规定与 AND 相同。

例如:

OR　AL,80H

OR　BX,SI

OR　BX,DATA

"或"运算令标志位 CF=0,OF=0,其"或"操作后的结果反映在标志位 PF,SF 和 ZF 上。

(4)异或运算指令 XOR(Logical Exclusive OR Instruction)

指令格式:XOR　DST,SRC

执行的操作:DST←DST⊕SRC

功能:将源操作数和目的操作数中同为一个字或一个字节的相应各位按位相异或,结果放在目的操作数中。

此运算可以使某些操作数的若干位保持不变,另外若干位取反。

例 3-11　使内存变量(VAR)=00111100B 的低 4 位保持不变,高 4 位取反。

可用:XOR　VAR,0F0H 来实现。

利用 XOR 也可使操作数清 0,且同时 CF=0(下面将讨论到)。

例 3-12　指令 XOR　AX,AX;(AX)=0。

XOR 指令也可用来判断两不同的操作数是否相等。

如执行 XOR　AX,BX;

若 ZF = 1 则说明(AX) = (BX)。

对两个操作数进行按位“异或”运算,结果回送目的操作数。例如:

```
XOR   AL,0FH
XOR   AX,BX
XOR   CX,DATA_WORD
```

XOR 执行后,标志位 CF = 0,OF = 0,“异或”操作结果反映在标志位 PF,SF 和 ZF 上。

(5)测试指令 TEST(Test Instruction)

指令格式:TEST   DST,SRC

执行的操作:DST ∧ SRC

功能:同 AND,区别是不将结果送目的操作数,只根据其特征置条件码。

TEST 指令的操作与 AND 指令完全相同,但结果不送目的操作数,仅反映在状态标志位上。TEST 指令的操作数规定与 AND 相同,对标志位的影响亦与 AND 相同,即 CF = 0,OF = 0,结果反映在标志位 PF,SF 和 ZF 上。例如:

```
TEST   AX,DX
TEST   DAT_WORD,SI
TEST   BETA[BX][SI],CX
TEST   AL,MAXX1
```

例 3-13 测试 AL 中的第三、五两位是否为 0。

执行指令 TEST   AL,00101000B,即可将 AL 中的数与 00101000B 做与运算,如果 AL 中的第三、五两位为 0,则运算结果必为 0,因而影响 ZF,使其置 1,故只要检查零标志位是否为 1,就可以判断 AL 中的第三、五位的情况,且又不改变 AL 中的内容。

以上五种指令中,NOT 不允许使用立即数,其他 4 条指令除非源操作数是立即数,至少有一个操作数必须存放在寄存器中,另一个操作数则可以使用任意寻址方式。它们对标志位的影响情况是:NOT 指令不影响标志位,其他 4 种指令将使 CF 和 OF 为 0,AF 无定义,而 SF,ZF 和 PF 则根据运算结果设置。

例 3-14 分析 AND   AL,AL 和 OR   AL,AL 的作用。

解:①(AL)不变。

②可通过 SF 的值判断(AL)的正负

若 SF = 0,则(AL)为正;若 SF = 1,则(AL)为负。

③可通过 ZF 的值判断(AL)是否为 0

若 ZF = 0,则(AL)不为 0;若 ZF = 1,则(AL)为 0。

④可通过 PF 的值判断(AL)的奇偶性

若 PF = 1,则(AL)中 1 的个数为偶数;若 PF = 0,则(AL)中 1 的个数为奇数。

2. 移位指令

移位指令可将寄存器或存储单元的 8 位或 16 位的内容向左或向右移动 1 位或多位。

(1)算术左移指令 SAL(Shift Algebraic Left)/逻辑左移指令 SHL(Shift Logical Left)

指令格式:SAL/SHL   DST,m;

执行的操作如图 3.14 所示。

功能:将目的操作数 DST 的每一位都同时左移由“移位次数 m”所指出的若干位数,每左移的一位都进入 CF 标志位,左移时右边空出的位置 0。

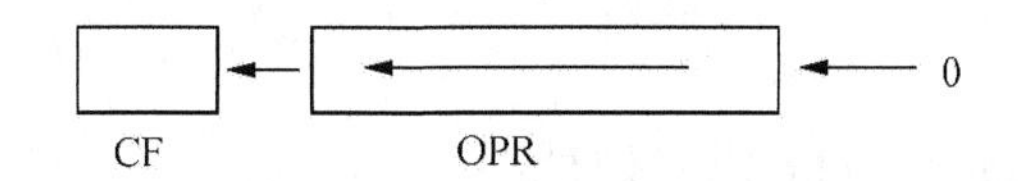

图 3.14　逻辑及算数左移

其中的 DST 可以是除立即数以外的任何寻址方式。移位次数由 m 决定,m 可以为 1 或为 CL 寄存器中的值。m 为 1 时只移一位,如需要移位的次数大于 1,则可以在该移位指令前把移位次数置于 CL 寄存器中,而移位指令中的 m 写为 CL 即可。有关 DST 及 m 的规定适用于以下的移位指令。

例如:

SHL　AH,1

或

MOV　CL,4

SHL　AX,CL

例如:

移位前:

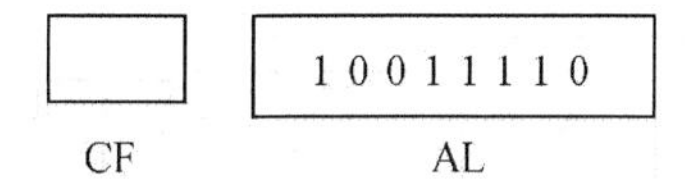

移位后:

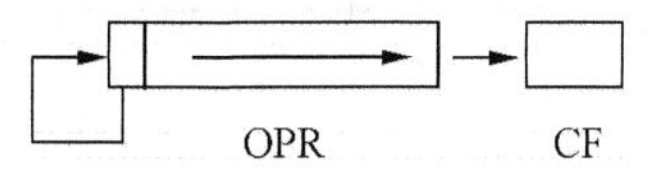

CF (AL) = 100111100 = 316 = 2 × 158

若 AL 中的数为无符号数 SAL(算术左移)和 SHL(逻辑左移),指令 AL 中的数值乘以 2。

(2)算术右移指令 SAR(Shift Algebraic Right)

指令格式:SAR　DST,m

执行的操作如图 3.15 所示。

图 3.15　算数右移

功能:将指定操作数右移 m 位,最低位进入标志位 CF,其他位依次右移,但符号位(最高位)保持不变。m 的规定与 SHL 相同。

(3)逻辑右移指令 SHR(Shift Logical Right)

指令格式:SHR　DST,m

执行的操作如图 3.16 所示。

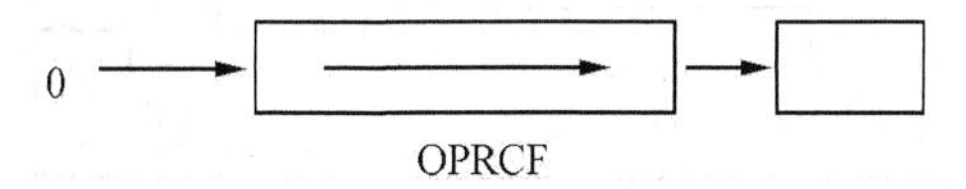

图 3.16　逻辑右移

逻辑右移指令与 SAR 类似,最低位进入标志位 CF,但移位后空位的最高位填 0。

3. 循环移位指令

8086/8088 有四条循环移位指令,它们是:

(1)左循环移位 ROL(Rotate Left)

指令格式:ROL OPRD,m

执行的操作如图 3.17 所示。

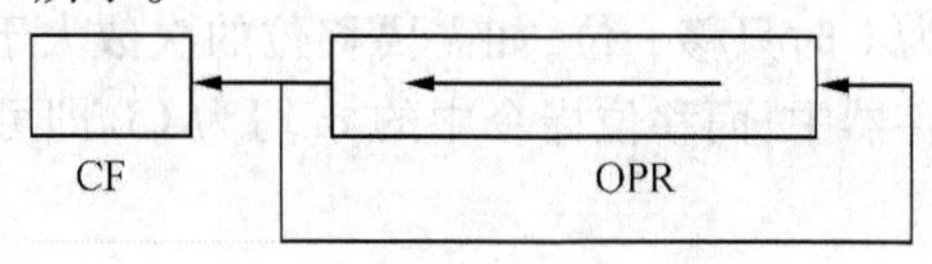

图 3.17 循环左移

功能:将目的操作数 DST 中的各位同时左移由“移位次数 m”所指出的若干次数,每移动一次,最高位的值移至 CF,且又移到右边的最后一位上。

(2)右循环移位 ROR(Rotate Right)

指令格式:ROR DST,m

执行的操作如图 3.18 所示。

图 3.18 循环右移

功能:类似于 ROL,只是方向不同,每移动一次,最低位上的值既移向 CF,又移至最高位上。

(3)带进位的左循环移位 RCL(Rotate Left through Carry)

指令格式:RCL DST , m

执行的操作如图 3.19 所示。

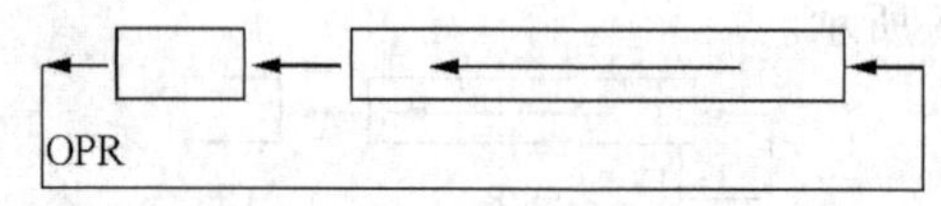

图 3.19 带进位循环左移

功能:类似于 ROL,但 CF 中的值与目的操作数 DST 中的 8 位值联合起来形成一个有 9 位长的二进制串进行循环左移。

(4)带进位的右循环移位 RCR(Rotate Right through Carry)

指令格式: RCR DST , m

执行的操作如图 3.20 所示。

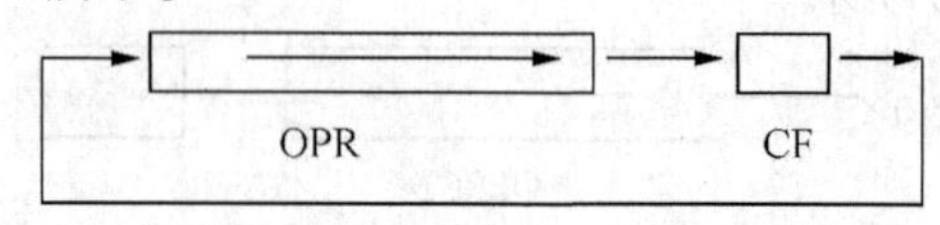

图 3.20 带进位循环右移

功能:类似于 RCL,只是方向相反。

循环移位指令可对字节或字进行操作,操作数可以是寄存器或存储器。可以移位 1 次,也可以移位由 CL 寄存器规定的次数,这时,需先做:

MOV　CL,m

ROL 和 ROR 循环移位指令未把标志位 CF 包含在循环的环中。ROL 指令每执行 1 次,其最高位一方面进入 CF,另一方面返回操作数的最低位;ROR 与 ROL 不同,每执行 1 次,其最低位一方面进入 CF,另一方面循环回操作数的最高位。

RCL 和 RCR 的循环的环中包括标志位 CF。RCL 每执行 1 次,操作数的最高位进入 CF,而原有 CF 的内容送到操作数的最低位;RCR 每执行 1 次,标志位的内容送操作数的最高位,而操作数的最低位送 CF。

左移一位,只要左移后的数未超过一个字节或一个字的表示范围,则相当于原数乘 2,右移一位相当于除 2。

总之,所有移位指令可以对字节进行操作,也可以对字进行操作;操作数可以是寄存器,也可以是存储单元。它们对标志位影响情况如下:

①当移位次数为 1 时,CF 根据移位时进入 CF 的值而定。对 OF 位则当移位次数为 1,最高位发生变化时(原来为 0,移位后为 1;或原来为 1,移位后为 0)才置 1,否则置 0。循环移位指令不影响除 CF 和 OF 以外的其他条件标志位,AF 位无定义。

②当移位次数不为 1 时,OF 位无意义。

可以看出,这八种指令可以分为两组:前四种为移位指令,后四种为循环移位指令。循环移位指令可以改变操作数中所有位的位置,在程序中还是很有用的。移位指令则常常用来完成乘以 2 或除以 2 的操作。实际上,十进制数中左移 1 位值扩大 10 倍,右移 1 位则缩为原来的$\frac{1}{10}$。对于二进制来说,当然左移一位就扩大 2 倍,右移一位则缩小 2 倍。其中算术移位指令适用于带符号数运算,SAL 用来乘 2,SAR 用来除 2;而逻辑移位指令则用于无符号数运算,SHL 用来乘 2,SHR 用来除以 2。

例 3 - 15　MOV　CL,5

　　　　　　SAR　BYTE　PTR[DI],CL

如指令执行前:(DS) = F800H,(DI) = 180AH,(F980AH) = 0064H;则指令执行后:(F980AH) = 0003H,CF = 0,相当于 100/32 = 3。

例 3 - 16　MOV　CL,2

　　　　　　SHL　SI,CL

如指令执行前:(SI) = 1450H;则指令执行后:(SI) = 5140H,CF = 0,相当于 5 200 × 4 = 20 800。

3.3.4　串操作指令

串可以是字节串(一组字节)或字串(一组字)。串指令有两类,每类有 5 种。一类是串操作命令,一类是控制操作重复执行的前缀命令。串操作时,下列寄存器及标志起着特定的作用,程序应根据操作的具体要求先赋予初值。

SI 寄存器——源串变址用;

DI 寄存器——目的串变址用;

CX 寄存器——重复次数寄存器;

AL/AX——扫描值(关键字)。

FR 中标志位:

DF =0 表示重复操作中 DI,SI 应自动增量,且 DF =1 表示自动减量。

ZF——用于控制扫描或比较操作结果。

顾名思义,串操作指令就是用一条指令实现对一串字符或数据的操作。PC 机的串操作指令的特点如下:

①通过加重复前缀来实现串操作。

②可以对字节串进行操作,也可以对字串进行操作。

③所有的串操作指令都用寄存器 SI 对源操作数进行间接寻址,并且假定是在 DS 段中;此外,所有的串操作指令都用寄存器 DI 为目的操作数进行间接寻址,并且假定是在 ES 段中。串操作指令是唯一的一组源操作数和目的操作数都在存储单元的指令。

④串操作时,地址的修改往往与方向标志有关,当 DF =1 时,SI 和 DI 做自动减量修改,当 DF =0 时,SI 和 DI 做自动增量修改。

一条带重复前缀的串操作指令的执行过程往往相当于一个循环程序的执行。在每次重复之后,地址指针 SI 和 DI 都会受到修改,不过指令指针 IP 保持指向重复前缀(前缀本身也是一条指令)的偏移地址,所以,如果在执行串操作指令的过程中,有一个外部中断进入,那么,在完成中断处理后,将返回去继续执行串操作指令。

1. 串操作的基本指令

MOVS(Move String)串传送;

CMPS(Compare String)串比较;

SCAS(Scan String)串扫描;

LODS(Load from String)从串取;

STOS(Store into String)存入串。

(1)基本串操作命令

指令格式:

①MOVS　DST,SRC(字节串或字串传送指令);

②MOVSB　(字节传送指令);

③MOVSW　(字传送指令)。

执行的操作:

①(DI)←((SI))。

②字节操作:SI←(SI) ±1,DI←(DI) ±1。

③字操作:SI←(SI) ±2,DI←(DI) ±2。

当方向标志 DF =0 时用 +,当方向标志 DF =1 时用 -。

该指令不影响标志码。

功能:上述指令都是单字节指令,隐含了寻址方式,所以这种格式中的 DST 和 SRC 只提供给汇编程序做类型检查用,并且不允许用其他寻址方式来确定操作数。指令隐含的操作为:把数据段中源串指针 SI 指向的内容传送到(确切地说是复制到)附加段中目的指针 DI 指向的地址里,用符号表示即为(DI)←(SI),并且指针 SI,DI 会自动指向下一个需要传送的地址,但其方向是依赖于方向标志 DF 的预置值的。若是字传送且预置 DF =0,则将地址指针值自动加 1;若预置 DF =1 则指针减 1;若是字传送则自动增 2(DF =0)或减 2(DF =1)。

一般只使用格式②和③,明确指出对字节,还是字进行传送操作;如用格式①则必须在指令中指明进行什么类型操作数的传送,但也只是形式上的标示。

例如,MOVS　ES:BYTE　PTR[DI],DS:[SI],执行时,将按照上述隐含的操作过程进行操作。

当该指令与前缀 REP 联用时,则可将数据段中的整串数据传送到附加段中去。这里源串必须在数据段中,目的串必须在附加段中,但源串允许使用段跨越前缀来修改。在与 REP 联用时,还必须先把数据串的长度送到 CX 寄存器中,以便控制指令结束。因此在执行该指令前,应首先做好以下准备工作:

①把存放于数据段中的源串首地址(如反向传送则应是末地址)放入 SI 寄存器中;

②把将要存放数据串的附加段中的目的串首地址(或反向传送时的末地址)放入 DI 寄存器中;

③把数据串的长度放入 CX 寄存器;

④建立方向标志。

在完成这些准备工作后就可使用串传送指令了。

下面介绍两条建立方向标志的指令。

CLD(Clear Direction Flag)　该指令使 DF =0,在执行串处理指令可使地址自动增量;

STD(Set Direction Flag)　该指令使 DF =1,在执行串处理指令可使地址自动减量。

例 3 -17　将数据段中起始地址为 Souce 的 100 个字节的数据传送到附加段的 Dest 指向的单元中。

```
        LEA   SI,Souce
        LEA   DI,Dest
        MOV   CX,100
        CLD
Again:  MOV   SB
        DEC   CX
        JNZ   Again
        HLT
```

字传送

```
        LEA   SI,Souce +98
        LEA   DI,Dest +98
        MOV   CX,50
        STD
Again:  MOV   SW
        DEC   CX
        JNZ   Again
        HLT
```

(2)串比较指令 CMPS

指令格式:

①CMPS　DST,SRC;

②CMPS　(字节操作);

③CMPSW（字操作）。

执行的操作：

①((SI))－((DI))；

②字节操作：SI←(SI)±1，DI←(DI)±1；

③字操作：SI←(SI)±2，DI←(DI)±2。

功能：将数据段中的源串指针SI指向的内容(一个字节或一个字)与附加段中的串指针DI指向的内容(一个字节或一个字)进行比较，实质上也是相减，即((SI))－((DI))。但不保存结果，只根据结果置条件码，若ZF=1，则两操作数相等，同时源和目的的串指针SI，DI将自动根据DF的值为0或为1来决定增、减1(字节操作)或2(字操作)。指令的其他特性和MOVS指令的规定相同。

例3－18 在内存的DS和ES段中，各有长度为50字节的字符串，试比较它们是否相同。

```
        LEA   SI,SOUCE
        LEA   DI,DEST
        MOV   CX,50
        CLD
AGAIN:CMPSB
        JNZ   FOUND
        DEC   CX
        JNZ   AGAIN
        MOV   AX,0
        JMP   EXIT
FOUND:DEC   SI
        MOV   AX,SI
EXIT:HLT
```

(3)从串中取出字节和字的指令LODS

指令格式：

①LODS　DST

②LODSB　（字节）

③LODSW　（字）

执行的操作：

①字节操作：AL←((SI))，SI←(SI)±1；

②字操作：AX←((SI))，SI←(SI)±2。

功能：将数据段中源串指针SI指向的内容，取至AL(字节)或AX(字)中(AL和AX是隐含的目的操作数)，并且自动根据DF=0或1修改SI的针值。若DF=0，则+1(字节)或+2(字)；若DF=1，则－1(字节)或－2(字)。该指令也不影响标志位。一般说来，该指令不和REP联用。有时缓冲区中的一串字符需要逐次取出来测试时，可使用本指令。

例3－19 在数据段DS中有一字符串，试将其每一个字符加1后送入附加段ES中。

```
        LEA   SI,SOUCE
        LEA   DI,DEST
```

```
        MOV   CX,30
        CLD
AGAIN:LODSB
        INC   AL
        MOV   ES:[DI],AL
        INC   DI
        DEC   CX
        JNZ   AGAIN
        HLT
```

例 3-20　在起始地址为 Block 的内存中有一数据块,其中有正数,也有负数,要求将正负数分开,分别送至同一段的两个区域 P_data 和 M_data 中。

```
        LEA   SI,BLOCK
        LEA   DI,P_data
        LEA   BX,M_data
        MOV   AX,SEG BLOCK
        MOV   DS,AX
        MOV   ES,AX
GOON :LODSB
        TEST  AL,80H
        JNZ   MINU
        STOSB
        JMP   AGAIN
MINU: XCHG  BX,DI
        STOSB
        XCHG  BX,DI
AGAIN:DEC   CX
        JNZ   GOON
        HLT
```

(4)串扫描指令 SCAS

指令格式:

①SCAS　DST

②SCASB　(字节操作)

③SCASW　(字操作)

执行的操作:

①字节操作:(AL) -((DI)),DI←(DI) ±1;

②字操作:(AX) -((DI)),DI←(DI) ±2。

功能:指令将 AL(或 AX)的内容与由(DI)指定的在附加段中的一个字节(或字)进行比较,实质上也是相减,但不保存结果,只根据结果置条件码,若 ZF =1,则两操作数相等,同时 DI 指针将自动根据 DF 的值为 0 或 1 来决定增、减 1(字节操作)或 2(字操作)。指令的其他特性和 MOVS 的规定相同。

例 3－21　寻找字符串中是否有字符‘A’。

```
        LEA   DI,SOUCE
        MOV   CX,30
        MOV   AL,'A'
AGAIN:SCASB
        JZ   FIND
        DEC   CX
        JNZ   AGAIN
        MOV   BX,0
        JMP   EXIT
FIND: DEC   DI
        MOV   BX,DI
EXIT: HLT
```

(5)将字节或字存入串中的指令 STOS

指令格式:

①STOS　DST

②STOSB　(存入字节)

③STOSW　(存入字)

执行的操作:

①字节操作:(DI)←(AL),DI←(DI) ±1;

②字操作:(DI)←(AX),DI←(DI) ±2。

功能:将 AL(字节)或 AX(字)中的内容存入由目的指针 DI 所指的存储器单元,并且 DI 的值根据 DF 的值为 0 或 1 决定自动 ±1(字节操作)或 ±2(字操作)。若与 REP 连用,还需在 CX 中设置传送的串长度,该指令不影响标志位。常用该指令来初始化某一内存区域。

例 3－22　初始化内存,使其内容全部为 0。

```
        LEA   DI,DEST
        MOV   AL,0
        MOV   CX,30
        CLD
Again: STOSB
        DEC   CX
        JNZ   Again
        HLT
```

或

```
        LEA   DI,DEST
        MOV   AL,0
        MOV   CX,15
        CLD
Again: STOSW
        DEC   CX
```

```
JNZ   Again
HLT
```

2. 重复前缀

(1)REP(Repeat)重复串操作直到(CX)=0为止

指令格式:REP　string　primitive

其中 string primitive 可为 MOVS,STOS 或 LODS 指令。

执行的操作:

①如(CX)=0则退出REP,否则往下执行;

②CX←(CX)-1;

③执行其后的串指令;

④重复①~③。

可作为串传送、串比较、串存储、串搜索指令的前缀。最常用的是串传送指令,使用时数据长度必须放在CX中。

(2)相等/为零时重复串操作 REPE/REPZ

用于串比较或串搜索指令的前缀,使其重复执行直到CX=0或ZF=1为止。

指令格式:REPE(或 REPZ)　string primitive

其中 string primitive 可为 CMPS 或 SCAS 指令。

执行的操作:

①如(CX)=0或ZF=0时退出,否则往下执行;

②CX←(CX)-1;

③执行其后的串指令;

④重复①~③。

功能:每比较一次之后,若结果相等,即ZF=1时,再重复串比较或串扫描。使用时应预置重复次数于CX中,每比较一次CX值减1。比较结束条件为(CX)=0或ZF=0。

用于串传送、串搜索指令的前缀,使紧随其后的指令重复执行,直到CX为0或ZF=0为止。

(3)不相等/不为零时重复串操作 REPNE/REPNZ

指令格式:REPNE(或 REPNZ)　string primitive

执行的操作:除退出条件为(CX)=0或ZF=1外,其他操作与REPE完全相同。也就是说,每比较一次后,若结果不相等,即ZF=0则重复进行比较,同样应将比较次数预置于CX中,每比较一次CX减1。比较结束条件为(CX)=0或ZF=1。

下面举例说明串指令中重复前缀的应用。

例 3-23　初始化内存,使其内容全部为0。与Rep指令配合使用。

```
LEA   DI,DEST
MOV   AL,0
MOV   CX,30
CLD
REP   STOSB
HLT
```

例 3-24　在内存的DS和ES段中,各有长度为50字节的字符串,试比较它们是否相同。(与 Repe / Repz 配合使用)

```
        LEA   SI,SOURCE
        LEA   DI,DEST
        MOV   CX,50
        CLD
        REPE  CMPSB
        JNZ   Found
        MOV   AX,0
        JMP   Exit
Found : DEC   SI
        MOV   AX,SI
Exit:   HLT
```

例 3-25 寻找字符串中是否有字符'A'。与 Repe / Repz，Repne / Repnz 配合使用。

```
        LEA   DI,SOURCE
        MOV   CX,30
        MOV   AL,'A'
        REPNE SCASB
        JZ    Find
        MOV   BX,0
        JMP   Exit
Find:   DEC   DI
        MOV   BX,DI
Exit:   HLT
```

最后,对串处理指令,我们再说明几个需要注意的问题:

①串处理指令在不同的段之间传送或比较数据,如果需要在同一段内处理数据,可以在 DS 和 ES 中设置同样的地址,或者在源操作数字段使用段跨越前缀来实现。

例如 MOVS [DI],ES:[SI]。

②当使用重复前缀时(CX)是每次减 1 的,因此对字指令来说,预置时设置的值应是字的个数而不是字节数。

③上面的例子中 DF=0,做正向传送或比较。实际上反向传送也是很有用的,有些情况下必须反向传送。例如需要把数据缓冲区向前(地址增加的方向)错一个字,此时为避免信息的丢失,不可能正向传送而必须反向传送(此时 DF=1)的方法。反向传送见图 3.21。注意此时(DS)应等于(ES)。

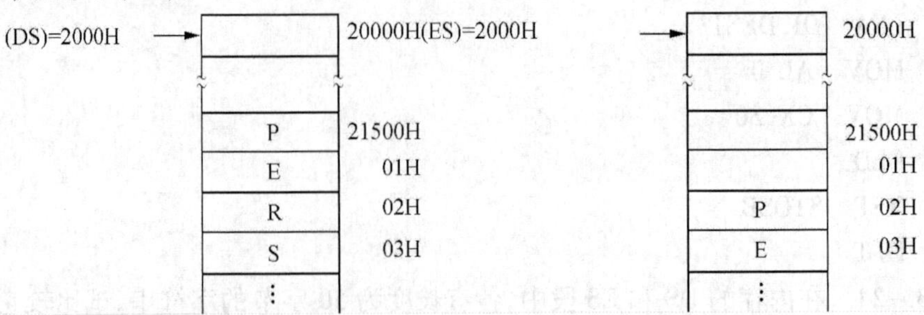

图 3.21 反向传送

3.3.5 程序控制指令

8086/8088CPU 程序中指令的执行顺序是由代码段寄存器 CS 和指针寄存器 IP 来决定的(CS:IP)。程序转移指令用来改变这两个寄存器的内容,从而改变程序的执行顺序。总的来说,执行程序的流程会中途有所改变,这里将要介绍的控制转移指令就是用来控制程序的执行流程的。转移指令分四组:无条件转移指令、条件转移指令、循环控制指令及有关中断指令。

总的说来,转移可以分成两类:段内转移和段间转移。段内转移是指在同一段的范围之内进行转移,此时只需改变 IP 寄存器的内容,即用新的转移目标地址代替原有的 IP 的值就可达到转移的目的。段间转移则是要转到另一个段去执行程序,此时不仅要修改 IP 寄存器的内容,还需要修改 CS 寄存器的内容才能达到目的,因此,此时的转移目标地址应由新的段地址和偏移地址两部分组成。

1. 无条件转移指令(Transfer Unconditionally)

(1)段内直接短转移方式(Intrasegment Direct Short Addressing)

指令格式:JMP SHORT OPRD

执行的操作:IP←(IP)+8 位位移量。

其中 8 位位移量是由目标地址 OPRD 确定的。转移的目标地址在汇编格式中可直接使用符号地址,而在机器执行时则是当前的 IP 值(即 JMP 指令的下一条指令的地址)与指令中指定的 8 位位移量之和。也就是说,这种指令由两字节组成,第一字节是操作码,第二字节是目标地址相对于 IP 的偏移量,以 8 位补码形式出现。这种方式只能在以本指令为中心的 -128 ~ +127 字节范围内转移。所有的条件转移都取这种方式。

例如代码段内有一条无条件转移指令如下:

```
   ⋮
   JMP   SHORT   HELLO
   ⋮
HELLO:MOV   AL,3
   ⋮
```

表示了该转移指令的机器码,以及用位移量来表示转向地址的方法。由图 3.22 可见当前 IP 值为 0102H,所以转向偏移地址 = 0102H + 08H = 010AH,其符号地址为 HELLO。

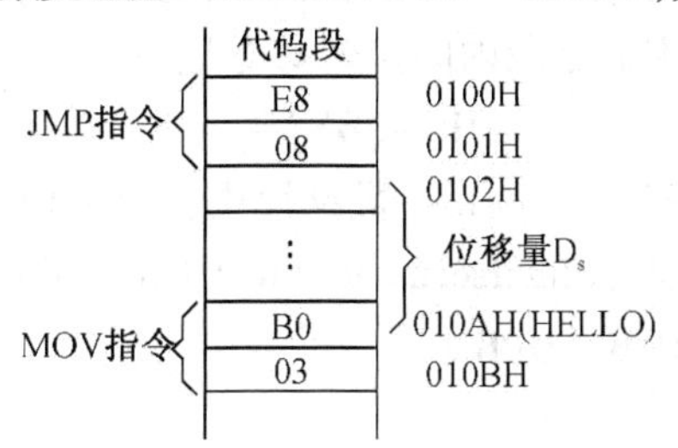

图 3.22 段内短转移举例

段内直接寻址转向的有效地址是当前 IP 寄存器的内容和指令中指定的 8 位或 16 位位移量之和。段内直接寻址如图 3.23 所示。

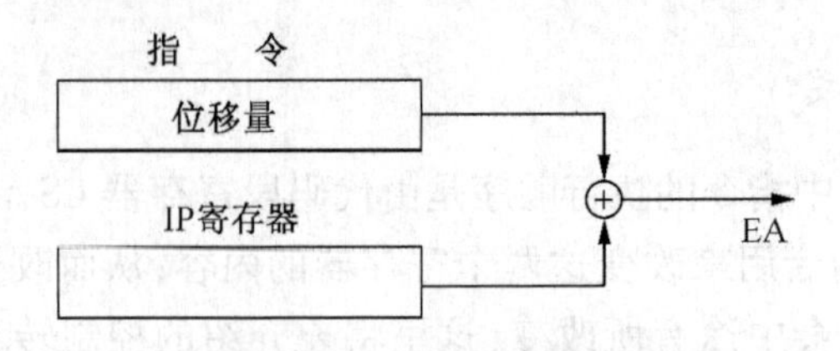

图 3.23 段内直接寻址

这种方式的转向有效地址用相对于当前 IP 值的位移量来表示，所以它是一种相对寻址方式。指令中的位移量是转向的有效地址与当前 IP 值之差，所以当这一程序段在内存中的不同区域运行时，这种寻址方式的转移指令本身不会发生变化，这是符合程序的再定位要求的。这种寻址方式适用于条件转移及无条件转移指令，但是当它用于条件转移指令时，位移量只允许 8 位。无条件转移指令在位移量为 8 位时称为短跳转。

(2)段内直接近转移方式(Intrasegment Direct Near Addressing)

指令格式:JMP NEAR PTR OPRD

执行的操作:IP←(IP)+16 位位移量。

这种方式的转移目标的偏移地址直接出现在指令中。在汇编格式中 OPRD 也只需要符号地址。由于位移量为 16 位的有符号数，它的范围在 -32768 ~ +32767 之间，需用 2 个字节表示，加上 1 个字节的操作码，段内直接近转移方式的指令需要 3 个字节。

如果已知下一条指令到目的地址之间的相对位移量在 -128 ~ +127 字节范围之内，则在标号前写上运算符 SHORT，段内直接短转移方式。

如果已知下一条指令到目的地址之间的相对位移量超过 -128 ~ +127 字节范围，则在标号前写上运算符 NEAR PTR，段内直接远转移方式。

目标地址的标号已经定义，则在标号前，可以省略 SHORT 或 NEAR PTR。

例如:

```
Qwe:                    ;先定义标号 qwe 为段内属性。
 ⋮
JMP qwe                 ;后引用标号 qwe。
```

(3)段内间接转移方式(Intrasegment Indirect Addressing)

转移地址在一个 16 位寄存器或一个内存字单元中，这个转移地址可以用前面介绍过的任一种操作数寻址方式(除立即寻址方式外)获得。将此地址送入 IP，则程序就会发生转移。

下面的两条转移指令采用的是段内间接转移寻址方式:

```
JMP  BX                    ;IP←(BX)
JMP  WORD PTR[SI+BX]       ;IP←数据段中(SI)+(BX)内存字单元的内容
```

(4)段间直接(远)转移方式(Intersegment Direct Far Addressing)

指令格式:JMP FAR PTR OPRD

执行的操作:

IP←OPRD 的段内偏移地址；

CS←OPRD 所在段的段地址。

在这里使用的是直接寻址方式。在汇编格式中 OPRD 可使用符号地址，而机器语言中则要指定转向地址的段值和偏移量。指令中直接提供了转向段地址和偏移地址，所以只要用指令中指定的偏移地址取代 IP 寄存器的内容，用指令中指定的段地址取代 CS 寄存器的内容就完成了从一个段到另一个段的转移操作。

例如 JMP　2000H:0205H 即转移到(CS) =2000H,(IP) =0205H 处，或者 JMP　FAR - ALBLE(远标号)。

如程序:

```
C1   SEGMENT
   ⋮
JMP   FARPTR   NEXT   PROG
⋮
C1   ENDS
C2   SEGMENT
   ⋮
NEXT   PROG:
⋮
C2   ENDS
```

(5)段间间接转移方式(Intersegment Indirect Addressing)

指令格式:JMP　DWORD　PTR　OPRD

执行的操作:

用存储器中相邻两个字单元中的内容作为转移地址来代替 CS 和 IP 寄存器中的原来内容，使程序发生转移。这两个字单元的地址是用取操作数时的任一种寻址方式(除立即寻址、寄存器寻址外)给出的。根据寻址方式求出 EA 后，把指定存储单元的字内容送到 IP 寄存器，并把下一个字的内容送到 CS 寄存器，这样就实现了段间跳转。例如:JMP　DWORD PTR[SI]执行后，程序转移到以 SI,SI +1 两单元内容作为 IP,SI +2,SI +3 两单元内容作为 CS 的地方。

只有无条件转移和调用指令可取此种方式。

最后说明一下，JMP 指令不影响条件码。

下面举例说明在段内间接寻址方式的转移指令中，转移的有效地址的计算方法。

假设:(DS) = 2000H,(BX) = 1256H,(SI) = 528FH,位移量 = 20A1H,(232F7H) = 3280H,(264E5H) =2450H。

例 3 -26　JMP　BX;(IP) =1256H

例 3 -27　JMP　WORD PTR TABLE[BX]

则执行该指令后(IP) = (10H × (DS) + (BX) + 位移量)

= (20000H + 1256H +20A1H)

= (232F7H)

=3280H

2. 子程序调用和返回指令

在汇编语言的程序设计中，常采用子程序结构。子程序结构相当于高级语言中的过程。为便于模块化程序设计，往往把程序当中某些具有独立功能的部分编写成独立的功能模块，称之为子程序。程序中可由调用程序(或称主程序)调用这些子程序，而在子程序执行完后又返回调用程序继续执行。为实现这一功能，PC 机提供了以下指令:

CALL (Call) 调用;

RET (Return) 返回。

由于子程序和调用程序可以在一个段中,也可以不在一个段中,8086/8088CPU 构成的 PC 机提供了四种寻址方式的调用指令。

(1)段内直接调用

指令格式:CALL OPRD

执行的操作:

SP←(SP)-2;

((SP)+1,(SP))←(IP);

IP←(IP)+D_{16}。

这条指令的第一步操作是把 CALL 指令下一条指令的地址 IP(即是子程序的返回地址)压入堆栈保护起来,以便子程序返回主程序时使用。第二步操作则是转移到子程序的入口地址去继续执行。指令中 OPRD 给出转向地址(即子程序的入口地址,亦即子程序的第一条指令的地址)D_{16}即为机器指令中的相对位移量,它是转向地址和返回地址之间的差值。相对位移量的范围是-32768~+32767,占2个字节,段内直接调用指令共3个字节。

(2)段内间接调用

指令格式:CALL OPRD

执行的操作:

SP←(SP)-2;

((SP)+1,(SP))←(IP);

IP←(EA)。

其中 EA 是由 OPRD 的寻址方式确定的有效地址。

例如指令 CALL AX;段内间接调用,调用地址由 AX 给出。

(3)段间直接调用

指令格式:CALL OPRD

执行的操作:

SP←(SP)-2;

((SP)+1,(SP))←(CS);

SP←(SP)-2;

((SP)+1,(SP))←(IP);

IP←偏移地址(机器指令的第二、三个字节);

CS←段地址(机器指令的第四、五个字节)。

它同样是先保留返回地址,然后转移到由 OPRD 指定的转向去执行。由于调用程序和子程序不在同一个段内,因此返回地址的保存以及转向地址的设置都必须把段地址考虑在内。

例如指令 CALL 2500H:1000H;段间直接调用,CS 和 IP 出现在指令中。

(4)段间间接调用

指令格式:CALL OPRD

执行的操作:

SP←(SP)-2;

((SP)+1,(SP))←(CS);

SP←(SP) -2;

((SP) +1,(SP))←(IP);

IP←(EA);

CS←(EA +2)。

指令的操作数是一个 32 位的存储器地址。其中 EA 是由 DST 的寻址方式确定的有效地址。

例如指令 CALL　DWORD　PTR[SI];段间间接调用,CS 在数据段中 SI +2 指向的字单元中,IP 在数据段中 SI 指向的字单元中。

(5)RET 返回指令

和调用指令相对应的是返回指令 RET。RET 指令总是放在子程序的末尾,它使子程序在执行完后返回调用程序继续执行,对段间和段内调用和返回指令形式上相同,均是 RET,但汇编时机器码是不同的。对应段内调用的返回指令执行时,从堆栈顶弹出两个字节传送到 IP 中;对应段间调用的返回指令执行时,从堆栈顶弹出四个字节,先弹出两个字节至 IP,再弹出两个字节至 CS,然后返回主程序。

段内返回指令格式:RET

执行的操作:

IP←((SP) +1,(SP));

SP←(SP) +2。

或写为

((SP))→IP_L;

SP←(SP) +1;

((SP))→IP_H;

SP←(SP) +1。

段间返回指令格式:RET

执行的操作:

IP←((SP) +1,(SP));

SP←(SP) +2;

CS←((SP) +1,(SP));

SP←(SP) +2。

段内带立即数返回指令格式:RET　EXP

执行的操作:

IP←((SP) +1,(SP));

SP←(SP) +2;

SP←(SP) + D_{16}。

其中 EXP 是一个表达式,根据它的值计算出来的常数成为机器指令中的位移量 D_{16},它应是一个 0 ~ FFFFH 中的一个偶数。这条指令表示从堆栈顶弹出返回地址后,再使 SP 值加上 EXP 的值。这个值的大小一般是调用子程序前压入堆栈的参数所占字节数,这些参数供子程序用。当子程序返回后,这些参数已不再有用,就可以修改指针使其指向参数入栈以前的值。

段间带立即数返回指令格式:RET　EXT

执行的操作:

IP←((SP)+1,(SP));

SP←(SP)+2;

CS←((SP)+1,(SP));

SP←(SP)+2;

SP←(SP)+D_{16}。

这里 EXT 的含义及使用情况与段内带立即数返回指令相同。

CALL 和 RET 指令都不影响条件码。

在 8086/8088CPU 构成 PC 机指令系统中,段内返回和段间返回指令的形式是一样的,都是 RET,它们的差别在于指令代码不同。段内返回指令 RET 对应的代码为 C3H(或 C2H),段间返回指令对应的代码为 CBH(或 CAH)。

读者会问,在一个汇编语言子程序编好以后,被汇编成机器代码时,对于 RET 指令,到底是产生段内返回指令对应的代码呢,还是产生段间返回指令对应的代码呢?

实际上,这是通过在汇编语言程序中加入伪指令来决定的,在伪指令部分,我们将进一步具体说明这一点。为了说明调用指令和返回指令的使用及堆栈的变化情况,举例如图 3.24所示。

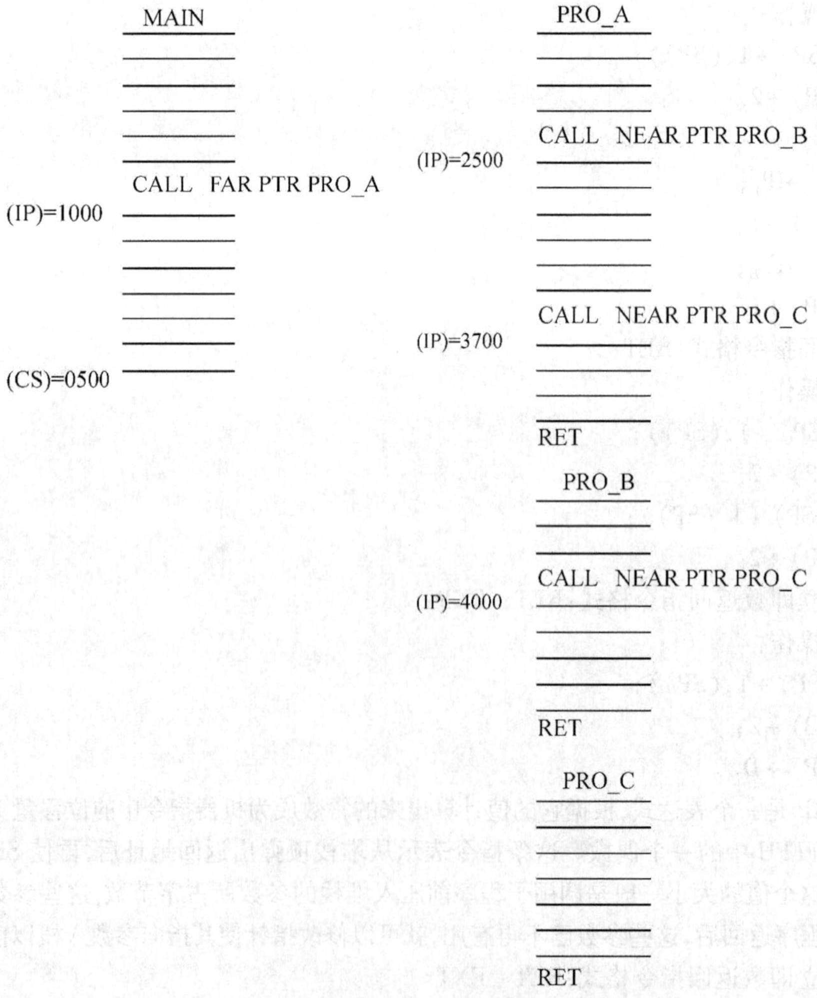

MAIN

CALL FAR PTR PRO_A

(IP)=1000

(CS)=0500

PRO_A

CALL NEAR PTR PRO_B

(IP)=2500

CALL NEAR PTR PRO_C

(IP)=3700

RET

PRO_B

CALL NEAR PTR PRO_C

(IP)=4000

RET

PRO_C

RET

图 3.24 子程序调用关系

例3-28 主程序MAIN在一个代码段中,子程序PRO_A,PRO_B,PRO_C在另一个代码段中。如果这些程序之间的调用关系如图3.24所示,则在程序运行时,堆栈情况如图3.25所示。读者可以看出在出栈后,堆栈中的内容并未破坏,但如果有新的内容进栈时,原有的内容便自动丢失了。

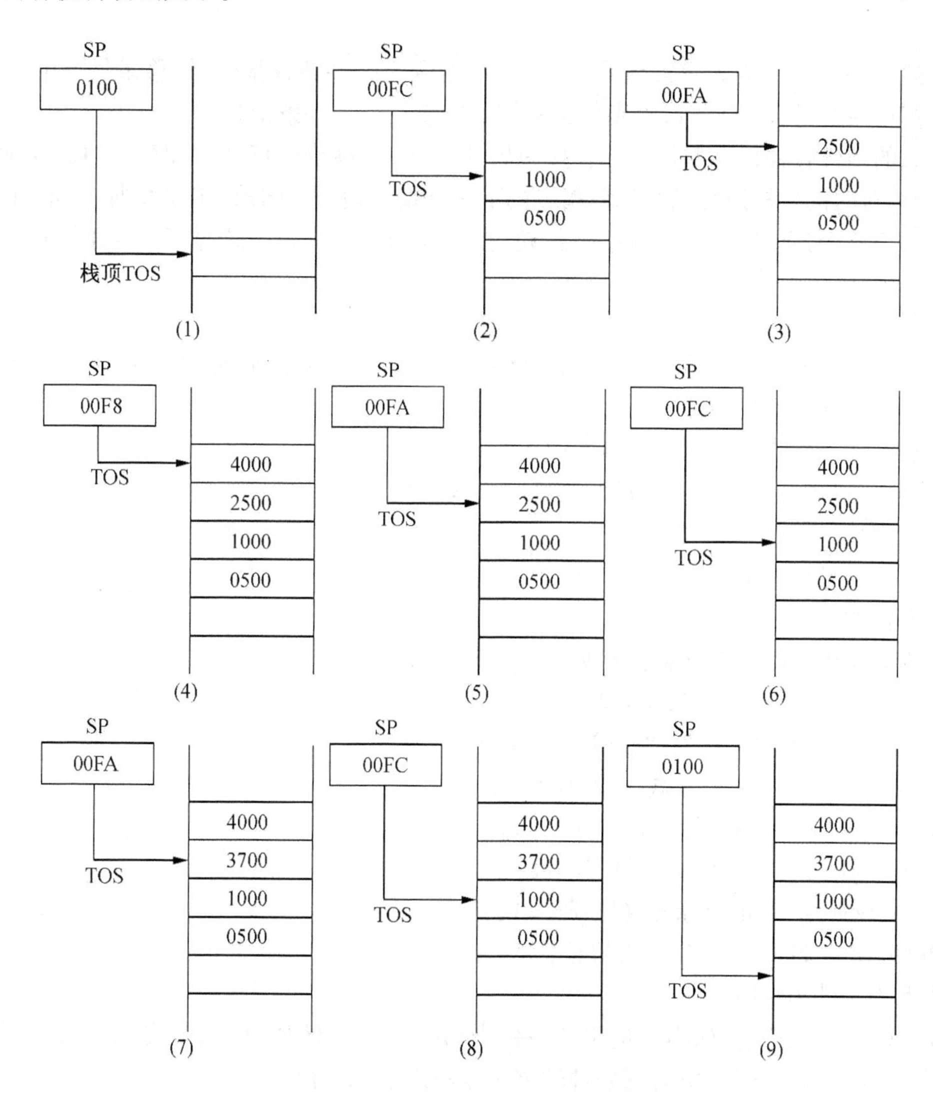

图3.25 堆栈示意图

3. 条件转移指令(Transfer Conditionally)

条件转移指令在改变程序时,需要满足一定的条件,否则将不发生转移,而是继续执行下一条指令,而判断转移是否发生的条件主要由标志寄存器的某些标志位的值来决定,而使标志位发生变化的指令都能作为条件转移指令的前置指令。每一种条件转移指令都有它的测试条件,满足测试条件则转移到由指令指出的转向地址去执行那里的程序,如不满足条件,则顺序执行下一条指令。

例3-29

JZ EXIT ;如果为零,则ZF=1,而JZ指令正是当ZF=1;时,转移到标号

EXIT 处去继续执行程序的条件。

```
        MOV   BX,0
          ⋮
Exit:   RET              ;转移到标号为 EXIT。
          ⋮
```

上述第一条指令为转移前置指令,第二条指令为条件转移指令,转移条件是上一条指令的运算结果为零,即 ZF = 1,否则并不跳转而继续执行下一条指令。

所有的条件转移指令都是段内直接短转移方式,转移范围仅在 - 128 ~ + 127 之间,也就是说,跳转时的目标地址离开当前指令的下一条指令地址值向前(IP 的增加方向)不得超过 127 个字节,向后(IP 减少方向)不得超过 - 128 个字节,如果超过了,汇编会出现出错信息:

Relative jmp out range

当要求较远的条件转移时可以用条件转移指令转移到附近某处,再在该处用一条无条件转移指令转移到目的地址。

各种不同条件转移的构造和格式如下所示:

J × × LABLE 或 J × × OPR;其中 × ×表示某种条件。

条件中:

N(Not) 表示否定;

E(Equal) 表示等于;

G(Greater) 表示带符号数比较时的大于;

L(Less) 表示带符号数比较时的小于;

A(Above) 表示无符号数比较时的大于;

B(Below) 表示无符号数比较时的小于;

C(Carry Flag) 进位标志置位,CF = 1;

S(Sign Flag) 符号标志置位,SF = 1;

P(Parity Flag) 奇偶标志置位,PF = 1;

O(Overflow Flag) 溢出标志置位,OF = 1。

因此当条件满足时:

IP←(IP) + 位移量,如不满足测试条件则(IP)不变。例如 JC L1 表示当进位标志等于 1,则转移到 L1。另外,所有的条件转移指令不影响标志位。

条件转移指令以某些标志位或其逻辑运算为依据,满足条件时则转移。本类指令的转移的目的地址在 - 127 字节以内。本类指令大体上分三类:

(1)依据单个标志位的条件转移指令

JZ 或 JE(Jump if Zero,or Equal)

功能:ZF = 1 转移,即结果为零(或相等)则转移。

JNZ 或 JNE(Jump if Not Zero,or Not Equal)

功能:ZF = 0 转移,即结果不为零(或不相等)则转移。

JS(Jump if Sign)

功能:SF = 1 转移,即结果为负数则转移。

JNS(Jump if Not Sign)

功能:SF=0 转移,即结果为正数则转移。

JO(Jump if Overflow)

功能:OF=1 转移,即有符号数有溢出则转移。

JNO(Jump if Not Overflow)

功能:OF=0 转移,即有符号数无溢出则转移。

JP 或 IPE(Jump if Parity,or Parity Even)

功能:PF=1 转移,即结果的低 8 位有偶数个 1 则转移。

JNP 或 JPO(Jump if Not Parity,or Parity Odd)

功能:PF=0 转移,即结果的低 8 位有奇数个 1 则转移。

JC(Jump if Carry)

功能:CF=1 转移,即无符号数有进位或借位则转移。

JNC(Jump if Not Carry)

功能:CF=0 转移,即无符号数无进位或借位则转移。

(2)用于无符号数的条件转移指令

本指令用于无符号数的比较。

JBE 或 JNA(Jump if Below or Equal,or Above)

功能:低于或等于,或者不高于则转移;此时 CF∨ZF=1 即 CF=1 或 ZF=1。

JNBE 或 JA(Jump if Not Below or Equal,or Above)

功能:不低于或等于,或者高于则转移;此时 CF∨ZF=0 即 CF=0 且 ZF=0。

JB 或 JNAE(Jump if Below,or Not Above or Equal)

功能:小于,或者不大于或等于则转移;此时 CF=1。

JNB 或 JAE(Jump if Not Below,or Above or Equal)

功能:不低于,或者高于或等于则转移;此时 CF=0。

(3) 带符号数的条件转移指令

JL 或 JNGE(Jump if Less,or Not Greater or Equal)

功能:小于,或者不大于或者等于则转移;此时 SF⊕OF=1 即 SF≠OF。

JNL 或 JGE(Jump if Not Less,or Greater or Equal)

功能:不小于,或者大于或等于则转移;此时 SF⊕OF=0 即 SF=OF。

JLE 或 JNG(Jump if Less or Equal,or Not Greater)

功能:小于或等于,或者不大于则转移;此时(SF⊕OF)∨ZF=1 即 ZF=1 或 SF≠OF。

JNLE 或 JG(Jump if Not Less or Equal,or Greater)

功能:不小于或等于,或者大于则转移;此时(SF⊕OF)∨ZF=0 即 ZF=0 或 SF=OF。

这两组条件转移指令用于对两个数进行比较,并根据比较结果的 <、≥、≤、> 几种情况来判断是否转移。其中前一组 JB,JAE,JBE,JA 四种指令适用于无符号数的比较情况;而后一组 JL,JGE,JLE,JG 四种指令则适用于判断带符号数的比较情况。在使用时必须严格区分,否则会引起错误的结果。

比如,11111111B 和 00000000B 这两个数,如果将它们看成无符号数,那么前者为 255,后者为 0,这当然是前一个数大;但如果把它们看成有符号数,那么前者为 -1,后者为 0,比较之后会得出一个相反的结论。

为了能做出正确的判断,PC 机的指令系统分别为无符号数和有符号数的比较提供了条件转移指令。

下面举例说明条件转移指令的使用。

例 3－30　求符号数中的最大值。设数据区 1000H 开始的区域中存放着 50 个字节的符号数。要求找出其中的最大值并存放到 0FFFH 单元。

程序段如下:

```
GATMAX:MOV   BX,1000H
       MOV   AL,[BX]
       MOV   CX,31H
L1:    INC   BX
       CMP   AL,[BX]
       JGE   L2
       MOV   AL,[BX]
L2:    DEC   CX
       JNE   L1
       MOV   BX,0FFFH
       MOV   [BX],AL
```

如果是无符号数,则把 JGE　L2 换为 JAE　L2 即可。

例 3－31　两无符号数相加,结果正确则 AX 中存入 1,若溢出则 AX 中存入 0。

```
       MOV   AX,X
       MOV   BX,Y
       ADD   BX,AX
       JC    ERROR
       MOV   AX,1
       JMP   EXIT
ERROR: MOV   AX,0
EXIT:  HLT
```

例 3－32　有一组无符号数,与 50 比较,大于 50 的存入另一存储区,小于或等于 50 的放弃。

```
       LEA   SI,ARRAY1
       LEA   DI,ARRAY2
       MOV   CX,N
AGAIN: MOV   AL,[SI]
       INC   SI
       CMP   AL,50
       JBE   NEXT
       MOV   [DI],AL
       INC   DI
NEXT:  DEC   CX
       JNZ   AGAIN
       HLT
```

例 3－33　数组 ARRAY 为 N 字数组,要求将其中正数、负数、0 的个数统计出来,分别存入寄存器 DI,SI,AX 中。

```
          XOR   BX,BX
          XOR   SI,SI
          XOR   DI,DI
          MOV   CX,N
AGAIN:CMP   ARRAY[BX], 0
          JLE   less_or_eq
          PUSHF
          INC   DI
          POPF
Less_or_eq:JL   NEXT
             INC   SI
NEXT:ADD   BX,2
        DEC   CX
        JNZ   AGAIN
        MOV   AX,N
        SUB   AX,SI
        SUB   AX,DI
        HLT
```

例 3－34　数出长度为 10 的,以 STRING 为首地址的字符串中空格的个数。

```
          LEA   SI,STRING
          MOV   CX,0AH
          MOV   AL,20H        ;空格的 ASCII 码为 20H。
          MOV   AH,0H         ;结果在 AH 中。
AGAIN:   CMP   AL,[SI]
          JZ    ADDA
          JMP   CONT
ADDA:    INC   AH
CONT:    INC   SI
          DEC   CX
          JNZ   AGAIN
          HLT
```

4. 循环指令

循环控制指令用来控制一个程序段的重复执行。

(1)无条件循环指令 LOOP(Loop Until Complete)

指令格式:LOOP　OPR

测试条件:(CX)≠0。

重复次数置 CX 中且 CX≠0 时循环。它等效于下述两条指令的组合:

DEC　CX

JNE　AGAIN

(2)LOOPZ(或 LOOPE)标号

LOOPZ 或 LOOPE(Loop While Zero,Or Equal)当为零或相等时循环。

指令格式:LOOPZ 或 LOOPE　OPR

测试条件:ZF =1 且(CX)≠0。

此指令有两种助记符。此指令使 CX←(CX) -1,当 CX≠0 并且在标志位 ZF =1 的条件循环至目标操作数。

(3)LOOPNZ 或 LOOPNE(Loop While Non Zero,Or Not Equal)当不为零或不相等时循环。

指令格式:LOOPNZ 或 LOOPNE　OPR

测试条件:ZF =0 且(CX)≠0。

指令使 CX←(CX) -1,且判断只有当 CX≠0,且标志位 ZF =0 的条件下,循环至目标操作数。

这三条指令的执行步骤是:

①CX←(CX) -1;

②检查是否满足测试条件,当满足测试条件时就转向由 OPR 指定的转向地址去执行,即实行循环;执行 IP←(IP) + D_8 的符号扩展。如不满足测试条件则退出循环,程序继续顺序执行;此时 IP 值不变。

可见这里使用的是相对方式,在汇编格式中 OPR 必须指定一个表示转向地址的标号(符号地址),而在机器指令里则用 8 位位移量 D_8 来表示转向地址与当前 IP 的差。由于位移量只有 8 位,所以转向地址必须在该循环指令的下一条指令地址的 -128 ~ +127 字节的范围之内。

注意:

①CX 减 1 至 0 并不会影响 ZF,ZF 是否为 1 是由前面其他指令的执行引起的;

②循环指令不影响条件码。

例 3 -35　有一个首地址为 ARRRAY 的 M 字数组,试编写一个程序段:求出该数组的内容之和(不考虑溢出),并把结果存入 TOTAL 中。

```
            MOV   CX,M
            MOV   AX,0
            MOV   SI,AX
START_LOOP: ADD   AX,ARRAY[SI]
            ADD   SI,2
            LOOP  START_LOOP
            MOV   TOTAL,AX
```

例 3 -36　有一串 L 个字符的字符串存储于首地址为 ASCII_STR 的存储区中。如要求在字符串中查找“空格”(ASCII 码为 20H)字符,找到则继续执行,如未找到则转到 NOT 去执行,编制实现这一要求的程序段如下:

```
    MOV   CX,L
    MOV   SI,-1
    MOV   AL,20H
```

```
NEXT:INC   SI
     CMP   AL,ASCII_STR[SI]
     LOOPNE  NEXT
     JNZ   NOT_FOUND
      ⋮
NOT:  ⋮
      ⋮
```

在程序执行过程中,有两种可能性:

(1)在查找中找到了“空格”,此时 ZF =1 因此提前结束循环。在执行 JNZ 指令时,因不满足测试条件而顺序地继续执行;

(2)如一直查找到字符串结束还未找到“空格”字符,此时因(CX) =0 而结束循环,但在执行 JNZ 指令时因 ZF =0 而转移到 NOT_FOUND 去执行。

例 3 -37　有一串 n 个字符的字符串(ABCDEFGHIJK) 存储于首地址为 ASC 的存储区,要求查找空格的位置。

```
        MOV   CX,N
        MOV   SI,ASC -1
        MOV   AL,20H
AGAIN:  INC   SI
        CMP   AL,[SI]
        LOOPNZ  AGAIN
        JZ   NEXT
        MOV   SI,0
EXIT:   HLT
```

(4)JCXZ(Jump if CX Register is Zero)标号

若 CX =0,则此指令控制转移到目标操作数。

测试 CX 的值为 0 则转移的指令。

功能:CX 寄存器的内容为零则转移;此时(CX) =0。

CX 寄存器经常用来设置计数值。

5. 中断指令(Interrupt Instruction)

引起中断的事件称为中断源。8086/8088 有一个强有力的中断系统,可以处理 256 种不同的中断,每一个中断对应一个类型号,所以 256 种中断对应的中断类型号为 0 ~255。中断源有许多分类的方法,按中断产生的位置看,中断可分为内部中断和外部中断两类。图 3.26 表示了中断类型号和中断向量所在位置之间的对应关系。

当中断事件产生于主机内部时,称为内部中断源。外部中断处理来自 CPU 外部的中断请求,它以完全随机的方式中断现行程序而转向另一处理程序。

为处理这些中断,对它们都有相应中断处理子程序,中断处理子程序的入口地址称为中断向量。在 IBM - PC 机中,这些中断处理子程序的地址按照对中断类型的编号放在一张称之为中断向量表的表中,该表内容存放在内存中绝对(物理)地址 00000H ~003FFH 的地方,这 1024 个字节的区域称为中断向量区。从 00000H 开始每 4 个字节存放一个中断处理程序在内存中的偏移地址和段地址,前两个字节中存放的是将送 IP 指针的偏移地址,后两个字节存放的是将送 CS 的代码段地址，这张中断向量表中可存放 256 个中断类型所对应的中断处理程序的地址，也就是说该表指明了 256 个地址，所以称该表为向量表。根据中断向量表中对应于每一中断处理程序的 4 字节地址，可以找到该中断子程序在内存中的实际物理地址。

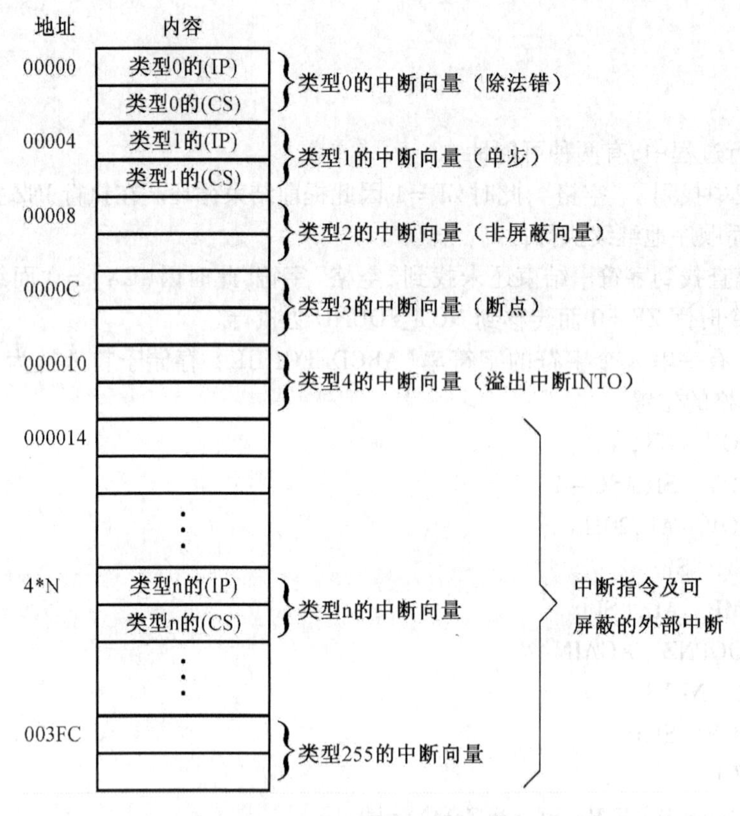

图 3.26　存储器中的中断向量区

比如，类型号为 20H 的中断所对应的中断向量存放在 0000:0080H 开始的 4 个单元中，如果 00080H，00081H，00082H，00083H 这 4 个单元中的值分别为 10H，20H，30H，40H，那么这个系统中，20H 号中断所对应的中断向量即中断处理子程序的入口地址为 4030:2010H，即物理地址为 40300 + 2010 = 42310H。

又如，一个系统中对应于中断类型号 17H 的中断处理子程序存放在 2345:7890H 开始的内存区域中，由于 17H 对应的中断向量被存放在 0000:005CH（17H × 4 = 5CH）处，所以 0005CH，0005DH，0005EH，0005FH 这 4 个单元中的值，应当分别为 90H，78H，45H，23H。

（1）软中断指令 INT（Interrupt）

指令格式：INT　n

执行的操作：

SP←（SP）-2；

（SP）+1，（SP）←（PSW）；

SP←（SP）-2；

（SP）+1，（SP）←（CS）；

SP←（SP）-2；

(SP) +1,(SP)←(IP);

IP←(n×4);

CS←(n×4+2)。

INT　n　;启动由类型码 n 所规定的中断服务程序。中断指令允许程序在各种需要时去启动中断服务程序。

其中 n 为类型号,它可以是常数或表达式,其值必须在 0~FFH 的范围内。除非特别说明,类型号是以 16 进制形式表示的。

功能:请求调用执行类型号所对应的中断处理程序。

INT 指令及下面将要介绍的 INTO 指令执行完后,再把 IF 和 TF 位置 0(前者使得进入中断处理程序的过程中不被外面的其他中断所打断,后者避免进入中断处理程序后按单步执行),但不影响其余的标志位。

例 3-38　INT　4(INTO)

n×4=16=10H,n×4+2=18=12H,则 00010H,00011H 存放中断服务程序的 IP 值,00012H,00013H 存放中断服务程序的 CS 值。

当 CPU 响应一次中断时,也要和调用子程序时一样,类似地把(IP)和(CS)保护入栈。除此之外,为了能全面地保存现场信息,以便在中断处理结束时返回现场,还需要把反映现场状态的(PSW)保护入栈,然后才能转到中断处理程序去执行。当然从中断返回时,除要恢复(IP)和(CS)外,还需要恢复(PSW)。

中断指令提供了直接调用中断处理子程序的软件手段。通过中断指令来使 CPU 执行中断处理子程序的方法叫软件中断。

从原则上来讲,中断类型码可为 0~FFH 中的任何一个,所以用软件中断的办法可以调用任何一个中断处理程序。也就是说,即使某个中断处理子程序原先是为某个外部设备硬件中断动作而设计的,但是一旦将中断处理子程序装配到内存之后,也可以通过软件中断的方法进入这样的中断处理程序执行。所以,有经验的程序员在用 8086/8088 系统设计时,总是把一些常用的较大型的子程序设计为中断处理子程序,再在程序中用软件中断的方法调用它们。

归纳起来,软件中断有如下一些特点:

①用一条指令来进入中断处理子程序,并且中断类型号由指令提供。

②不受中断允许标志 IF 的影响,也就是说,不管 IF 是 1 还是 0,任何一个软件中断均可执行。只有 1H 号软件中断受单步中断标志 TF 的影响,只有 TF 为 1 时,才能执行单步中断。

③正在执行软件中断时,如果有非屏蔽中断请求,那么,会在执行完当前指令后立即予以响应;如果有可屏蔽中断请求,并且这之前由于中断处理子程序中执行了开放中断指令,从而使中断允许标志 IF 为 1,那么,也会在当前指令执行完后响应可屏蔽中断请求。

④软件中断没有随机性。因为硬件中断是由外部硬件设备发出中断请求信号而引起的,外部设备何时要求 CPU 为它服务,当然不会有约定,因此,它是随机的、无法预测的,所以,外部硬件中断总是带有随机性。而软件中断是由程序中的中断指令引起的,中断指令放在程序中哪个位置,何时执行,这是可以事先知道和决定的,所以软件中断失去了随机性。

(2)溢出中断指令 INTO(Interrupt Overflow)

指令格式:INTO

执行的操作:

若 OF=1,则:

SP←(SP)-2;

((SP)+1,(SP))←(PSW);

SP←(SP)-2;

((SP)+1,(SP))←(CS);

SP←(SP)-2;

((SP)+1,(SP))←(IP);

IP←(00010H);

CS←(00012H)。

功能:若前置指令在运算中发生溢出,而使 OF=1,则调用中断类型为 4 的中断处理程序。

我们前面已经说过,类型为 4 的中断称为溢出中断。

为什么要有溢出这个中断呢?

8086/8088 系统中,对于无符号数和有符号数的乘法和除法指令是各不相同的,但是对于这两类数据的加、减法运算指令是相同的。在某些情况下,无符号数的加、减和有符号的加、减运算都可能造成溢出。所谓溢出,就是超出了数据的规定范围。对无符号数来说,产生溢出并不是什么错误,这种情况下的溢出实际上是低位字节或字往高位产生了进位或借位。但对于有符号数来说,那就意味着出现了错误,如不能及时处理,再往下运行程序,结果就没有意义。

但是对 CPU 来讲,它并不能知道当前处理的数据是无符号数还是有符号数,只有程序员才明确当前所处理的数据的性质。为此,INTO 指令总是跟在有符号数的加法或减法运算过程后面,专门用来判断有符号数加、减运算是否溢出。它指定中断类型为 4,即中断向量地址是 0000:0010H~0000:0013H。当运算结果使 OF=1,INTO 的中断处理程序应给出出错标志。若 OF=0,执行 INTO 也会进入中断处理程序,只是在程序中仅仅测试标志后立刻返回到主程序。

IRET 从中断返回指令 IRET(Return from Interrupt)

指令格式:IRET

执行的操作:

IP←((SP)+1,(SP));

SP←(SP)+2;

CS←((SP)+1,(SP));

SP←(SP)+2;

PSW←((SP)+1,(SP));

SP←(SP)+2。

功能:该指令用于中断处理子程序中,当执行中断子程序碰到该指令时,就到堆栈中取出返回地址,回到调用程序的中断处,再从中断处的下一条指令开始继续执行被中断过的程序,并恢复调用前的(PSW)的内容。

3.3.6　处理器控制指令

1. 操作标志

单独对标志进行操作的指令有：

CLC：CLC（Clear Carry Flag）清进位，CF = 0；

CMC：CMC（Complement Carry Flag）进位取反；

STC：STC（Set Carry Flag）置 CF = 1；

CLD：CLD（Clear Direction Flag）置 DF = 0；

STD：STD（Set Direction Flag）置 DF = 1；

CLI：CLI（Clear Interrupt）置 IF = 0；

STI：STI（Set Interrupt Flag）置 IF = 1。

2. 处理器暂停指令 HLT（Enter Halt State Instruction）

当程序执行此指令时，使 CPU 处于暂停状态，什么事情也不干。下列 3 种状态之一，可使 CPU 重新开始工作：

①在 CPU 的 RESET 线上有复位信号；

②在 CPU 的 NMI 线上有非屏蔽中断请求；

③在中断标志开放的情况下，即 IF = 1 时，在 CPU 的 INTR 线上有中断请求。

HLT 指令可作为无限循环指令使用。这条指令经常与中断过程相联系，在暂停状态发生中断时，CPU 把 HLT 下面一条指令的 CS 和 IP 压入堆栈，转入中断服务程序，待中断返回后 CPU 执行 HLT 后面一条指令。

3. 处理器等待指令 WAIT（Put Processor in Wait State Instruction）

用于让 CPU 处于等待状态，直到协处理器（Coprocessor）完成当前工作，用一个重启信号唤醒 CPU 继续执行指令。

4. 封锁数据总线指令总线（Lock Bus Instruction）

指令格式：LOCK 控制指令

LOCK 是前缀，与后面的控制指令联合使用，用于维持数据总线封锁信号，直到控制指令完整执行，即在控制指令执行过程中独占总线，禁止协处理器修改数据总线的数据。

5. 空操作指令 NOP（No Opration Instruction）

该指令不执行任何操作，其机器码占有一个字节，在调试程序时往往用这条指令占有一定的存储单元，以便在正式运行时用其他指令取代。也可用此指令得到一个延时机会。

习　题　3

1. 机器指令分成几部分？每部分的作用是什么？

2. 分别指出下列指令的源操作数和目的操作数的寻址方式。

MOV　AX，1234H

MOV　BX，AX

```
MOV   DX,[BX]
ADD   TABLE,AX                         ;TABLE 是一个变量名
MOV   SI,[1234H]
MOV   [BX+1234H],CH
MOV   AX,[BP][SI]
MOV   [BX+SI+1234H],DI
DAA
MOV   WORD PTR[SI],1000
MUL   BYTE PTR [BX]
AND   DL,[BX+SI+20H]
PUSH  DS
POP   [BX]
```

3. 设(DS) = 2000H,(BX) = 0100H,(SS) = 1000H,(ES) = B006H,(BP) = 0010H,TABLE = 800AH,(SI) = 000CH。求下列每条指令源操作数的存储单元的物理地址。

```
MOV   AX,[1234H]
MOV   AX,SS:[BX]
MOV   AX,ES:TABLE[BX]
ADD   AX,[BP]
MOV   AX,DS:[BP][SI]
```

4. 设有关的寄存器和内存单元中的内容为:(BX) = 0032H,(SI) = 002EH,(DS) = 1697H,(ES) = 1687H,(168A2H) = 6626H,(168D0H) = 7B26H,(169A2H) = F2D6H,(169B2H) = 332EH,(169D0H) = A426H,(169D5H) = 5526H,(17970H) = 1D26H,说明分别执行下面各条指令之后 AX 寄存器的内容是什么。

```
MOV   AX,2A00H
MOV   AX,BX
MOV   AX,[1000H]
MOV   AX,[BX]
MOV   AX,10H [BX]
MOV   AX,[SI+4]
MOV   AX,[BX+SI]
MOV   AX,[BX+SI+5]
MOV   AX,ES:[BX]
MOV   AX,ES:[BX] [SI]
```

5. 下列的指令是否有错？有则指出错误所在。

```
MOV   DS,117CH
MOV   [BX],[28A0H]
MOV   CS,AX
MOV   DS,ES
MOV   AL,DX
MOV   AX,100H[DX]
```

MOV　BX,[AX]

MOV　AL,C8H

MOV　AX,00F1

MOV　AX,[CS+80H]

CMP　60H,BL

INC　[BX]

MUL　30H

AND　[BX],21H

PUSH　AL

PUSH　CS

POP　CS

6. 写一指令序列,将 3456H 装入 DS 寄存器。

7. 已知 MISS 是一个字变量,说明 MOV　BX,MISS 与 LEA　BX,MISS 指令的操作结果有何不同。

8. 若(SP)=2000H,(AX)=3355H,(BX)=4466H,试指出下列指令或程序段执行后有关寄存器的内容。

(1)PUSH　AX;执行后(AX)=? ,(SP)=?

(2)PUSH　AX

　PUSH　BX

　POP　DX

执行后(AX)=? ,(DX)=?,(SP)=?

9. 已知(AX)=2AF0H,(BX)=8F09H,(CX)=8826H,(SP)=2000H,(SS)=017CH,画出堆栈示意图说明,按顺序执行下面几条指令之后,堆栈中的内容以及 SP,AX,BX,CX 和 SS 中的内容如何?

PUSH　AX

PUSH　BX

POP　CX

10. 在 8086/8088 微机的输入/输出指令中,I/O 端口号通常是由 DX 寄存器提供的,但有时也可以在指令中直接指定 00H ~ FFH 的端口号。试问两种方式下由指令指定的 I/O 端口数各是多少?

11. 若(AX)=FDAAH,(BX)=FBCFH,则执行指令 ADD　AX,BX 之后(AX)=________H,(BX)=________H,标志位 OF,SF,ZF,AF,CF 的状态对应为________。

12. 若(AX)=6531H,(BX)=42DAH,则执行指令 SUB　AX,BX 后,(AX)=________,标志位 OF,SF,ZF,AF,CF 的状态对应为________。

13. 分别执行下面两组指令后,OF,SF,ZF,AF,PF,CF 的标志位的状态如何?

(1)MOV　AL,7FH

　SUB　AL,-3

　HLT

(2)MOV　AL,7FH

　ADD　AL,-3

```
HLT
```

14. 试编制程序段完成 $S=(a\times b+c)/a$ 的运算,其中变量 a,b,c 和 S 均为带符号的字数据,结果的商存入 S,余数则不计。

15. 指出下列程序段执行后的结果:

(1)
```
MOV   AL,87H
MOV   BL,0B4H
MUL   BL
HLT
```
(AX) = ________。

(2)
```
MOV   AL,87H
MOV   BL,0B4H
IMUL  BL
HLT
```
(AX) = ________。

16. 如果 AL 寄存器的内容为 80H,则执行 CBW 指令之后产生的结果是什么?

17. 读程序片段,指出运行结果:

(1)
```
MOV   AL,45H
ADD   AL,71H
DAA
MOV   BL,AL
MOV   AL,19H
ADC   AL,12H
DAA
MOV   BH,AL
HLT
```
执行后(BX) = ________,标志位 CF = ________。

(2)
```
MOV   AX,405H
MOV   BL,06H
AAD
DIV   BL
HLT
```
执行后 AX 的内容为________。

(3)
```
MOV   AL,92H
SUB   AL,26H
DAS
MOV   [2B00H],AL
HLT
```
问:(AL) = ________, (DS:2B00H) = ________。

(4)
```
MOV   AX,39H
ADD   AL,35H
```

```
    AAA
    MOV   [2C00H],AX
    HLT
```

问:(AH) = ________,(AL) = ________, (DS:2C00H) = ________。

18. 试用指令实现以下功能:

(1)使 AX 寄存器清零有 4 种方式,试写出这 4 条指令;

(2)BL 寄存器低 4 位置 1;

(3)CL 寄存器低 4 位取反。

19. 找出一条能与 NOT　AX 指令相等价的另一条指令。

20. 设 DX:AX 中为一双字,有下列程序段:

```
NEG   DX
NEG   AX
SBB   DX,0
```

试说明此程序段对双字实现什么操作功能。

若原(DX:AX) = FF80H,则程序运行后(DX:AX)的内容是多少?

21. 设(AX) =8826H,分别执行 SAR AX,1 和 SHR　AX,1 后,(AX) = ?

22. 试分析下面程序段完成什么功能:

```
MOV   CL,04
SHL   DX,CL
MOV   BL,AH
SHL   AX,CL
SHR   BL,CL
OR    DL,BL
HLT
```

23. 写出完成下述操作的指令或指令段:

(1)AX 中的带符号数除以 2,并舍去小数部分,结果仍在 AX 中。

(2)若 BL 的第 3 位是 1,则转到标号为 CONT 处去执行。

(3)若 CL 的值是负数,则转到标号为 NEST 处去执行。

(4)若 AL 中为奇数,则转到 AGAIN 标号处去执行。

(5)AL 中的内容高、低 4 位互换。

(6)将 DL 寄存器的高 4 位变成 3,低 4 位不变。

(7)使 AL 寄存器的高 4 位与 BL 寄存器的低 4 位相同,AL 的低 4 位不变。

(8)将 DX 和 AX 寄存器的内容看作一个整体,算术右移一位。

24. 执行下列程序段,指出此程序段功能。

```
(1)MOV   CX,10
   LEA   SI,First
   LEA   DI,Second
   REP   MOVSB
   HLT
(2)CLD
```

```
LEA  DI,ES:[0404H]
MOV  CX,0080H
XOR  AX,AX
REP  STOSW
HLT
```

25. 哪些指令之前可以加重复前缀？重复前缀有几种形式？它们的含义和使用方法如何？

26. 设(DS) = 2000H,(BX) = 1256H,(SI) = 528FH,偏移量 = 20A1H,(232F7H) = 3280H,(264E5H) = 2450H,若独立执行下述指令：

```
JMP  BX            ;(IP) = ?
JMP  [BX][SI]      ;(IP) = ?
```

27. 有如下 8086 程序,当 AL 第 2 位为何值时,可将程序转至 AGIN2 语句？

```
AGIN1:MOV  AL,[DI]
      INC  DI
      TEST  AL,04H
      JE  AGIN2
       ⋮
AGIN2:HLT
```

28. 条件转移指令的转移范围是多少？若实现在代码段内任意范围寻址转移,则如何编程？

29. 两个无符号数比较和两个带符号数比较之后,所使用的条件转移指令有何不同？

30. LOOP 指令如何使用？它可由哪几条指令来等价？

31. 设有两个 8 个字节长的 BCD 码数据 BCD1 及 BCD2。BCD1 数以 1000H 为首址在内存中顺序存放;BCD2 数以 2000H 为首址在内存中顺序存放。要求相加后结果顺序存放在以 2000H 为首地址的内存区中(设结果 BCD 数仍不超过 8 个字节长)。

32. 试编出从内存 0404H 单元开始的 256 个字节单元清零程序。

33. 设从数据段中 2000H 为首地址的内存中,存放着 10 个带符号的字节数据,试编出"找出其中最大的数,并存入 2000H 单元中"的程序。

34. 已知 CALL MULY 指令的机器码存放在内存代码段中有效地址为 4AF0H 开始的单元中(段内直接调用,三字节指令),指令中的位移量 D_{16} = 120BH,当前(SP) = 2100H,试问该转子指令执行之后:(IP) = ?,(SP) = ?,堆栈顶部的内容是什么？

35. 下列各指令中,哪些改变堆栈指针 SP 的内容？说明原因。

(1)PUSH AX	(2)RET
(3)DEC SP	(4)POP BX
(5)CALL DST	(6)LOOP OPR
(7)MOV SP,AX	(8)JMP OPR
(9)INC SP	(10)IRET
(11)MOV SP,DATA	(12)JNZ OPR

36. 下面各条指令中,哪些改变(或可能改变)指令指针 IP 的内容,为什么？

(1)MOV BX,OFFSET COUNT	(2)JMP AGAIN

(3)PUSH　DX

(4)XCHG　BL,M

(5)IRET

(6)JNE　CONT

(7)RET

(8)LOOP　BBCC

(9)CALL　MAIN

(10)POP　AX

37. 设(SS)=2A50H,(SP)=0410H,分别执行下面各指令后,SP中的内容是什么?栈顶单元的物理地址是多少?

(1)PUSH　AX

(2)CALL　DST(段内直接调用)

(3)INT　TYPE

38. 若已知AL和BL中的内容如下表所示,分别执行CMP　AL,BL指令之后,请在所有能发生转移的条件转移指令的下面格内打上"√":

AL	BL	JB	JNB	JBE	JA	JL	JNL	JLE	JG
FFH	FFH								
20H	20H								
8AH	1DH								
C5H	80H								
40H	22H								
00H	29H								
51H	A6H								
8AH	9BH								

39. 阅读下列指令序列,在后面的空格中填入该指令序列的执行结果。

```
AND   AL,AL
JZ    BRCH1
RCR   AL,1
JZ    BRCH2
RCL   AL,1
INC   AL
JZ    BRCH3
HLT
```

上述程序运行后,试回答:

当(AL)=________时,程序转向BRCH1;

当(AL)=________时,程序转向BRCH2;

当(AL)=________时,程序转向BRCH3。

40.

```
        CMP   AX,BX
        JGE   NEXT
        XCHG  AX,BX
  NEXT: CMP   AX,CX
```

```
        JGE   DONE
        XCHG  AX,CX
DONE：  …
        ⋮
        HLT
```

试回答：

上述程序段执行后，原有 AX，BX，CX 中最大数存放在哪个寄存器中？这三个数是带符号数还是无符号数？

第4章　汇编语言程序设计

通过学习本章后，你将能够：

掌握汇编语言语句和组成、伪指令操作的定义和用途；掌握汇编语言程序设计方法，学会用汇编语言编写简单的应用程序；掌握最基本的DOS，BIOS功能调用方法。

4.1　汇编语言的基本概念

汇编语言程序是直接利用机器提供的汇编语言指令系统编写的源程序，它与机器语言是一一对应的，占用内存少，执行速度快，能直接利用机器硬件系统的许多特性。在程序设计的某些场合，特别是那些对执行时间和存储器容量要求较高的程序，多采用汇编语言编写程序。

4.1.1　机器语言和汇编语言

计算机的基本操作是由二进制代码来实现的。能够完成计算机基本操作的代码串称为机器指令，全部机器指令的集合构成计算机的指令系统。这个指令系统能直接为计算机识别和执行，称为机器语言。

用指令助记符、符号地址、标号等书写程序的语言，称为汇编语言。用汇编语言编写的程序，称为汇编语言源程序。

汇编语言源程序是由一行行汇编语句组成的。每一行是一个语句，表示一种操作，并在书写格式和意义上与机器语言基本一致。

用汇编语言编写的源程序，必须进行加工、翻译转换为机器语言程序。将源程序翻译成机器语言程序的过程叫汇编。完成这种工作的语言程序称为汇编程序。

汇编程序是一种系统软件。IBM PC 系统配置了两种汇编程序：一种是称为小汇编的ASM，另一种是宏汇编 MASM。目前一般多用宏汇编 MASM。

为完成汇编工作，汇编程序一般采用两次扫描：第一遍扫描源程序产生的符号表及伪指令等；第二遍扫描生成机器指令代码，确定数据等。

将机器代码转换成汇编语言语句的过程称为反汇编。反汇编程序也是一种系统程序。

4.1.2　汇编语言的基本语法

和其他高级语言一样，汇编语言也有其自己的词法、句法和程序的若干规定。同样，不同类型机器，其汇编语言的描述亦不同。这里以 80X86 宏汇编语言为例进行说明。

1. 字符集

字符是汇编语言的最基本的元素，将字符按一定的语法规则进行组合则构成汇编语言的语句。8086/8088 宏汇编语言由下列字符组成：

(1)英文字母　A ~ Z,a ~ z;

(2)数字字符　0 ~ 9;

(3)算术运算符　+,-,×,÷(/);

(4)关系运算符　<,=,>;

(5)分隔行　,:;(,)[,]　　'(空格)　TAB;

(6)控制符　CR(回车),LF(换行),FF(换页);

(7)其他字符　&,_(下画线),?,.,$,@,!,%。

在用汇编语言编写程序时,程序中的指令助记符、标识符、运算符、分隔符等,均应由上述字符集中的字符组成。使用其他字符均为非法字符,8086/8088 宏汇编程序不能识别和翻译。

2. 标识符

标识符在程序中用作变量名、常量名、记录名、段名等。规定如下:

标识符由 1 ~ 31 个字符组成,打头的字符必须是字母、?、@ 或_(下画线);从第 2 个字符开始,组成标识符的字符可以是字母、数字、@ 、?、_等,不能使用其他字符。

例如,A3,D8GM_31,? 3AB 是合格标识符;3AB9AB,8 等是非法标识符。

3. 保留字

8086/8088CPU 中指令助记符、伪指令、寄存器名、表达式运算符及属性操作符等,都是系统的保留字。保留字不能用作标识符。例如 MOV,DB,SEGMENT,END 等。

4. 语句

汇编语言有三种基本语句,即指令语句、伪指令语句和宏指令语句。指令语句对应着机器的一种操作,汇编时产生一个目标代码;伪指令是为汇编程序提供编译信息,指示汇编程序做某些操作的语句,它不产生目标代码,与机器的操作无关。

5. 程序的结构和格式

汇编语言源程序是分段的并由若干段组成;每个程序段有一个段名,以 SEGMENT 开始,并以语句 ENDS 作为段的结束;每段由若干条语句组成,每个语句只占 1 行,如有后续行时需用符号 & 作标志,各段的排列顺序是任意的,段的数目依需要而定;程序结束使用伪指令 END。汇编源程序的一般格式为

```
NAME1   SEGMENT
⋮
(语句)
⋮
NAME1   ENDS
NAME2   SEGMENT
⋮
(语句)
⋮
NAME2   ENDS
⋮
END 标号
```

例:一个简单的汇编程序

```
MY_DATA  SEGMENT
        ARRAY1  DB  05,0a2H,00,10H,85H
        N  EQU  5
        ARRAY2  DB  N  DUP  (?)
MY_DATA  ENDS
MY_CODE  SEGMENT
        ASSUME  CS:MY_CODE,DS:MY_DATA
Begin: MOV  AX,MY_DATA
        MOV  DS,AX
        LEA  SI,ARRAY1
        LEA  DI,ARRAY2
Again:MOV  AL,[SI]
        INC  SI
        CMP  AL,50
        JBE  Next
        MOV  [DI],AL
        INC  DI
Next:DEC  CX
       JNZ  Again
       MOV  AH,4CH
       INT  21H
MY_CODE  ENDS
       END  Begin
```

4.2 汇编语言语句

4.2.1 语句的种类和格式

1. 语句的种类

汇编语言有三种基本语句,即指令语句、伪指令语句和宏指令语句。

每一个指令语句对应着机器的一种操作,汇编时产生一个目标代码。例如:

```
MOV  CX,DX  ↔89D1H
ADD  AX,1F35H↔05351FH
MOV  CX,0014H↔B91400H
```

伪指令语句是为汇编程序提供编译信息、指示汇编程序做某些操作的语句,汇编时它不产生目标代码,与机器的操作无关。例如:

```
PORT  EQU  33
MOV  AX,PORT
```

它告诉汇编程序符号名 PORT 定义为一个常数 33，当在汇编时遇到指令语句时，它产生一个将数值 33 传送给 AX 寄存器的目标代码指令。

宏指令语句将在后面介绍。

2. 语句的格式

指令语句的一般格式为：

[标号:][前缀]指令助记符[参数,…,参数][;注释]

例如：

EQUL:MOV AH,AL;(AL)→AH

伪指令语句和指令语句的格式是类似的。伪指令语句的一般格式为：

[名字]指令定义符[参数,…,参数][;注释]

例如：

PORT EQU 33

这两种语句的格式都是由四部分组成，即标号或名字部分、助记符或定义符部分、参数部分和注释部分。其中，方括号[ ]的内容是可选项。

(1)标号或名字部分

指令语句的标号位于第 1 部分，后跟“:”号。标号总跟一条指令的地址联系着，是编写程序时给存放数据、运算结果或指定单元所起的名字，并且只有那些访问内存指令所要寻址的单元或转移指令所要访问的语句才有标号。标号一般以字母打头，由 4 ~ 6 个字母、数字组成。

伪指令语句的名字后面没有“:”号，这是两种语句在格式上的主要区别。伪指令语句中的名字可以是变量名、段名、符号名等，命名方法与标号相同。

(2)前缀

前缀是 8086 中的一些特殊指令，它们必须与其他指令配合使用。在介绍指令系统时将会看到，段跨越前缀、重复前缀、总线封锁前缀以及操纵尺寸和寻址尺寸等，经汇编后都会使机器指令生成特殊的前缀字节。

(3)助记符或定义符部分

指令语句中的助记符是指令名称的代表符号，表示指令的名字，指示这个指令语句的操作类型。例如，MOV 表示数据传送；ADD 表示字节或字的加法等。翻译成机器指令时助记符就是操作码，是指令语句中的关键字，不可缺省。注意：不同机器完成同样操作的助记符是不同的。

伪指令语句中的定义符规定这个语句的伪操作功能。例如数据定义语句：

ASD DB ?

其中的定义符 DB 为名字(变量)ASD 分配存储单元，使之与一个存储器中的字节相联系。

(4)参数部分

参数部分是指助记符和定义符所要求的一系列参数，使之能实现其操作目的。参数分为三类：常数、操作数和表达式。

①常数

在宏汇编中，允许使用的常数有以下几种：

二进制常数：由若干个 0 或 1 组成的、以字母 B 结尾的序列。例如 10100011B。

十进制常数:由若干个 0 ~ 9 的数字组成的、以字母 D 结尾的序列;例如 123D。字母 D 可省略。

八进制常数:以字母 Q 结尾,由若干个 0 ~ 7 的数字组成的序列。例如 255Q。

十六进制常数:以字母 H 结尾,由若干个 0 ~ 9 及 A ~ F 组成的序列。为与标识符相区别,十六进制数必须以数字打头,凡以 A ~ F 开头的十六进制数,必须在前头加 0。例如 0AFFH。

十进制科学计数法:用浮点数表示的十进制数,例如 2.35E3。

串常数:用引号括起来的一个或多个字符,串常数的值是引号括起来的字符的 ASCII 码值,例如'B'的值是 42H,'AB'值是 4142H。

②操作数

操作数可以是常量操作数、寄存器名或存储器操作数。常量操作数可以是数值常数或表示常数的标号;存储器操作数可以是标号和变量,其中变量是指存放在某些存储单元的大小可变化的值。

③表达式

表达式由常量、操作数、操作符和运算符组成。宏汇编中有三种运算符:算术运算符、逻辑运算符和关系运算符;两种操作符:分析操作符和合成操作符。

算术运算符:包括 +、-、×、/、MOD、SHL(左移)和 SHR(右移)等 7 种运算。

其中 MOD 是指除法运算后得到的余数,如 19/7 的商是 2,而 19MOD7 则为 5(余数)。

逻辑运算符:包括 AND(与)、OR(或)、XOR(异或)、NOT(非)4 种运算。

逻辑操作符是按位操作的,它只能用于数字表达式中。逻辑运算符与逻辑指令的区别在于,前者在汇编时完成逻辑运算,而后者在执行指令时完成逻辑运算。例如:

```
MASK   EQU   00101011B
MOV   AL,5EH
AND   AL,MASK   AND   0FH
```

在汇编时汇编程序计算出 MASK　AND　0FH 为 0BH,按 AND　AL,0BH 汇编第三条指令,当指令执行时,AL 才能得到 0AH。

关系运算符:包括 EQ(相等)、NE(不等)、LT(小于)、GT(大于)、LE(小于或等于)、GE(大于或等于)6 种运算。它对两个运算对象进行比较操作;若条件满足,则表示运算结果为真,表示为 1;否则为假,表示为 0。

例 4 - 1

```
MOV   BX,((PORT_VAL   LT   5)AND   20)OR((PORT_VAn   GE   5)AND   30);
```

则当 PORT_VAL < 5 时,汇编结果应该是

```
MOV   BX,20
```

否则,汇编结果应该是

```
MOV   BX,30
```

上述三种运算符可混合使用以构成数值表达式。其优先级顺序如下:

×、/、MOD、SHR、SHL;

+、-;

EQ、NE、LT、GT、GE;

NOT;

AND;

XOR、OR。

前一行优先级高于后一行。同一行优先级相同,当它们出现在同一表达式时,优先级的顺序是自左向右。

表达式中可以使用括号。运算时先计算括号中的表达式,并且从最内层的括号开始计算。

④分析操作符和合成操作符

分析操作符又称属性操作符,其功能是将存储器操作数分解成它的组成部分。这些操作符有 SEG,OFFSET,TYPE。

(a)SEG

格式:SEG Variable 或 label

汇编程序将回送变量或标号的段地址值。

例4-2 如果 DATA_SEG 是从存储器的 05000H 地址开始的一个数据段的段名,OPER1是该段中的一个变量名,则

MOV BX,SEG OPER1

将把0500H 作为立即数插入指令。实际上由于段地址是由连接程序分配的,所以该立即数是连接时插入的。执行期间则使 BX 寄存器的内容成为 0500H。

(b)OFFSET

格式:OFFSET Variable 或 label

汇编程序将回送变量或标号的偏移地址值。

例4-3 MOV BX,OFFSET OPER_ONE

则汇编程序将 OPER_ONE 的偏移地址作为立即数回送给指令,而在执行时则将该偏移地址装入 BX 寄存器中。所以这条指令与指令:LEA BX,OPER_ONE 是等价的。

(c)TYPE

格式:TYPE Variable 或 label

如果是变量,则汇编程序将回送该变量的以字节数表示的类型:DB 为 1,DW 为 2,DD 为4,则为 8,DT 为 10。如果是标号,则汇编程序将回送代表该标号类型的数值;NEAR 为 -1,FAR 为 -2。

例4-4 ARRAY DW 1,2,3

则对于指令 ADD SI,TYPE ARRAY

汇编程序将其形成:

ADD SI,2

合成操作符有 PTR 和 THIS 两种。它们的功能是建立一些新的存储器地址操作数——新的变量、标号或地址表达式。

(d)PTR

格式:type PTR expression

PTR 用来建立一个符号地址,但它本身并不分配存储器,只是用来给已分配的存储地址赋予另一种属性,使该地址具有另一种类型。格式中的类型字段表示所赋予的新的类型属性,而表达式字段则是被取代类型的符号地址。

例4-5 已有数据定义如下:

TWO_BYTE　DW　?

可以用以下语句对这两个字节赋予另一种类型定义:

ONE_BYTE　EQU　BYTE　PTR　TWO_BYTE

OTHER_BYTE　EQU　BYTEPTR　(TWO_BYTE +1)

后者也可以写成:

OTHER_BYTE　EQU　ONE_BYTE +1

这里 ONE_BYTE 和 TWO_BYTE 两个符号地址具有相同的段地址及偏移地址,但是它们的类型属性不同,前者为 1,后者为 2。

前面已经说明类型可有 BYTE,WORD,DWORD,NEAR 和 FAR 几种,所以 PTR 也可以用来建立字、双字或段内及段间的指令单元。

此外,有时指令要求使用 PTR 操作符。例如用:

MOV　[BX],5

指令把立即数存入 BX 寄存器内容指定的存储单元中,但汇编程序不能分清是存入字单元还是字节单元,此时必须用 PTR 操作符来说明属性,应该写明:

MOV　BYTE　PTR[BX],5;

或　MOV　WORD　PTR[BX],5。

(e)THIS

格式:THIS　attribute 或 type

它可以像 PTR 一样建立一个指定类型(BYTE,WORD 或 DWORD)的或指定距离(NEAR 或 FAR)的地址操作数。该操作数的段地址和偏移地址与下一个存储单元地址相同。

例如:FIRST_TYPE　EQU　THIS　BYTE

WORD_TABLE　DW　100　DUP　(?)

此时 FIRST_BYTE 的偏移地址值和 WORD_TABLE 完全相同,但它是字节类型的,而 WORD_TABLE 则是字类型的。

又如:START　EQU　THIS　FAR

MOV　CX,100

这样,MOV 指令有一个 FAR 属性的地址 START,这就允许其他段的 JMP 指令直接跳转到 STAR 来。

(5)注释部分

注释是从分号“;”开始的字符串,用来对语句进行说明,以增加程序的可读性。注释对程序的执行毫无影响。

4.2.2　指令语句

指令语句中的标号部分和注释均可以缺省,但必须包括一个指令助记符以及充分的寻址信息以允许汇编程序产生一条指令。8086 指令系统的每一条指令都属于指令语句,每一条指令语句(除个别外)都对应着 80X86 的 CPU 的一种操作,对应着相应的指令代码。

4.2.3　伪指令语句

8086/8088 宏汇编语言提供了多种伪操作指令。它们的主要功能是符号定义、变量定义及存储器申请、程序分段及存储器分配、过程定义、程序模块定义与通信、宏定义及宏调用、条件汇编等。

8086/8088 宏汇编有近 60 条伪指令。

1. 符号定义

符号定义伪指令用于给常量、变量、标号、记录名、过程名重新命名或定义新的类型。常用的符号定义语句有等值语句(EQU)和等号语句(=)等。

(1)等值语句(EQU)

等值语句 EQU 的格式:符号名 EQU 表达式

其功能是将符号名定义为右边的表达式。表达式可以是一个值、新符号名、可执行的命令或表达式的值。例如:

```
PORT1   EQU   222          ;定义常数。
ABDR   EQU   PORT1 +1      ;定义表达式。
CBD   EQU   DAA            ;定义可执行命令。
CONT   EQU   CX            ;为 CX 重新命名。
```

例如:ADC EQU 20H

程序中:MOV AL,ADC 可汇编成 MOV AL,20H。

注意:在同一个源程序中,已用 EQU 语句定义的符号不能再赋予不同的值,即不能再重新定义。

(2)等号语句(=)

等号语句的格式:符号名 = 表达式

等号语句的功能和 EQU 语句类似,不同之处是它允许对定义的符号再定义。例如:

```
EMP =6          ;定义 EMP 等于 6。
EMP = EMP +1    ;重新定义 EMP 等于 7。
EMP =9          ;再定义 EMP 等于 9。
```

2. 变量定义

变量定义语句使用伪指令 DB,DW,DD,DQ 和 DT,格式如下:

变量名{DB\DW\DD\DQ\DT}表达式

其功能是在内存中定义一块以变量名为名字的数据存储区,并填入由伪指令给出的数据。

变量名是可选择的,它表示定义的一块内存单元数据区的名字。花括号{ }中的项是可选择的伪指令,每次定义只能选择其中的一种。各伪指令的意义如下:

DB:定义字节数据存储区。其后的每个操作数都占有一个字节。

DW:定义字数据存储区。其后的每个操作数占有一个字(低位字节在第一个字节地址中,高位字节在第二个字节地址中)。

DD:定义两字数据存储区。其后的每个操作数占有两个字节。

DQ:定义 4 字节数据存储区。其后的每个操作数占有四个字。

DT:定义 10 字节压缩 BCD 码数据存储区。

表达式是伪指令的操作数,它可以是数值表达式、地址表达式、ASCII 码表达式、? 表达式或 n DUP (?)表达式,说明如下:

（1）数值表达式

例：操作数可以是常数，或者是表达式（根据该表达式可以求得一个常数），如

```
DATA_BYTE   DB  10,4,10H
DATA_WORD   DW  100,100H,-5
DATA_DW   DD  3x20, OFFFDH
```

汇编程序可以在汇编期间在存储器中存入数据，如图 4.1 所示。

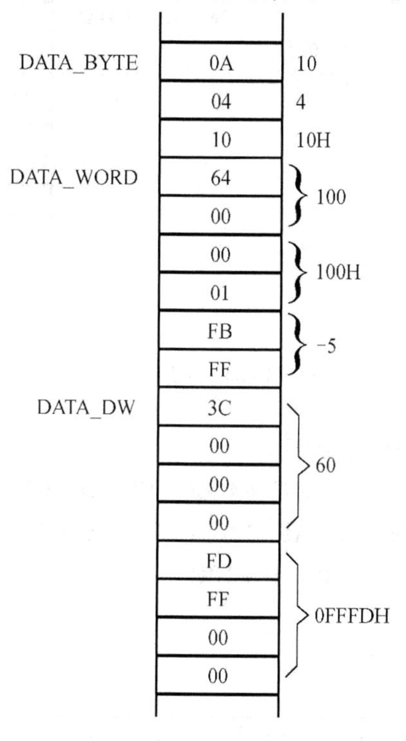

图 4.1　汇编结果

数据在存储区中存放时，左边的数据项占较小地址，右边的数据项占较大地址；对于非 DB 定义的数据，高位字节占据较大地址，低位字节占据较小地址。

（2）地址表达式

地址表达式的运算结果是一个地址，因而只能使用伪指令 DW 和 DD。这时，存储单元中存放的是存储器的地址值。如果使用 DW，则存放的是段内地址偏移量；如果使用 DD，则存放段地址和地址偏移量。

可以用 DW 或 DD 伪操作把变量或标号的偏移地址（DW）或整个地址（DD）存入存储器。用 DD 伪操作存入地址时，第一个字为偏移地址，第二个字为段地址。

例 4-6

```
PARAMETER_TABLE   DW   PAR1
                  DW   PAR2
                  DW   PAR3
INTERSEG_DATA     DD   DATA1
                  DD   DATA2
```

则汇编后的存储情况如图 4.2 所示。其中偏移地址或段地址均占有一个字，其低位字节占有第一个字节，高位字节占有第二个字节。

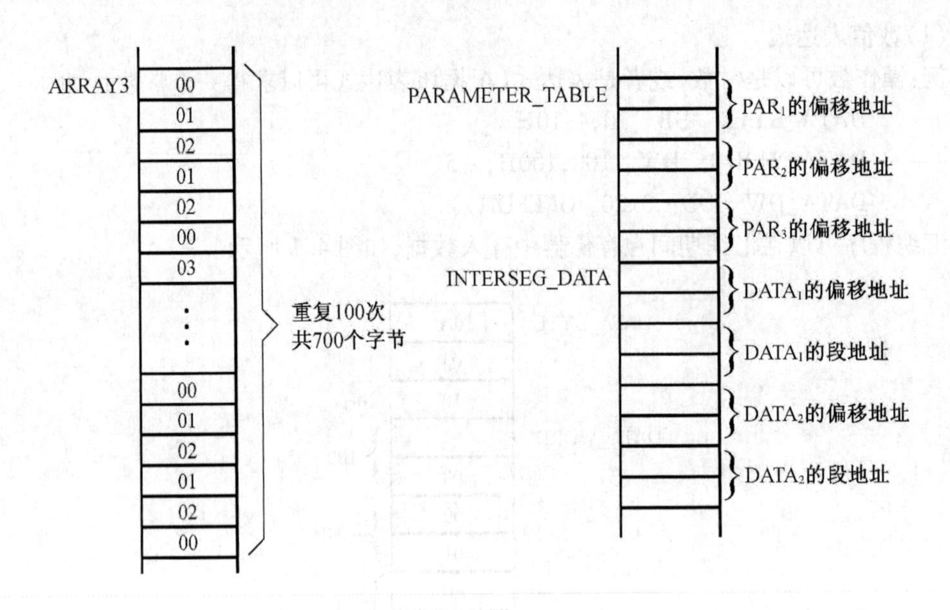

图 4.2 汇编结果

例 4-7 COUNT EQU 1000H

XXW DW 2×COUNT+4,COUNT/2,COUNT SHL 5

ARRAYD DD 442AFFCDH,0FFF0000H,5 DUP (35ABFFE0H)

ADDED DD ARRAYD+10H

(3) ASCII 码字符串表达式

操作数也可以是字符串,如:

MESSAGEDB 'HELLO'

则存储器存储情况如图 4.3(1)所示。而 DB 'AB'和 DW 'AB'的存储情况则分别如图 4.3(2)和(3)所示。

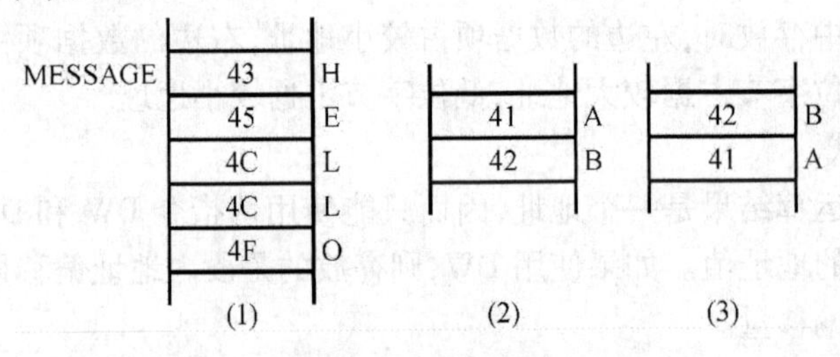

图 4.3 汇编结果

使用伪指令 DB 可以定义用引号括起来的字符串,它为字符串的每个字符分配一个存储单元,并依字符串从左到右的顺序,将字符的 ASCII 码按地址递增顺序存放在内存中。

例 4-8 STRI DB 'ABCDEFG'

即在 STRI 所指定的单元存放字符 A 的 ASCII 码值,在 STRI+1 单元存放字符 B 的 ASCII 码值,依此类推。又例如:

SYTINGW DW 'OH','W','AR','E','YO','U'

用逗号分开的由两个 ASCII 构成的多个串。

(4)? 表达式

操作数? 可以保留存储空间,但不存入数据。

例 4－9

ABC　DB　0,?,?,?,0

DFF　DW　?,52,?

经汇编后的存储情况如图4.4所示。

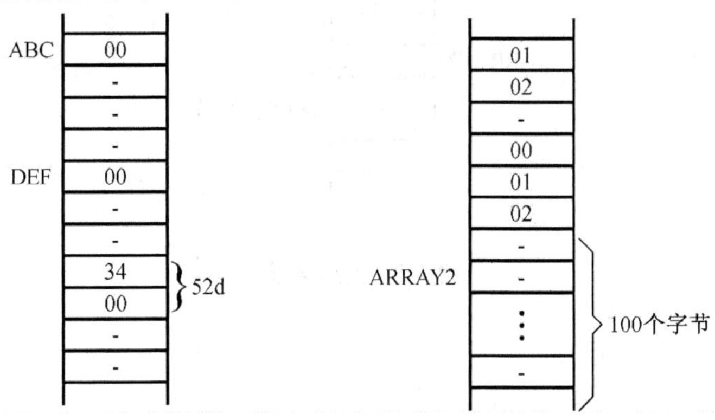

图4.4　汇编结果

表达式为? 号时,表示符号名无确定值。汇编程序遇到? 号时,它仍然为数据项分配存储单元,但不对它初始化。例如:

XUM　DB　?　　　　;定义一个字节。

BIG　DW　?　　　　;定义一个字。

THING　DD　?　　　;定义一个双字。

LREAL　DQ　?　　　;定义一个4字。

ARRA　DT　?　　　;定义10字节压缩BCD码。

(5)n　DUP　(?)(重复子句)

重复子句的格式:

数值表达式　DUP　项或项表

数值表达式的值表示重复的次数,其各项必须预先定义。项或项表表示重复内容,可以是?、数值、数值表达式、字符或重复子句。项表中的各项用逗号隔开。

例 4－10

ARRAY1　DB　2　DUP　(0,1,2,?)

ARRAY2　DB　100　DUP　(?)

汇编后的存储情况如图4.5所示。

由图可见,例中的第一个语句和语句ARRAY1　DB　0,1,2,?,0,1,2,? 是等价的。

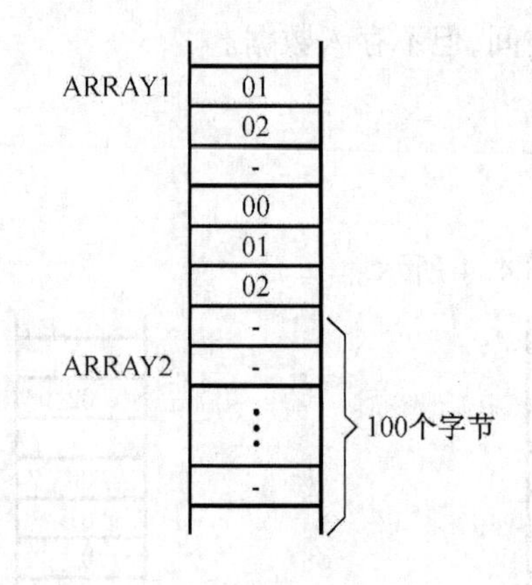

图 4.5 汇编结果

DUP 操作可以嵌套,例如:

ARRAY3 DB 100 DUP (0,2 DUP (1,2),0,3);

则汇编结果如图 4.6 所示。

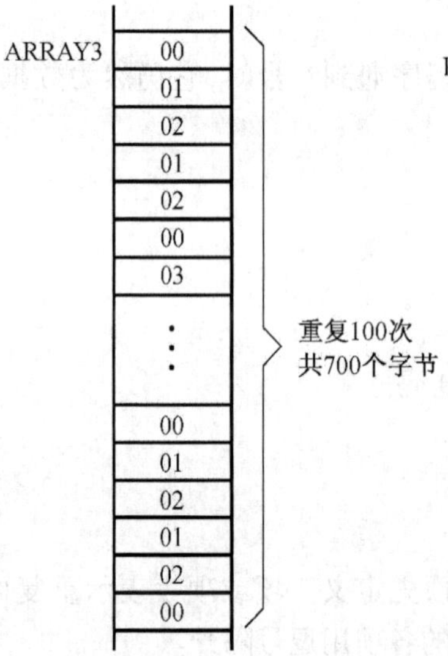

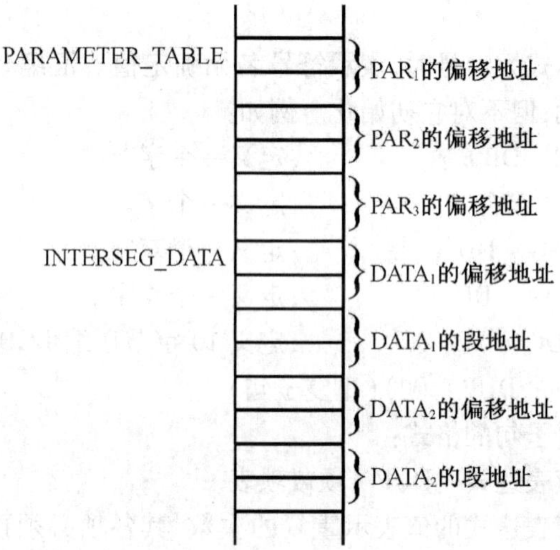

图 4.6 汇编结果

可以用 DW 或 DD 伪操作把变量或标号的偏移地址(DW)或整个地址(DD)存入存储器。用 DD 伪操作存入地址时,第一个字为偏移地址,第二个字为段地址。

例 4-11

```
PARAMETER_TABLE  DW  PAR1
                 DW  PAR2
                 DW  PAR3
INTERSEG_DATA  DD  DATA1
               DD  DATA2
```

则汇编后的存储情况如图 4.7 所示。其中偏移地址或段地址均占有个字,其低位字节占有第一个字节，高位字节占有第二个字节。

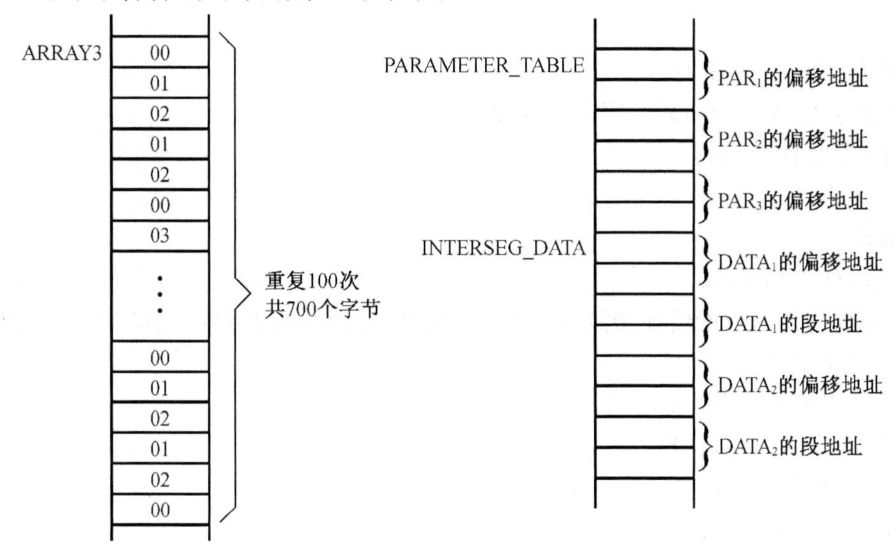

图 4.7　汇编结果

例如：

DB　100　DUP　(0)；相当于定义 100 个字节，且全部初始化为 0。

DW　100　DUP　(0)；相当于定义 100 个字，且全部初始化为 0。

DB　10　DUP　(10　DUP　(0))；相当于重复 10 次定义 10 个字节，且全部初始化为 0。

当重复子句为 DB，DW，DD，DT，DQ 的唯一操作数且项为？时，将不初始化数据区，该数据区的原存信息保持不变。当重复子句是唯一操作数时，定义的变量具有 LENGTH 和 SIZE 属性。例如：

ARRYB　DB　100　DUP　(?)　　　；相当于定义 100 个字节，且初始值不确定

ARRAY　DB　1000　DUP　(100)

LENGTH　ARRAY = 1000　　　　；1000 个字节

①LENGTH

格式：LENGTH　Variable

对于变量中使用 DUP 的情况，汇编程序将回送分配给该变量的单元数。而对于其他情况则回送 1。

例 4 - 12

FEES　DW　100　DUP　(0)；

对于指令 MOV　CX，LENGTH　FEES

汇编程序将使其形成

MOV　CX，100

例 4 - 13

ARRAY　DW　1，2，3

对于指令 MOV　CX，LENGTH　ARRAY

汇编程序将使其形成

MOV CX,1

例 4－14

TABLE DB ‘ABCD’

对于指令 MOV CX,LENGTH TABLE

汇编程序将使其形成

MOV CX,1

②SIZE

格式:SIZE Variable

汇编程序应回送分配给该变量的字节数。但是,此值是 LENGTH 值和 TYPE 值的乘积,所以,对于上例的情况:

```
        MOV  CX,SIZE  FEES;
将形成  MOV  CX,200。
        MOV  CX,SIZE  ARRAY;
将形成  MOV  CX,2。
        MOV  CX,SIZE  TABLE;
将形成  MOV  CX,1。
```

3. 段定义语句

8086/8088CPU 的存储器是分段的,因此使用段定义语句来组织程序和利用存储器。常用的段定义伪指令有 SEGMENT,ENDS,ASSUME,ORG 等。

(1) SEGMENT 和 ENDS

SEGMENT 和 ENDS 语句将汇编语言源程序分成段,这些段就相应于存储器。在这些存储器段中,存放相应段的目标码。

段定义语句的格式:

```
段名  SEGMENT  [定位类型][组合类型][‘类别’]
⋮
语句段
⋮
段名  ENDS
```

段名是由用户指定的为该段起的名字。定位类型、组合类型是给段名的属性,用来指出汇编程序为该段分配的存储器的起始地址,类别名则指出段的类别。用方括号括起来的项可以缺省。

(2) ASSUME 语句

ASSUME 语句的格式:

ASSUME 段寄存器:段名[,段寄存器:段名]

其功能是告诉汇编程序,段和段寄存器的关系。段寄存器只能是 CS,SS,DS,ES 中的一个,段名是由伪指令 SEGMENT/ENDS 语句中定义的段名。

下面是一个利用 SEGMENT,ENDS,ASSUME 语句定义段的例子:

```
DATA  SEGMENT    ;数据段。
        X  DB  ?
        Y  DW  ?
```

```
    Z  DD  ?
DATA  ENDS
STACK  SEGMENT  PARA  STACK 'STACK'
       STAPN  DB  100  DUP  (?)
       TOP  EQU  LENGTH  STAPN
STACK  ENDS
CODE  SEGMENT
      ASSUME  CS:CODE,DS:DATA,SS:STACK
      ⋮

CODE  ENDS
```

(3)ORG 语句

ORG 语句的格式:

ORG　表达式

其功能是指定该语句之后程序段或数据块的起始地址的偏移量,即语句中表达式的值作为起始地址,连续存放程序和数据,直到下一个 ORG 语句为止。

使用伪指令 ORG 的程序例如下:

```
DATA  SEGMENT  PAGE  PUBLIC  'WWW'
    ORG100                    ;偏移地址从 100 开始。
    XX  DW  10  DUP  (?)
    XXX = $
    ORG   $ +5                ;从第一个 ORG 后第 25 个字节,继续生成目的代码。
    ORG   OFFSET  XX +256     ;字节变量 ARRAYB 从 356 开始存放。
ARRAYB  DB  100  DUP  (1, -1)
```

其中用到的 $ 为程序计数器。作用:字符 $ 的值为程序下一个所分配的存储单元的偏移地址。

4.过程定义语句

子程序又称为过程,它相当于高级语言中的过程和函数。在一个程序的不同部分,往往要用到类似的程序段,这些程序段的功能和结构形式都相同,只是某些变量的赋值不同,此时就可以把这些程序段写成子程序形式,以便需要时可以调用它。

在程序设计中,常把具有一定功能的程序段设计成一个过程(子程序)。因而过程是程序的一部分,它可以被程序调用。每次可调用一个过程,当过程中的指令执行完后,控制返回调用它的地方。

过程定义语句的格式:

```
过程名  PROC  NEAR 或 FAR
            ⋮
        (语句)
            ⋮
          RET
过程名  ENDP
```

过程名是给过程起的名字，调用过程时，过程名起标号的作用。伪指令 PROC 和 ENDP 必须成对出现，限定一个过程，并说明该过程是 NEAR 过程还是 FAR 过程。

我们已经介绍过 CALL 和 RET 指令都有 NEAR 或 FAR 的属性，段内调用使用 NEAR 属性，段间调用使用 FAR 属性。为了使用户的工作更加方便，IBM PC 的汇编程序用 PROC 伪操作的类型属性来确定 CALL 和 RET 指令的属性。也就是说，如果所定义的过程是 FAR 属性的，那么对它的调用和返回一定都是 FAR 属性的；如果所定义的过程是 NEAR 属性的，那么对它的调用和返回也一定是 NEAR 属性的。这样，用户只需在定义过程时考虑它的属性，而 CALL 和 RET 的属性可以由汇编程序来确定。用户对过程属性的确定原则很简单，即：

(1)调用程序和过程在同一个代码段中则使用 NEAR 属性；

(2)调用程序和过程不在同一个代码段中则使用 FAR 属性。

下面举例说明：

例 4－15 调用程序和子程序在同一代码段中。

```
MAIN    PROC    FAR
                  ⋮
          CALL   SUBR1
                  ⋮
                  RET
MAIN    ENDP
;
SUBR1    PROC    NEAR
                  ⋮
                    RET
SUBR1    ENDP
```

由于调用程序 MAIN 和子程序 SUBR1 是在同一代码段中的，所以 SUBR1 定义为 NEAR 属性，这样 MAIN 中对 SUBR1 的调用和 SUBR1 中的 RET 就都是 NEAR 属性的。但是一般说来，主过程 MAIN 应定义为 FAR 属性，这是由于我们把程序的主过程看作 DOS 调用的一个子过程，因而 DOS 对 MAIN 调用以及 MAIN 中的 RET 就是 FAR 属性的。当然 CALL 和 RET 的属性是汇编程序确定的，用户只需正确选择 PROC 的属性就可以了。

上例的情况也可以写成如下的程序：

```
MAIN    PROC    FAR
                  ⋮
   CALL   SUBR1
                  ⋮
RET
   SUBR1    PROC    NEAR
                  ⋮
              RET
   SUBR1    ENDP
MAIN    ENDP
```

也就是说，过程定义也可以嵌套，一个过程定义中可以包括多个过程定义。

例4-16　调用程序和子程序不在同一个代码段内。

```
SEGX   SEGMENT
          ⋮
  SUBT   PROC   FAR
          ⋮
       RET
  SUB  TENDP
          ⋮
      CALL   SUBT
          ⋮
SEGX   ENDS
          ⋮
SEGY   SEGMENT
          ⋮
      CALL   SUBT
          ⋮
SEGY   ENDS
```

SUBT 为一过程,它有两处被调用,一处是与它在同一段的 SEGX 段内,另一处是在另一段 SEGY 段内,为此 SUBT 必须具有 FAR 属性以适应 SEGY 段调用的需要。由于 SUBT 有 FAR 属性,则不论在 SEGX 和 SEGY 段,对 SUBT 的调用就都具有 FAR 属性了,这样不会发生什么错误;反之,如果这里的 SUBT 使用了 NEAR 属性,则在 SEGY 段内对它的调用就要出错了。

在 8086/8088CPU 宏汇编中,过程调用和从过程返回使用 CALL 和 RET,有两种调用方式:段内调用和交叉(段间)调用。如果用段内 CALL 指令调用过程,则必须用段内 RET 指令返回,这样的过程是 NEAR 过程:用段交叉(段间)CALL 指令调用过程,则必须用段交叉(段间)RET 指令返回,这样的过程是 FAR 过程。例如:

```
MY_CODE   SEGMENT
          UP_NOUNT   PROC   NEAR
          ADD   CX,1
          RET
          UP_NOUNT   ENDP
  START:
              ⋮
          CALL   UP_COUNT
              ⋮
          CALL   UP_COUNT
              ⋮
          HLT
MY_CODE   ENDS
END   START
```

UP_COUNT 标明是 NEAR 过程,所以对它的调用,都汇编成段内调用,它所有的 RET 指令,都汇编为段内返回。在一个过程中可以有多于一个的 RET 指令,并且过程中最后一条指令可以不是 RET,但必须是一条转移到过程中某处的转移指令。

主程序和子程序都可以作为一个过程。

5. 结束语句

结束语句的格式:

END　表达式

它的功能是结束整个源程序。表达式必须产生一个存储器地址。这个地址是当程序执行时,程序第一条要执行指令的地址。例如:

START:…

⋮

END　START

4.2.4　宏指令语句

在汇编语言源程序中,有的程序段有时要多次使用,为了使在源程序中不重复书写这个程序段,可以用一条宏指令来代替,在汇编时由汇编程序产生所需的代码。

1. 宏指令的使用过程

宏指令的使用过程是宏定义、宏调用和宏扩展。

宏指令的定义格式:

宏指令名　MACRO　[形式参数]

⋮(宏体)

ENDM

其中宏指令名是给宏指令起的名字,MACRO 是宏定义的定义符,ENDM 是宏定义的结束符,两者必须成对出现。MACRO 和 ENDM 之间的指令序列称为宏体,即用宏指令要代替的程序段。宏指令具有接受参数的能力,宏体中使用的形式参数必须在 MACRO 语句中出现。当有两个以上参数时,需用逗号隔开。在宏指令被调用时,这些参数被给出的一些名字或数值所取代。

例如,移位指令可定义为

SHIFT　MACRO　X

MOV　CL,X

SAL　CL,CL

ENDM

这是一个将 ASCII 码和 BCD 码转换中常用的程序段定义为宏指令的例子。形式参数为 X,它代表移位次数。经过宏定义后,在源程序中的任何位置可以直接使用宏指令名,实现宏指令的调用,称为宏调用。宏调用的结果是将汇编程序翻译成该宏定义的程序段,而产生的目标代码拷贝到调用点。

宏调用的格式:

宏指令名(参数,)

例如,调用前述的 SHIFT 时,可写为

SHIFT　6

这时,参数6则代替宏体中的参数X,而实现宏调用。

例4-17　将对某一寄存器的移位操作定义为一个宏指令。

(1)不设参数

```
SHIFT   MACRO
MOV   CL,4
SHL   AX,CL
ENDM
```

宏指令SHIFT　将AX左移4次。

(2)设一个参数

```
  SHIFT   MACRO    CN
  MOV   CL,CN
  SHL   AX,CL
  ENDM
则 SHIFT   4            ;将AX左移4次。
  SHIFT   5            ;将AX左移5次。
```

```
  (3)SHIFT   MACRO   CN,R
     MOV   CL,CN
     SHL   R,CL
     ENDM
则      SHIFT   4,AX        ;将AX左移4次。
        SHIFT   2,BX        ;将BX左移2次。
  (4)SHIFT   MACRO   CN,R,SD
     MOV   CL,CN
     S & SD   R,CL          ;用&将参数标注出来,以便替换。
     ENDM
则      SHIFT   4 ,AX,HL    ;将AX左移4次。
        SHIFT   2,BX,HR     ;将BX右移2次。
```

在汇编宏指令时,宏汇编程序将宏体的指令插入到宏指令所在的位置上,并用实参数代替形式参数,同时在插入的每一条指令前加一个“+”号,这个过程称为宏扩展。例如,前例SHIFT　4 ,AX,HL的宏扩展为

```
+MOV   CL,4
+SHL   AX,CL
```

2. 宏指令与子程序的区别

一条宏指令可代替一段程序,使源程序得到简化,子程序也有类似的功能,那么这两者有什么区别呢?

宏指令是为了简化源程序的书写,在汇编过程中,汇编程序要对宏指令进行处理,把宏定义体插入到宏调用处。所以宏指令不能简化目标程序,有多少次宏调用,就会有同样多次的目标代码插入。因此,宏指令不能节省目标程序所占的内存单元。

子程序或过程是在执行时由CPU处理的。若在一个源程序中多次调用同一个子程序,汇编后目标程序的代码中,主程序部分只有调用指令的目标代码,子程序的目标代码只是

一段。因此，目标程序占用的内存空间相应要少一些。但是子程序在执行时，每调用一次都要保护断点和现场，返回时再恢复现场和断点。这些操作都会额外增加程序的执行时间，程序的执行速度也会慢一些。

从以上的分析看出，宏指令与子程序相比，宏指令的目标程序长，占用内存多，但不需保护断点、现场以及恢复和返回等额外操作，因此执行速度快。那么在程序设计中选用哪一个呢？一般认为，当要代替的程序段不长，速度是主要矛盾时通常选用宏指令。而当要代替的子程序段较长时，额外增加的操作就不明显了，节省内存空间成为主要矛盾，此时可以采用子程序。

宏指令是机器指令系统中没有的，但又可以作为一条指令使用。所以，从形式上看，宏指令扩充了机器的指令系统。

4.3 汇编语言程序设计

4.3.1 程序设计的基本步骤

程序是指令的有序集合。一个好的优化的程序，除了能满足设计要求、能正常工作并完成预定功能外，同时还应具有结构清晰、易读、易调试、占用内存少、可移植性强等优点。

1. 汇编语言程序设计的基本步骤

(1)分析问题，建立数学模型

分析问题的目的是对问题要有一个全面正确的理解，弄清问题的已知条件、限制条件，对运算精度的要求、对处理速度的要求及所要获得的结果的形式等，以掌握问题的全貌和要点。在此基础上，依据问题的特点和规律，用严格的或近似的数学方法进行数学描述，即建立数学模型。

(2)设计算法，绘制流程图

程序的基本组成是算法和结构。算法是求解问题的方法和步骤。应尽量使用已有的可供使用的算法。算法可以用自然语言、类程序设计语言或流程图来描述。常用的方法是用流程图描述算法。对于复杂的问题，可分级画出流程图。

(3)程序编写

程序编写是用一行行语句实现算法的过程。编写汇编语言源程序时，要考虑合理分配存储空间和工作单元；程序结构要模块化、结构化，尽量提高可读性和可测试性，以及尽量选择简单、常用、占用内存少且执行速度快的指令序列。

(4)上机调试

程序编写完毕，要首先进行静态检查。在符合设计要求并无误后，送入计算机进行调试。上机调试中不断修正源程序，直到达到满意的效果为止。

2. 程序流程图的画法

利用程序流程图进行程序设计是一种最基本也是最常用的方法。在设计一个复杂的程序时，首先对程序的结构做全局性的安排，依照解题的先后顺序，将其分解为一个个模块，画出程序的主流程图，然后对每个模块进行分析，依据运算步骤和操作顺序，画出子模块的流程图。这样，整个程序的先后次序、执行步骤就可以用框图直观而清晰地表示出来，最后依据流程图逐块编写程序并组合成完整的程序。

程序流程图一般由执行框、判别框、起始/终止框和流程指向线组成。流程图符号如图4.8所示。

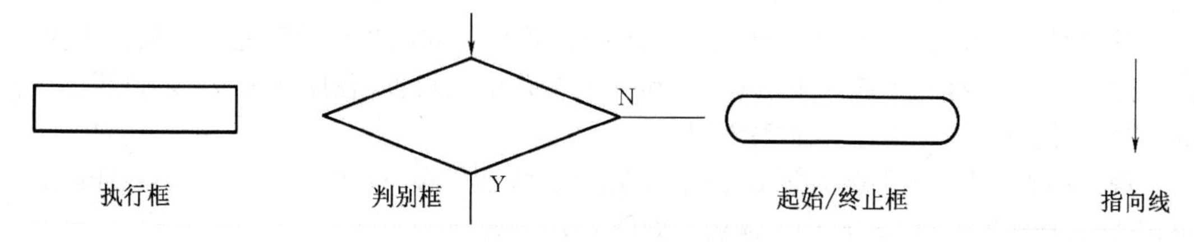

图4.8　流程图符号

执行框是一个方框,有一个入口和一个出口。执行框中写明一段程序或某一模块的功能,以及主要运算和操作。

判别框用菱形框或尖角形框表示,它有一个入口和两个出口。判别框内写明比较、判断的条件。条件成立时的出口注明Y或成立,条件不成立时的出口注明N或不成立。判别框用于程序分支和循环。

起始框和终止框表示程序或程序段的开始和结束。起始框内注明程序的起始标号或地址,或直接写"开始"。终止框内写明程序结束或暂停、返回等。

流程图的各种功能框,由指向线连接。指向线是一段带箭头的线段,箭头方向表示程序的执行顺序。

利用上述流程图的各元素,根据求解问题,可画出流程图。例如,比较两个数大小并依据比较结果进行处理的流程图如图4.9所示。

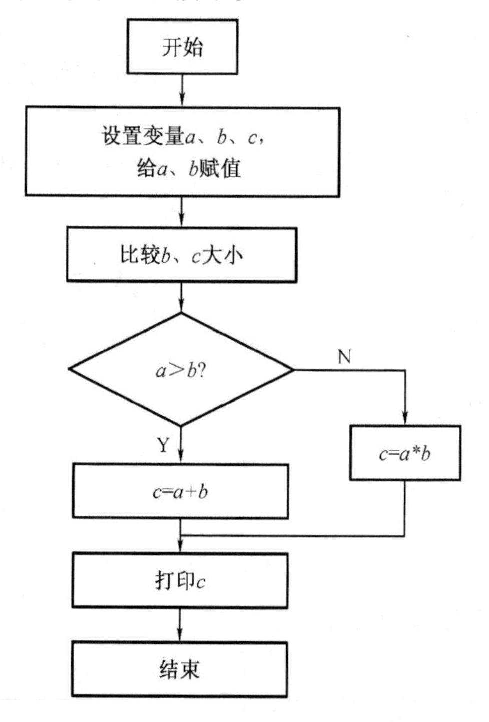

图4.9　比较两个数大小并依据比较结果进行处理的流程图

4.3.2 程序设计的基本技术

1. 顺序程序设计

顺序程序是最简单的程序，它的执行顺序和程序中语句的排列顺序完全一致。从程序流程图来看，它只有一个起始框、终止框和一个或几个执行框，程序无分支、无循环、无转移，因而人们也常称它为直线程序或线性程序。

例 4-18 设计一个查立方表程序。利用查表法求任意一自然数 $N(0<N<6)$ 的立方值，并将其存入字变量 LFZH 中。流程图如图 4.10 所示。

程序如下：

```
DATA   SEGMENT                                    ;数据段。
       TABLE  DW  0,1,8,27,64,125,216
       N  DW  ?                                   ;存放自变量。
       LFZH  DW  ?                                ;存放函数值。
DATA   ENDS
STACK  SEGMENT  PARA  STACK,'STACK2'              ;堆栈段。
       DB  50  DUP  (?)
STACK  ENDS
CODE   SEGMENT                                    ;程序段。
       ASSUME  CS:CODE,DS:DATA,SS:STACK
START  PROC  FAR                                  ;定义为 DOS 的一个远过程。
       PUSH  DS
       SUB  AX,AX
       PUSH  AX                                   ;标准程序段。
       MOV  AX,DATA
       MOV  DS,AX                                 ;装入段基址到 DS 中。
       LEA  BX,TABLE
       MOV  AX,N
       SHL  AX,1                                  ;N×2。
       ADD  BX,AX
       MOV  AX,[BX]
       MOV  LFZH,AX
       RET
START  ENDP
CODE   ENDS
END  START
```

或把题目中的 DW 换成 DB 也行。

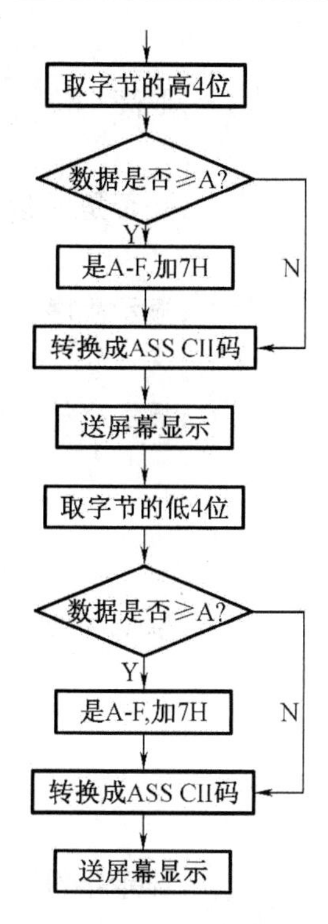

图 4.10　查表程序流程图

例 4－19　要求将指定数据区的数据以十六进制数形式显示在屏幕上,并利用 DOS, BIOS 功能调用完成一些提示信息的显示。

```
STACK1  SEGMENT  STACK
        DW  256  DUP  (?)
STACK1  ENDS
DATA  SEGMENT  USE16
  MES   DB   'Press  any  key  to  exit!',0AH,0DH,0AH,0DH,'$'
  MES1  DB   'Show  a  as  hex:'0AH,0DH,, $'
  SDDB     'a'
DATA  ENDS
CODE  SEGMENT  USE16
ASSUME  CS:CODE,DS:DATA
START:MOV   AX,DATA
      MOV   DS,AX
      MOV   DX,OFFSET MES        ;显示退出提示
      MOV   AH,09H
      INT  21H
      MOV   DX,OFFSET MES1       ;显示字符串
      MOV   AH,09H
      INT  21H
      MOV   SI,OFFSET SD
```

```
        MOV  AL,DS:[SI]
        AND  AL,0F0H              ;取高4位
        SHR  AL,4
        CMP  AL,0AH               ;是否是A以上的数
        JB   C2
        ADD  AL,07H               ;显示程序
C2:     ADD  AL,30H
        MOV  DL,AL                ;显示字符
        MOV  AH,02H
        INT  21H
        MOV  AL,DS:[SI]
        AND  AL,0FH               ;取低4位
        CMP  AL,0AH
        JB   C3
        ADD  AL,07H
C3:     ADD  AL,30H
        MOV  DL,AL                ;显示字符
        MOV  AH,02H
        INT  21H
KEY:    MOV  AH,1                 ;判断是否有按键按下?
        INT  16H                  ;(为观察运行结果,使程序有控制地退出)
        JZ   KEY
        MOV  AH,4CH               ;结束程序退出
        INT  21H
CODE  ENDS
END  START
```

2. 分支程序设计

在程序设计中,顺序结构的程序并不多见。在大多数程序中,都含有条件判断的分支结构,即在程序中总会遇到某种判断和比较。例如比较两个数的大小,判断两个数相等还是不等,判断逻辑运算结果是真还是假,等等。一次判断就会形成多个分支。一般情况下,每个分支都需单独执行程序段,其开始地址均赋给一个标号或某种标记,以便条件成立时,程序流转向它。

(1)分支程序的结构形式

分支程序的结构大体上有两种形式:两叉分支和开关结构。两叉分支的基本形式如图4.11所示。

两叉分支的特点是对程序的转移条件进行判断后仅做出一个二元选择。当条件成立时,执行程序段1;当条件不成立时,执行程序段2。两叉分支结构可以嵌套而构成多叉分支结构,如图4.12所示。多叉分支结构的特点是需经过多次条件判断才能确定做何种处理。从图4.12中可以看出,多叉分支是由两叉分支组合而成的。

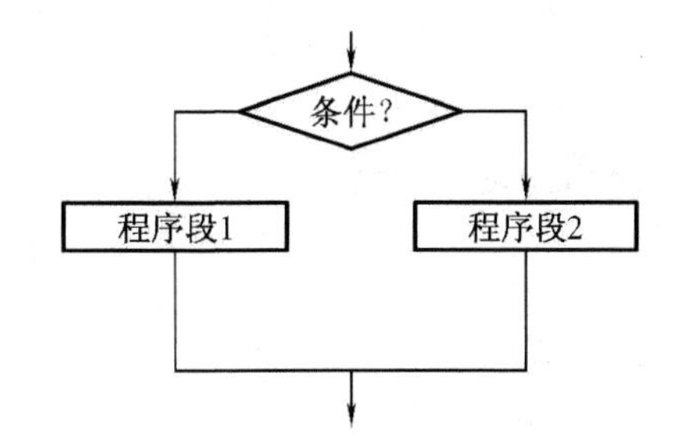

图 4.11 分支程序流程图

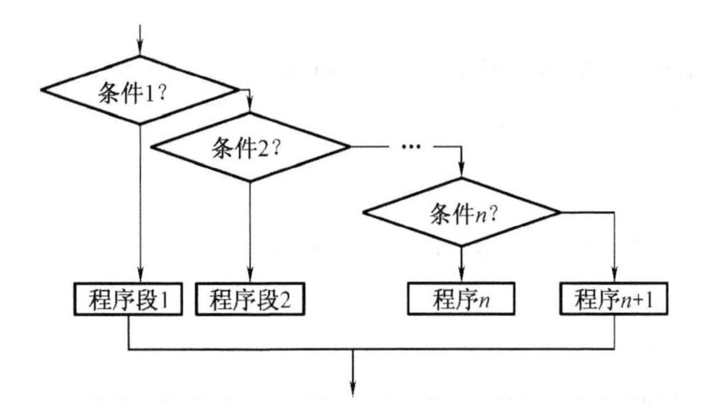

图 4.12 多叉分支程序流程图

(2)分支程序的设计方法

在汇编语言中,程序分支的实现是通过转移指令来完成的,即条件满足与否的判断和程序执行顺序的确定,都需依靠转移指令。分支程序的基本设计方法很多,主要有三种:利用转移指令直接分支法、跳转表法和逻辑尺法。

基本分支程序设计法是利用比较、加减、位操作及转移指令来实现程序分支。

例 4-20 编写符号函数的程序段,其中 x 是单字节带符号数。流程见图 4.13 所示。

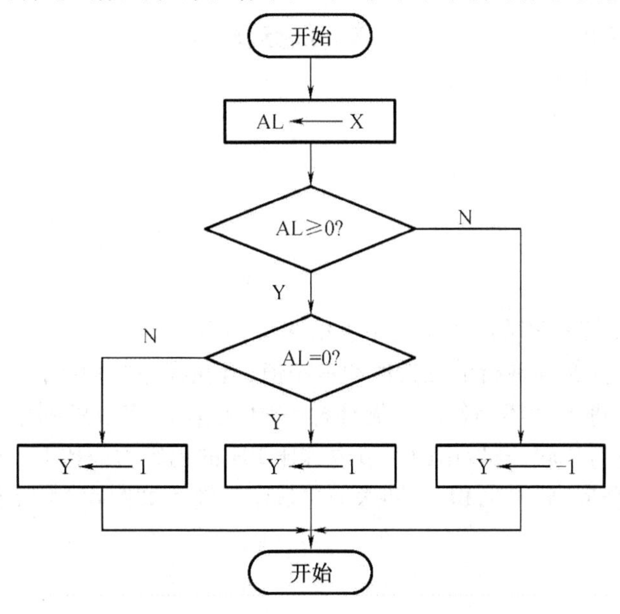

图 4.13 实现符号函数程序的流程图

$$Y=\begin{cases}1;x>0\\0;x=0\\1;x<0\end{cases}\quad(-128\leqslant x\leqslant +127)$$

程序设计如下：

```
DATA   SEGMNNT
       X  DB  ?
       Y  DB  ?
DATA   ENDS
STACK  SEGMENT  PARA  STACK  'STACK'
       DB  100  DUP  (?)
STACK  ENDS
CODE   SEGMENT
       ASSUME  CS:CODE,DS:DATA,SS:STACK
       STRT  PROC  FAR
       PUSH  DS
       MOV  AX,0
       PUSH  AX
       MOV  AX,DATA
       MOV  DS,AX
       MOV  AL,X;AL(X
       CMP  AL,0
       JGE  BIG                ;X≥0 时跳转
       MOV  AL,0FFH; -1 送 AL
       JMP  ZERO
BIG:   JE  ZERO                ;X =0 时跳转
       MOV  AL,1
ZERO:  MOV  Y,AL
       RET
START  ENDP
CODE   ENDS
END  START
```

例 4-21 求无符号字节序列中的最大值和最小值。

使用 BH,BL 作为暂存现行的最大值和最小值,且在程序的初始,将 BH 和 BL 初始化为首字节的内容,然后进入循环操作。在循环操作中,依次从字节序列中逐个取出一个字节的内容与 BH,BL 进行比较,若取出的字节内容比 BH 的内容大或比 BL 中的内容小,则修改之。当循环结束操作时,将 BH,BL 分别送屏幕显示。流程如图 4.14 所示。

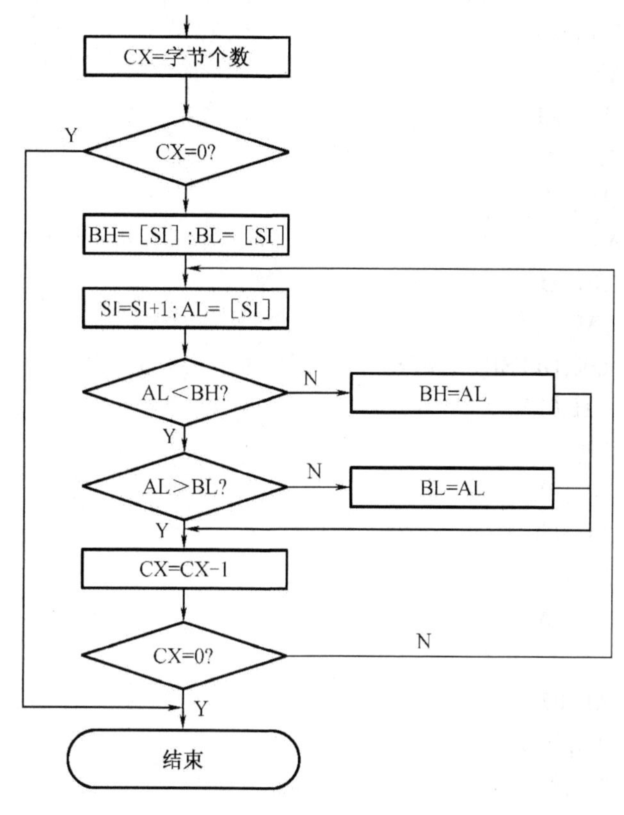

图 4.14　求无符号字节序列中的最大值和最小值的流程图

程序如下：

```
STACK1   SEGMENT   STACK
         DW   256   DUP   (?)
STACK1   ENDS
DDATA    SEGMENT
  MES1   DB   'The   least   number   is: $'
  MES2   DB   0AH,0DH,'The   largest   number   is : $'
  NUMB   DB   0D9H,07H,8BH,0C5H,0EBH,04H,9DH,0F9H
DDATA   ENDS
CODE   SEGMENT
ASSUME   CS:CODE,DS:DDATA
START: MOV   AX,DDATA
       MOV   DS,AX
       MOV   SI,OFFSET   NUMB
       MOV   CX,0008H
       JCXZ   A4
       MOV   BH,[SI]
       MOV   BL,BH
A1:    LODSB
```

```
        CMP   AL,BH
        JBE   A2
        MOV   BH,AL
        JMP   A3
A2:     CMP   AL,BL
        JAE   A3
        MOV   BL,AL
A3:     LOOP  A1
A4:     MOV   DX,OFFSET   MES1
        MOV   AH,09H
        INT   21H
        MOV   AL,BL
        AND   AL,0F0H
        SHR   AL,4
        CMP   AL,0AH
        JB    C2
        ADD   AL,07H
C2:     ADD   AL,30H
        MOV   DL,AL
        MOV   AH,02H
        INT   21H
        MOV   AL,BL
        AND   AL,0FH
        CMP   AL,0AH
        JB    C3
        ADD   AL,07H
C3:     ADD   AL,30H
        MOV   DL,AL
        MOV   AH,02H
        INT   21H
MOV   DX,OFFSET   MES2
        MOV   AH,09H
        INT   21H
        MOV   AL,BH
        AND   AL,0F0H
        SHR   AL,4
        CMP   AL,0AH
        JB    C22
        ADD   AL,07H
C22:    ADD   AL,30H
```

```
        MOV   DL,AL
        MOV   AH,02H
        INT   21H
        MOV   AL,BH
        AND   AL,0FH
        CMP   AL,0AH
        JB    C33
        ADD   AL,07H
C33:    ADD   AL,30H
        MOV   DL,AL
        MOV   AH,02H
        INT   21H
WAIT1:  MOV   AH,1
        INT   16H
        JZ    WAIT1
        MOV   AH,4CH
        INT   21H
CODE    ENDS
END     START
```

3. 循环程序设计

在处理复杂的问题时,常需要将程序中的某段程序多次重复执行,即这段程序需反复执行多次。这时,采用循环程序结构,可使得程序大大缩短,并节省内存。

(1)循环程序结构

循环程序一般由循环准备(初始化)、循环处理部分(循环体)、循环控制与修改、循环结果处理等部分组成,结构流程如图4.15所示。

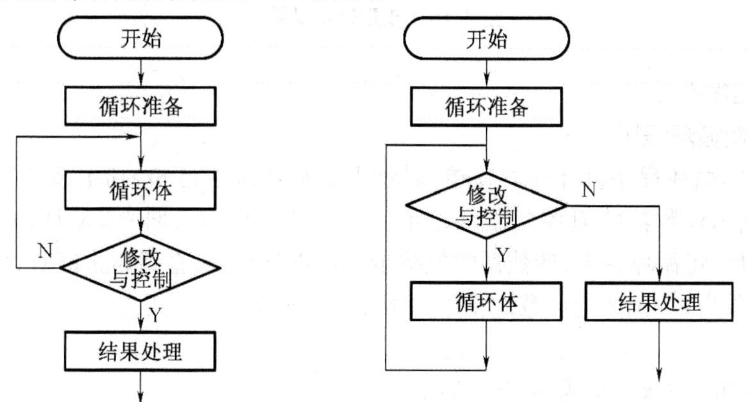

图4.15 循环程序的结构

(a)循环后判断;(b)先判断后循环

循环准备又称初始化,为循环做好各种必要的准备工作,如置某些常数:将工作单元或寄存器清零,置计数器或地址的初始值等。循环体是需重复执行的语句或程序段,是组成循环程序的主体。

修改和控制部分有两种功能:一是修改循环变量的内容,为下一次循环做好准备;二是判断和控制循环是继续进行还是循环终止。依该部分在程序流程框图中的位置,循环程序在结构上可分为先循环后控制和先控制后循环两种形式。先循环后控制结构至少执行一次循环体,而先控制后循环的结构,依据控制条件可能一次也不执行循环体。

依循环控制方式,可分为条件循环和计数循环。根据循环的层次不同,可分为单重循环、双重循环和多重循环。双重循环的结构如图 4.16 所示。

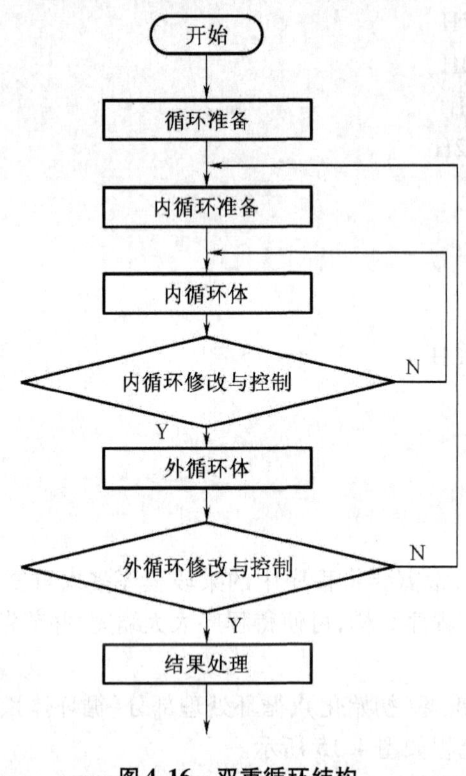

图 4.16 双重循环结构

(2)循环程序设计

①计数控制循环程序

计数控制的循环程序设计非常简单,其特点是循环次数已知,利用某个寄存器或存储单元作计数器,由计数器的值控制循环结束。计数的方法有两种:增量计数和减量计数。计数器置初值后,每循环一次,计数器的值按步长值进行加减,直到终止值时,循环结束。

设计数次数为 n ,则增量计数法常用的指令和格式为

```
        ⋮
        XOR   AX,AX 或 MOV   AX,0
LOOP:
        INC   AX
        CMP   AX,n
        JNE   LOOP
```

减量计数法常用的指令和格式为

```
        MOV   AX,n
         ⋮
LOOP:
        DEC   AX
        JNE   LOOP
         ⋮
```

例 4-22　$a_1,a_2,a_3,\cdots,a_{100}$是已知的一组数,求这 100 个数之和。

程序如下:

```
DATA   SEGMENT
  TABL   DW   a1, a2,…,a10
         DW   a11, a12,…,a20
          ⋮
         DW   a91, a92,…,a100
         YY   DW   ?
DATA   ENDS
STACK   SEGMEN   PARA   STACK   'STACK'
      DB   100   DUP(?)
STACK   ENDS
CODEG   SEGMENT
   ASSUME   CS:CODEG,DS:DATA,SS:STACK
       START   PROC   FAR
       PUSH   DS
       MOV   AX,0
       PUSH   AX
       MOV   AX,DATA
       MOV   DS,AX
       MOV   AX,0
       MOV   BX,OFFSET   TABL
       MOV   CX,100
LOOP:ADD   AX,[BX]
       INC   BX
       INC   BX
       DEC   CX
       JNE   LOOP
       MOV   YY,AX
RET
       START   ENDP
CODEG   ENDS
END   SIART
```

本程序中重复次数 $n=100$ 置于寄存器 CX 内,CX 为计数器,每循环一次,由指令 DEC

将 CX 内容减 1。程序中语句 INC BX 用于修改地址。运算结果放在 YY 单元中。

此题中的 LOOP 是错的,因为它是保留字。

可将题中的 DEC CX 和 JNE LOOP 去掉换为 LOOP LAO,并把 LOOP:ADD AX,[BX]中的 LOOP 换为 LAO。

②条件控制

当循环次数未知时,可采用条件控制的方法,编写条件控制循环程序。在程序设计中,应首先确定循环控制条件,每循环一次,都要对条件进行检查。若满足条件,则循环结束,否则继续循环,直到满足条件为止。

例 4-23 在 ADDR 单元中存放着数 Y 的地址,编一程序把数 Y 中“1”的个数统计出来放在 COUNT 单元。

一种方法是对数 Y 逐步按位测试来统计“1”的个数,以计数值为 16 作为循环结束条件。这种方法对 Y=0 的情况也要从头至尾逐位判断,能否把 Y=0 的情况立刻判断出来缩短程序执行时间呢?另一种方法是首先测试 Y 是否为 0 来作为循环结束条件,节省程序执行时间。这是一种按条件控制循环结束的方法。其程序如图 4.17 所示。

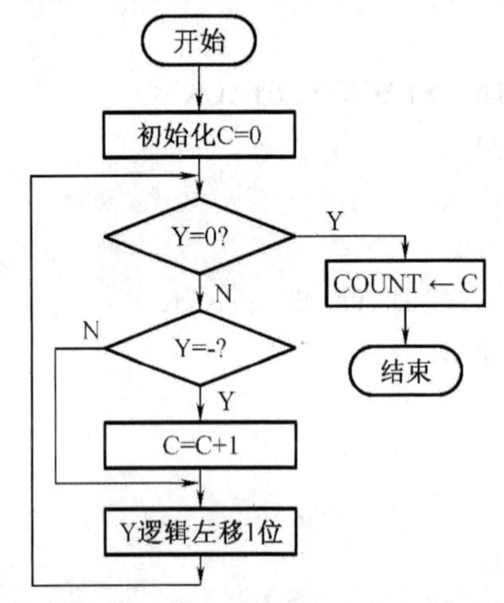

图 4.17 统计数 1 的程序流程图

源程序如下:

```
DASEG   SEGMENT
        ADDR   DW   NUM
        NUM   DW   Y
        COUNT   DW   ?
DASEG   ENDS
COSEG   SEGMENT
  MAIN   PROC   FAR
    ASSUME   CS:COSEG,DS:DASEG
START:PUSH   DS
       SUB   AX,AX
       PUSH   AX
       MOV   AX,DASEG
```

```
        MOV   DS,AX
        MOV   CX,0              ;初始化 CX。
        MOV   BX,ADDR           ;存放数 Y 的单元地址送 BX。
        MOV   AX,[BX]           ;以 BX 间址把 Y 送 AX。
REPT:   TEST  AX,0FFFFH         ;测试 AX 内容。
        JZ    EXI               ;(AX) =0 转移。
        JNS   SHIF              ;AX 中最高位是 0 转移(SF =0)。
        INC   CX                ;最高位是 1,计数器加 1。
SHIF:   SHL   AX,1              ;AX 内容逻辑左移一位。
        JMP   REPT              ;返回继续检测。
EXI:    MOV   COUNT,CX          ;把 Y 中为 1 的个数送 COUNT 单元。
        RET
  MAIN  ENDP
COSEG   ENDS
END   STAR
```

例 4 - 24　有一以“ $ ”结束的字串,请求出它的长度。

```
DATA   SEGMENT
        STR   DB 'PLEASE INPUT YOUR NAME $'
        LEN   DW  ?
DATA   ENDS
CODE   SEGMENT
  ASSUME  CS:CODE,DS:DATA
START  PROC   FAR
BEGIN:PUSH   DS
        MOV   AX,0
        PUSH  AX
        MOV   AX,DATA
        MOV   DS,AX
        MOV   CX,0
        LEA   BX,STR
AGAIN: MOV   AL,[BX]
         CMP   AL,'$'
         JZ    HALT
         INC   CX
         INC   BX
         JMP   AGAIN
HALT:MOV   LEN,CX
RET
START  ENDP
CODE   ENDS
```

```
END   BEGIN
```

上述程序是一个以控制条件为循环条件的循环结构。

例 4-25 设有数组 **X**［ x_1, x_2, x_3…, x_{10} ］，数组 **Y**［ y_1, y_2, y_3…, y_{10} ］，试编程计算

$$z_1 = x_1 - y_1$$
$$z_2 = x_2 + y_2$$
$$z_3 = x_3 - y_3$$
$$z_4 = x_4 + y_4$$
$$z_5 = x_5 - y_5$$
$$z_6 = x_6 - y_6$$
$$z_7 = x_7 + y_7$$
$$z_8 = x_8 - y_8$$
$$z_9 = x_9 - y_9$$
$$z_{10} = x_{10} - y_{10}$$

设逻辑尺：0 0 0 0 0 0 1 1 1 0 1 1 0 1 0 1

```
DATA   SEGMENT
       X   DW   11,22,33,44,45,66,77,88,99,100
       Y   DW   1,2,3,4,5,6,7,8,9,10
       Z   DW   10  dup  (?)
LOGRULE   DW   0000001110110101b
DATA   ENDS
CODE   SEGMENT
       ASSUME   CS:CODE,DS:DATA
START   PROCFAR
Begin:PUSH   DS
      XOR   AX,AX
      PUSH   AX
      MOV   AX,DATA
      MOV   DS,AX
      MOV   BX,0
      MOV   CX,10
      MOV   DX,LOGRULE
Again:MOV   AX,X[BX]
      SHR   DX,1
      JC   Subtract
      ADD   AX,Y[BX]
      JMP   Result
Subtract: SUB   AX,Y[BX]
Result:   MOV   Z[BX],AX
          INC   BX
          INC   BX
```

```
LOOP   AGAIN
RET
START   ENDP
CODE   ENDS
   ENDB   EGIN
```

上述程序为用逻辑尺控制循环的循环结构,流程如图 4.18 所示。

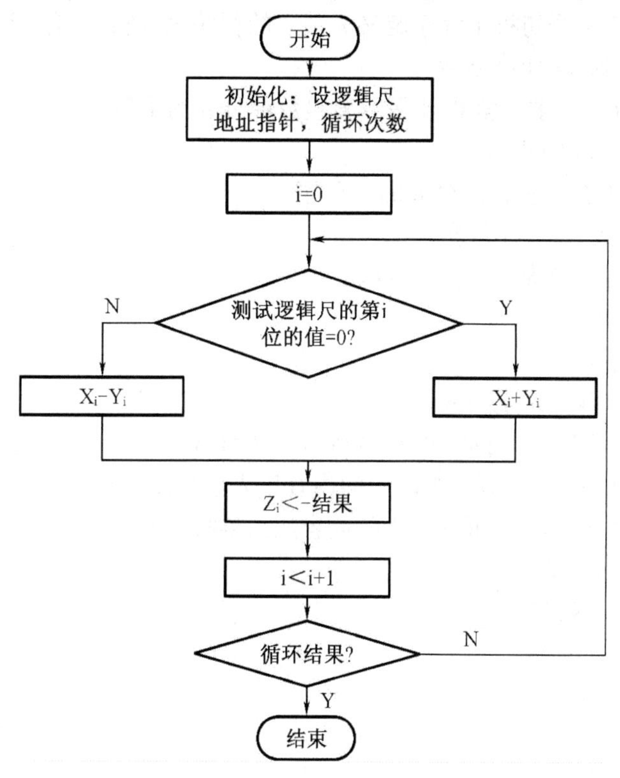

图 4.18　用逻辑尺控制循环的循环结构的流程图

4.3.3　子程序

在程序设计中,往往遇到在一个程序的许多地方或在不同的程序中,有功能完全相同的程序段。为避免编程的重复劳动,节省存储空间,可以将这样的并非连续重复执行的程序段独立出来,放在一个存储区域,成为公用的程序段。每当需要执行这段程序时,就用调用指令转移到这段程序,执行完毕再返回原来的程序。抽出来的这个程序段称为子程序。调用它的程序称为主程序。主程序调用子程序的过程称为“调子”,调子结束后返回主程序的过程称为“返主”。

1. 子程序的结构

子程序一般以文件形式编写,并常以过程形式存放在代码段中。子程序文件通常由子程序说明和子程序本体组成。子程序说明通常包括子程序功能描述(名称、性能、执行时间等)、所有寄存器名和存储单元、子程序入口和出口参数,是否又调用其他子程序等。说明部分应简明、确切,使人一目了然。子程序的结构一般包括保存现场、依入口参数从指定位

置取加工信息、加工处理、依出口参数指定位置送出处理结果、恢复现场和返回调用程序等部分。其形式为

```
子程序名   PROC
  ⋮
RET
子程序名   ENDS
```

即一般用过程定义语句将子程序定义为独立的程序段,使之具有 NEAR 属性或 FAR 属性,使得程序结构清晰,增加可读性。

例 4 - 26　设计一个求正整数 N 平方根整数部分 n 的子程序。

说明:子程序名为 SQRT

求正整数 N 平方根的整数部分 n 的子程序;

AX←正整数 N,入口参数;

AL←平方根整数部分 n,出口参数;

CALL　SQRT

子程序设计如下:

```
SQRT    PROC   NEAR(或 FAR)
        PUSH   DX       ;将 DX 中的内容压入堆栈。
        PUSHF           ;将 PSW 中的内容压入堆栈。
        PUSH   BX       ;将 BX 中的内容压入堆栈。
        MOV    BX,0
AGAIN:  MOV    DX,BX
        ADD    DX,DX
        INC    DX
        SUB    AX,DX
        JC     DONE
        INC    BX
        JMP    AGAIN
DONE:   MOV    AL,BL    ;出口参数。
        POP    BX
        POPF
        POP    DX       ;恢复现场。
        RET             ;返回。
SQRT    ENDP
```

当调用程序与子程序在同一模块的同一代码段时,解法如下:

```
        ⋮
CODE    SEGMENT
        ASSUME   CS:CODE,DS:DATA,SS:STACK
MAIN    PROC   FAR
        ⋮
MOV     AX,N     ;入口参数
```

```
          ⋮
          CALL   SQRT
MAIN   ENDP
SQRT   PROC   NEAR
          ⋮
SQRT   ENDP
CODE   ENDS
END   MAIN
```

编写子程序的方法:

根据子程序的功能和它的应用领域,确定子程序的入口参数和出口参数。

选择适当的参数传递方式。在传递参数比较少的情况下,适合选用寄存器传递参数,否则采用存储单元或堆栈等方式传递参数。

保护寄存器的内容。保护子程序所使用的寄存器的内容,其方法是:在调用子程序后,立即将所要保护的寄存器的内容压入堆栈,在子程序返回前,再从堆栈中弹出保护的内容,恢复寄存器原有的内容。

上例中:

```
PUSH   DX        ;将 DX 中的内容压入堆栈。
PUSHF            ;将 PSW 中的内容压入堆栈。
PUSH   BX        ;将 BX 中的内容压入堆栈(保护现场)。
⋮
POP   BX
POPF
POP   DX         ;恢复现场。
```

2. 子程序的调用和返回

主程序调用子程序使用指令 CALL。根据 CALL 获得目标地址的方法,它有四种调用方式:段内直接调用方式、段内间接调用方式、段间直接调用方式和段间间接调用方式。为了能正确返回,不管哪一种调用方式,都需要把断点(即 CALL 指令的下一条指令的地址)入栈保护;同时,CALL 指令的类型必须与 RET 指令类型相匹配。

主程序直接调用子程序时,目的地址直接写在 CALL 指令中,例如:

```
CALL   MAX
```

间接调用时,目标地址在由指令指定的寄存器或内存单元中,例如:

```
CALL   DWORD   PTR[BX]
```

返回指令使用 RET,它通常是子程序的最后一条指令,用以返回调用这个子程序的断点处。

返回语句格式:

RET/RET　n(n 为立即数)

RET 和 RET　n 虽然都是返回语句,但操作是有区别的。RET　n 的操作除完成 RET 的操作外,SP 还应多加 n,目的是废除栈中 n/2 个无用字信息。

主程序调用子程序方式分直接调用和间接调用两种类型,每种类型又分为段内调用和段间调用两种方式。

例4-27 段内直接调用的程序:

```
CODE   SEGMENT
    START   PROC   NEAR
            MOV   AL,XX
            PUSH   BX              ;参数保护
            CALL   DTIOB           ;调用子程序
    NEXT:MOV   YY,CL
            POP BX
            DTIOB   PROC           ;子程序
              ⋮
            RET
    DTIOB   ENDP
CODE   ENDS
END   START                        ;程序结束
```

这是一个段内直接调用的例子。调用语句是 CALL DTIOB,子程序名 DTIOB 在这里是 CALL 命令的操作数。调用时,先将断点(即 CALL 下一条指令的地址)NEXT 进栈,然后转到 DTIOB 去执行子程序。子程序执行到 RET 指令时,使程序流转到 NEXT 条指令继续执行,实现子程序返回。

例4-28 段间直接调用子程序的例子

```
CODE   SEGMENT          ;CODE 代码段开始
    ASSUME   CS:CODE,…
START   PROC   FAR
    ⋮
CALL   MAXX             ;MAXX 为 FAR 过程
START   ENDP
CODE   ENDS             ;CODE 代码段结束
SUBCODE   SEGMENT       ;SUBCODE 代码段开始
    ASSUME   CS:SUBCODE
MAXX   PROC   FAR       ;子程序过程开始
    ⋮
MAXX   ENDP             ;子程序过程结束
SUBCODE   ENDS          ;SUBCODE 代码段结束
ENDA   START            ;源程序结束
```

本例中调用语句的操作数仍为过程名。

3. 主程序和子程序间的信息交换

子程序中允许改变的数据叫参数。参数有入口参数和出口参数。主程序调用子程序之前必须向子程序提供一些参数,而子程序执行完毕后又要将执行结果提供给主程序使用。参数传递的方式一般有三种,即用寄存器传递参数、用参数表传递参数和用堆栈传递参数。不论采用哪种方式,调用程序和子程序都必须互相呼应。子程序需要在哪里取参数,主程序就应将参数送到哪里,并且要注意参数的先后顺序。

4. 递归子程序和子程序嵌套

在子程序调用过程中,子程序调用该子程序本身称为递归调用。递归分直接递归和间接递归两种方式。直接递归子程序的结构:

```
SBC   PROC
         ⋮
CALL   SBC
         ⋮
      RET
SBC   ENDP
```

间接递归子程序的格式:

```
SBC1   PROC
         ⋮
CALL   SBC2
         ⋮
      RET
SBC2   PROC
         ⋮
CALL   SBC1
         ⋮
      RET
```

设计递归子程序的关键是防止出现死循环,注意脱离递归的出口条件。

子程序中调用别的子程序称为子程序嵌套,如图4.19所示。嵌套子程序设计时要注意正确使用CALL和RET指令,并注意寄存器的保护和恢复。只要堆栈空间允许,则嵌套的层次不限。

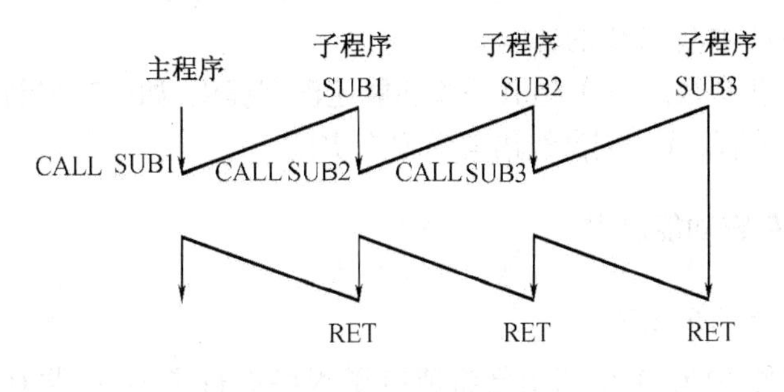

图4.19　子程序嵌套示意图

4.4　DOS调用和BIOS调用

DOS(Disk Operating System)是计算机的磁盘操作系统,它有两个重要的DOS模块:一个模块是IBMBIOS.COM,称为基本输入输出设备处理程序,它提供了DOS到ROM　BIOS的低级接口,完成将数据从外设读入内存,或将数据从内存写入外设中去的工作;另一个模块是 IBMDOS. COM,它包含文件管理程序和其他一些处理程序。DOS 存放在软盘上(系统盘)或存放在计算机的硬盘上。盘上的 0 道存放的是 DOS 引导程序,DOS 启动时,首先装入引导程序,再由该 DOS 引导程序装入上面介绍的 IBMBIOS. COM 和 IBMDOS. COM,再装入 DOS 中的 COMMAND. COM 程序(这个程序中包含了 DOS 所有的内部命令),最后按系统配置文件 CONFIG. SYS 装入其他一些程序和执行自动执行批处理文件 AUTOEXEC. BAT 中的命令,从而完成整个 DOS 的引导和装入过程。

在计算机只读存储器 ROM 中,从地址 0FE000H 开始的 8K 地址单元中,装入了一段称作 BIOS(Basic Input/Output System)的程序。在计算机加电启动(或热启动)时,机器将按照次序首先调入这段程序中的各部分到 RAM 中,并开始执行程序。存储在 ROM 中的 BIOS 程序提供了系统自检、引导程序(用来引导装入其后的一些程序)、基本 I/O 设备处理程序、接口控制程序,如上所说的完成 DOS 的引导过程。

在 DOS 下运行的程序可以调用上面提到的 I/O 设备处理程序、文件管理程序等,这称作"系统调用"。

为了完成 DOS 调用,IBMDOS. COM 将信息传送给 IBMBIOS. COM,形成 1 个或多个 BIOS调用。它们之间的关系如图 4.20 所示。

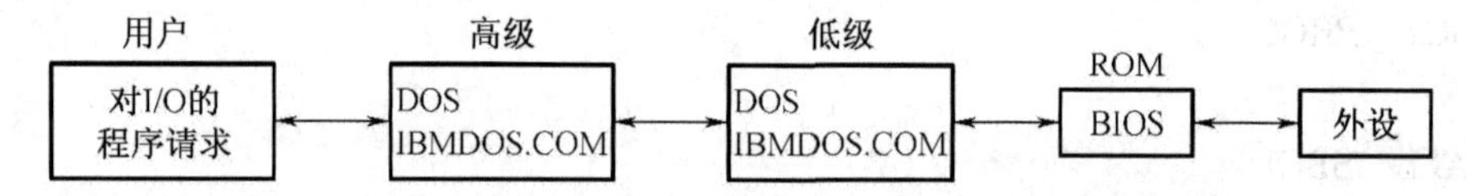

图 4.20 IBMDOS. COM 完成 DOS 功能调用的过程

在一些情况下,既能选择 DOS 中断,也能选择 BIOS 中断来执行同样的功能。如果打印机输出 1 个字符,可用 DOS 中断 21H 的功能 5,也可用 BIOS 中断的 17H 的功能 0,由于 BIOS中断比 DOS 中断更接近硬件,所以应尽量使用 DOS 中断功能,但在少数情况下,由于没有等效的 DOS 中断功能,因此必须使用 BIOS 中断功能。如读打印机状态,没有 DOS 功能,所以只能用 BIOS 中断 17H 的功能 2。

DOS 中断可处理多数的 I/O,但有一些功能还没有提供,如声音控制,这就要考虑用I/O 指令在端口级进行编程,或使用高级语言编程来实现。

4.4.1 DOS 系统功能调用

1. DOS 系统功能调用方法

为了调用的方便,DOS 系统调用已将所有子程序进行了编号,共有 87 个,编号从 0 ~ 57H。调用时要包含以下 3 部分内容:

(1)入口参数初始化;

(2)子程序编号送入 AH;

(3)INT 21H;子程序请求中断指令。

有的子程序不要入口参数,但大部分需要将参数送入指定地点。

在编程时只要给出上面三部分信息,DOS 就会自动转入相应的子程序去执行。调用结束时,如有出口参数,一般存放在寄存器中。有些子程序,如在屏幕上显示一个字符,那么在调用结束后会立即看到结果。

2. I/O DOS 系统功能调用实例

(1)键盘单个字符输入输出

键盘单个字符输入有三个功能调用 AH = 1,7,8。以 AH = 1 为例:

```
MOV   AH,1
INT   21H
```

执行上述指令,将扫描键盘,一旦有键按下,就将相应键的 ASCII 码读入,先检查是否按下(Ctrl - Break)键,如是,则退出命令执行;否则将键值送入 AL 寄存器,同时将这个字符显示在屏幕上。

AH = 8 功能与 AH = 1 类同,只是不在屏幕上显示。

AH = 7 等待从标准输入设备输入字符,然后将其送入 AL,但不显示,也不对字符进行检查。

键盘单个字符输出的子功能调用为 AH = 2,它要求将显示字符的 ASCII 码(入口参数)送给寄存器 DL,显示时,光标跟随字符移动,并检查是否按下(Ctrl - Break)键,如果是此键,则退出命令执行。例如,下面代码实现将字符";"送入屏幕显示:

```
    MOV   DL,';'
    MOV   AH,2
    INT   21H
```

(2)输出字符串

①显示单个字符输出

入口:AH = 02H

调用参数:DL = 输出字符

②显示字符串

入口:AH = 09H

调用参数:DS:DX = 串地址,'$'为结束字符

③键盘输入并回显

入口:AH = 01H

调用参数:AL = 输出字符

④返回 DOS 系统

入口:AH = 4CH

调用参数:AL = 返回码

AH = 9 的功能是显示字符串。它要求 DS:DX 必须指向内存中 1 个以'$'作为结束符的字符串,有些 ASCII 码,如控制码,不能出现在该字符串中。显示字符串时,如果希望光标自动换行,可在字符串结束以前加上回车和换行符的 ASCII 码。

使用 INT　21H 显示字符串,一定要在显示字符串后加上'$',否则可能会在屏幕上产生意想不到的后果。

程序:

```
STACK1   SEGMENT   STACK
         DW   256   DUP   (?)
STACK1   ENDS
DATA   SEGMENT   USE16
```

```
        MES   DB   'Show a as hex:',0AH,0DH,'$'
        SD  DB   'a'
DATA   ENDS
CODE   SEGMENT   USE16
  ASSUME   CS:CODE,DS:DATA
START:MOV   AX,DATA
        MOV   DS,AX
        MOV   DX,OFFSET   MES
        MOV   AH,09H
        INT   21H
        MOV   SI,OFFSET   SD
        MOV   AL,DS:[SI]
        AND   AL,0F0H
        SHR   AL,4
        CMP   AL,0AH
        JB   C2
        ADD   AL,07H
C2:     ADD   AL,30H
        MOV   DL,AL
        MOV   AH,02H
        INT   21H
        MOV   AL,DS:[SI]
        AND   AL,0FH
        CMP   AL,0AH
        JB   C3
        ADD   AL,07H
C3:     ADD   AL,30H
        MOV   DL,AL
        MOV   AH,02H
        INT   21H
        MOV   AH,4CH
        INT   21H
CODE   ENDS
        END   START
```

(3)字符串输入

AH=10 功能是从键盘接收字符串到用户定义的输入缓冲区中。缓冲区内第一个字节指出缓冲区所能容纳的字符个数。如果键入的字符数比此数字大,就会发出“嘟嘟”声,而且光标不再向右移动;如输入的字符数少于定义的字节数,缓冲区其余的字节填 0。缓冲区内第二个字节是实际输入的字符个数,这个数据由该功能自动填入。从第三个字节开始,依次按字节存放从键盘上接收到的字符,最后结束字符串的回车符 0DH 还要占用 1 字节,

所以整个缓冲区的大小应为最大字符数(包括回车符在内)加上2。调用时,要求DS:DX指向输入缓冲区。例如:

```
DATA  SEGMENT
      BUF  DB  16          ;缓冲区长度
      DB  ?                ;保留为系统填入实际输入的字符个数
      DB  16  DUP  (?)     ;定义32Byte的存储空间
      ⋮
DATA  ENDS
CODE  SEGMENT
      MOV  AX,DATA
      MOV  DS,AX
      ⋮
      MOV  DX,OFFSET  BUF
      MOV  AH,10
      INT  21H
      ⋮
CODE  ENDS
```

4.4.2　BIOS中断调用

1. BIOS中断调用方法

BIOS中断调用使用了中断类型号8~1FH。中断调用的方法首先要给出入口参数,再写明软件中断指令,如:

```
INT  12H
```

这将调用存储器容量测试程序。此程序不需要入口参数,它以1KB为测试单位,将测试结果存入AX寄存器。

2. BIOS中断实例

例4-29　时间中断调用(1AH)。

INT　1AH中断调用有2个功能,功能号在AH中,AH=0,1。

AH=0的功能为:读取时间计数器的当前值。

出口参数:CX=计数器的高位字。

　　　　　DX=计数器的低位字。

如果上次读它后,计数未超过24小时,AL=0,否则AL≠0。例如:

```
MOV  AH,0
INT  1AH
```

调用结果是,在CX:DX得到时间计数器的当前值。因为时间计数器每55 ms自动加1,所以CX:DX中的数除以65520得小时数,余数再除以1092为分钟数,所得余数再除以18.2得秒数。

AH=1的功能:设置时间计数器的当前值。

入口参数:AH=1,CX=时间值的高位字,DX=时间值的低位字。

出口参数:时间计数器设为 CX 和 DX 中的值。时间计数器每 55 ms 自动加 1。

例 4-30 将时间计数器的当前值设置为 0 的代码如下:

```
MOV   AH,1
MOV   CX,0
MOV   DX,0
INT   1AH
```

习 题 4

1. 说明标号和变量的相同点和不同点。标号和变量各有什么属性?

2. 画图说明下列语句所分配的存储空间和初始化的数据值。

(1)BYTE_VAR DB 'BYTE',12,-12H,3 DUP(0,?,2 DUP(1,2),?)

(2)WORD_VAR DW 5 DUP (0,1,2),?,-5,'BY','TE',256H

3. 试列举出使汇编程序把 5150H 存入一个存储器字中(如 DW 5150H)的各种方法。

4. 请设置一个数据段 DATASG,并定义以下字符变量或数据变量。

(1)FLD1B 为字符串变量:'PERSONAL COMPUTER'。

(2)FLD2B 为十进制数字节变量:32。

(3)FLD3B 为十六进制数字节变量:20H。

(4)FLD4B 为二进制数字节变量:01011001B。

(5)FLD5B 为 10 个零的字节变量。

5. 已知数据定义如下,请回答问题:

```
DATA   SEGMENT
NUM1   DB   70,-80,90
NUM2   DW   -257,+461,46798
L  EQU   $-NUM1
DATA   ENDS
```

(1)变量 NUM1 和 NUM2 的值分别是多少?

(2)变量 NUM1 和 NUM2 在数据段存储器中的段内偏移量分别是多少?

(3)变量 NUM1 和 NUM2 的类型分别是什么?

(4)分别执行下面两条指令后,结果如何?

```
MOV   BX,NUM2;(BX)=?
LEA   BX,NUM2;(BX)=?
```

(5)执行下面两条指令的操作含义是什么?

```
MOV   AX,DATA
MOV   DS,AX
```

(6)符号常量 L 的值是多少?

6. 对于下面的数据定义,三条 MOV 指令分别汇编成什么(可用立即数方式表示)?

```
TABLEA   DW   10   DUP   (?)
TABLEB   DB   10   DUP   (?)
```

```
TABLEC   DB  '1234'
MOV   AX,LENGTH   TABLEA
MOV   BL,LENGTH   TABLEB
MOV   CL,LENGTH   TABLEC
```

7. 对于下面的数据定义,各条 MOV 指令单独执行后,有关寄存器的内容是什么?

```
FLDB   DB   ?
TABLEA   DW   20   DUP  (?)
TABLEB   DB   'ABCD'
(1)MOV   AX,TYPE   FLDB
(2)MOV   AX,TYPE   TABLEA
(3)MOV   CX,LENGTH   TABLEA
(4)MOV   DX,SIZE   TABLEA
(5)MOV   CX,LENGTH   TABLEB
```

8. 按下面的要求写出程序的框架。

(1)数据段的位置从 0E000H 开始,数据段中定义一个 100 字节的数组,其类型属性既是字又是字节。

(2)堆栈段从小段开始,段组名为 STACK。

(3)代码段中指定段寄存器,指定主程序从 1000H 开始,给有关段寄存器赋值。

(4)程序结束。

9. 串操作指令设计实现以下功能的程序段:首先将 100H 个数从 2170H 处搬到 1000H 处,然后从中检索相等于 AL 中字符的单元,并将此单元值换成空格符。

10. 用循环控制指令设计程序段,从 60H 个元素中寻找一个最大值,结果放在 AL 中。

11. 将 AX 寄存器中的 16 位数分成 4 组,每组 4 位,然后把这 4 组数分别放在 AL,BL,CL 和 DL 中。

12. 试编写一程序,要求比较两个字符串 STRING1 和 STRING2 所含字符是否相同,若相同则显示 MATCH,若不相同则显示 NO　MATCH。

13. 在 DS 段中有一个从 TABLE 开始的由 160 个字符组成的链表,设计一个程序,实现对此表进行搜索,找到第一个非 0 元素后,将此单元和下一单元清 0。

14. 在首地址为 DATA 的字数组中,存放了 100H 个 16 位补码数。试编写一程序,求出它们的平均值放在 AX 寄存器中,并求出数组中有多少个数小于此平均值,将结果放在 BX 寄存器中。

15. 试编制一个程序,把 AX 中的十六进制数转换为 ASCII 码,并将对应的 ASCII 码依次存放到 MEM 数组中的 4 个字节中。例如,当(AX) = 2A49H 时,程序执行完后,MEM 中的 4 个字节内容分别为 39H,34H,41H 和 32H。

第5章　半导体存储器

通过学习本章后，你将能够：

了解存储器的相关概念。了解半导体存储器的分类、结构与性能指标；理解典型ROM与RAM芯片的引脚信号、操作方式及存储器的扩展设计方法。

5.1　微型计算机存储器

存储器是微型计算机中存放数据和程序的部件，是一个具有专用功能的设备。任何以微型计算机为中心组成的微型机系统都必须配置一定容量的存储器。

5.1.1　存储器部件的分类

1. 按在系统中的地位分类

在微机系统中，存储器可分为主存储器（Main Memory）简称内存或主存和辅助存储器（Auxiliary Memory，Secondary Memory）简称辅存或外存。

内存是计算机主机的一个组成部分，一般都用快速存储器件来构成，内存的存取速度很快，但内存空间的大小受到地址总线位数的限制。内存通常用来容纳当前正在使用的或要经常使用的程序和数据，CPU可以直接对内存进行访问。系统软件中如引导程序、监控程序或者操作系统中的基本输入/输出部分BIOS都是必须常驻内存。更多的系统软件和全部应用软件则在用到时由外存传送到内存。

外存也是用来存储各种信息的，存放的是相对来说不经常使用的程序和数据，其特点是容量大。外存总是和某个外部设备相关的，常见的外存有软盘、硬盘、U盘、光盘等。CPU要使用外存的这些信息时，必须通过专门的设备将信息先传送到内存中。

2. 按存储介质分类

根据存储介质的材料及器件的不同，可分为磁存储器（Magnetic Memory）、半导体存储器、光存储器（Optical Memory）及激光光盘存储器（Laser Optical Disk）。

3. 按信息存取方式分类

存储器按存储信息的功能，分为随机存取存储器（Random Access Memory，RAM）和只读存储器（Read Only Memory，ROM）。随机存取存储器是一种在机器运行期间可读、可写的存储器，又称读写存储器。随机存储器按信息存储的方式，可分为静态RAM（Static RAM，SRAM）、动态RAM（Dynamic RAM，DRAM）及准静态RAM（Pseudostatic RAM，简称PSRAM）。

5.1.2　微型计算机存储器系统

1. 存储器系统的层次结构

计算机系统的存储器被组织成一个 6 个层次的金字塔形的层次结构，如图 5.1 所示，位于整个层次结构的最顶部 S0 层为 CPU 内部寄存器，S1 层为芯片内部的高速缓存(Cache)，内存 S2 层为芯片外的高速缓存(SRAM，DRAM，DDRAM)，S3 层为主存储器(Flash，PROM，EPROM，EEPROM)，S4 层为外部存储器(磁盘、光盘、CF、SD 卡)，S5 层为远程二级存储(分布式文件系统、Web 服务器)。

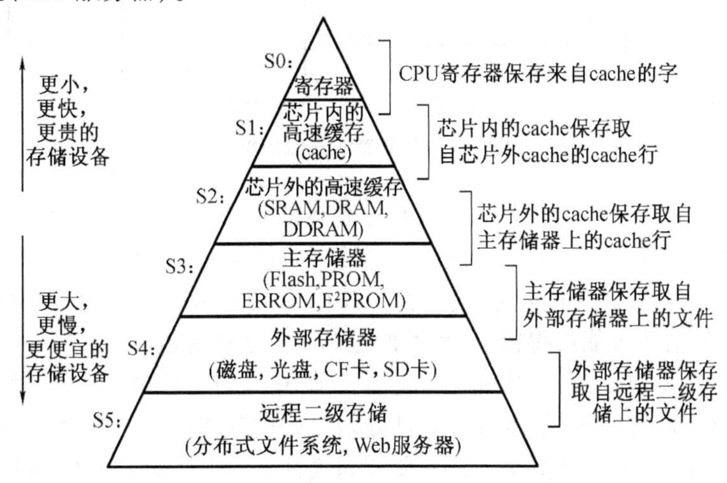

图 5.1　计算机系统的存储器的层次结构

在这种存储器分层结构中，上面一层的存储器作为下一层存储器的高速缓存。CPU 寄存器就是 Cache 的高速缓存，寄存器保存来自 Cache 的字；Cache 又是内存层的高速缓存，从内存中提取数据送给 CPU 进行处理，并将 CPU 的处理结果返回到内存中；内存又是主存储器的高速缓存，它将经常用到的数据从 Flash 等主存储器中提取出来，放到内存中，从而加快了 CPU 的运行效率。微机系统的主存储器容量是有限的，磁盘、光盘或 CF、SD 卡等外部存储器用来保存大信息量的数据。

2. 高速缓冲存储器

1967 年 Gibson 提出了高速缓冲存储器(Cache Memory)技术，并于 1969 年首先在 IBM360/80 计算机上实现。现在，这一技术已广泛应用在大、中型计算机，小型机和高档微型计算机系统。

微型计算机中的高速缓冲存储器是一种介于 CPU 和主存储器之间的存储容量较小而存取速度却较高的一种存储器。Cache 技术解决了高的 CPU 处理速度和较低的内存读取速度之间的矛盾，是改善计算机系统性能的一个重要手段。80386 开始引入高速缓冲存储器，为了解决内存速度不能满足 CPU 速度要求从而影响系统性能的矛盾，选择了 Cache 这样的一种解决方案。Cache 存储器是用静态 RAM 做的，不需要刷新，存取速度快，平时存放的是最频繁使用的指令和数据。CPU 存取指令和数据时，先访问 Cache，如果欲存取的内容已在 Cache 中(称为命中)，CPU 直接从 Cache 中读取这个内容；否则就称为非命中，CPU 再到主存(DRAM)中读取并同时将读取信息存入 Cache。

图5.2表示一个位于CPU与主存之间的Cache模型。Cache容量与主存容量相比是很小的,在目前高档微机主存容量配置大体为128 MB到512 MB的情况下,Cache的典型值是8 KB~512 KB。Cache一般由SRAM构成,有的甚至集成在CPU芯片内,其工作速度很快,接近甚至等于CPU速度。

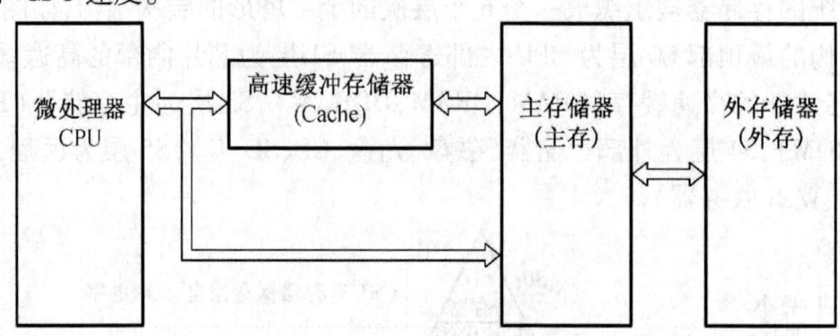

图5.2 存储器的三级结构

现代微型计算机中的Cache存储器一般分成两部分,它们的功能基本相同。其中的第一部分直接集成在CPU内部,称为一级Cache(或一级缓存)。一级Cache由于在芯片内部,离CPU近,数据位宽大,存取速度更快;但由于片内集成SRAM的成本高等原因所限,芯片内部的Cache存储器不可能做得很大,为了扩充Cache存储器容量,就在片外又设计了二级Cache(二级缓存)。二级Cache容量较大,现行奔腾机的二级Cache容量为256 KB或512 KB,而一级Cache的容量为16 KB,并且分为存放指令和数据的两个Cache,各占8 KB。使用两个分离的指令Cache和数据Cache要比只使用一个(早期486CPU内部仅使用单一Cache)Cache的效率更好,它可以克服CPU对Cache读取指令和数据时可能产生的冲突。

CPU与Cache之间的数据交换是以"字"为单位,而Cache与主存之间的数据交换是以"块"为单位。当CPU欲读取主存储器的一个字时,则发出这个字的内存地址到Cache和主存储器,此时Cache控制逻辑依据地址来判断此字当前是否在Cache内。若是,则称为命中,此字立即递交给CPU;若否,则把这个字从主存储器读出送到CPU,同时把含有这个字的整个数据块从主存储器读出送到Cache中。由于程序的存储器访问具有局部性,因此当为满足一次访问需求而取来一个数据块时,下面的多次访问很可能是读取此块中的其他字。

在正常情况下执行程序时,访问Cache的速度比访问主存储器的速度快3~8倍。

3. 虚拟存储器

在高档微机中,由于主存空间容量有限,为了扩大CPU处理当前事务的能力,均采用虚拟存储技术。虚拟存储技术是在主存和辅存之间,增加部分硬件和软件支持,使主存和辅存形成一个整体,外存可以看是内存的一部分,经常进行内存与外存的成批的数据交换。这种概念的存储器称为虚拟存储器。

虚拟存储技术是在主存和辅存之间,增加部分软件或必要硬件的支持,使主存和辅存形成一个有机整体,这种存储器的概念,称为虚拟存储器。

虚拟存储器技术是随着计算机软、硬件技术的发展,对计算机性能提出了更高的要求,为用户需求发展起来的一种存储器管理技术。图5.3示出从用户角度看到的虚拟存储器。它由两级存储器组成。有n个用户程序预先放在外存储器中,在操作系统的统一管理和调度下,按某种方式轮流调入主存储器被CPU执行,从CPU看到的是一个速度接近主存而又容量极大的存储器,这个存储器就是虚拟存储器。

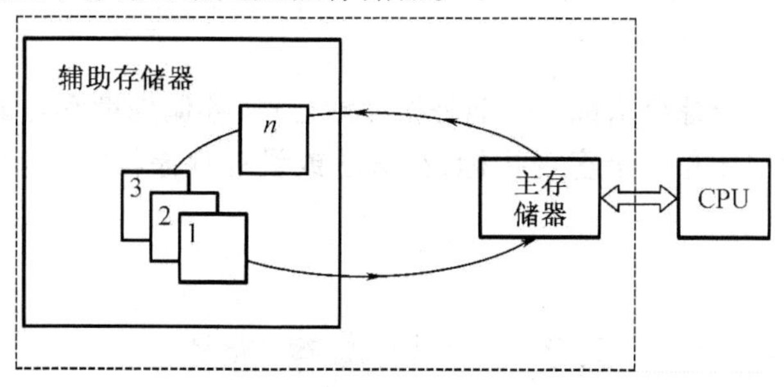

图 5.3　虚拟存储器

在虚拟存储器中,面对用户的,不再分主存和辅存,而是一个整体的虚拟存储器。虚拟存储器具有辅存的容量,而又具有接近主存的存取速度。用户可以以辅存的存储空间编写程序。在采用虚拟存储器的系统中,指令的地址码对应整个辅存空间。这种地址称为逻辑地址或虚拟地址;而主存中的实际地址,称为物理地址或实存地址。虚地址所访问的空间称为虚存空间,实地址所访问的空间称为实存空间。显然,虚存空间对应着辅助空间。一般虚存空间远远大于实存空间。例如,虚存地址 20 位,虚存空间达 2^{20},实存地址 16 位,物理空间为 2^{16},两者相差极大。

在虚拟存储器技术中,为解决虚、实地址的变换,需对虚、实空间都进行分段、分页处理,并进行地址映射,而且需要对用户程序和系统程序进行保护,但又给用户提供一个容量很大但又是“虚设”的主存储器。在 80486 以上的高档微机和小型机中,都提供了虚拟存储器。

这样,主存、高速缓存和辅存在一定的软件和硬件支持下,形成一个完整的存储器体系,既具有高速缓存接近 CPU 的速度,又具有大的容量,满足用户对速度和容量的需要。

5.1.3　存储器的主要技术指标

1. 存储容量

存储容量是存储器所容纳的二进制位的总容量,或存储器所包含的存储单元的总位数。对于按字节编址的存储器而言,n 位地址码的存储器最大可编址 2^n 个存储单元,其容量为 2^n B。32 位微机有 32 位地址码,存储器容量可支持到 4 GB。但目前实际装机容量为 512 MB ~ 1 GB。

存储容量是指存储器所能存储二进制数码的数量,即所含存储单元的总数。通常用多少存储单元,每个单元多少位代码表示。例如、某存储芯片的容量为 1024 * 4,即该芯片有 1024 个存储单元,每个单元 4 位代码。

2. 存储周期

存储器的两个基本操作是读出和写入。从存储器接到读出命令到读出数据之间的时间间隔称为取数时间;存储器完成一次读写操作所需的时间称为周期时间。若设存储器总线宽度为 WB 字节,周期时间为 T_C,则数据传输率为 WB/T_C,表示每秒钟存储器能并行传输多少个字节;对于 32 位机,若 $T_C = 200$ ns,则存储器数据传输率可达 20 MB/s。

3. 存储器的可靠性

存储器的可靠性一般使用平均无故障间隔时间 MTBF 来衡量。MTBF 为两次故障之间的平均间隔时间。MTBF 越长,可靠性越高。

4. 性能/价格比

性能/价格比是一个综合指标。性能是指存储容量、存储周期和可靠性,价格指存储器的总造价。性能/价格比是一个客观指标,在选购或设计存储器时,应追求良好的性能/价格比。

5.2 半导体存储器

5.2.1 随机存储器 RAM

RAM 是一种既能写入又能读出的存储器。RAM 只能在电源电压正常时工作,一旦断电,RAM 内的信息便完全丢失。

1. SRAM(静态 RAM)

SRAM 的基本存储电路是利用双稳态电路的某一种稳定状态表示二进制信息的。双稳态电路是一种平衡的电路结构,不管处于什么状态,只要不给它加入新的触发,不断电,它的这个稳定状态就将保持下去。SRAM 在结构上比较复杂,存储 1 位二进制信息至少需要 6~8个 MOS 晶体管,集成度低。目前最新芯片的容量达 128 KB。由于 RAM 的基本存储单元是双稳态触发器,每一个单元存放 1 位二进制信息,故所存信息不需要进行刷新。但 SRAM 的存取速度很快,多用于要求高速存取的场合,例如高速缓冲存储器。

SRAM 与外部器件连接容易,如图 5.4 所示。$A_0 \sim A_n$ 为地址总线,$D_0 \sim D_n$ 为数据总线,而$\overline{CS}$为片选控制,$\overline{WE}$为写控制信号,$\overline{OE}$为读控制信号。

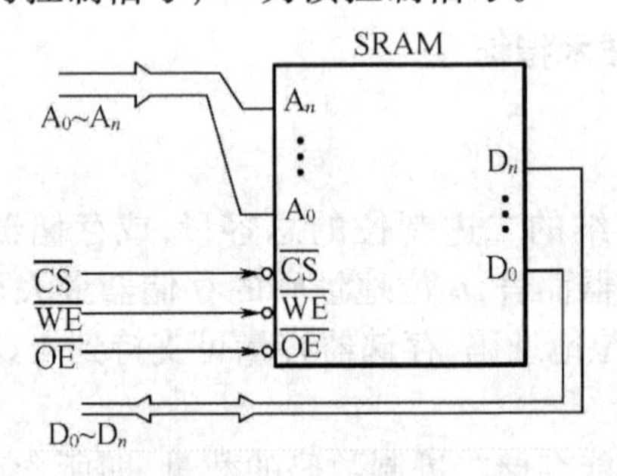

图 5.4 SRAM 与 CPU 的连接

2. 常见的静态 RAM

常用的静态 RAM 型号有 6116(2K×8 位)、6264(8K×8 位)、62128(16K×8 位)和 62256(32K×8 位),静态 RAM6116、6264 芯片如表 5.1 所示。静态 12AM6116,6264 操作方式见表 5.2、表 5.3。

表 5.1　静态 RAM6116、6264 芯片

芯片类型	芯片管脚排列图	管脚说明	操作方式
静态 RAM6116 (2K×8 位)	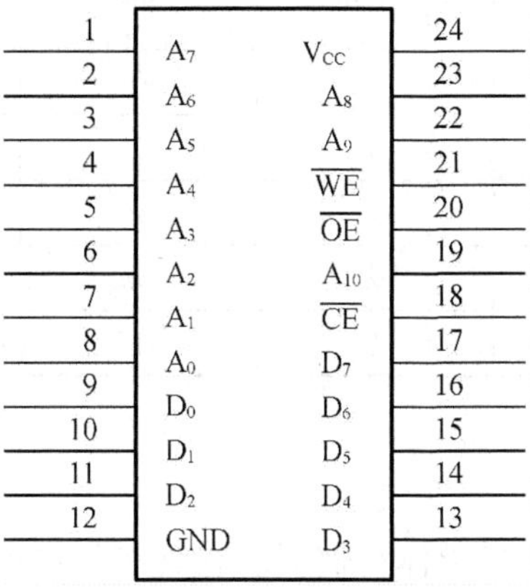 1 A_7 — 24 V_{CC} 2 A_6 — 23 A_8 3 A_5 — 22 A_9 4 A_4 — 21 $\overline{WE}$ 5 A_3 — 20 $\overline{OE}$ 6 A_2 — 19 A_{10} 7 A_1 — 18 $\overline{CE}$ 8 A_0 — 17 D_7 9 D_0 — 16 D_6 10 D_1 — 15 D_5 11 D_2 — 14 D_4 12 GND — 13 D_3	$A_0 \sim A_{10}$:11 位地址线,可寻址2K 字节; $D_0 \sim D_7$:8 位双向三态数据线; $\overline{CE}$:片选信号; $\overline{OE}$:读允许信号; $\overline{WE}$:写允许信号; V_{CC}:电源(+5V); GND:地	见表 5.2
静态 RAM6264 (8K×8 位)	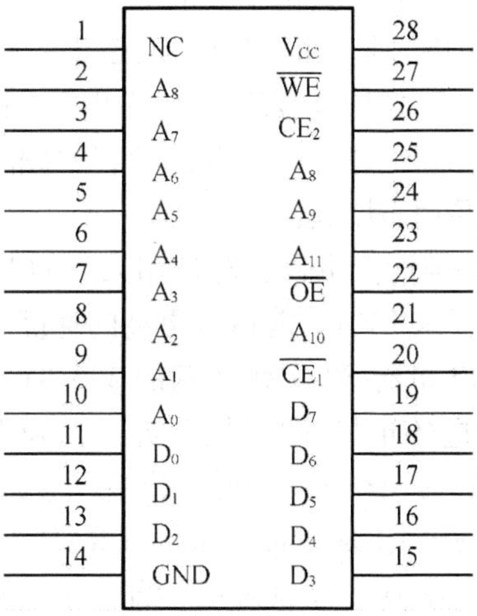 1 NC — 28 V_{CC} 2 A_8 — 27 $\overline{WE}$ 3 A_7 — 26 CE_2 4 A_6 — 25 A_8 5 A_5 — 24 A_9 6 A_4 — 23 A_{11} 7 A_3 — 22 $\overline{OE}$ 8 A_2 — 21 A_{10} 9 A_1 — 20 $\overline{CE_1}$ 10 A_0 — 19 D_7 11 D_0 — 18 D_6 12 D_1 — 17 D_5 13 D_2 — 16 D_4 14 GND — 15 D_3	$A_0 \sim A_{12}$:13 位地址线,可寻址8K 字节; $D_0 \sim D_7$:8 位双向数据线; $\overline{CE_1}$:片选信号; CE_2:片选信号; $\overline{OE}$:读允许信号; $\overline{WE}$:写允许信号; V_{CC}:电源(+5V); GND:地	见表 5.3

表 5.2　静态 RAM6116 操作方式

管脚 方式	$\overline{CE}$	$\overline{OE}$	$\overline{WE}$	$D_0 \sim D_7$
写入	0	1	0	数据写入
读出	0	0	1	数据读出
未选中	1	×	×	高阻
禁止	0	1	1	高阻

表 5.3　静态 RAM6264 操作方式

方式＼管脚	$\overline{CE_1}$	CE_2	$\overline{OE}$	$\overline{WE}$	$D_0 \sim D_7$
写入	0	1	1	0	数据写入
读出	0	1	0	1	数据读出
未选中(掉电)	1	×	×	×	高阻
未选中(掉电)	×	0	×	×	高阻
禁止	0	1	1	1	高阻

3. 动态存储器 DRAM

DRAM 是一种以电荷形式来存储信息的半导体存储器。它具有集成度高、功耗小、存取速度快、价格低廉的特点。为了减少 MOS 管的数目,减少功耗,常使用单管的 DRAM 基本存储电路,如图 5.4 所示。它的每一位存储单元是由电容器 C 及控制它充放电的 MOS 电路组成的。如果电容充有电荷,则称为存储"1";如果电容放电,没有电荷,则称为存储"0"。由于用电容存储信息,电容上的电荷会因各种泄漏电流而泄漏掉,导致信息丢失,因此,DRAM 需定时为电容补充电荷,即 DRAM 需要动态刷新。

DRAM 集成度高,容量大,每位成本低,各类计算机目前都是用大量的 DRAM 芯片来组成主存储器。随着 CPU 时钟频率的提高,也要求 DRAM 能运行更高的速度。DRAM 芯片有两个发展趋势:一是进一步提高集成度,从 20 世纪 80 年代初期的 256 KB 到 90 年代初的 64 MB;二是提高存取速度,这包括采用更先进的半导体材料、改进工艺和引入 Cache 技术等,存取时间现在只需 60 ~ 70 us,甚至 30 us。从 486 后期开始,出现了扩展数据输出 EDO (Extended Data Output) DRAM、快速反模式 FPF(Fast Page Mode) DRAM 和同步(Synchronous) DRAM,它们改进了 DRAM 的工作方式,提高了全系统的性能,而后者正在成为主流产品。

为配合不同的用途,DRAM 品种有 * K ×1 位、* K ×4 位、* K ×8 位、* K ×16 位等多种规格的 DRAM 芯片。

Intel 2164A 芯片的存储容量为 64K ×1 位,采用单管动态基本存储电路,每个单元只有一位数据,其内部结构如图 5.5 所示。2164A 芯片的存储体本应构成一个 256 ×256 的存储矩阵,为提高工作速度(需减少行列线上的分布电容),将存储矩阵分为 4 个 128 ×128 矩阵,每个 128 ×128 矩阵配有 128 个读出放大器,各有一套 I/O 控制(读/写控制)电路。

64K 容量本需 16 位地址,但芯片引脚(见图 5.6)只有 8 根地址线,$A_0 \sim A_7$ 需分时复用。在行地址选通信号 $\overline{RAS}$ 控制下先将 8 位行地址送入行地址锁存器,锁存器提供 8 位行地址 $RA_7 \sim RA_0$,译码后产生两组行选择线,每组 128 根。然后在列地址选通信号 $\overline{CAS}$ 控制下将 8 位列地址送入列地址锁存器,锁存器提供 8 位列地址 $CA_7 \sim CA_0$,译码后产生两组列选择线,每组 128 根。行地址 RA_7 与列地址 CA_7 选择 4 个 128 ×128 矩阵之一。因此,16 位地址是分成两次送入芯片的,对于某一地址码,只有一个 128 ×128 矩阵和它的 I/O 控制电路被选中。$A_0 \sim A_7$ 这 8 根地址线还用于在刷新时提供行地址,因为刷新是一行一行进行的。

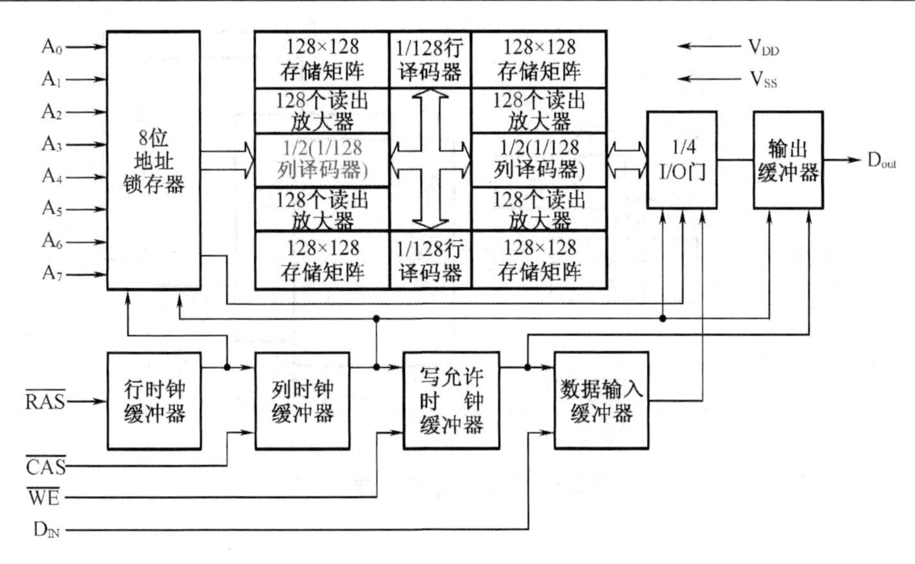

图 5.5　Intel 2164A 内部结构示意图

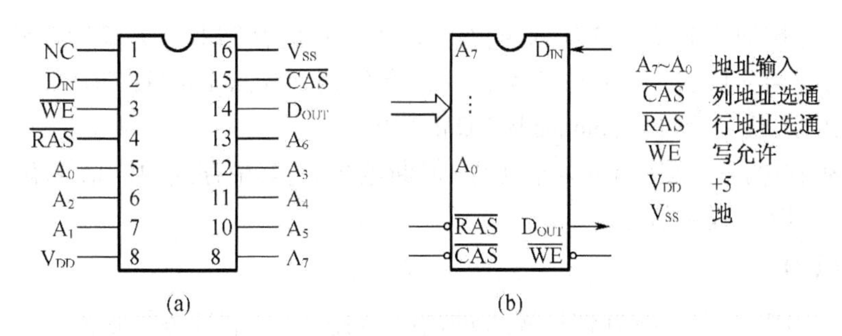

图 5.6　Intel 2164A 引脚与逻辑符号

(a)引脚；(b)逻辑符号

2164A 的读/写操作由$\overline{WE}$信号来控制，读操作时，$\overline{WE}$为高电平，选中单元的内容经三态输出缓冲器从 D_{OUT}引脚输出；写操作时，$\overline{WE}$为低电平，D_{IN}引脚上的信息经数据输入缓冲器写入选中单元。2164A 没有片选信号，实际上用行地址和列地址选通信号$\overline{RAS}$和$\overline{CAS}$作为片选信号，可见，片选信号已分解为行选信号与列选信号两部分。

DRAM 的使用方法如图 5.7 所示。当 CPU 对存储器进行读写时，首先在地址总线上给出地址信号，然后发出相应的读写控制信号，最后在数据总线上进行数据操作。

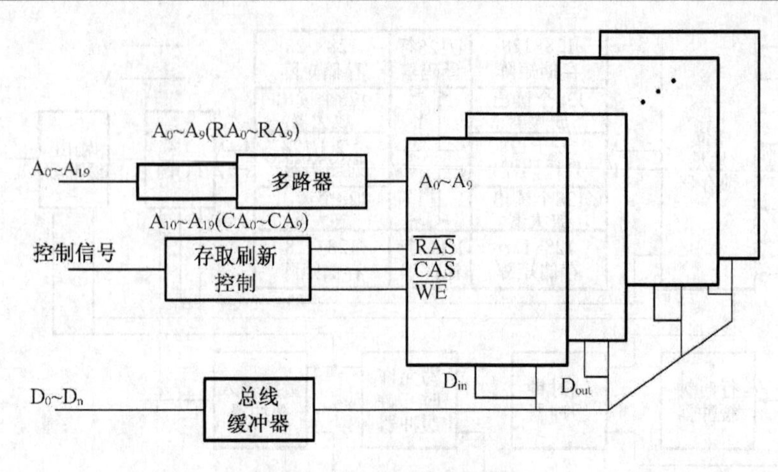

图 5.7 DRAM 的使用方法

5.2.2 只读存储器 ROM

在机器运行期间只能读出信息，不能随时写入信息的存储器称为只读存储器。只读存储器按功能可分为掩膜式(ROM)、可编程只读存储器(Programmable ROM,PROM)和可改写的只读存储器(Erasable Programmable ROM,EPROM)。

ROM 必须在电源电压正常时才能工作，但断电之后，其中存放的信息并不丢失，一旦通电，它又能正常工作，提供信息。

1. 掩膜 ROM

固定掩膜 ROM 的芯片在制作掩膜板的同时，将所存的信息编排在内；一旦掩膜做好，其存储的信息就固定了。

2. 可编程的只读存储器 PROM

PROM 是一种可编程只读存储器，便于用户根据自己的需要来写入信息，内容一旦写入，就不能修改。

3. 可改写的只读存储器 EPROM 和 E^2PROM

掩膜 ROM 和 PROM 一旦写入信息就不能改变。实际工作中程序和参数是经常要加以修改的，因此出现了能够进行重复擦、写的只读存储器 EPROM。这种存储器在特殊条件下写入的信息可以长久保存，程序需要更改时，又可以采用紫外线的方法将其全部擦除。如此可以多次反复使用。

常用的 EPROM 芯片有 2716(2K×8 位)、2732(4K×8 位)、2764(8K×8 位)、27128(16K×8 位)、27256(32K×8 位)等，Intel 2764 外形与引脚信号如图 5.8 所示。

2716 是 2K×8 位的紫外线擦除电可编程只读存储器，单一 +5V 电源供电，工作时最大功耗为 252 mW，维持功耗为 132 mW，读出时间最大为 450 μs。24 脚双列直插式封装其引脚如图 5.9 所示。

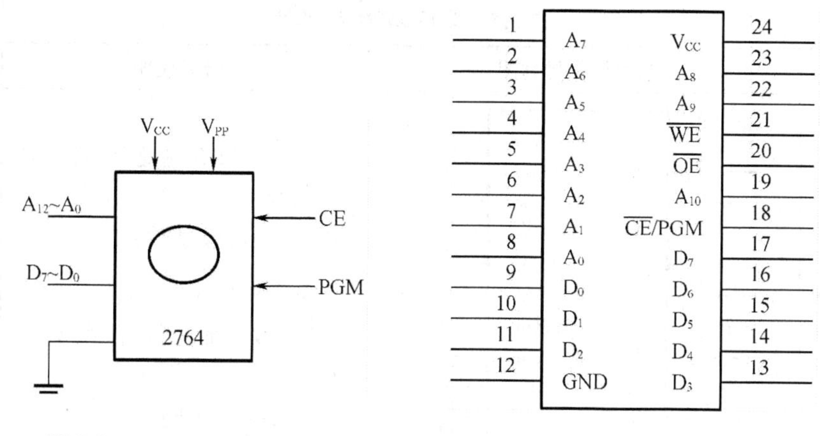

图 5.8　EPROM Intel2764　　**图 5.9　2716 的引脚如图**

其中：

$A_{10} \sim A_0$——11 位地址线，可寻址 2K 字节；

$D_0 \sim D_7$——8 位数据线；编程写入时是输入线，正常读出时是输出线；

$\overline{CE}$/PGM——片选信号/编程控制信号；

$\overline{OE}$——输出允许信号；

V_{PP}——编程电源；

V_{CC}——电源（+5V）；

GND——地。

EPROM2716 操作方式见表 5.4 所示。

表 5.4　EPROM2716 操作方式

管脚 方式	$\overline{CE}$/PGM	$\overline{OE}$	V_{PP}	$D_0 \sim D_7$
读出	0	0	+5 V	程序输出
未选中	1	×	+5 V	高阻
编程	正脉冲	1	+25 V	程序写入
程序检验	0	0	+25 V	程序读出
编程禁止	0	1	+25 V	高阻

其他常见的常用 EPROM 芯片如表 5.5 所示。

表5.5 常用EPROM芯片

芯片类型	芯片管脚排列图	管脚说明	操作方式
2732EPROM (4K×8位)	1 A_7 — V_{CC} 24 2 A_6 — A_8 23 3 A_5 — A_9 22 4 A_4 — $\overline{V_{PP}}$ 21 5 A_3 — OE 20 6 A_2 — A_{10} 19 7 A_1 — $\overline{CE}$/PGM 18 8 A_0 — D_7 17 9 D_0 — D_6 16 10 D_1 — D_5 15 11 D_2 — D_4 14 12 GND — D_3 13	A_0 ~ A_{11}:12 位地址线,可寻址4K字节; D_0 ~ D_7:8位数据线; $\overline{CE}$:片选信号; $\overline{OE}$/ V_{PP}:读允许信号/编程电源; V_{CC}:电源(+5 V); GND:地	见表5.6
2764EPROM (8K×8位)	1 V_{PP} — V_{CC} 28 2 A_{12} — $\overline{PGM}$ 27 3 A_7 — NC 26 4 A_6 — A_8 25 5 A_5 — A_9 24 6 A_4 — A_{11} 23 7 A_3 — $\overline{OE}$ 22 8 A_2 — A_{10} 21 9 A_1 — $\overline{CE}$ 20 10 A_0 — D_7 19 11 D_0 — D_6 18 12 D_1 — D_5 17 13 D_2 — D_4 16 14 GND — D_3 15	A_0 ~ A_{12}:13 位地址线,可寻址8K字节; D_0 ~ D_7:8位数据线; $\overline{CE}$:片选信号; $\overline{OE}$:读允许信号; $\overline{PGM}$:-编程脉冲输入端; V_{PP}:编程电源; V_{CC}:电源(+5V); GND:地	见表5.7
27128EPROM (16K×8位)	1 V_{PP} — V_{CC} 28 2 A_{12} — $\overline{PGM}$ 27 3 A_7 — A_{13} 26 4 A_6 — A_8 25 5 A_5 — A_9 24 6 A_4 — A_{11} 23 7 A_3 — $\overline{OE}$ 22 8 A_2 — A_{10} 21 9 A_1 — $\overline{CE}$ 20 10 A_0 — D_7 19 11 D_0 — D_6 18 12 D_1 — D_5 17 13 D_2 — D_4 16 14 GND — D_3 15	A_0 ~ A_{13}:14 位地址线,可寻址16K字节; D_0 ~ D_7:8位数据线; $\overline{CE}$:片选信号; $\overline{OE}$:读允许信号 PGM:编程脉冲输入端; V_{PP}:编程电源; V_{CC}:电源(+5V); GND:地	见表5.8

表 5.5(续)

芯片类型	芯片管脚排列图	管脚说明	操作方式
27256 EPROM (32K×8 位)	1 V_{PP} — V_{CC} 28 2 A_{12} — A_{14} 27 3 A_7 — A_{13} 26 4 A_6 — A_8 25 5 A_5 — A_9 24 6 A_4 — A_{11} 23 7 A_3 — $\overline{OE}$ 22 8 A_2 — A_{10} 21 9 A_1 — $\overline{CE}$ 20 10 A_0 — D_7 19 11 D_0 — D_6 18 12 D_1 — D_5 17 13 D_2 — D_4 16 14 GND — D_3 15	A_0 ~ A_{14}:15 位地址线,可寻址 32K 字节; D_0 ~ D_7:8 位数据线; $\overline{CE}$:片选信号;, $\overline{OE}$:输出允许信号; V_{PP}:编程电源; V_{CC}:电源(+5 V); GND:地	见表 5.9
27512 EPROM (64K×8 位)	1 V_{PP} — V_{CC} 28 2 A_{12} — A_{14} 27 3 A_7 — A_{13} 26 4 A_6 — A_8 25 5 A_5 — A_9 24 6 A_4 — A_{11} 23 7 A_3 — $\overline{OE}/V_{PP}$ 22 8 A_2 — A_{10} 21 9 A_1 — $\overline{CE}$ 20 10 A_0 — D_7 19 11 D_0 — D_6 18 12 D_1 — D_5 17 13 D_2 — D_4 16 14 GND — D_3 15	A_0 ~ A_{15}:16 位地址线,可寻址 64K 字节; D_0 ~ D_7:8 位数据线; $\overline{CE}$:片选信号; $\overline{OE}/V_{PP}$:读允许信号/编程电源; V_{CC}:电源(+5 V); GND:地	见表 5.10

表 5.6　EPROM2732 操作方式

方式 \ 管脚	$\overline{CE}$	$\overline{OE}/V_{pp}$	D_0 ~ D_7
读出	0	0	程序输出
未选中	1	×	高阻
编程	0	25/21 V	程序写入
程序检验	0	0	程序读出
编程禁止	1	25/21 V	高阻

表 5.7　EPROM2764/27128 操作方式

管脚 方式	$\overline{CE}$	$\overline{OE}$	$\overline{PGM}$	V_{pp}	$D_0 \sim D_7$
读出	0	0	1	5 V	程序输出
未选中	1	×	×	5 V	高阻
编程	0	1	0	21/12.5 V	程序写入
程序检验	0	0	1	21/12.5 V	程序读出
编程禁止	1	×	×	21/12.5 V	高阻

表 5.8　EPROM2732 操作方式

管脚 方式	$\overline{CE}$	$\overline{OE}$	V_{pp}	$D_0 \sim D_7$
读出	0	0	5 V	程序输出
未选中	1	×	5 V	高阻
编程	0	1	12.5 V	程序写入
程序检验	0	0	12.5 V	程序读出
编程禁止	1	1	12.5 V	高阻

表 5.9　EPROM27512 操作方式

管脚 方式	$\overline{CE}$	$\overline{OE}/V_{pp}$	$D_0 \sim D_7$
读出	0	0	程序输出
未选中	1	×	高阻
编程	0	12.5 V	程序写入
程序检验	0	0	程序读出
编程禁止	1	12.5 V	高阻

2764,27128,27256 和 27512 都为 28 个引脚,并且向下兼容。

EPROM 一般都有以下 5 种工作方式:

(1)读方式　当$\overline{CE}$和$\overline{OE}$都为低电平时,芯片被选中并处于读出工作方式,此时可将指定单元的内容经数据总线 $D_7 \sim D_0$ 读出。

(2)未选中方式　当片选信号线$\overline{CE}$为高电平时,芯片未选中,数据线输出为高阻抗状态,芯片处于维持状态。

(3)编程方式　在 V_{PP}端加上适当的编程电压(12.5 ~ 25 V),$\overline{CE}$和$\overline{OE}$端加上合适的电平(不同的芯片要求不同),就将数据总线上的数据固化到指定的地址单元。

(4)程序检验方式　程序检验通常总是紧跟编程之后,在 V_{PP}端保持相应的高电压,再按读出方式操作,读出编程固化好的内容,以检查写入的信息是否正确。

(5)编程禁止方式　是为以并行方式连接的多片 EPROM 写入不同程序而设置的,此时除片选信号$\overline{CE}$(2716 是$\overline{CE}$/PGM)以外的所有信号线都并联起来,对 V_{PP}端加编程电压(在 PGM 端加编程脉冲)的那些芯片进行编程,而片选信号$\overline{CE}$(2716 是$\overline{CE}$/PGM)端加低电平的那些 EPROM 就处于编程禁止状态,不写入程序。

(6)E^2PROM 2817A

EPROM 虽然可以擦除后再写入,但无论写入还是擦除均需要专用设备。E^2PROM (Electrically Erasable Prom)的外形和管脚分布与 EPROM 极为相似,它不仅提供了全片擦除功能,还可以以字节为单位进行擦除和改写,并且擦、写都在原系统中进行。断电后仍能保持修改的结果。

Intel 公司研制的 2817A 是 2K×8 位电擦除可编程只读存储器,采用单一 +5V 电源供电,最大工作电流为 150 mA,维持电流为 55 mA,读出时间最大为 250 us。片内设有编程所需的高电压脉冲产生电路,因此无需外加编程电压和写入脉冲即可完成写入工作。2817A 为 28 脚双列直插式封装,其管脚排列如图 5.10 所示。其中:

A_0 ~ A_{10}——11 位地址线,可寻址 2K 字节;

I/O_0 ~ I/O_7——8 位双向数据线;编程写入时是输入线,正常读出时是输出线;

$\overline{CE}$——片选信号;

$\overline{OE}$——输出允许信号;

$\overline{WE}$——写允许信号;

RDY/$\overline{BUSY}$——忙闲状态信号;

NC——空脚;

VCC——电源(+5V);

GND——地。

引脚	信号	E^2PROM 2817A	信号	引脚
1	RDY/$\overline{BUSY}$		V_{CC}	28
2	NC		$\overline{WE}$	27
3	A_7		NC	26
4	A_6		A_8	25
5	A_5		A_9	24
6	A_4		NC	23
7	A_3		$\overline{OE}$	22
8	A_2		A_{10}	21
9	A_1		$\overline{CE}$	20
10	A_0		I/O_7	19
11	I/O_0		I/O_6	18
12	I/O_1		I/O_5	17
13	I/O_2		I/O_4	16
14	GND		I/O_3	15

图 5.10　E^2PROM2817 管脚排列图

EEPROM2817A 操作方式见表 5.10。

表 5.10　E^2PROM2817A 的操作方式

管脚 方式	$\overline{CE}$ (20)	$\overline{OE}$ (22)	$\overline{WE}$ (27)	RDY/$\overline{BUSY}$ (1)	$I/O_0 \sim I/O_7$ (11 ~ 13,15 ~ 19)
读出	0	0	1	高阻	输出
未选中	1	×	×	高阻	高阻
字节写入	0	1	0	0	写入
字节擦除	字节写入之前自动擦除				

(7) E^2PROM2864A

Intel2864A 是 8K ×8 位的电擦除可编程只读存储器,采用单一 +5 V 电源供电,最大工作电流为 160 mA。2864A 管脚与 6264A 完全兼容。其管脚排列如图 5.11 所示。

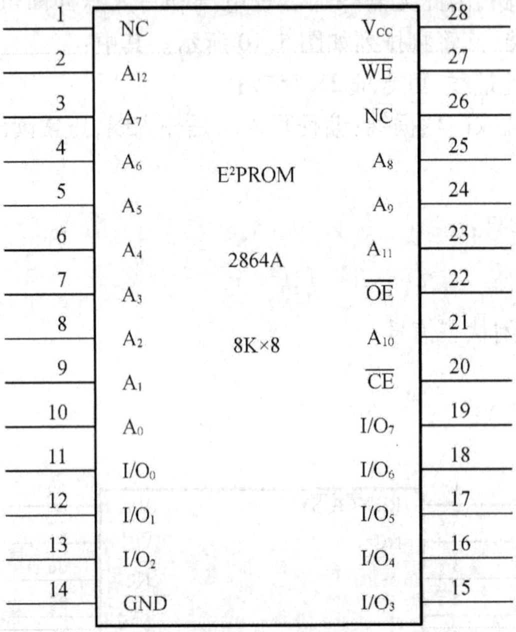

引脚	名称	E²PROM 2864A 8K×8	名称	引脚
1	NC		V_{CC}	28
2	A_{12}		$\overline{WE}$	27
3	A_7		NC	26
4	A_6		A_8	25
5	A_5		A_9	24
6	A_4		A_{11}	23
7	A_3		$\overline{OE}$	22
8	A_2		A_{10}	21
9	A_1		$\overline{CE}$	20
10	A_0		I/O_7	19
11	I/O_0		I/O_6	18
12	I/O_1		I/O_5	17
13	I/O_2		I/O_4	16
14	GND		I/O_3	15

图 5.11　E2PROM2864A 管脚排列图

$A_0 \sim A_{12}$——13 位地址线,可寻址 8K 字节;

$I/O_0 \sim I/O_7$——8 位双向数据线;编程写入时是输入线,正常读出时是输出线;

$\overline{CE}$——片选信号;

$\overline{OE}$——输出允许信号;

$\overline{WE}$——写允许信号;

NC——空脚;

V_{CC}——电源(+5V);

GND——地。

E^2PROM2864A 操作方式见表 5.11。

表 5.11　E^2PROM2864A 的操作方式

方式＼管脚	$\overline{CE}$ (20)	$\overline{OE}$ (22)	$\overline{WE}$ (27)	$I/O_0 \sim I/O_7$ (11~13,15~19)
读出	0	0	1	输出
写入	0	1	负脉冲	输入
未选中	1	×	×	高阻
$\overline{DATA}$查询	0	0	1	输出的非

5.2.3　Flash Memory

Flash Memory(闪速存储器)是嵌入式系统中重要的组成部分,用来存储程序和数据,掉电后数据不会丢失。但在使用 Flash Memory 时,必须根据其自身特性,对存储系统进行特殊设计,以保证系统的性能达到最优。

Flash Memory 是一种非易失性存储器 NVM(Non - Volatile Memory),它与 EEPROM 类似,也是一种电擦写型 ROM。与 E^2PROM 的主要区别是:E^2PROM 是按字节擦写,速度慢;而闪存是按块擦写,速度快,一般在 65 ~ 170 ns 之间。Flash 芯片从结构上分为串行传输和并行传输两大类:串行 Flash 能节约空间和成本,但存储容量小,速度慢;而并行 Flash 存储容量大,速度快。

Flash 是近年来发展非常快的一种新型半导体存储器。由于它具有在线电擦写,低功耗,大容量,擦写速度快的特点,同时,还具有与 DRAM 等同的低价位,低成本的优势,因此受到广大用户的青睐。目前,Flash 在微机系统、寻呼机系统、嵌入式系统和智能仪器仪表等领域得到了广泛的应用。

5.3　存储芯片的扩展

存储芯片的扩展包括位扩展、字扩展和字位同时扩展三种情况。

1. 位扩展

位扩展是指存储芯片的字(单元)数满足要求而位数不够,需对每个存储单元的位数进行扩展。图 5.12 给出了使用 8 片 8K×1 位的 RAM 芯片通过位扩展构成 8K×8 位的存储器系统的连线图。

由于存储器的字数与存储器芯片的字数一致,$8K = 2^{13}$,故只需 13 根地址线($A_{12} \sim A_0$)对各芯片内的存储单元寻址,每一芯片只有一条数据线,所以需要 8 片这样的芯片,将它们的数据线分别接到数据总线($D_7 \sim D_0$)的相应位。在此连接方法中,每一条地址线有 8 个负载,每一条数据线有一个负载。位扩展法中,所有芯片都应同时被选中,各芯片$\overline{CS}$端可直接接地,也可并联在一起,根据地址范围的要求,与高位地址线译码产生的片选信号相连。对于此例,若地址线 $A_0 \times A_{12}$上的信号为全 0,即选中了存储器 0 号单元,则该单元的 8 位信息是由各芯片 0 号单元的 1 位信息共同构成的。

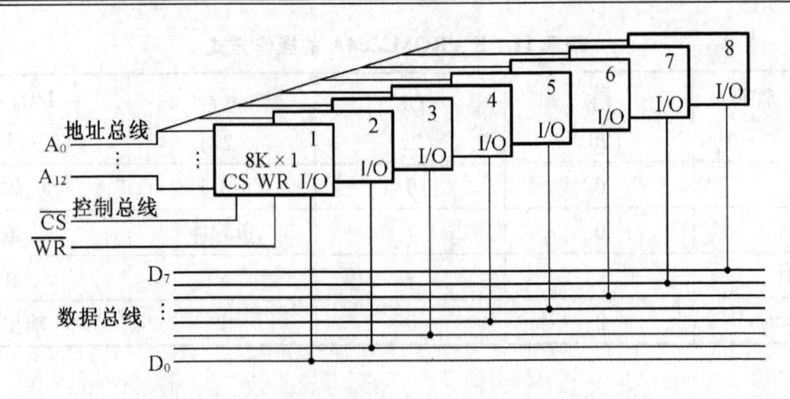

图 5.12 用 8K×1 位芯片组成 8K×8 位的存储器

可以看出,位扩展的连接方式是将各芯片的地址线、片选$\overline{CS}$、读/写控制线相应并联,而数据线要分别引出。

2. 字扩展

字扩展用于存储芯片的位数满足要求而字数不够的情况,是对存储单元数量的扩展。图 5.13 给出了用 4 个 16K×8 芯片经字扩展构成一个 64K×8 位存储器系统的连接方法。

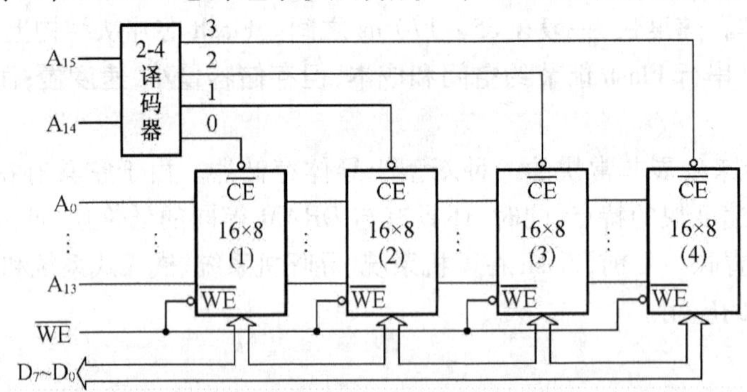

图 5.13 用 16K×8 位的芯片组成 64K×8 位的存储器

图 5.13 中 4 个芯片的数据端与数据总线 $D_7 \sim D_0$ 相连;地址总线低位地址 $A_{13} \sim A_0$ 与各芯片的 14 位地址线连接,用于进行片内寻址;为了区分 4 个芯片的地址范围,还需要两根高位地址线 A_{14}、A_{15}经 2 - 4 译码器译出 4 根片选信号线,分别和 4 个芯片的片选端相连。各芯片的地址范围见表 5.12。

表 5.12 各芯片的地址范围分配表

片号 \ 地址	A_{15} A_{14}	$A_{13} \sim A_0$	说明
1	00	000…00	最低地址(0000H)
	00	111…11	最高地址(3FFFH)
2	01	000…00	最低地址(4000H)
	01	111…11	最高地址(7FFFH)

表 5.12(续)

片号 \ 地址	A_{15} A_{14}	A_{13} ~ A_0	说明
3	10	000…00	最低地址(8000H)
	10	111…11	最高地址(BFFFH)
4	11	000…00	最低地址(C000H)
	11	111…11	最高地址(FFFFH)

可以看出,字扩展的连接方式是将各芯片的地址线、数据线、读/写控制线并联,而由片选信号来区分各片地址。也就是将低位地址线直接与各芯片地址线相连,以选择片内的某个单元;用高位地址线经译码器产生若干不同片选信号,连接到各芯片的片选端,以确定各芯片在整个存储空间中所属的地址范围。

3. 字和位同时扩展

在实际应用中,往往会遇到字数和位数都需要扩展的情况。

图5.14给出了用2114(1K×4位)RAM芯片构成4K×8位存储器的连接方法。

图5.14中将8片2114芯片分成了4组,每组2片。组内用位扩展法构成1K×8位的存储模块,4个这样的存储模块用字扩展法连接便构成了4K×8位的存储器。用A_9 × A_0 10根地址线对每组芯片进行片内寻址,同组芯片应被同时选中,故同组芯片的片选端应并联在一起。本例用2－4译码器对两根高位地址线A_{10} × A_{11}译码,产生4根片选信号线,分别与各组芯片的片选端相连。

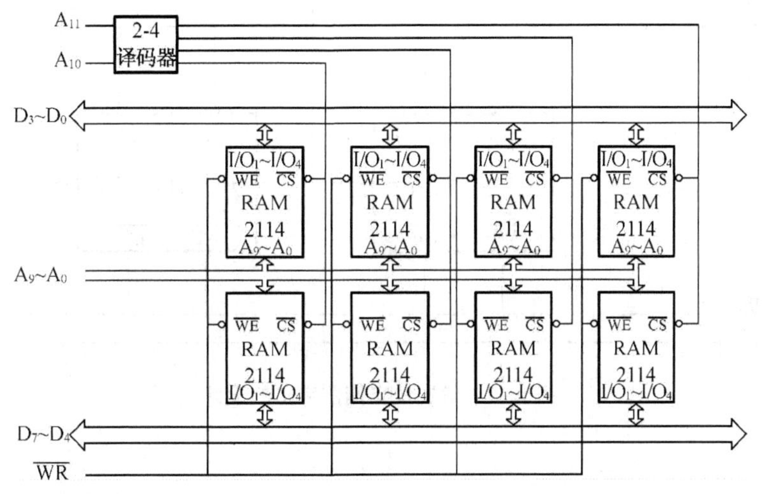

图5.14 字位同时扩展连接图

可见,无论需要多大容量的存储器系统,均可利用有限的存储器芯片,通过字和位的扩展来构成。

5.4 存储器片选信号的产生方法

一个存储体通常由多个存储器芯片组成,CPU 要实现对存储单元的访问,首先要选择存储器芯片,然后再从选中的芯片中依照地址码选择相应的存储单元读/写数据。前面已经提到,对于由多个存储芯片构成的存储器,其地址线的译码被分成片内地址译码和片间地址译码两部分。片内地址译码用于对各芯片内某存储单元的选择,而片间地址译码主要用于产生片选信号,以决定每一个存储芯片在整个存储单元中的地址范围,避免各芯片地址空间的重叠。片内地址译码在芯片内部完成,连接时只需将相应数目的低位地址总线与芯片的地址线引脚相连。片选信号通常要由高位地址总线经译码电路生成。由此可见,存储单元的地址由片内地址信号线和片选信号线的状态共同决定。下面介绍三种片选信号的产生方法。

1. 线选法

线选法是指用存储器芯片片内寻址线以外的系统高位地址线,作为存储器芯片的片选控制信号,如图 5.15 所示。当采用线选法时,作为片选信号的地址线分别连至各芯片(或芯片组)的片选端,当某个芯片的$\overline{CE}$为低电平时,则该芯片被选中,然后再由低位地址对该芯片进行片内寻址。线选法不需外加逻辑电路,线路简单,但不能充分利用系统的存储空间,可用于小型微机系统或芯片较少时。

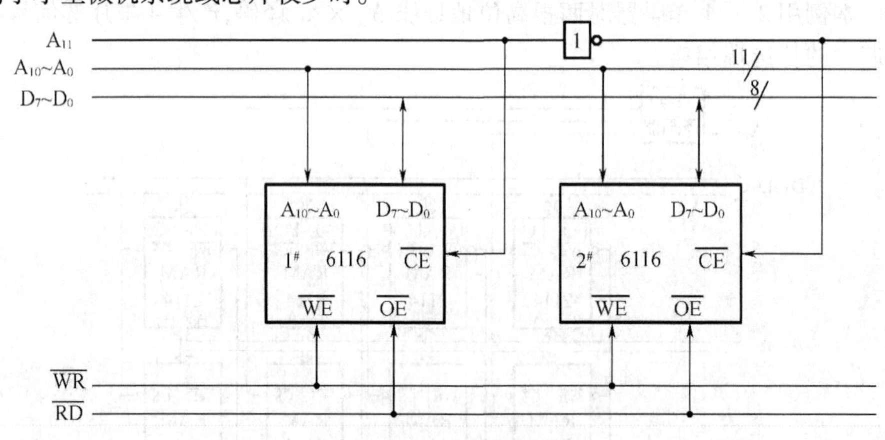

图 5.15 线选法存储器字扩展设计

2. 译码法

全译码是除了地址总线中参与片内寻址的低位地址线外,其余所有高位地址线全部参与片间地址译码,如图 5.16 所示。部分译码是线选法和全译码相结合的方法,即利用高位地址线译码产生片选信号时,有的地址线未参加译码。这些空闲地址线在需要时还可以对其他芯片进行线选。地址译码电路可以根据具体情况选用各种门电路构成,也可使用现成的译码器,如 74LS138(3 - 8 译码器)等。图 5.17 给出了 74LS138 的引脚图,表 5.13 为 74LS138 译码器的真值表。表 5.14 为图 5.16 所示各组芯片的地址范围。

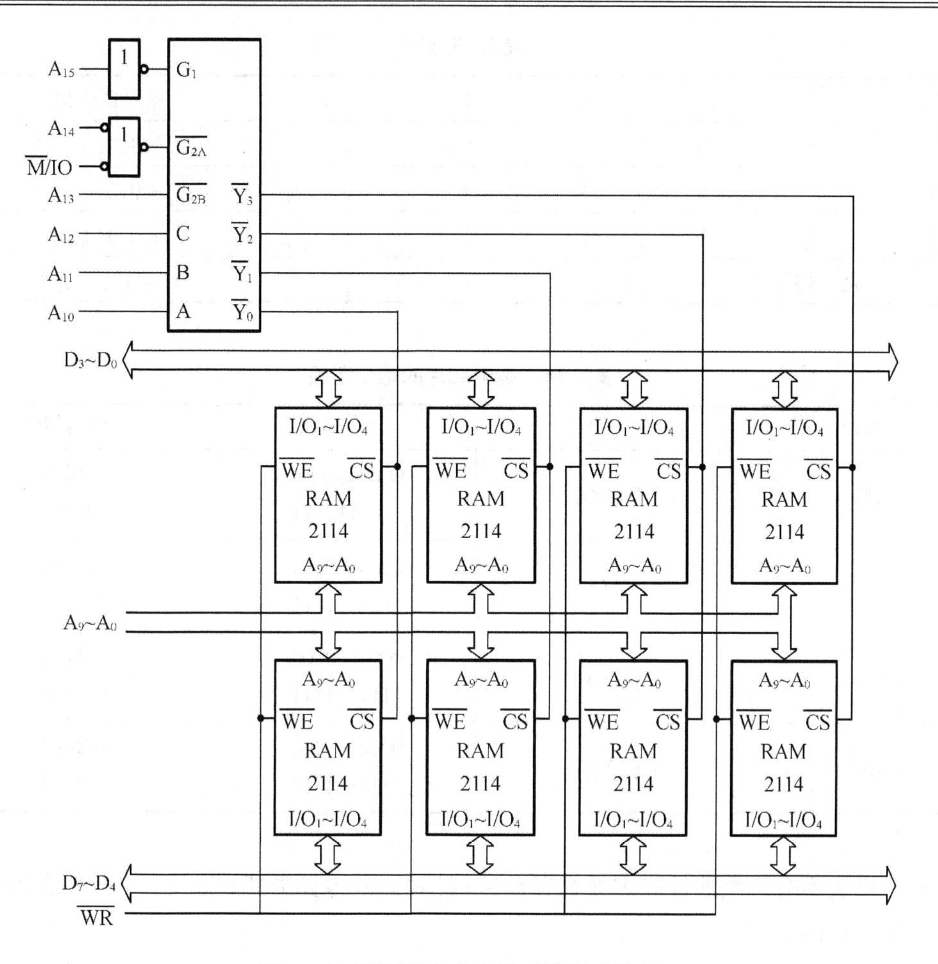

图 5.16　译码器法字位同时扩展连接图

图 5.17　74LS138 的引脚图

表 5.13　74LS138 译码器真值表

G_1	$\overline{G_{2A}}$	$\overline{G_{2B}}$	C	B	A	译码器输出
1	0	0	0	0	0	$\overline{Y_0}=0$,其余为 1
1	0	0	0	0	1	$\overline{Y_1}=0$,其余为 1
1	0	0	0	1	0	$\overline{Y_2}=0$,其余为 1
1	0	0	0	1	1	$\overline{Y_3}=0$,其余为 1
1	0	0	1	0	0	$\overline{Y_4}=0$,其余为 1

表 5.13(续)

G_1	$\overline{G_{2A}}$	$\overline{G_{2B}}$	C	B	A	译码器输出
1	0	0	1	0	1	$\overline{Y}_5=0$,其余为 1
1	0	0	1	1	0	$\overline{Y}_6=0$,其余为 1
1	0	0	1	1	1	$\overline{Y}_7=0$,其余为 1
不是上述情况			× × ×			$\overline{Y}_0 \sim \overline{Y}_7$,全为 1

表 5.14　各组芯片的地址范围

芯片	$A_{15} \sim A_{10}$	$A_9 \sim A_0$	地址范围
RAM_1	000000	0000000000 1111111111	0000H 03FFH
RAM_2	000001	0000000000 1111111111	0400H 07FFH
RAM_3	000010	0000000000 1111111111	0800H 0BFFH
RAM_4	000011	0000000000 1111111111	0C00H 0FFFH

全译码法不会产生地址码重叠的存储区域,对译码电路要求较高。部分译码会产生地址码重叠的存储区域。

5.5　存储器与微处理器的接口电路设计

CPU 对存储器进行访问时,首先要在地址总线上发地址信号,选择要访问的存储单元,还要向存储器发出读/写控制信号,最后在数据总线上进行信息交换。因此,存储器与 CPU 的连接实际上就是存储器与三总线中相关信号线的连接。存储器同微处理器相连接时,通常按以下思路考虑电路的设计。

1. 存储器与控制总线的连接

在控制总线中,与存储器相连的信号线为数不多,如 8086CPU 最小方式下的 $M/\overline{IO}$ (8088 为 $IO/\overline{M}$),$\overline{RD}$和$\overline{WR}$,最大方式下的$\overline{MRDC}$,$\overline{MWTC}$,$\overline{IORC}$和$\overline{IOWC}$等,连接也非常简单,有时这些控制线(如 $M/\overline{IO}$)也与地址线一同参与地址译码,生成片选信号。

2. 存储器与数据总线的连接

存储器的数据线同微处理器的数据总线相连,如果总线的数据宽度大于芯片的数据宽度,则要考虑使用多片并联。

对于不同型号的 CPU,数据总线的数目不一定相同,连接时要特别注意。

5.6　8086/8088CPU 的存储器系统

准16位机8088 CPU的数据总线有8根,存储器为单一存储体组织,没有高低位字节之分,故数据线连接较简单。在8088CPU系统中,可直接寻址的存储空间同样也是1 MB,但其存储器的结构与8086CPU有所不同,它的1MB存储空间同属于一个单一的存储体,即存储体为1M×8位。它与总线之间的连接方式很简单,其20根地址线 $A_{19}\sim A_0$ 与8根数据线分别与8088 CPU对应的地址线和数据线相连。8088CPU每访问一次存储器只能读/写一个字节信息,因此在8088CPU系统的存储器中,字数据需要两次访问存储器才能完成读/写操作。

上节介绍了8086/8088CPU的存储器接口,当8086/8088CPU与存储器系统连接时,还要考虑许多具体问题。例如,CPU总线的负载能力。CPU总线在设计时负载能力都有一定限制。在小型系统中,CPU可直接与存储器相连,而在较大的系统中,必须增加缓冲器、驱动器等。

CPU的时序和存储器的存取,速度之间的配合问题也要考虑。

1. 8088CPU 系统的存储器接口

图5.18是一个8088CPU微型计算机系统中的存储器子系统。该子系统中有4片2732EPROM组成16 KB的ROM区,4片6116组成的8 KB的RAM区。

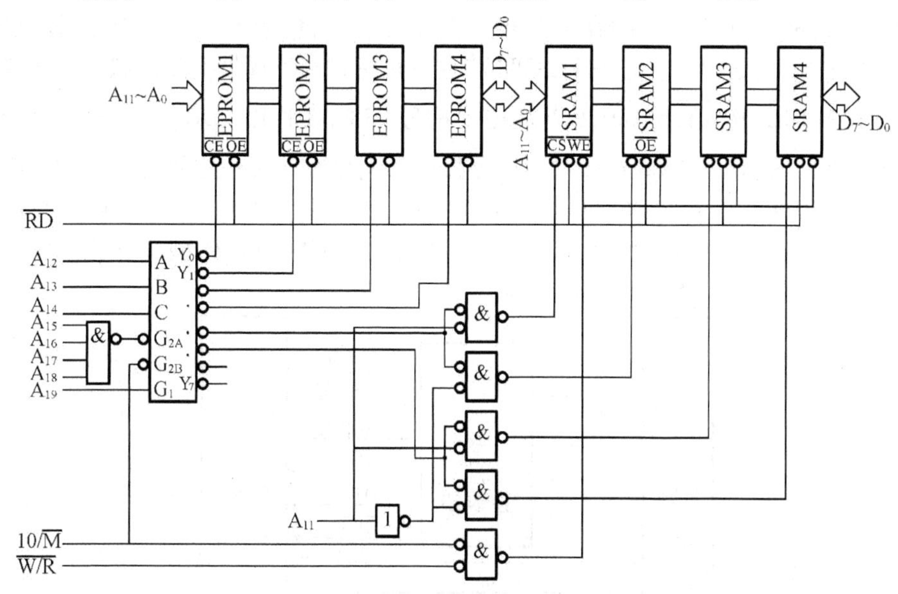

图5.18　8088CPU微型计算机系统中的存储器子系统

图5.18中4片EPROM芯片的地址范围分别为F8000H ~ F8FFFH,F9000H ~ F9FFFH,FA000H ~ FAFFFH,FB000H ~ FBFFFH。4片RAM芯片的地址范围分别为FC000H ~ FC7FFH,FC800H ~ FCFFFH,FD000H ~ FD7FFH,FD800H ~ FDFFFH。

2. 8086CPU 系统的存储器接口

在8086CPU最小模式系统和最大模式系统中,8086CPU可寻址的最大存储空间为1兆字节。但是,8086最小模式系统和最大模式系统的配置是不一样的。8086 CPU的数据总线有16根,其中高8位数据线 $D_{15}\sim D_8$ 接存储器的高位体(奇地址体),低8位数据线 $D_7\sim$

D_0 接存储器的低位体(偶地址体),根据$\overline{BHE}$(选择奇地址体)和 A_0(选择偶地址体)的不同状态组合,决定对存储器做字操作还是字节操作。

8086 最大模式系统中增设了一个总线控制器 8288 和一个总线仲裁器 8289,因而 8086CPU 和存储器系统的接口在这两种模式中是不同的。

图 5.19 是 8086 最小模式系统的存储器接口框图。寻址存储单元的信号由多路复用的地址/数据总线 AD_{15} ~ AD_0、地址线 AD_{19} ~ AD_{16} 和总线高位有效信号$\overline{BHE}$提供。存储器的控制信号 ALE,$\overline{RD}$,$\overline{WR}$,M/$\overline{IO}$,DT/$\overline{R}$和$\overline{DEN}$直接由 8086 CPU 产生。

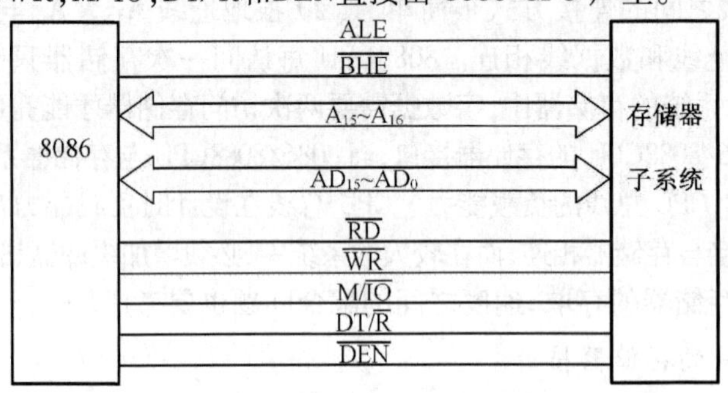

图 5.19　8086 最小模式系统的存储器接口框图

图 5.20 是 8086 最大模式的存储器接口框图,该电路包括了一片 8288 总线控制器芯片。8086 给 8288 发送总线状态信息,8288 将这三位标识总线周期类型的状态信号译码,产生读/写信号$\overline{MRDC}$,$\overline{MWTC}$和$\overline{AMWC}$以及控制信号 ALE, DT/$\overline{R}$和$\overline{DEN}$。由此可见,在最大模式系统中,8288 代替了 8086 产生和存储器接口的大多数定时和控制信号,$\overline{BHE}$和$\overline{RD}$信号仍然由 8086CPU 提供。在 8086CPU 存储器系统中,20 位地址总线的最大寻址存储空间是 2^{20}(1M)字节,其地址范为 00000H ~ FFFFFH。显然,在 8086CPU 微型计算机系统中,存储器系统实际上是以字节为单位组成的一维线性空间。

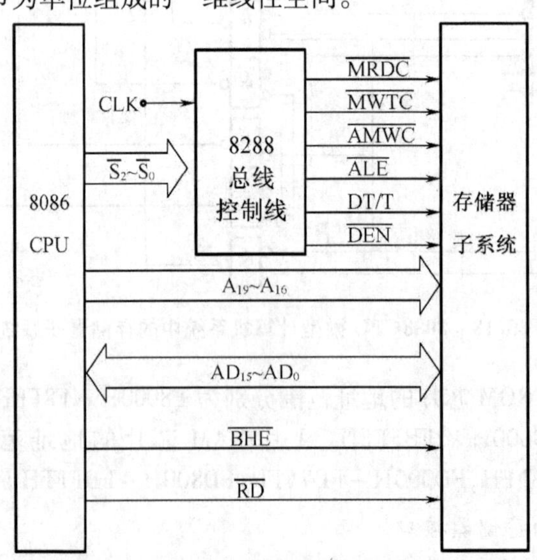

图 5.20　8086 最大模式系统存储器接口框图

8086CPU 寻址的 1 MB 存储器空间可以分成两个 512 KB 的存储体;一个存储体包含偶

数地址，另一个存储体包含奇数地址。任何两个连续的字节可以作为一个字来访问，显然其中一个字节必定来自偶地址存储体，另一个必定来自奇地址存储体。地址位较低的字节是低位有效字节，地址位较高的字节是高位有效字节。

为了有效地使用存储空间，一个字可以存储在以偶地址或奇地址开始的连续两个字节单元中。地址的最低有效位 A_0 决定了字的边界。如果 A_0 是 0，则字存放在偶地址边界上，其低 8 位有效字节存储于偶地址单元中，高 8 位有效字节存储于相邻的奇地址单元中。同理，如果 A_0 是 1，则字是存放在奇地址边界上。

对所有位于偶地址边界上的字节或字的访问，8086CPU 只需一个总线周期就能完成；而对于在奇地址边界上的字的访问，8086 需要花两个总线周期才能实现。图 5.21 为 8086CPU 存储器系统的硬件组织框图。$A_{19} \sim A_1$ 是体内地址，它们并行地连接到两个存储体上：A_0 和 $\overline{BHE}$ 用来作为存储体选择信号，它们的组合可以保证 8086 自由地对两个存储体进行操作。A_0 的低电平信号表示寻址数据的偶地址字节，允许低位存储体和低 8 位数据总线交换信息，$\overline{BHE}$ 有效（低电平）允许高位存储体和高 8 位数据总线交换信息。

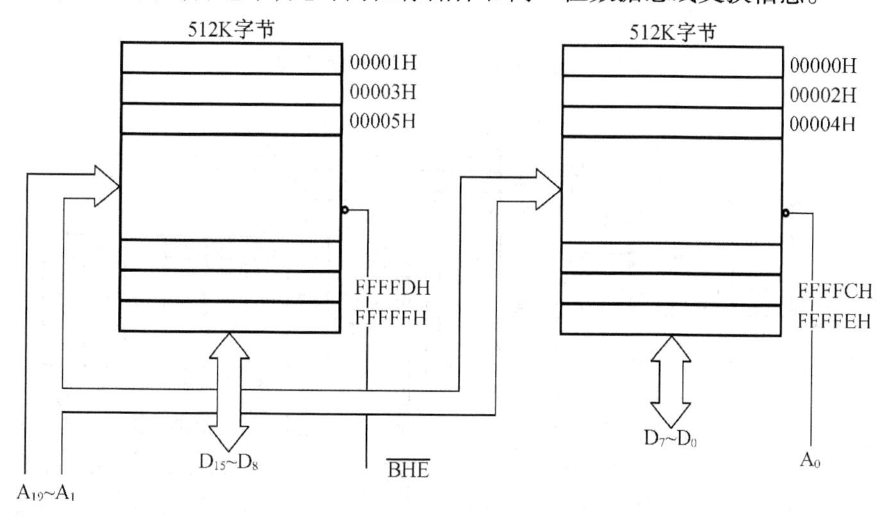

图 5.21 8086 存储器系统的硬件组织框图

8086CPU 的数据总线有 16 根，其中高 8 位数据线 $D_{15} \sim D_8$ 接存储器的高位字节（奇地址体），低 8 位数据线 $D_7 \sim D_0$ 接存储器的低位字节（偶地址体），根据 $\overline{BHE}$（选择奇地址体）和 A_0（选择偶地址体）的不同状态组合决定对存储器做字操作还是字节操作。当 $A_0 = 0$ 时，选择偶数地址的低位字节；当 $\overline{BHE} = 0$ 时，选择奇数地址的高位字节；当两者均为 0 时，则同时选中高低位字节。利用 A_0 和 $\overline{BHE}$ 这两个控制信号，既可实现对两个体进行读/写（即 16 位数据），也可单独对其中一个体进行读/写（8 位数据）。

图 5.22 给出了由两片 6116（2K × 8 位）构成的 2K 字（4K 字节）的存储器与 8086CPU 的连接情况。图 5.23 为 8086CPU 与半导体存储器芯片的接口。

注意分析图 5.23 中系统总线的连接原理。各 RAM 芯片的地址范围为：

#1 00000H ~ 00FFFH 中的奇地址区；

#2 00000H ~ 00FFFH 中的偶地址区；

#3 01000H ~ 01FFFH 中的奇地址区；

#4　01000H～01FFFH 中的偶地址区；
#5　02000H～02FFFH 中的奇地址区；
#6　02000H～02FFFH 中的偶地址区；
#7　03000H～03FFFH 中的奇地址区；
#8　03000H～03FFFH 中的偶地址区。

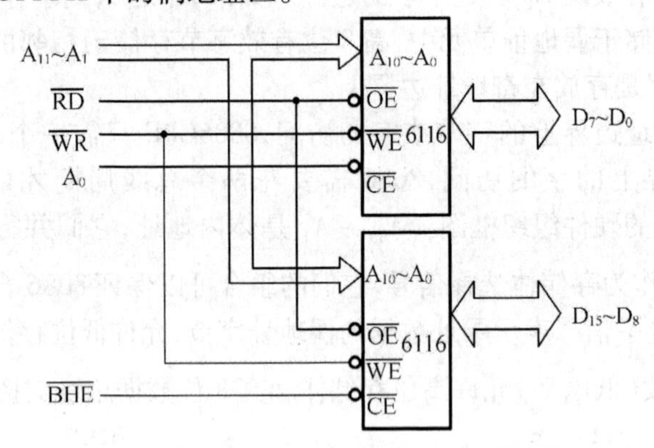

图 5.22　6116 与 8086CPU 的连接

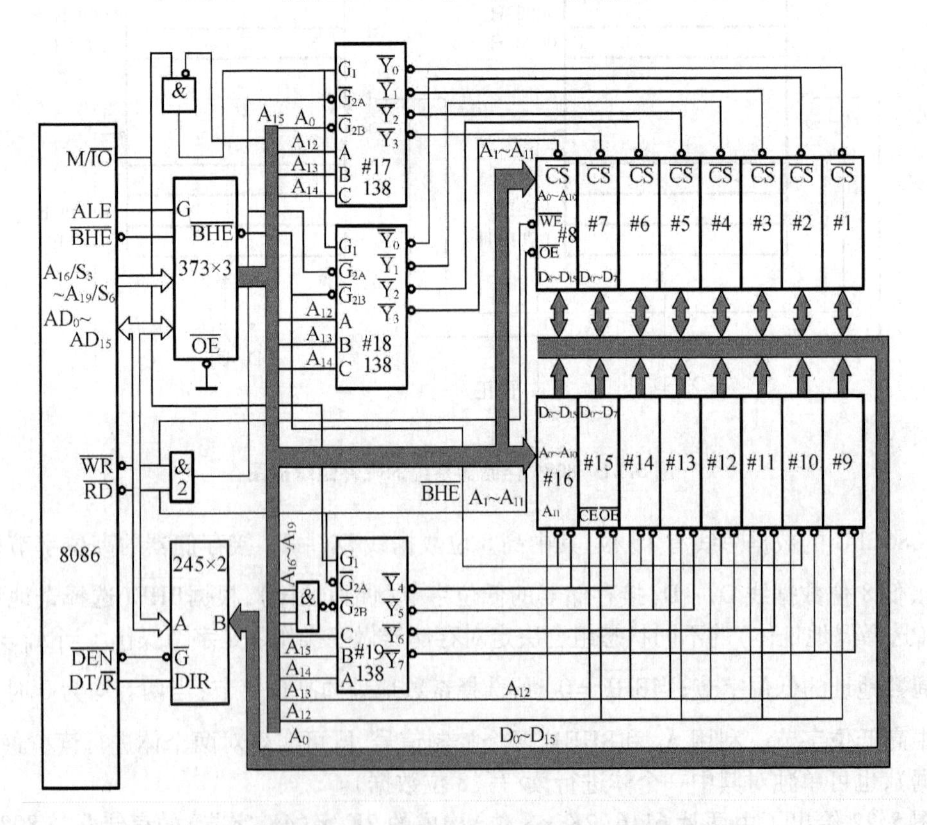

图 5.23　8086CPU 与半导体存储器芯片的接口

其中，A_{19}～A_{16}未参与译码，为部分译码。这里将未参与译码的 A_{19}～A_{16}假定为全"0"。采用与 RAM 区相似的方法，各 EPROM 芯片的地址范围为：

#9　FE000H～FFFFFH 中的奇地址区；
#10　FE000H～FFFFFH 中的偶地址区；

#11　FC000H ~ FDFFFH 中的奇地址区;
#12　FC000H ~ FDFFFH 中的偶地址区;
#13　FA000H ~ FBFFFH 中的奇地址区;
#14　FA000H ~ FBFFFH 中的偶地址区;
#15　F8000H ~ F9FFFH 中的奇地址区;
#16　F8000H ~ F9FFFH 中的偶地址区。

习　题　5

1. 试说明半导体存储器的分类和作用。

2. 在存储器扩展系统中,常见的有几种译码方式?各有什么特点?

3. 什么叫"内存"?它是否在 CPU 内部?

4. 写出几条访问存储器的指令,并说明它们操作的含义是什么。

5. 在一般情况下,存储器芯片的容量与该芯片上的地址线和数据线的根数有什么关系?

6. 一个容量为 4 KB 的存储空间,其首地址为 20000H,它的末地址是多少?内存地址从 40000H 到 BBFFFH 共有多少 KB?

7. 用下列芯片构成存储系统,各需要多少个 SRAM 芯片?需要多少位地址作为片外地址译码?设系统为 20 位地址线,采用全译码方式。

(1)512 ×4bitSRAM 构成 16 KB 的存储系统。

(2)1024 ×1bitSRAM 构成 128 KB 的存储系统。

(3)2K ×4bitSRAM 构成 64 KB 的存储系统。

(4)64K ×1bitSRAM 构成 256 KB 的存储系统。

8. 某一存储器系统如图 5.24 所示,它们的存储容量各是多少?RAM 和 EPROM 存储器地址分配范围各是多少?

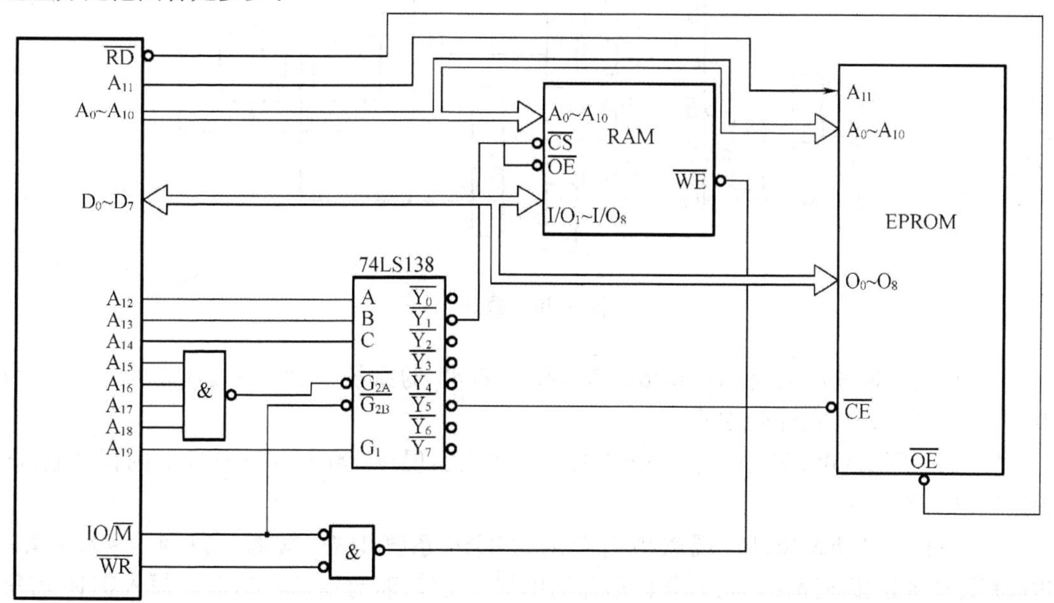

图 5.24　题 8

9. 用二片 8K×8bitSRAM 的芯片 6264 组成的 8 位微机系统的存储器电路如图 5.25 所示，试计算两个芯片的地址范围(假设 CPU 有 16 条地址线)和存储器的总容量。

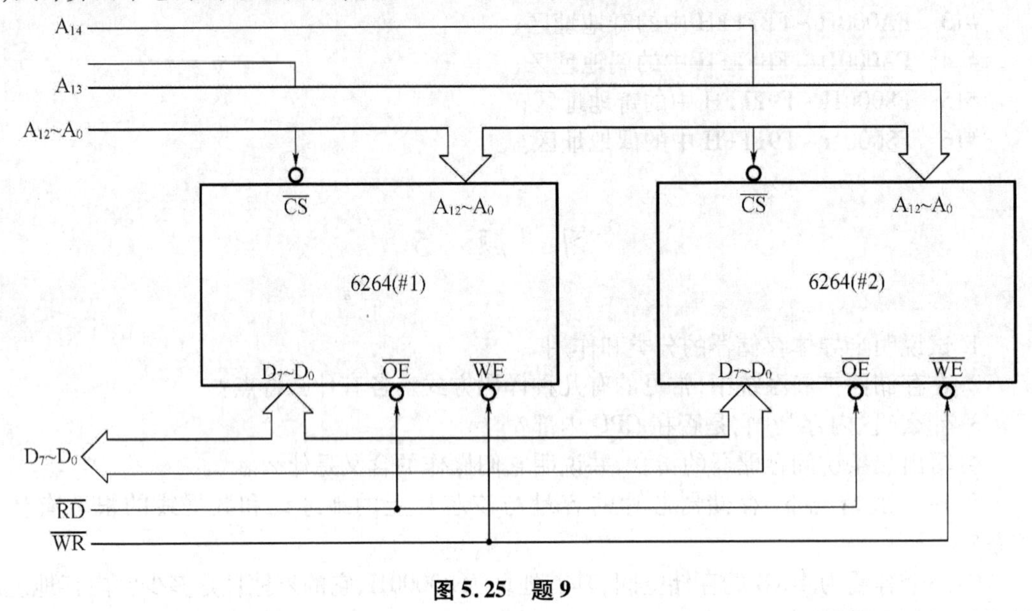

图 5.25　题 9

10. 微机系统的存储器由 5 片 SRAM 构成，如图 5.26 所示，其中 U_1 有 12 条地址线，8 条数据线，U_2 ~ U_5 各有 10 条地址线，4 条数据线，试计算芯片 U_1 和 $U_2(U_4)$，$U_3(U_5)$ 的地址范围及该存储器的总容量。

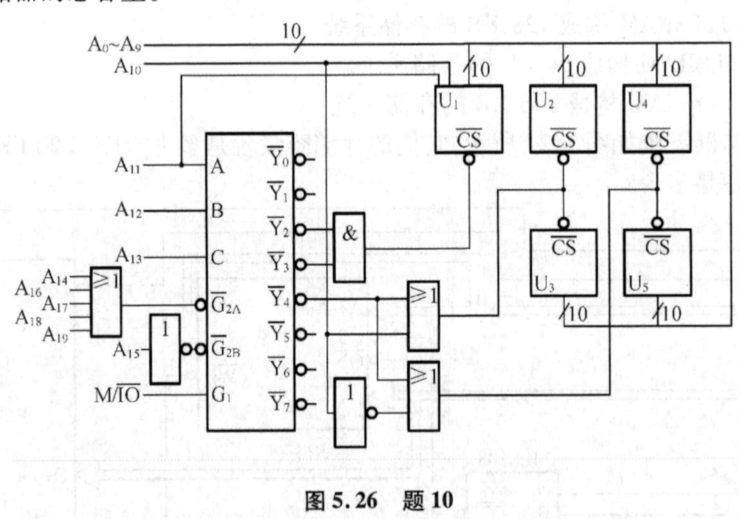

图 5.26　题 10

11. 利用全地址译码将 RAM6264 芯片接在 8088 的系统总线上，其所占地址范围为 BE000H ~ BFFFFH，试画连接图。

12. 试利用 RAM6264 芯片，在 8088 系统总线上实现 00000H ~ 03FFFH 的内存区域，试画连接电路图。

13. 已有 2 片 RAM6116，现欲将它们接到 8088 系统中去，其地址范围为 40000H ~ 40FFFH，试画连接电路图。写入某数据并读出与之比较，若有错，则在 DL 中写入 01H；若每个单元均对，则在 DL 写入 EEH，试编写此检测程序。

14. 某以 8088 为 CPU 的微型计算机内存 RAM 区为 00000H ~ 3FFFFH，若采用 RAM6264，62256，2164 各需要多少片芯片？

15. 在 8086 为 CPU 的微机系统中存储器结构如图 5.27 所示，试计算 1#存储体和 2#存储体的地址范围。

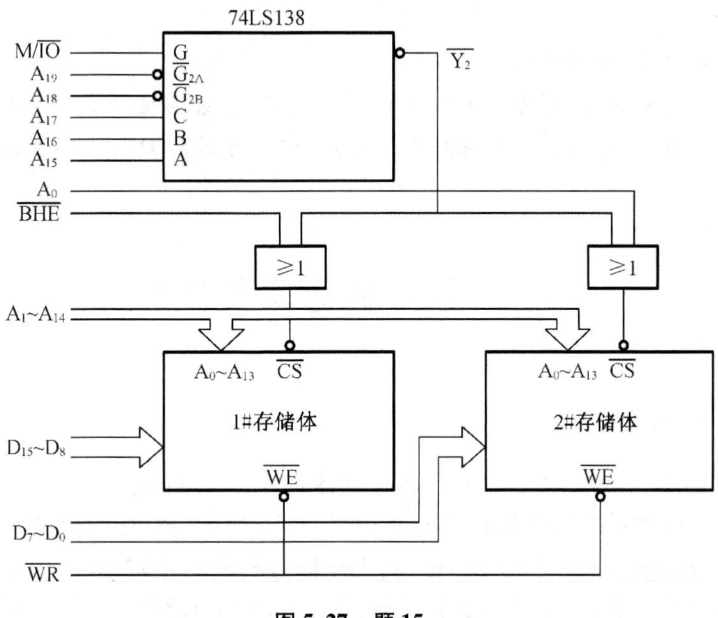

图 5.27　题 15

第 6 章　微型计算机数据传送方法

通过学习本章后，你将能够：

掌握接口的基本概念、功能、分类、I/O 接口与存储器编址方式、接口地址编码方法；CPU 与外设的数据传送方式；了解程序查询方式、中断方式和 DMA 方式的区别和各自应用场合。

6.1　接口概念及其发展

6.1.1　I/O 接口的概念

在微型计算机系统中，除了 CPU 和内存储器之外，还有许多外部设备，如键盘、显示器、打印机等。它们通过系统总线与 CPU 进行信息交换，根据 CPU 的要求进行工作。

这些 I/O 设备或装置不仅结构、特性、工作原理和驱动方式不同，而且传送的电平、数据格式和速度差异也很大；在进行数据处理时，其速度比 CPU 慢得多。所以，它们不能和 CPU（或系统总线）直接相连，必须借助于中间电路，这部分电路被称为 I/O 接口电路（Input/Output Interface Circuit），简称 I/O 接口。

所谓接口，就是微型计算机与外部设备之间的连接部件，用来进行速度和工作方式的匹配，并协助完成二者之间的数据传送，典型 I/O 接口电路的基本结构如图 6.1 所示，它通常包括数据寄存器、控制寄存器、状态寄存器、数据缓冲器和读/写控制单元。

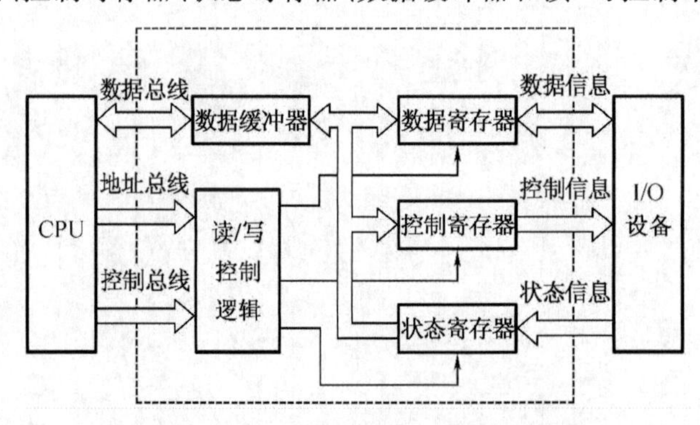

图 6.1　典型 I/O 接口电路的基本结构

6.1.2　I/O 接口功能及结构

1. I/O 接口功能

I/O 接口的基本功能，简言之就是要能够根据 CPU 的要求对外设进行管理与控制，实现信号逻辑及工作时序的转换，保证 CPU 与外设之间能进行可靠有效的信息交换。具体

说,I/O 接口应具有以下基本功能:

(1)作为微型机与外设之间传送数据的寄存、缓冲站,以适应两者速度上的差异。它们通常由若干个寄存器或 RAM 芯片组成。若 RAM 容量足够大,在某些接口上可实现大量数据的传输。

(2)设置地址译码和设备选择逻辑,以保证微处理器按照特定的路径访问选定的 I/O 设备。

(3)提供微型机与外设之间交换数据所需的控制逻辑和状态信号,以保证接受微处理机输出的命令或参数,按指定的命令控制设备完成相应的操作,并把指定设备的工作状态返回给微处理机。

换言之,也就是完成数据、地址和控制三总线的转换和连接任务。为了实现上述基本功能,作为接口电路,通常必须为外设提供几个不同地址的寄存器,每个寄存器被称为 1 个端口,即所谓的数据寄存器(数据端口)、控制寄存器(控制端口)和状态寄存器(状态端口)。所以,I/O 接口实际上相当于 1 个很小的外部存储器,每个 I/O 端口和每个存储单元一样,对应着唯一的地址。端口寄存器或部分端口线被连接到外设上。

通常所谓的 I/O 操作,是指 I/O 端口操作,而不是 I/O 设备操作,即 CPU 访问的是与 I/O设备相连的 I/O 端口,而不是笼统的 I/O 外设。

2. 接口的基本结构

I/O 接口电路通常为大规模集成电路。虽然,不同功能的基本接口电路,其结构有所不同,但都是由寄存器和控制逻辑两大部分组成,如图 6.2 所示。寄存器主要包括数据总线缓冲寄存器、控制寄存器和状态寄存器。

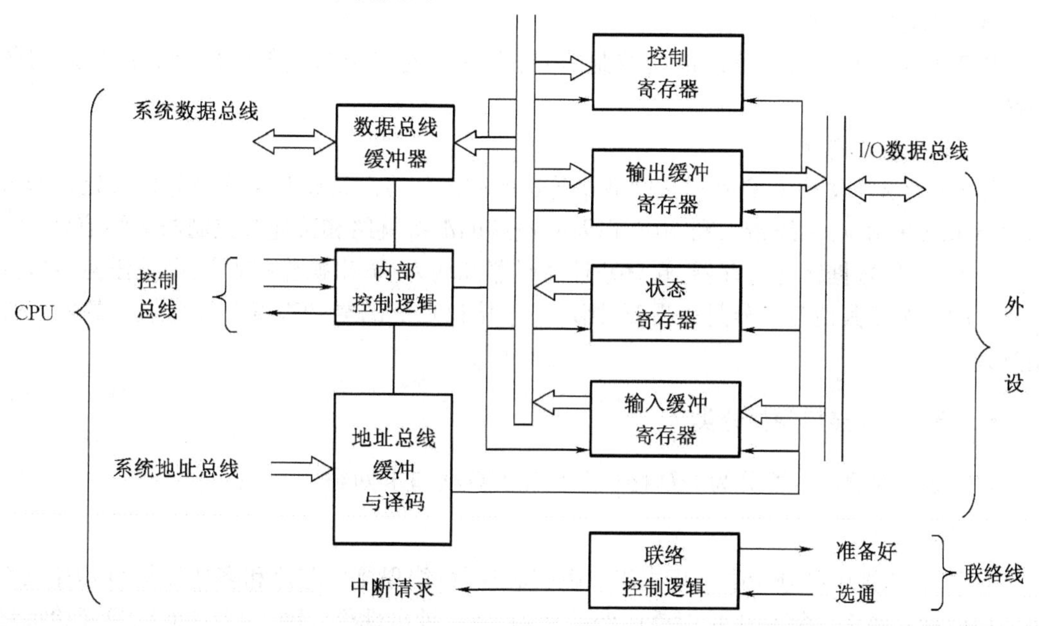

图 6.2 接口电路基本的结构图

(1)数据总线缓冲寄存器

分为输入锁存器和输出缓存器两种。前者用来暂时存放外设送来的数据,后者用来暂时存放处理器送往外设的数据。有了数据缓存器,就可以在高速的 CPU 与慢速的外设之间实现数据的传送。

(2)控制寄存器

用于存放处理器发来的控制命令和其他信息,以确定接口电路的工作方式和功能。由于现在的接口芯片大都具有可编程的特点,因此接口芯片可通过编程来确定多种不同的工作方式和功能。控制寄存器是只写寄存器,其内容只能由处理器写入,而不能读出。

(3)状态寄存器

用于保存外设现行各种状态信息。它的内容可以被处理器读出,从而使处理器了解外设状况及数据传送过程中发生的事情,供处理器做出正确的判断,使它能安全可靠地与接口完成交换数据的各种操作。特别当 CPU 以程序查询方式同外设交换数据时,状态寄存器更是不可少。CPU 只有通过查询外设的忙/闲、正确/错误、就绪/不就绪等状态,才能正确地与之交换信息。

以上三种寄存器是接口电路的核心。通常所说的接口,大都是指这些寄存器。但是,为了保证在处理器和外设之间正确地传送数据,接口电路还必须包括下面几种控制逻辑电路。

(4)数据总线和地址总线缓冲器

用于实现接口芯片内部数据总线和系统的数据总线相连接,接口的端口选择线根据 I/O寻址方式的要求与地址总线的相应端连接。

(5)端口地址译码器

用于正确选择接口电路内部各端口寄存器的地址,保证每个端口寄存器唯一地对应 1 个端口地址,以便处理器正确无误地与指定外设交换信息,完成规定的 I/O 操作。

(6)内部控制逻辑

用于产生一些接口电路内部的控制信号,实现系统控制总线与内部控制信号之间的变换。

(7)联络控制逻辑

用于产生/接收 CPU 和外设之间数据传送的同步信号。这些联络信号包括微处理器端的中断请求和响应、总线请求和响应,以及外设端的准备就绪和选通等控制与应答信号。

一般来说,数据缓冲寄存器、端口地址译码器和输入/输出操作控制逻辑是任何接口都不可少的。至于其他各部分是否需要,则取决于接口功能的复杂程度和 I/O 操作的同步控制方式。

6.1.3 I/O 接口硬件分类

I/O 接口的硬件主要分为 I/O 接口芯片和 I/O 接口卡两类。

1. I/O 接口芯片

目前,I/O 接口可分为中小规模集成电路芯片、可编程接口芯片和多功能接口芯片三大类。前两种在微型计算机出现时就已经被采用,后一种出现得较晚,从 80386 微机开始批量应用。现在的高档微机广泛采用多功能接口芯片。它们可通过 CPU 输出不同的命令和参数,灵活地控制互联的 I/O 电路或某些简单的外围设备进行相应的操作。如定时/计数器、中断控制器、DMA 控制器、并行接口和单片机构成的键盘控制器。

2. I/O 接口卡

这种接口卡是由若干个集成电路按一定的逻辑结构组装成的1个部件。它或直接与CPU安装在1个系统板上,或制成1个插件插在系统总线槽上。按照所连接的外设控制的难易程度,该控制卡的核心器件或为一般的接口芯片或为微处理器。凡安装微处理器的接口卡通常称为智能接口卡。

6.2 I/O 端口的编址方法

在计算机中,凡需进行读写操作的设备都存在着编址的问题。具体来说,在计算机中有两种需要编址的部件,一种是存储器,另外一种就是接口电路。存储器是对存储单元进行编址,而接口电路则是对其中的端口进行编址。对端口编址是为I/O操作而进行的,因此也称为I/O编址。要使I/O端口能被CPU访问,系统必须为I/O端口分配地址。常用的I/O编址共有两种方式:独立编址方式和统一编址方式。如图6.3所示。

1. I/O 端口统一编址方式

端口统一编址方式是把每一个端口视为1个存储单元,并赋予相应的存储器地址。微处理器访问端口,如同访问存储器单元一样,所有访问内存的指令同样适合于I/O端口。如MCS-51系列单片机中只能采用统一编址方式。

这种编址方式的优点在于I/O端口的地址空间大,访问I/O端口与内存单元相同看待,符合硬件最优化的原则。其缺点是要占用存储空间,I/O操作时间较长,程序可读性差。

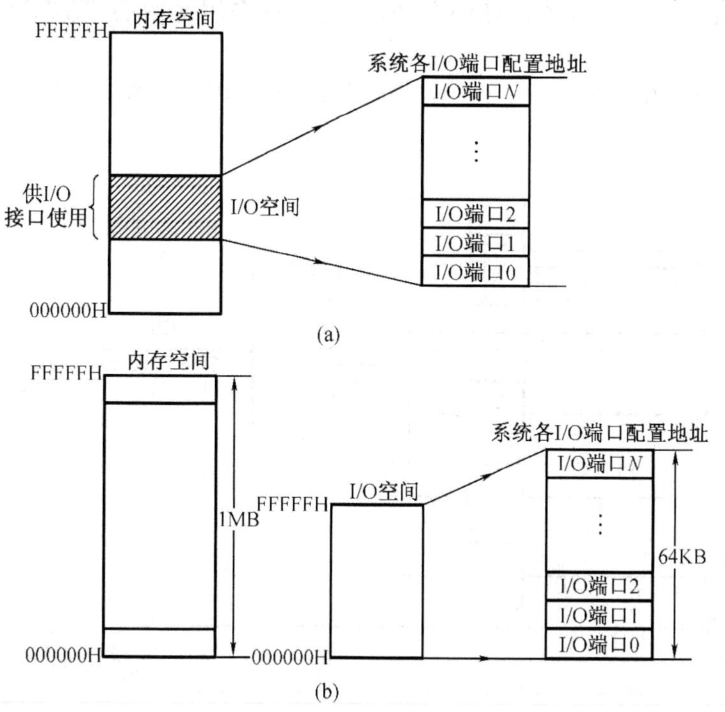

图6.3　I/O端口编址示意图

(a)I/O端口统一编址方式;(b)I/O端口独立编址方式

2. I/O 端口独立编址方式

端口独立编址方式是把所有I/O端口看作1个独立于存储器空间的I/O空间。在这个空间内,每个端口都被分配1个地址与之对应。微处理器对I/O端口和存储单元的不同寻址是通过不同的读写控制信号$\overline{IOR}$,$\overline{IOW}$,$\overline{MWMR}$,$\overline{MEMW}$来实现的。由于系统需要的I/O端口寄存器一般比存储器单元要少得多,因此选择I/O端口只需用部分地址线即可。

显然,要访问独立于存储空间的端口,必须用专门的I/O指令。8086,8088微机中有2条I/O指令的助记符,即输入指令IN,输出指令OUT。

这种编址方式的优点在于I/O端口地址不占用存储器地址空间;I/O端口地址译码器较简单,寻址速度较快;使用专用I/O指令和真正的存储器访问指令有明显区别,可使程序编制得清晰、可读性强。其缺点是专用I/O指令类型少,使程序设计灵活性差;使用I/O指令只能在累加器AX和I/O端口间交换信息,处理能力不如端口统一编址方式强。

6.3 I/O 端口地址编码方法

CPU为了对I/O端口进行读写操作,就需要确定自己交换信息的I/O端口地址。通过CPU发来的命令代码(地址编码)来识别和确定这个端口,这就是接口地址译码。

接口地址译码方法很多,现介绍以下几种。

1. 用门电路进行地址译码

这是一种最基本的接口地址译码方法,门电路可采用常用的TTL74LS系列门电路器件。

例6-1 某接口需占用4个I/O接口地址,假设为2F0H~2F3H,则相应的地址译码部分电路如图6.4所示。

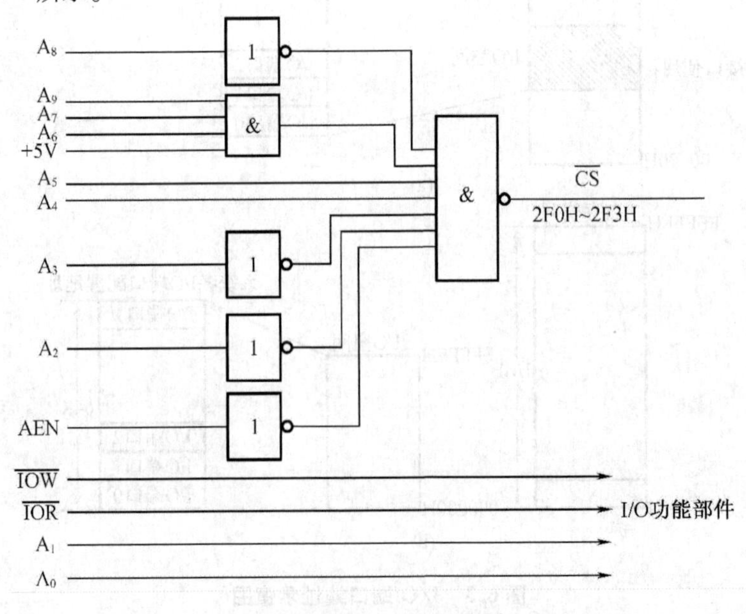

图6.4 门电路I/O地址译码电路

图6.4中,地址 $A_9 \sim A_2$ 如图连接,$\overline{CS}$用于对I/O端口进行选择,低电平有效,因此AEN引脚必须为低电平。$A_9 \sim A_2$ 共8位地址依次为10111100,把 A_1,A_0 附在最后构成10位地址如下:

10111100××B,从最低位算起,由于 A_1,A_0 的变化范围只能是00~11,故上述地址范围为1011110000~1011110011,即2F0H~2F3H,就是I/O端口地址。

图6.4中AEN信号必须参加译码。因为AEN为高电平时,I/O处于DMA方式,$\overline{IOR}$/$\overline{IOW}$信号由DMA控制器发出;AEN为低电平时,I/O处于正常方式,$\overline{IOR}$/$\overline{IOW}$信号由CPU发出。故用AEN信号参加译码来区分这两种方式。该接口电路中I/O处于正常方式,AEN必须为低电平。该接口电路可进行读/写操作,故将$\overline{IOR}$/$\overline{IOW}$接入I/O功能部件中。

2. 用译码器进行地址译码

若接口电路中有多组I/O端口地址,则可采用译码器来进行译码。

例6-2 设计一个有8组I/O端口地址的译码电路,每组有8个端口地址,这8组端口地址分别是:280H~287H,288H~28FH,290H~297H,298H~29FH,2A0H~2A7H,2A8H~2AFH,2B0H~2B7H和2B8H~2BFH。电路设计如图6.5所示。

74LS138译码器的$\overline{G_{2A}}$,$\overline{G_{2B}}$端应为低电平,$A_9 \sim A_6$ 的有效地址应为1010B。另外,74LS138本身的C,B,A与地址信号 $A_5 \sim A_3$ 相连,则 $A_5 \sim A_3$ 地址的可变范围为000~111。当 $A_5 \sim A_3$ 取000时,$\overline{Y0}$输出低电平作为I/O片选信号,其端口地址加低3位 $A_2 \sim A_0$ 未有连接,可以取000,001~111八个不同数据,因此端口地址为:1101000000B~1010000111B,即280H~287H,此为第一组I/O端口地址。其余7组同理。

这里参加译码的还有AEN,$\overline{IOR}$,$\overline{IOW}$信号,AEN的用法同前例,$\overline{IOR}$,$\overline{IOW}$用于译码,将保证该端口地址为I/O地址而非存储地址。

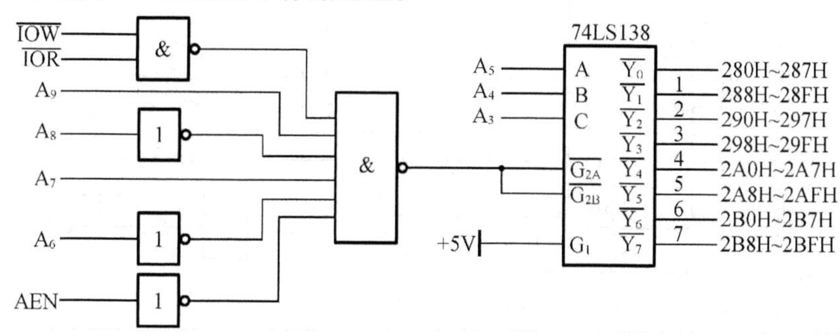

图6.5 译码器I/O地址译码电路

3. 用比较器进行地址译码

接口译码电路也可采用比较器进行设计。可预设一个端口地址,总线输出的地址信号与此地址进行比较,相等则选中此端口。常见的比较器有4位比较器74LS85和8位比较器74LS688。现介绍74LS688。74LS688用于判断两个数是否相等,其引脚如图6.6所示。图6.6中 $P_0 \sim P_7$,$Q_0 \sim Q_7$ 是数据输入端,$\overline{E}$是使能控制端(低电平有效),$\overline{P=Q}$为比较结果输出端。

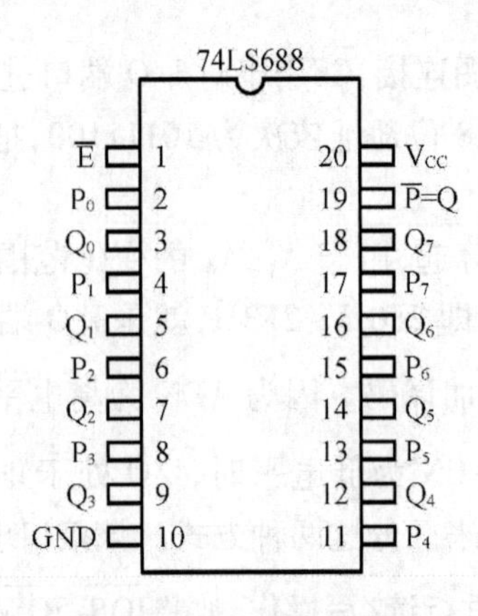

图 6.6　74LS688 引脚图

例 6-3　这里再举一个比较器接口地址译码的例子。电路设计图如图 6.7 所示。

图 6.7 中，$K_1 \sim K_8$ 这 8 个开关接 74LS688 的 Q 输入端（$Q_0 \sim Q_7$），这样 $K_1 \sim K_8$ 这 8 个开关的状态将决定 $Q_0 \sim Q_7$ 的状态。例如 K_1 处于开时，由于 +5 V 和上拉电阻的作用，将使 Q_0 为高电平；K_1 处于关时，Q_0 与地连通，则为低电平。因此，$K_1 \sim K_8$ 决定了 $Q_0 \sim Q_7$ 的电平。而 74LS688 的 P 输入端（$P_0 \sim P_7$）接地信号 $A_2 \sim A_9$，由 74LS688 的功能可知，当 P 与 Q 输入端对应一致时，$\overline{P}=Q$ 端将输出有效电平，这将和 AEN 一起作用而产生有效的片选信号 $\overline{CS}$ 从而选中 I/O 端口。这样可通过预先设置 $K_1 \sim K_8$ 这 8 个开关，从 $A_2 \sim A_9$ 中选出所需的 I/O 端口地址。由于地址预先设置了一个 8 位开关，这样可预先设 256 个端口地址。

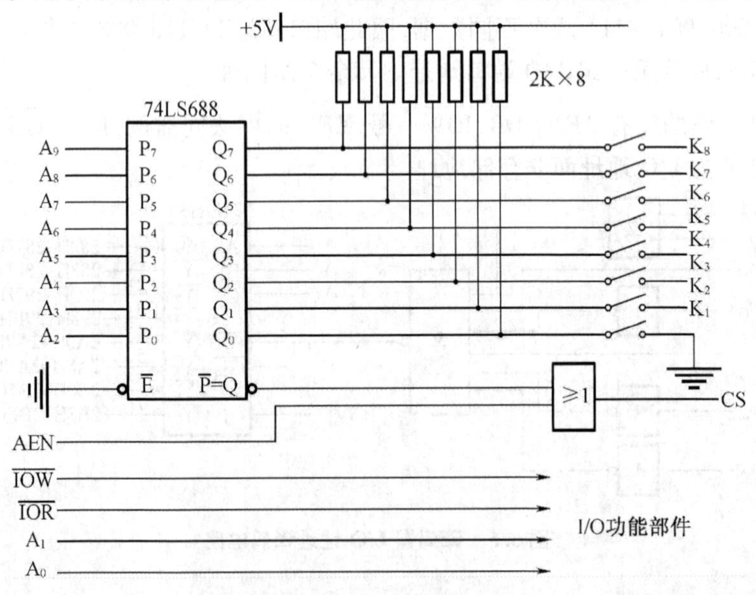

图 6.7　比较器接口地址译码电路

6.4　CPU 与外设之间的数据传送方式

由于 CPU 与外设的工作速度相差很大，不同外设的工作速度差别也很大，为保证 CPU

与外设之间正确而有效地进行数据传输,针对不同的外设,不同的使用场合采用不同的数据传送方式。一般来说,CPU 与外设之间的数据传送方式有三种:程序查询方式、中断方式和 DMA 方式。

6.4.1　程序方式

程序方式是指在程序控制下进行信息传送,又分为无条件传送方式和条件传送方式。

1. 无条件传送方式

CPU 不查询外设的状态而直接进行信息传输,称为无条件传送方式,如图 6.8 所示。该方式适用于对一些简单外设的操作,如开关、LED 等。

在无条件传送方式下,程序设计简单。不过,无条件传送实际上是有条件的,那就是外设的操作时间是已知的,以保证每次传送时,外设处于就绪状态。

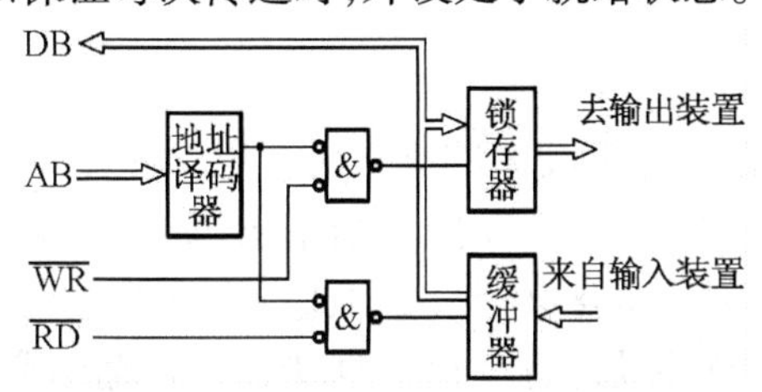

图 6.8　无条件传送方式示意图

2. 条件传送方式

条件传送方式也称为查询方式传送。用条件传送方式时,CPU 通过程序不断查询外设状态,只有当外设准备好时,才进行数据传输。采用该种方式时,接口电路中有反映接口或外设状态的端口供 CPU 访问查询。条件传送过程如图 6.9 所示。

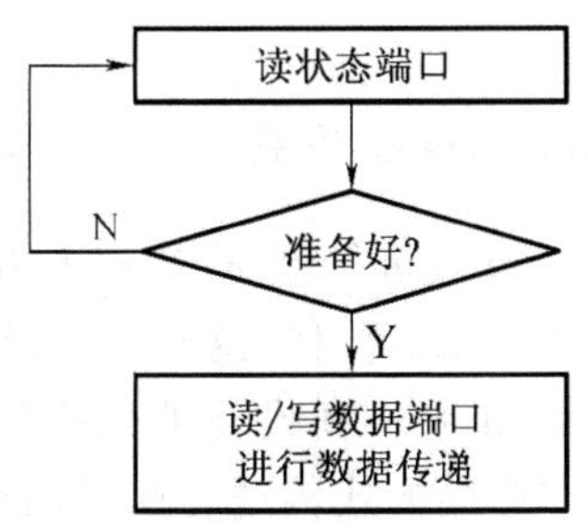

图 6.9　条件传送流程图

步骤如下:

(1) CPU 从状态端口中读取状态字;

(2) CPU 检测状态字的对应位,判断是否"准备好",如果没有准备好,则回到前一步重新读取状态字,继续判断;

(3) 如准备好,则开始传送数据。

例 6-4　如果一个输出设备接口的状态端口(8 位)的地址位为 ADDR,状态端口的 D_0 位为 1,表明准备好。数据端口(8 位)的地址为 PDATA,采用条件传送方式传送 1 字节数据(数据在 BL 中)的程序如下:

```
LOOPI:MOV  DX,ADDR
      IN   AL,DX          ;读入输出设备的状态
      TEST  AL,01H        ;检测状态端口的 D0 位是否为 1
      JZ   LOOPI          ;否则再次读入输出设备状态,进行检测
      MOV  AL,BL
      MOV  DX,PDATA       ;将 BL 中数据从数据端口输出
      OUT  DX,AL
```

查询方式传送比无条件传送可靠,因此使用场合较多。但在查询方式下,CPU 必须不断查询外设状态,只有当外设准备好时,才能进行数据传输。这样使得 CPU 工作效率极低。用查询方式时,如果一个系统有多个外设,那么 CPU 只能轮流对每一个外设进行查询,而不能及时响应外设的数据传送要求,因而实时性较差。

6.4.2 中断方式

为了进一步提高 CPU 的效率和使系统有实时性能,可以采用中断传送方式。在中断传送方式下,当外设准备好时,就向 CPU 发出中断请求,如 CPU 响应,在当前指令执行结束后,CPU 自动在堆栈中保存下一条要执行指令的地址及程序状态寄存器 PSW 的内容,然后转入相应的中断服务程序,与外设进行一次数据传输。传输结束后,CPU 自动恢复标志并返回断点继续执行原程序。

采用中断传送方式时,外设处于主动地位,无须 CPU 花费大量时间去主动查询外设的工作状态。与程序查询方式相比,大大提高了 CPU 的效率。但在中断方式下,数据传送是通过 CPU 执行中断服务程序来实现的。每次数据传送前后,CPU 都要执行一些和数据传送没有直接关系的操作,如断点的保护与恢复等,另外每次进入中断服务程序和中断返回,都会增加 CPU 的开销。这几个方面的因素,使得采用中断方式进行数据传输的效率仍然不高。

6.4.3 DMA(Direct Memory Access)方式

采用程序查询方式和中断传送方式进行数据传送时,每次数据传送时,CPU 或多或少地都要执行一些与数据传输无直接关系的操作,这对低速外设或在数据传输量不大的情况下,对传输效率的影响还不明显,但如果 I/O 设备的数据传输速度较高、数据传输量较大(如硬盘),且 CPU 采用程序传送或中断方式传送与这样的外设进行数据传输,则即使尽量压缩非数据传输的操作,也仍有可能无法满足要求。在这种情况下,就必须采用按数据块传输的直接存储器传输方式,即 DMA 方式。

所谓 DMA 方式,即外设在专用的接口电路 DMA 控制器的控制下直接和存储器进行高速数据传送。采用 DMA 方式时,如外设需要进行数据传输,首先向 DMA 控制器发出请求,DMA 控制器再向 CPU 发出总线请求,要求使用系统总线。CPU 响应 DMA 控制器的总线请求并把总线控制权交给 DMA 控制器,然后在 DMA 控制器的控制下开始利用系统总线进行数据传输。数据传输结束后,DMA 控制器自动交出总线控制权。整个数据传输过程与 CPU 无关。这样,数据传输速度基本上取决于外设和存储器的速度。

6.5　8086CPU 的 I/O 特点

在 8086CPU 和 I/O 接口电路之间的数据通路是分时多路复用的地址/数据总线，在采用 I/O 独立编码方式时，8086 只能用地址线 $A_0 \sim A_{15}$ 寻址端口，控制信号有 ALE，$\overline{BHE}$，$\overline{WR}$，M/$\overline{IO}$，DT/R 和 $\overline{DEN}$ 等。

由于 8086CPU 有两种工作模式，当工作在不同模式时，其控制信号会发生变化。8086CPU 在两种模式下，系统的 I/O 接口如图 6.10 所示。

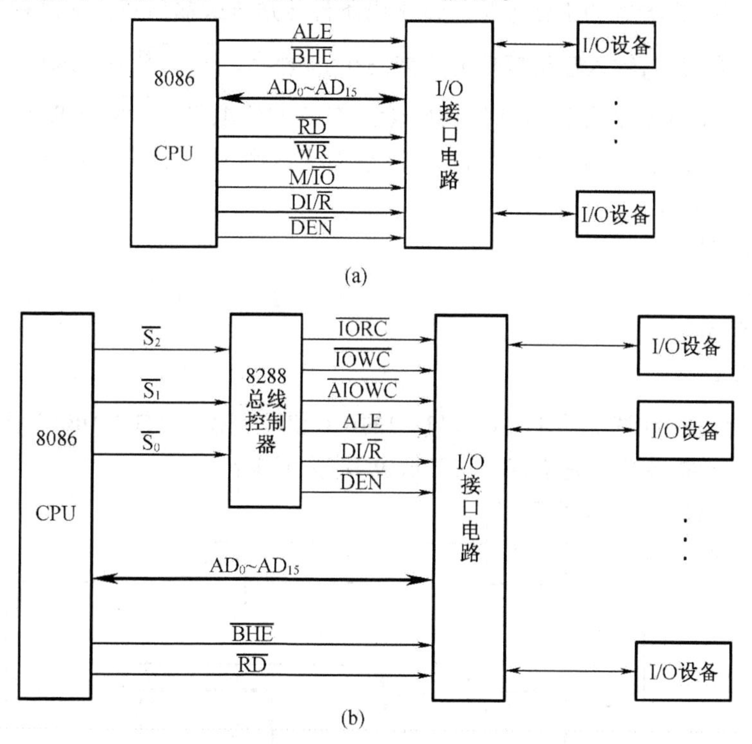

图 6.10　8086CPU 的 I/O 接口

(a)最小模式系统的 I/O 接口；(b)最大模式系统的 I/O 接口

由于 8086CPU 与外设交换数据可以以字或字节进行，当以字节进行时，偶地址端口的字节数据由低 8 位数据线 $D_0 \sim D_7$ 传送，奇地址端口的字节数据由高 8 位数据线 $D_8 \sim D_{15}$ 传送，故用户在安排外设的端口地址时，应使同一台外设的所有寄存器的端口地址都是偶地址或都是奇地址。这样，同一台外设的数据传送都是在数据总线的低 8 位上或高 8 位上进行。正是由于这个原因，地址线 A_0 不能用作寻址同一台外设的不同端口地址位。

习　题　6

1. 外设为何必须通过接口与主机相连？存储器与系统总线相连需要接口吗，为什么？

2. 接口电路的信息分为哪几类？接口电路的基本结构有哪些特点？

3. 什么叫I/O端口？典型的I/O接口电路包含哪几类I/O端口？

4. 微型计算机的I/O端口的编址有几种方式？各自的优缺点是什么？

5. 设计一个外设端口地址译码器，使CPU能寻址4个地址范围：

(1)240H ~ 247H;(2)248H ~ 24FH;(3)250H ~ 257H;(4)258H ~ 25FH。

6. CPU同外设交换的信息有哪些类型？CPU是如何通过其三总线(数据总线、地址总线、控制总线)同外设交换这些信息的？

7. 在I/O系统中，数据输出口要经过“锁存器”，而数据输入口通常经过“三态缓冲器”，为什么？

8. 简述条件传送方式的工作过程。试画出条件传送方式输出数据的流程图。

9. 在8086系统中，输入输出接口电路如图6.11所示。$\overline{Y_{230H}}$是I/O地址译码输出信号，当系统总线上的I/O地址为230H时，译码输出有效的低电平。$\overline{IOR}$，$\overline{IOW}$是低电平有效的系统控制信号，DB_0是系统数据线的最低位。现CPU连续执行了下列指令：

```
MOV   DX,230H
XOR   AL,AL
NOT   AL
OUT   DX,AL
IN    AL,DX
```

(1)执行上面的OUT指令时，图6.11中的$\overline{IOR}$和$\overline{IOW}$哪个有效？DB_0为多少？

(2)上面全部指令执行完毕，AL的最低位D_0为多少？

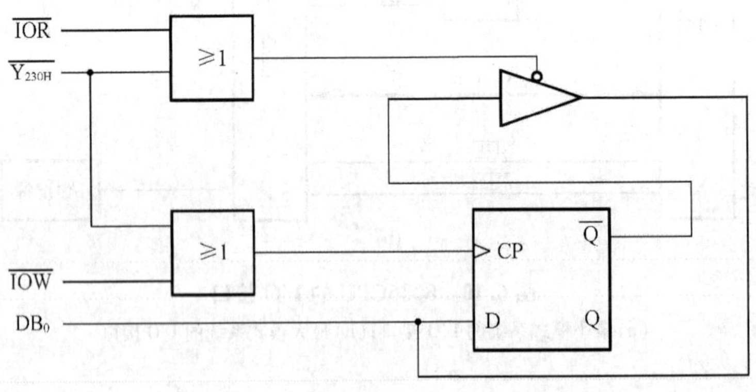

图6.11 题9

10. “无条件传送就是不需要任何条件，可随心所欲地输入或输出”，这种说法正确吗？

11. 读下面的程序段，并回答下面的各个问题：

```
ABC:IN    AL,80H
    TEST  AL,02H
    JZ    ABC
    MOV   AL,0FH
    OUT   81H,AL
```

问：(1)本程序实现的数据输出，属于哪种传送方式？

(2)80H 是什么端口？81H 是什么端口？

12. 用 7LS244 作为输入接口,读取三个开关的状态,用 74LS373 作为输出接口,点亮三个发光二极管,电路示意图如图 6.12 所示。请画出该电路与 8088CPU 最小方式下系统总线的完整接口电路(包括端口地址译码器的设计)。端口地址如图 6.12 中所示(340H 和 348H),并编写能同时实现以下三种功能的程序:

(1)K_0,K_1,K_2 全部合上时,红灯亮;

(2)K_0,K_1,K_2 全部断开时,绿灯亮;

(3)其他情况黄灯亮。

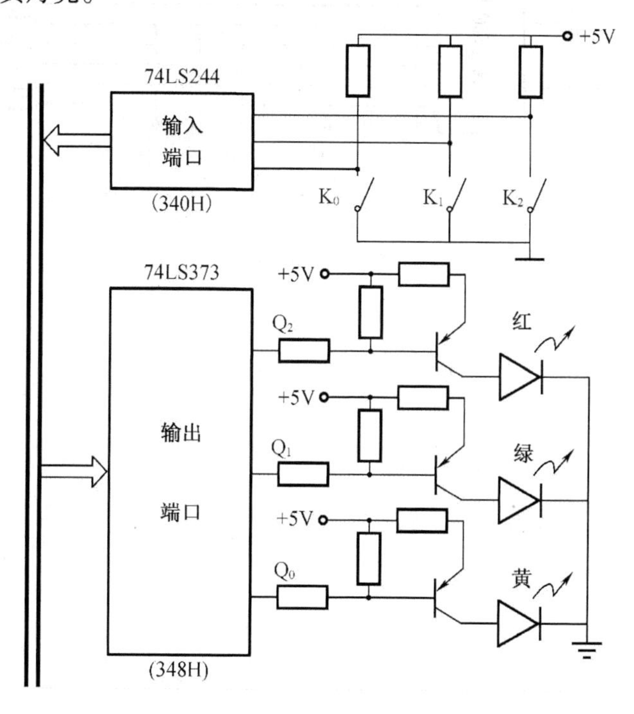

图 6.12　题 12

13. 从内存地址为 DATA 开始存放有 100 个字节的数据,CPU 以查询方式向外输出这 100 个数据,已知状态口的地址为 3FCH,其内容的最高位置 1 时表示外设准备好,数据端口地址为 B46H,每传送一个数据均需先测试外设当前的状态,请编写实现这一功能的程序。

14. 图 6.13 中驱动器是同相驱动器,七段 LED 显示器是共阴极型。8 个开关瞬间只能一个被按下,要求有开关按下时,七段 LED 显示器就显示这个开关的开关号。例如当开关 K_1 按下时,LED 显示器显示 1,开关 7 被按下时,LED 显示器显示 7。无开关按下时,显示字符"P",周而复始的工作。输入端口的地址为 81DH,输出端口的地址为 B40H,请编写出实现目标的程序。

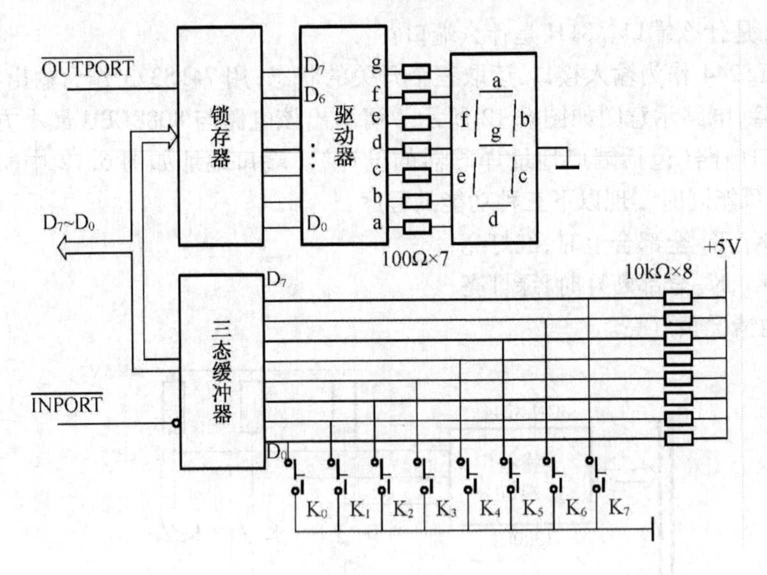
OUTPUT PORT
锁存器
D7
D6
D0
驱动器
g
f
e
d
c
b
a
100Ω×7
a
f
g
b
e
c
d
D7~D0
+5V
10kΩ×8
三态缓冲器
INPORT
D7
D0
K0
K1
K2
K3
K4
K5
K6
K7

图 6.13 题 15

第7章　串行、并行通信及接口技术

通过学习本章后，你将能够：

了解并掌握并行总线通信的基本概念，常用串、并行总线的总线协议以及常用的串、并行总线接口芯片的组成结构及应用。重点掌握8255A的应用。

7.1　串行通信的基本概念

所谓通信，是指计算机与外部设备、计算机与计算机之间的信息交换。通信的基本方法有并行通信和串行通信两种，图7.1表示这两种通信方式。并行通信是数据的各位(8位或16位)同时传送，有多少位数据就需要多少根传输线，数据的各位是同时到达对方；串行通信，就是数据按时钟以一位一位传送的方式进行通信。而串行通信则只需要一对传输线，数据的各位按时间顺序依次传送。其特点是通信线路简单，通信成本低，对于远距离通信，可以利用电话线和调制解调器(Modem)进行。串行通信缺点是传送速度较慢。

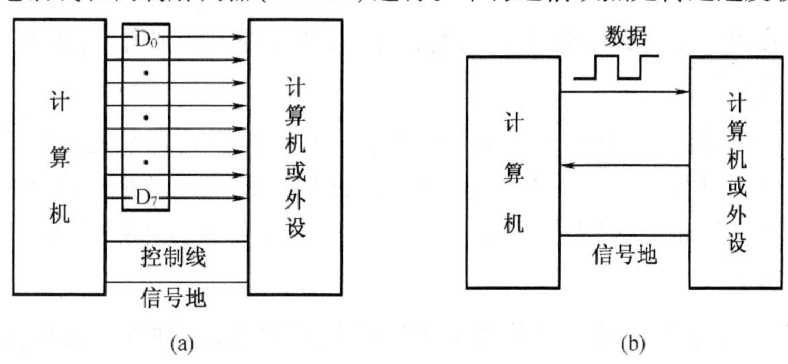

图7.1　通信方式示意图

(a)并行通信方式；(b)串行通信方式

7.1.1　发送时钟和接收时钟

串行数据的发送与接收需要由发送时钟、接收时钟来控制。发送时钟用来控制串行数据的发送。数据发送过程：把并行的数据序列送入移位寄存器，然后通过移位寄存器，由发送时钟触发进行移位输出，数据位的时间间隔取决于发送时钟周期。接收时钟用来控制串行数据的接收。数据接收过程：把传输线送来的串行数据序列，用接收时钟作为输入移位寄存器的触发脉冲，逐位打入移位寄存器，最后装配成并行数据序列。

7.1.2　波特率(Baud Rate)

波特率即单位时间传送的信息量，以每秒传输的位数表示，是衡量通信速度的指标。常用的波特率有 110 bit/s, 300 bit/s, 600 bit/s, 1 200 bit/s, 2 400 bit/s, 4 800 bit/s,

和9 600 bit/s。

假如在某个异步串行通信系统中,它的数据传输速率为960字符/秒,每个字符对应1个起始位,7个数据位,1个奇偶校验位和1个停止位,那么波特率为10 bit/字符(960字符/秒 = 9 600 bit/s。

7.1.3 串行通信的数据传送方式

串行传送的通信线路按其信息传送方向的不同可分为单工、半双工和全双工三种方式,如图7.2所示。

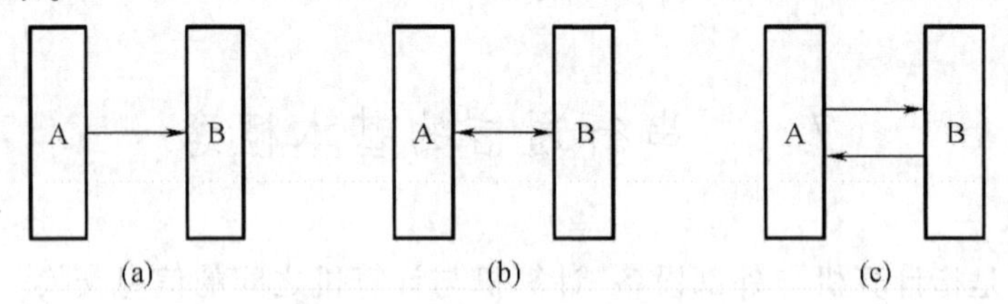

图7.2 串行数据传送模式

(a)单工传送;(b)半双工传送;(c)全双工传送

1. 单工方式

数据只能从甲方单方向地传送到乙方或者相反,称为单工方式。在这种情况下,甲、乙两方只需一方设置一个发送器而另一方设置一个接收器即可实现通信,如图7.2(a)所示。

2. 半双工方式

在同一条通信线路上,数据既可以从甲方传送到乙方,又可以从乙方传送到甲方,但这两种传送不能同时进行。半双工方式要求甲、乙方分别设置一套发送器和接收器,通过切换选择使之用同一线路实现"甲发乙收"或"乙发甲收"的传送,如图7.2(b)所示。

3. 全双工方式

要求甲、乙双方既可同时发送数据又可同时接收数据,这种方式则称为全双工方式。此种情况下甲乙双方需分别设置一套发送器和接收器,并需要使用两条独立的通信线路,如图7.2(c)所示。

7.1.4 调制解调器(Modem)与远程数据通信

为实现远距离数据通信和远程计算机网络等远程数据传送,通常利用现有的电话线网络作为数据传送的载体。但由于电话线原为传送话音设计的,其传输频带很窄,在300 Hz到340 Hz之间,用它传送方波的数字信号,必将引起波形畸变,从而影响传输的可靠性。为此,通常在发送端使用调制器,将数字信号转换成模拟信号,即将数据信号调制到话音频率上,再通过电话线进行传送;在接收端,则使用解调器将接收到的模拟信号解调使之还原成原来的数字信号,从而避免了利用电话线路直接传送数字信号带来的畸变。上述工作由专门的调制解调器来完成。调制与解调过程如图7.3所示。

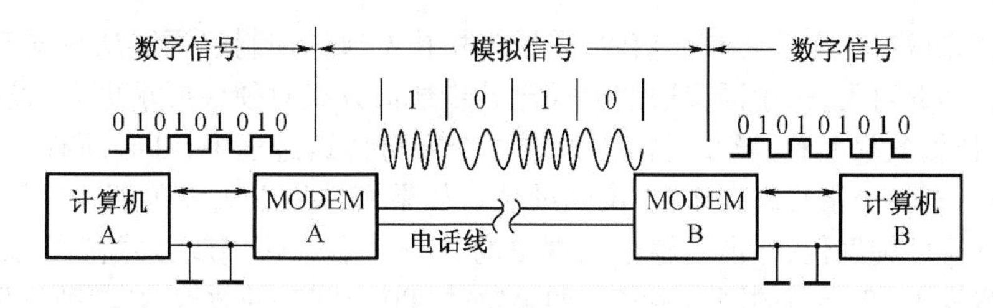

图7.3　调制与解调过程

7.1.5　串行通信分类

串行通信按信息格式的约定分为两种：异步通信方式和同步通信方式。

1. 异步通信

在异步通信中，以字符为单位进行发送和接收，每一个字符用起始位和停止位标记字符的开始和结束。

异步通信协议为：首先用一位起始位表示通信的开始，后面紧接着的是字符的数据代码，数据可以是5,6,7或8位数据，在数据代码后可根据需要加入奇偶校验位，最后是停止位，其长度可以是1位、1.5位或2位。在异步通信中，字符间隔不固定，在停止位后可以是若干个空闲位。空闲位用高电平表示，用于等待传送。异步通信方式如图7.4所示。

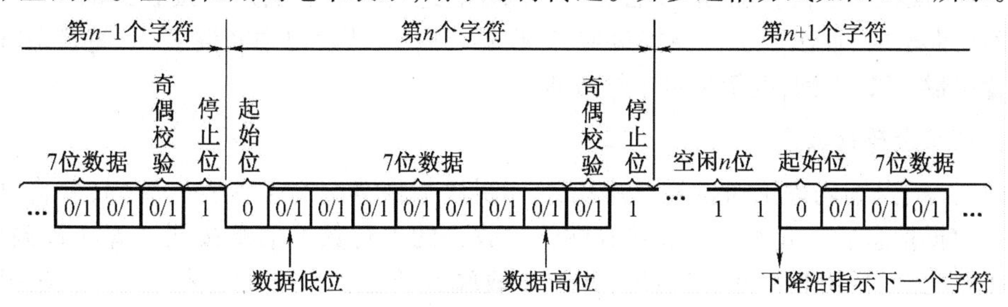

图7.4　异步通信示意图

2. 同步通信

同步通信不给字符加起始和停止位，而是把传送的字符顺序连接组成一个数据块，在数据块开头加同步字符，在数据块末尾加校验字符，每次通信传送这样一整块数据，如图7.5所示。同步通信数据块中字符间隔为0。

同步码	数据码流	检验码

图7.5　同步通信示意图

从对硬件设备的要求来看，异步通信方式由于采用了起始位同步，所以对收发时钟要求不高，接收方的时钟频率和发送方的时钟频率不必完全一样，而只要比较相近，即不超过一定的允许范围即可。即使接收设备和发送设备两者的时钟频率略有偏差，也不会因偏差的积累而导致错位，有时字符之间的空闲位也为这种偏差提供了一种缓冲，所以异步通信可靠性高且硬件设备简单。同步通信方式由于它的数据信息位很长，所以对收发时钟要求非常严格，不仅要求其同频率，而且要求同相位，在近距离通信时，可以采用增加一根时钟信号线的方式来解决。在远距离通信时,采用锁相技术通过调制解调器从数据流中提取同步时钟信号。由此可见,采用同步通信方式比异步通信方式对硬件要求更高,设备更复杂。其次,从数据传输效率上看,异步通信方式在每个字符传送过程中,都必须有一个起始位,1~2位停止位,即每个字符都有2~3位辅助位。如果用异步方式传送400字节数据,则至少必须有800位的辅助位,即占去整个数据量的20%。若采用同步方式传送,则只在数据信息的开头发送1~2字节的同步字符。如果发送400个字节的数据,则辅助位只占总数据位的0.5%。由此可见,同步通信方式的数据传输效率高于异步通信。异步通信一般能达到19.2 kb/s,而同步通信很容易到达500 kb/s以上。

7.1.6 误码率和差错控制

串行通信不论采用何种方式,都应能保证高效率而无差错地传送数据。在任何一个远距离通信线路中,都不可避免地存在噪声产生的干扰而造成传送出现差错。因此,对传送的数据进行校验就成了串行通信中必不可少的重要环节。常用的校验方式有两种:

1. 奇偶校验

用这种校验方式发送时,在每个字符的最高位之后都附加一个奇偶校验位,这个校验位可为“1”或“0”,以便保证整个字符(包括核验位)中“1”的个数为偶数(偶校验)或奇数(奇校验)。接收时,按照发送方所约定的同样的奇偶性,对接收到的每个字符进行校验。例如,发送偶校验产生校验位,接收也必须按偶校验进行校验。当发现接收到的字符中“1”的位数不为偶数时,便出现了奇偶校验错,接收器可向CPU发出中断请求,或使状态寄存器相应位置位供CPU查询,以便进行出错处理。

2. 循环冗余码校验

发送时,根据编码理论对发送的串行二进制数某种算法产生一些校验码,并将这些校验码放在数据信息后一起发出。在接收端将接收到的串行数据信息按同样算法校验码,当信息位接收之后,再接收CRC校验码,并与接收端计算出的校验码进行比较,若相等则正确,否则说明接收数据出错。接收器可用中断或状态标志位的方法通知CPU,以便进行出错处理。

7.2 RS232C 协议

串行通信具有多种规范,如RS232,RS485等。目前串行接口已有广泛使用的标准,它就是RS232C(Recommend Standard)。

RS232C标准是美国EIA组织制定和推荐的串行接口标准,它最初是为远程通信连接数据终端设备(DTE)和数据通信设备(DCE)而制定的。但目前广泛用于计算机(更准确地说是计算机接口)与终端或外设之间的近端连接。

RS232C标准主要性能指标为:数据传输速率为0~19 200位/秒;最大通信物理距离为15 m。

7.2.1 RS232C 总线主要特点

RS232C总线主要有以下特点:

(1)信号线少

RS232C 总线共有 25 根,它包含有主副两个通道,用它可进行全双工通信。实际应用中,多数只用主信号通道(即第一通道),且只使用其中的几个信号(通常 3 ~9 根线)。

(2)可供选择的传输速率多

RS232C 规定的标准传送速率有 50 b/s,75 b/s,110 b/s,150 b/s,300 b/s,600 b/s,1 200 b/s,2 400 b/s,4 800 b/s,9 600 b/s,19 200 b/s,可以灵活地使用于不同速率的设备。

(3)抗干扰能力强

RS232C 采用负逻辑,以 +5 ~ +15 V 之间任意电压表示负逻辑“0”,以 -5 ~ -15 V 之间任意电压表示逻辑“1”,且它是无间隔不归零电平传送,从而大大提高了抗干扰能力。

7.2.2　RS232C 接口信号

1. 引脚分配

RS232C 接口共有 25 根信号线,使用“D”型连接器。现在的微型计算机串口 1 使用 9 针型连接器,串口 2 使用 25 针型连接器。RS232C 常用的信号线如表 7.1 所示。

表 7.1　RS232C 常用信号线

25 针型引脚号	9 针型引脚号	方向	用途	名称
2	3	输出	发送数据	TXD
3	2	输入	接收数据	RXD
4	7	输出	请求发送	RTS
5	8	输入	清除发送	CTS
6	6	输入	数据设备准备好	DSR
20	4	输出	数据终端准备就绪	DTR
8	1	输入	接收线路信号检测	DCD
22	9	输入	振铃指示	RI
7	5	地	信号地	GND

2. 信号说明

在 RS232C 总线中,虽然绝大多数信号线均已定义使用,但在一般的微型计算机串行通信中,经常使用的只有以下 9 根信号线(不包括保护地),其功能分别如下所述。

TXD:发送数据线,输出。通过它,终端将串行数据发送到 Modem 或其他通信设备。

RXD:接收数据线,输入。通过它,终端接收来自 Modem 或其他通信设备的串行数据。

RTS:请求发送信号,输出,高电平有效。RTS =1,表示终端要向 Modem 或其他通信设备发送数据。通常它用来控制 Modem 或外设是否要进入发送状态。

CTS:清除发送(允许发送)信号,输入,高电平有效。该信号是对请求发送信号 RTS 的响应信号。当 CTS =1 时,表示 Modem 或外设已准备好接收终端发送来的数据,并通知终端开始发送数据。

DSR:数据设备准备就绪信号,输入,高电平有效。DSR =1,表明 Modem 或外设处于可用状态。

DTR:数据终端准备就绪信号,输出,高电平有效。DTR =1,表明数据终端(如计算机)可以使用。

DCD:接收线路信号检测,输入,高电平有效。DCD =1,表明 Modem 正在接收通信线路另一端 Modem 送来的信号。

RI:振铃指示,输入,高电平有效。RI =1,表明 Modem 收到了交换台送来的振铃呼叫信号,用它来通知终端(如计算机)。

SG,PG:信号地和保护地线,它们是无方向的数字地和保护地。

7.2.3 RS232C 电气性能

RS232C 的逻辑电平与 TTL 完全不同,采用负逻辑,它规定"1"的逻辑电平为 -5 ~ -15 V,"0"的逻辑电平为 +5 ~ +15 V,此电平称为 EIA 电平。因此,为了能够同计算机接口的 TTL 集成电路连接,必须在 EIA 电平和 TTL 电平之间进行电平和逻辑的变换。目前,这种转换较多的是采用 MC1488,MC1489 这两种集成电路。MC1488 完成 TTL 电平到 EIA 电平的转换,MC1489 实现 EIA 电平到 TTL 电平的转换,如图 7.6 所示。

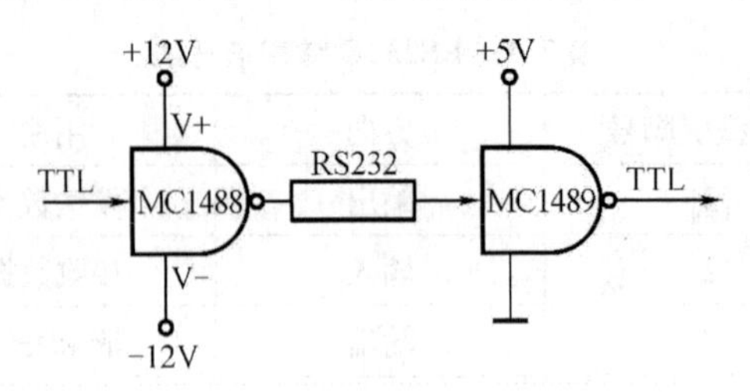

图 7.6 EIA - TTL 电平转换连接图

7.2.4 RS232C 总线接口的几种常用的连接方法

1. 近距离通信的连接

近距离通信时,由于通信双方距离较近,直接将数据终端设备连接起来即可、最简单的一种连接方法只用 3 根线,其他和 Modem 有关的线,可以不连接,即如图 7.7(a)所示。这种方式称为 0 - Modem 方式。当然,也可将控制线和自身的状态线连接起来,如图 7.7(b)所示。

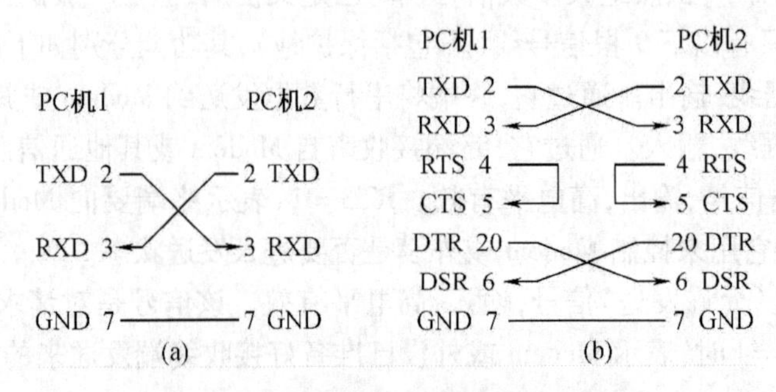

图 7.7 近距离通信的 RS232C 接口连线

图7.7(a)中PC机1通过TXD信号问PC机2发送图7.4所示格式的串行数据,同时通过RXD信号线接收PC机2发来的串行数据,信号地(GND)必须连接。7.6(b)是在图7.7(a)的基础上,增加了RTS和CTS,DTR和DSR两对状态控制信号线。其通信工作步骤如下(PC机1发给PC机2):

(1)PC机1通过RTS信号通知对方,请求发送数据。

(2)PC机2若可以接收PC机1的数据,则通过CTS信号回答PC机。

(3)PC机正做好发送数据前的准备工作,通过DTR通知对方自己准备就绪。

(4)PC机2做好接收数据前的准备工作,通过DSR通知PC机1。

(5)PC机1通过TXD向对方发送串行数据。

在此过程中RTS和CTS,DTR和CTR是两种联络线,都是通知对方和接收对方的通知,从而构成典型的查询方式,实际连线中也可以只用其中一对信号线。

2. 具有Modem设备的远距离通信

数据终端设备(如计算机)通过RS232C接口和数据通信设备(如调制解调器)连接起来,再通过电话线和远程的设备进行通信,即电话线的两端都是数据通信设备,即Modem设备。具有Modem设备的远距离通信的连接如图7.8所示。

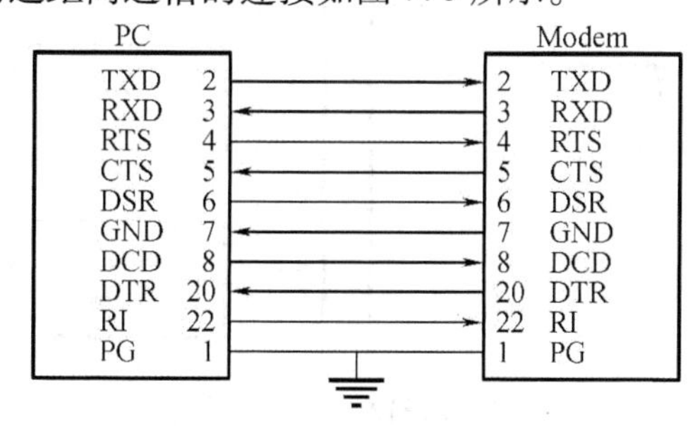

图7.8 具有Modem设备的远距离通信的连接示意图

7.2.5 通用异步收发器

串行通信设备除了支持RS232C标准外,其本身还有一个功能部件,即通用异步收发器(UART,Universal Asynchronous Receivers - Transmitters)。这种部件用于实现把字符的并行代码变换成图7.3那样格式的串行代码并发送出去,同时还能把这种格式的代码接收下来变换成相应的并行代码。这种功能部件目前已制成集成电路,常用的有INS8250和Intel公司的8251。下面我们通过介绍8251来掌握UART的功能与使用。

7.3 可编程串行通信接口8251A

Intel8251是一种可编程的通用同步/异步接收发送器,用作CPU与外设之间的串行通信接口,其基本性能如下:

(1)通过编程选择,它可按同步方式工作,其波特率可选为0~64 kb/s;也可按异步方式工作,其波特率为0~19.2 kb/s。

(2)同步方式时,字符可选择为5~8位,并且内部能自动检测同步字符,以实现同步传送;此外,还允许在同步方式下增加奇/偶校验位。

(3)异步方式时,字符可选择为5~8位,另外用一位作奇/偶校验位。8251A将自动为每个字符添上一个起始位,并允许通过编程选择1,1.5或2位停止位。

(4)可指定为半双工或全双工工作方式。接收、发送数据分别有各自的缓冲器。

7.3.1 8251A的内部结构

8251A的内部结构如图7.9所示。

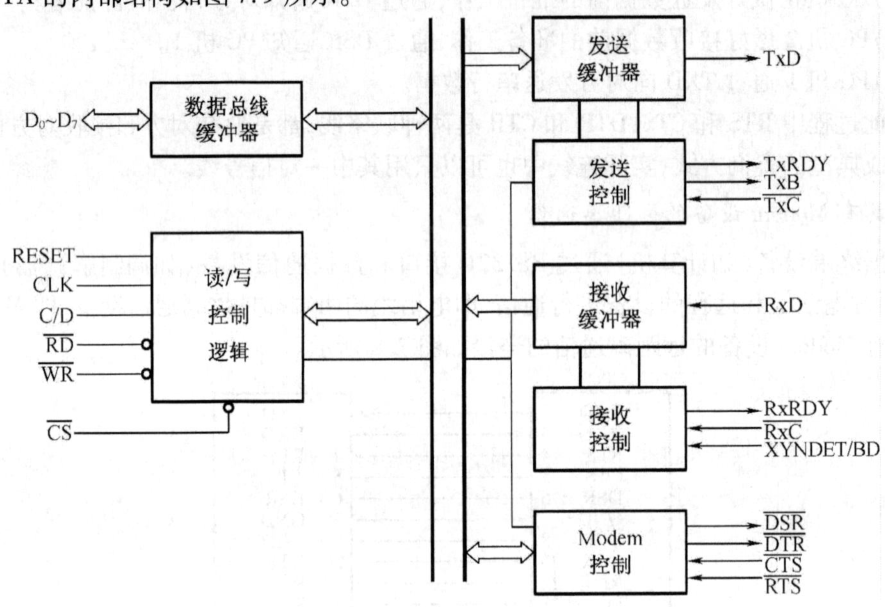

图7.9 8251A的内部结构图

8251A由数据总线缓冲器、发送器、接收器、R/W控制逻辑和调制解调控制逻辑五个部分组成。

1. 数据总线缓冲器

数据总线缓冲器是双向三态的8位缓冲器,包含有命令缓冲器和数据缓冲器。它是8251A与系统总线的接口,CPU通过它向8251A写入控制字和命令字,读取状态信息。在发送和接收过程中,CPU通过它输出数据和读入数据。

2. 发送器

在异步方式下,发送器接收CPU送来的并行数据,将其变成串行数据后加上起始位、校验位和停止位,在发送时钟$\overline{TxC}$的作用下,以时钟频率的1/16或1/64的速率将数据从TXD引脚一位一位地串行发出。

在同步方式下,发送器接收CPU送来的并行数据,将其变串行数据后,在发送数据前,插入一个或两个同步字符,数据中插入奇偶校验位,在发送时钟编$\overline{TxC}$的作用下,以时钟频率相同的速率,将数据从TXD引脚一位一位地串行发出。若CPU来不及把新的字符送给它时,它将自动在TXD线上插入同步字符。

3. 接收器

在异步方式下,当"允许接收"和"准备好接收数据"有效时,接收器开始监视RxD线。

当发现 RxD 线上的电平由高变为低时,即认为起始位到来,然后接收器开始接收一信息。接收到的信息经过校验处理和去掉停止位后,变成并行数据,经 8251A 内部总线送到数据总线缓冲器。同时发出"接收准备就绪"信号,告诉 CPU 字符已经可用。

在同步方式下,接收器监视 RxD 线,每出现一个数据位就把它移一位,然后把接收寄存器的数据与同步字符相比较,若不相等,则重复上述过程。当找到同步字符后,则置位"同步检出"信号,表示已找到同步字符,接收器从 RxD 端串行接收数据,并将它装配成并行数据,再把它送至数据总线缓冲器,同时发出"接收准备就绪"信号。

4. R/W 控制逻辑

读/写控制逻辑用来接收 CPU 送来的一系列控制信号,由它们可确定 8251A 处于什么状态,并向 8251A 内部各功能部件发出有关的控制信号。因此,它实际上是 8251A 内部的控制器,或者说是 8251A 与 CPU 之间的控制接口。

5. 调制/解调控制逻辑

在远距离串行通信时,提供与调制解调器联络的应答信号;在近距离串行通信时,提供与外设联络的应答信号。

7.3.2　8251A 的引脚

8251A 的引脚如图 7.10 所示。

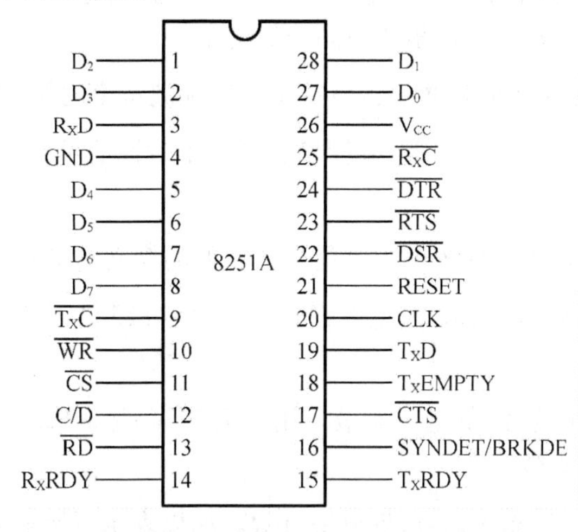

图 7.10　8251A 的引脚图

8251A 是用作 CPU 与外设或调制解调器之间的接口的。依据其内部结构可以将其引脚信号分为以下几组:

1. 与 CPU 接口的信号线

$D_0 \sim D_7$:双向数据线。

$\overline{WR}$和$\overline{CS}$:分别为读、写和片选信号线。

RESET:复位信号线。8251A 集成电路复位后将处于空闲状态,等待命令。通常与系统复位线相连。

CLK:时钟线。它为集成电路的内部电路提供时钟信号,而且必须高于发送和接收波特率,并且同步时为30倍,异步时为45倍。

C/$\overline{\text{D}}$:控制/数据线。若此端为高电平,则CPU对8251A写控制字或读状态字;若为低电子,则CPU对8251A读写数据。该信号实为地址控制端,用于确定8251A的I/O端口地址,一般情况下接地址线A_0。

2. 发送器有关信号

TXD:发送数据线。

TXRDY:发送器准备好,状态输出线。用于通知8251A内的发送器已经做好发送数据准备。

TXEMPT:发送器空,状态输出线。表示8251A内的发送器中的数据已发送出去,发送器为空。

TXC:发送器时钟,用于控制8251A发送字符的波特率。TXC在同步方式时,应与发送、接收波特率相等;在异步方式时,可以是波特率的1,16或64倍。

3. 接收器有关信号

RxD:接收数据线。

RxRDY:接收器准备好,状态输出线。表示8251A已经接收了一个字符代码,通知CPU取数据。

SYNDET:同步字符检测双向信号线,用于同步方式。它是作为输入还是输出,取决于初始化程序要求8251A工作于内同步或外同步的规定。

$\overline{\text{RxC}}$:接收器时钟,用于控制接收字符波特率。它和波特率的关系同TXC。

大多数情况下,TXC和$\overline{\text{RxC}}$在一起,共同接收同一个时钟信号。

4. Modem控制信号

8251A提供4个与Modem相连的控制信号。它们的含义与RS232C标准的规定相同。

$\overline{\text{DTR}}$:数据终端准备好,输出信号,低电平有效。表示8251A准备就绪,它由工作命令字的D_1置"1"变为有效。

$\overline{\text{RTS}}$:请求发送,输出信号,低电平有效。用于通知Modem,8251A要求发送,它由工作命令字的D_5置"1"变为有效。

$\overline{\text{DSR}}$:数据设备准备好,输入信号,低电平有效。用以表示调制解调器已准备好,CPU通过读状态寄存器的D_7检测这个信号。

$\overline{\text{CTS}}$:清除传送(即允许传送),输入信号,低电平有效。是Modem对8251A的响应。当它有效时8251A方可发送数据。

7.4 通用总线USB技术

USB(Universal Serial Bus)是一种新型的外设接口标准,几乎所有的低速设备,例如键盘、鼠标、扫描仪、数字音箱、数字相机以及Modem等,都可以连接到统一的USB接口。USB接口具有以下特点。

1. 高速率

USB 接口可支持传输速率达 12 Mb/s，与标准的串行端口相比，大约快出 100 倍；与标准的并行端口相比，也快出近 10 倍。

2. 多设备连接

USB 可以树状结构连接 127 个几乎目前所有的外设。例如 DVD、ISDN、显示器、数字音响、扫描仪、数字照相机、Modem、键盘、鼠标、游戏杆等。支持多数据流，支持多个设备并行操作，支持自动处理错误并进行恢复。

3. 即插即用

USB 支持即插即用，还可在不关闭电源的情况下作热插拔，从而使用户可以完全摆脱增加或去掉外设时重新开机造成的损失。

4. 内置电源供给

USB 电源能向低压设备提供 5V 的电源，新的设备就不需要专门的交流电源了。

USB 所具有的上述优势，使其受到越来越多的用户的青睐。目前市场上越来越多的外设开始支持 USB 接口。小到鼠标、键盘、音箱，大到扫描仪、打印机等都有 USB 接口。这技术将最终解决对串行设备和并行设备如何与计算机连接的争论，从而大大简化计算机与外设的连接过程。

7.5　计算机并行数据通信

7.5.1　微机对并行接口的要求

并行接口能从 CPU 或 I/O 设备接收数据，然后再发送出去。因此，在信息传送过程中，并行接口起着锁存器或缓冲器的作用。通常，微机要求并行接口应具有以下功能和硬件支持：有两个或两个以上具有锁存器和缓冲器的数据交换端口，每个端口具有与 CPU 用应答方式（中断方式）交换数据所必需的控制和状态信号，具有与设备交换数据所必需的控制和状态信号以及片选信号和控制电路。

7.5.2　并行接口的一般结构

典型的并行接口和外设连接如图 7.11 所示。

从图 7.11 中的并行端口用一个通道和输入设备相连，用另一个通道和输出设备相连。每个通道都配有一定的控制线和状态线。

从图 7.11 中可以看到，并行接口中应该有一个控制寄存器用来接收 CPU 对它的控制命令，有一个状态寄存器提供各种状态位供 CPU 查询。为了实现输入和输出，并行接口中还必定有相应的输入缓冲寄存器和输出缓冲寄存器。

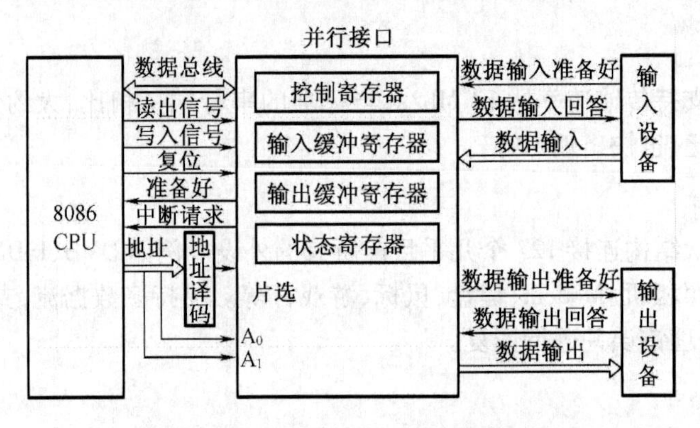

图 7.11 并行接口连接外设示意图

7.6 可编程并行通信接口 8255A

7.6.1 8255A 内部结构

8255A 是 Intel 公司的典型可编程并行通信接口集成电路,8255A 的内部结构如图 7.12 所示。8255A 主要由数据总线缓冲器,读写控制逻辑,A 组和 B 组控制电路,端口 A,B,C 等四个部分组成。

1. 数据总线缓冲器

数据总线缓冲器是一个双向三态 8 位缓冲器,是 8255A 与 CPU 数据总线的接口。CPU 与 8255A 之间所有的数据发送与接收、CPU 向 8255A 发送的控制字和 8255A 向 CPU 回送的状态信息都是通过数据总线缓冲器传送的。

2. 读/写控制逻辑

读/写控制逻辑接收来自 CPU 的地址和控制信号,并发出命令到两个控制组(A 组和 B 组控制)。由它控制把 CPU 发出的控制命令字或输出的数据送到相应的端口,或者把外设的状态信息或输入的数据从相应端口送到 CPU。

3. A 组和 B 组控制电路

A 组控制 A 口 8 位和 C 口的高 4 位($PC_7 \sim PC_4$),B 组控制 B 口 8 位和 C 口的低 4 位($PC_3 \sim PC_0$)。A,B,C 三个端口的工作方式是由 CPU 送往 A 组和 B 组控制寄存器的方式控制字设定的。A 组和 B 组控制寄存器,还可以接收 CPU 送来的置位/复位控制字,以实现对 C 口的按位操作。

4. 数据端口

8255A 包括 3 个 8 位输入/输出端口 A,B,C。A 口具有 8 位数据输出锁存/缓冲器和 8 位数据输入锁存器,它可编程为 8 位输入输出式双向寄存器;B 口具有一个 8 位数据输入输出锁存/缓冲器和一个输入缓冲器(不锁存),它可编程为 8 位输入/输出寄存器,但不能双向输入/输出;C 口具有 8 位数据输出锁存/缓冲器和一个 8 位输入缓冲器(不锁存),它可作为两个 4 位口使用,C 口除作为输入输出口使用外还可以用作 A,B 口选通方式操作时的状态控制信号。

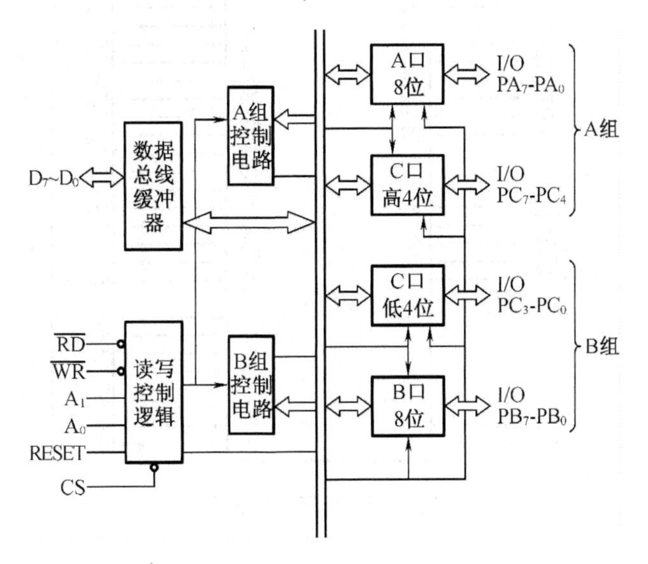

图 7.12　8255A 的内部结构图

7.6.2　8255A 的外部引脚

8255A 的引脚信号可以分为两组，即与外设相连的引脚信号组和与 CPU 相连的引脚信号组。

1. 与外设相连的引脚信号

$PA_0 \sim PA_7$：A 组数据信号。

$PB_0 \sim PB_7$：B 组数据信号。

$PC_0 \sim PC_7$：C 组数据信号。

2. 和 CPU 接口的引脚信号

$D_0 \sim D_7$：双向数据信号线，和系统数据总线相连。在 CPU 和 8255A 之间传送数据、命令和状态信息。

$\overline{CS}$：片选信号，低电平有效。

$\overline{WR}$：写信号，低电平有效。当$\overline{WR}$有效时，CPU 可以往 8255A 中写入控制字或数据。

$\overline{RD}$：读信号，低电平有效。当$\overline{RD}$有效时，CPU 可以从 8255A 中读出数据。

RESET：复位信号。8255A 复位后，所有内部寄存器都被清除，三个数据端口被自动设为输入工作方式。

A_0, A_1：端口地址选择信号。8255A 内部有 A，B 和 C 三个数据端口和一个控制寄存器端口。端口地址编码如表 7.2 所示。8255A 的外部引脚如图 7.13 所示。

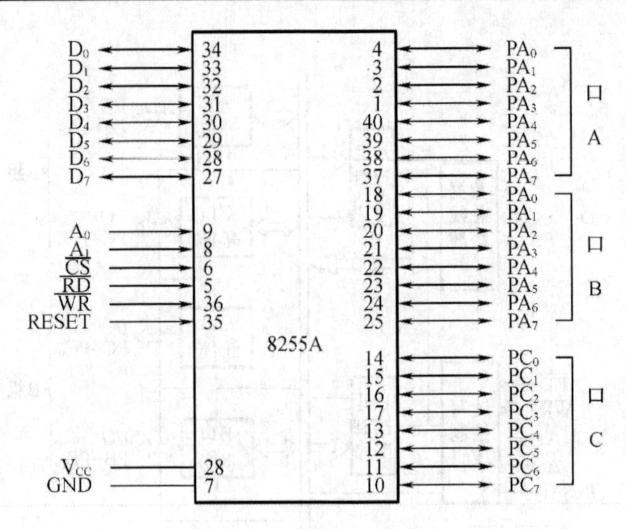

图 7.13 8255A 引脚图

表 7.2 8255A 端口地址编码

A_1	A_0	选择
0	0	A 口地址
0	1	B 口地址
1	0	C 口地址
1	1	控制寄存器地址

8255A 的数据线为 8 条,这样 8 位的接口芯片在与 8086 外部数据线为 16 条的 CPU 相连接时,应考虑接口芯片本身对地址的要求。

由于在 8086 这样的 16 位外部总线系统中,CPU 在进行数据传送时,总是将低 8 位数据送往偶地址端口,将高 8 位数据送往奇地址端口;反过来,从偶地址端口取得数据总是通过低 8 位数据线传送到 CPU,从奇地址端口取得数据总是通过高 8 位数据线传送到 CPU。8255A 是 8 位并行接口芯片,一般它的 $D_7 \sim D_0$ 数据线接到系统总线的低 8 位,这就要求 8255A 端口地址的设置为偶地址,才能接收到 CPU 对 8255A 的访问信号。又由于 8255A 的端口有 A 口、B 口、C 口和控制口,端口地址数需要 4 个,且要满足 8255A 的 A_1A_0 分别为 00,01,10,11 的要求。因此,对于 8086 系统,将 8255A 的 A_1 和地址总线的 A_2 相连,将 8255A 的 A_0 和地址总线的 A_1 相连,将地址线的 A_0 设置为 0,这既保证 CPU 能发出 4 个连续偶地址,又保证了 8255A 四个端口地址的要求。

7.6.3 8255A 的控制字

8255A 可以通过控制字设置它的工作方式。8255A 共有两个控制字:①方式选择控制字;②对端口 C 按位置位/复位控制字。这两个控制字共用一个地址号。即当地址线 A_1A_0 都为 1 时就是访问控制字寄存器的片内地址。而用控制字的 D_7 位来区分是方式设定控制字,还是对 C 端口的按位置位/复位命令。当 D_7 位为 1,是方式控制字;若 D_7 位为 0,是对端口 C 按位置位/复位的命令。

1.8255A 方式控制字

8255A 工作方式控制字的格式,如图 7.14 所示。8255A 的工作方式控制字,是用来设定通道的工作方式及数据的传送方向。它可以分别设定通道 A 和通道 B 的工作方式。通道 A 包括端口 A 和端口 C 的高 4 位;通道 B 包括端口 B 和端口 C 的低 4 位。通道 A 可以选择工作于方式 0,1 或 2;而通道 B 只能设定是方式 0 或方式 1。端口 A 的 8 位和端口 B 的 8 位必须作为一个整体来设定工作方式。但端口 C 高 4 位和低 4 位可以选择不同工作方式。端口 A 和端口 B 可以选用不同的工作方式,而端口 C 的高 4 位和低 4 位也可以选择不同的工作方式。无论是端口 A、端口 B 和端口 C 的高 4 位和低 4 位,除设定工作方式外,还可以设定是输入端口还是输出端口。

8255A 初始化程序也十分简单,仅需送一个控制字,即用一条输出指令,将控制字写入控制寄存器就可以了。

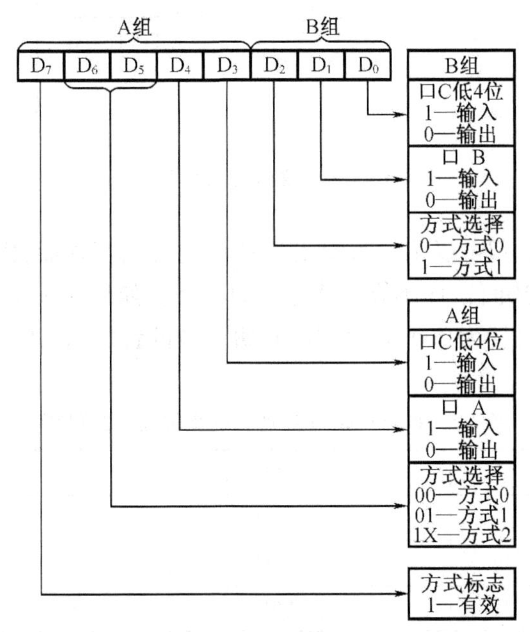

图 7.14　工作方式控制字

例如,将 8255A 的通道 A,设定为工作方式 0,即方式控制字的 D_6,D_5 都为 0。通道 B 也设定为工作方式 0,即方式控制字的 $D_2=0$。分别改变方式控制字的 D_4(端口 A 为输入或为输出)、D_3(端口 C 高 4 位为输入或为输出)、D_1(端口 B 为输入或为输出)和 D_0(端口 C 低 4 位为输入或为输出)的内容,就可以得到 16 种输入或输出的组合。

在 8255A 工作过程中,对它写入新的控制字,来改变其工作方式时,则会将所有输出寄存器和状态寄存器复位,然后按新设定的方式重新开始工作。

例 7-1　要把 A 口指定为 0 方式,输入,C 口上半部定为输出;B 口指定为 0 方式,输出,C 口下半部定为输入,则工作方式命令代码是 10010001B 或 91H。

若将此命令代码写到 8255A 的命令寄存器,即实现了对 8255A 工作方式及端口功能的指定,或者说完成了对 8255A 的初始化。初始化的程序段如下:

```
MOV   DX,303H ;8255A 命令口地址
MOV   AL,91H   ;初始化命令
```

```
OUT   DX,AL      ;送到命令口
```

2. 8255A 按位置位/复位的控制字

端口 C 的每一位都可以通过向控制寄存器写入置位/复位控制字,而使它每一位置位(输出为 1)或复位(输出为 0)。8255A 按位置位/复位的控制字格式,如图 7.15 所示。

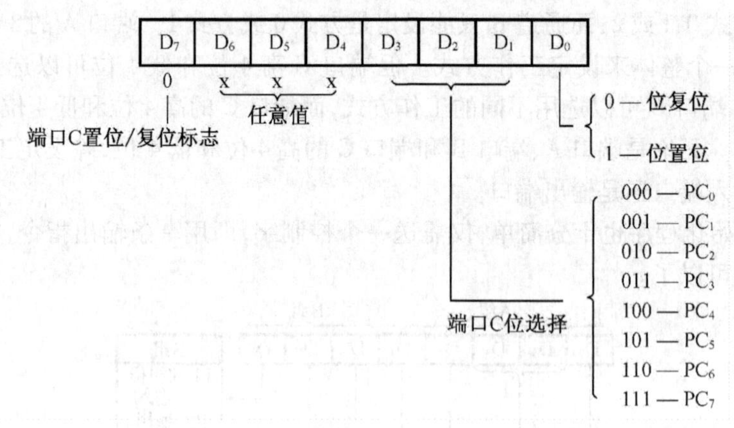

图 7.15 按位置位/复位的控制字

端口 C 的任意一位,都可以用一条输出指令访问控制寄存器,使其置位或复位。按位置位/复位指令只影响指定位,而不改变其他位的状态。如果将按位置位/复位控制字中的 3 个无用位 D_6,D_5,D_4,设置为 000,则对端口 C 每一位的置位和复位控制字如表 7.3 所示。

表 7.3 8255A 端口 C 各位的置位/复位控制字

端口 C 的被控位	置位控制字	复位控制字
PC_0	01H	00H
PC_1	03H	02H
PC_2	05H	04H
PC_3	07H	06H
PC_4	09H	08H
PC_5	0BH	0AH
PC_6	0DH	0CH
PC_7	0FH	0EH

例 7-2 若要把 C 口的 PC_2 引脚置成高电平输出,则命令字应该为 00000101B 或 05H。

将该命令的代码写入 8255A 的命令寄存器,就会使得从 PC_2 引脚输出高电平,其程序段如下:

```
MOV   DX,303H     ;8255A 命令口地址
MOV   AL,05H      ;使 PC2 =1 的命令字
OUT   DX, AL      ;送到命令口
```

如果要使引脚 PC_2 输出低电平,则程序段如下:

```
MOV   DX,303H    ;8255A 命令口地址
MOV   AL,04H     ;使 PC2 =0 的命令
OUT   DX,AL      ;送到命令口
```

7.6.4　8255A 的工作方式

8255A 的端口 A 可以在三种方式下工作,即方式 0、方式 1 和方式 2。而端口 B 只能在方式 0 和方式 1 这两种方式下工作,端口的工作方式是由方式选择控制字决定的。下面介绍三种工作方式的具体含义。

1. 方式 0

方式 0 称为基本输入输出工作方式。在这种方式下 3 个端口分为 A 组(8 位 A 口和 4 位 C 口上半部)及 B 组(8 位 B 口和 4 位 C 口下半部)。两组均可通过编程设置为输入口或输出口。

方式 0 的使用场合有两种,一种是同步传送,另一种是查询式传送。

在同步传送时,发送方和接收方的动作由一个时序信号来管理,双方互相知道对方的动作,不需要应答信号,即 CPU 不需要查询外设的状态。这种情况下,对接口的要求很简单,只要能传送数据就行了。因此,在同步传送下使用 8255A 时,3 个数据端口可以实现 3 路数据传输。

查询式传送时,需要有应答信号。但方式 0 没有规定固定的应答信号,必须自行定义。一般将端口 A 和端口 B 作为数据端口,把端口 C 的 4 个数位(高 4 位或低 4 位均可)规定为输出口,用来输出一些控制信号,而把端口 C 的另外 4 个数位规定为输入口,用来读入外设的状态。即利用端口 C 来配合端口 A 和端口 B 的输入输出操作。

2. 方式 1

方式 1 为选通式输入输出工作方式。在此方式下,A 口和 B 口作为 8 位输入输出端口,C 口的某些线作为 A 口、B 口输入输出的应答信号,余下的口线只具有基本 I/O 功能,即只能工作于方式 0。

在方式 1 下,规定一个端口作为输入口或者输出口的同时,自动规定了有关的控制信号,尤其是规定了相应的中断请求信号。在许多采用中断方式进行输入/输出的场合,如果外设能为 8255A 提供选通信号或数据接收应答信号,则常常使 8255A 的端口工作于方式 1 情况。

3. 方式 2

方式 2 为双向选通输入输出工作方式。这时 A 口作为双向输入输出端口,C 口中的 5 位($PC_3 \sim PC_7$)作为相应的应答控制信号,B 口和余下的 C 口可处于方式 0 工作状态。

方式 2 是一种双向工作方式。如果一个并行外设既可以作为输入设备,又可以作为输出设备,并且输入输出动作不会同时进行,如果将这个外设和 8255A 的端口 A 相连,并使它工作在方式 2,就会非常合适。例如,软盘驱动器就是这样一个外设,主机既可以往软盘驱动器系统输出数据,也可以从软盘驱动器系统输入数据,但数据输出过程和数据输入过程总是不重合,可以将软盘驱动器的数据线与 8255A 的 $PA_0 \sim PA_7$ 相连,再使 $PC_7 \sim PC_3$ 和软盘驱动器的控制线和状态线相连即可。

在上述 A,B,C 这 3 个端口中,C 口还有位操作功能。即 C 口各位可以分别单独置位或

复位。

7.6.5 8255A 应用实例

用 8255A 作为连接打印机的接口,如图 7.16 所示。

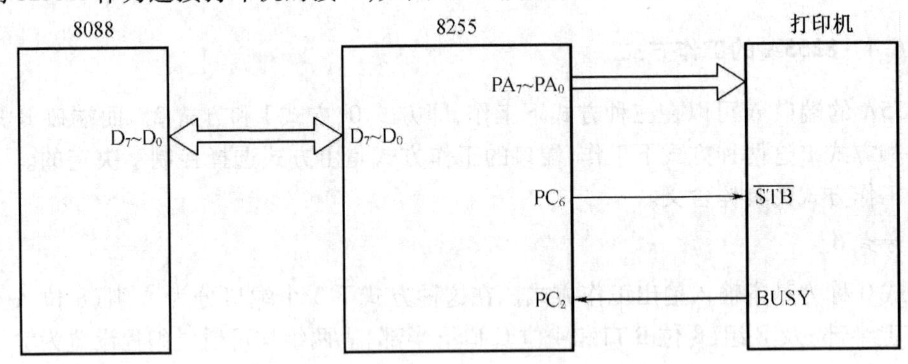

图 7.16 8255A 作为打印机接口的示意图

工作过程如下:当主机要往打印机输出字符时,先查询打印机忙信号,如果打印机正在处理一个字符或正在打印一行字符,则忙信号为 1,反之,则忙信号为 0。因此,当查询到忙信号为 0 时,则可通过 8255A 往打印机输出一个字符。此时,要将选通信号$\overline{STB}$设置为低电平,然后再使$\overline{STB}$为高电平,这就相当于在$\overline{STB}$端输出一个负脉冲(在初始状态$\overline{STB}$也是高电平),此负脉冲作为选通脉冲将字符选通到打印机输入缓冲器。

现将 A 端口作为传送字符的通道,工作于方式 0,输出方式;B 端口未用;C 端口也工作于方式 0,PC_2 作为 BUSY 信号输入端,PC_3 ~ PC_0 为输入方式,PC_0 作为$\overline{STB}$信号输出端,PC_7 ~ PC_4为输出方式。

当设 8255A 的端口地址为 A 端口:00D0H;B 端口:00D2H;C 端口:00D4H;控制口:00D6H 时,程序段如下:

```
        MOV  AL,8lH
        OUT  0D6H,AL
        MOV  AL,0DH        ;使 PC6 为 1,即STB为高电平
        OUT  0D6H,AL
LOOP:   IN   AL,0D4H       ;读 PC2
        AND  AL,04H
        JNZ  LOOP          ;查询打印机状态
        MOV  AL,CL
        OUT  0D0H,AL       ;如不忙,则把 CL 中的字符送到端口 A
        MOV  AL,0CH
        OUT  0D6H,AL       ;使STB为 0
        INC  AL
        OUT  0D6H,AL       ;再使STB为 1
        ⋮                  ;后续程序段
```

习　题　7

1. 8255A 的方式选择控制字和置 1/置 0 控制字都是写入控制端口的，那么它们是由什么来区分的？

2. 设 8255A 在微机系统中，A 口、B 口、C 口及控制字的地址分别为 200H，201H，202H 及 203H，实现：

(1) A 组与 B 组设为方式 0，A 口、B 口均为输入，C 口为输出，编程初始化；

(2) 在上述情况下，设查询信号从 B 口输入，如何实现查询式输入（输入信号有 A 口输入）与查询式输出（信号由 C 口输出）。

3. 8255A 的方式 0 一般使用在什么场合？在方式 0 时，若要使用应答信号进行联络，应该怎么办？

4. 如果需要 8255A 的 PC_5 输出连续方波，如何用 C 口的置位/复位控制字编程实现？

5. 8255A 在复位（RESET）有效后，各端口均处于什么状态？芯片为什么这样设计？

6. 当数据从 8255 的端口 C 往数据总线上读出时，8255A 的引脚 $\overline{CS}$，A_1，A_0，$\overline{RD}$，$\overline{WR}$ 分别是什么电平？

7. 要求：按下列图 7.17 电路的连接确定 8255A 的控制字，并编写初始化及要求数码管显示数字"3"的程序。8255A 的 PB 口地址为 3B01H，控制字地址为 3B03H。

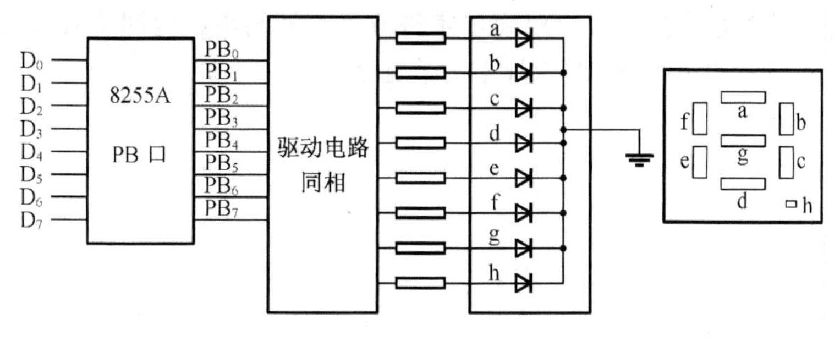

图 7.17　题 7

注：图 7.16 中的驱动电路若是反相的，应该怎么办？

8. 现有一片 8255A 如图 7.18 所示连接，设其在系统中所分配的 I/O 地址为 200H ~ 203H，开关 $K_0 \sim K_3$ 闭合，其余开路，执行完下列程序后，请指出：

(1) A 口和 B 口各工作于什么方式？各是输入还是输出？

(2) 指出各个发光二极管 LED 的发光状态。

```
MOV   AL,99H
MOV   DX,203H
OUT   DX,AL
MOV   DX,200H
IN    AL,DX
XOR   AL,0FH
MOV   DX,201H
```

OUT DX,AL

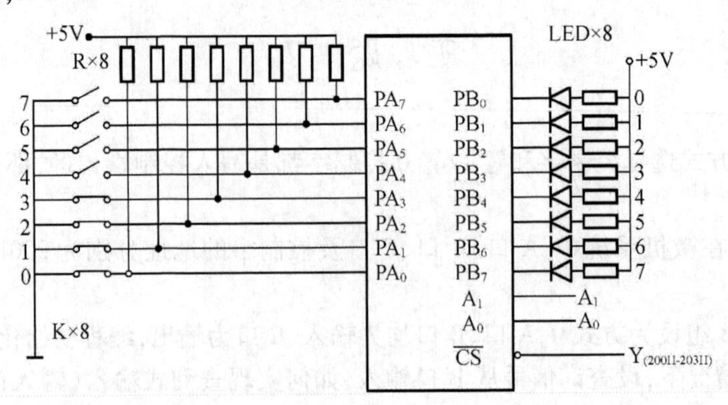

图 7.18 题 8

9. 说明并行接口和串行接口在数据传输和内部结构上的主要区别。

10. 异步通信和同步通信的特点各是什么？

11. 设异步传输时，每个字符对应 1 个起始位、7 个信息位、1 个偶校验位和 1 个停止位，请画出传送信息 45H 的帧格式。

12. 设异步传输时，每个字符对应 1 个起始位、7 个信息位、1 个奇/偶校验位和 1 个停止位，如果波特率为 9 600 b/s，则每秒钟能传输的最大字符数是什么？

13. 什么叫异步工作方式？画出异步工作方式时 8251A 的 TXD 和 RXD 线上的数据格式。什么叫同步工作方式？什么叫双同步字符方式？外同步和内同步有什么区别？写出双同步工作时 8251A 的 TXD 和 RXD 线上的数据格式。

第8章　中断技术

通过学习本章后,你将能够:

了解微型计算机系统中的中断的概念;理解8086的中断系统(理解8086的中断源、软中断、非屏蔽中断、可屏蔽中断。掌握中断向量表。理解8086的中断过程);理解中断控制器8259A接口芯片的组成结构、接口方法、功能和用途。

8.1　中断的基本概念

8.1.1　什么是中断

“中断”是一种信号,它告诉微处理器已发生了某种得更特别注意的事件,需要去处理或为其服务。

可以将“中断”想象成门铃,只有当门铃响时,才放下(停止)手头的事情,走去开门;否则,门铃不响时,你可以去做其他事情,而不必定时去查看是否有客人到了你的门前。中断在计算机中就像门铃一样工作。

在计算机系统中,中断的例子很多。用户使用键盘时,每击一键都发出一个中断信号,告诉CPU有“键盘输入”事件发生,要求CPU读入该键的键值。打印机打印字符时,当打印完一个字符,它要发出“打印完成”的中断信号,告诉CPU一个字符已打印完毕,要求送来下一个字符。当磁盘驱动器准备好把一个扇区的数据传送至主存时,它会发出“数据传送准备好”的中断信号,告诉CPU要求处理。串行通信中,当串行线路上到达了一个字符时,就会引起“接收数据准备好”的中断,要求及时读入这个字符。数据采集系统中,模数转换器转换启动后,就开始转换,一旦转换结束,发出“转换完毕”的中断信号,要求CPU读取数据。日时钟每隔54.945 ms(每秒18.2次)向CPU发出一个“时间已到”的中断信号,要求CPU把这段时间记录下来,并进行累加。

中断在处理一些紧急事件时,特别有效。如系统发生数据出错(奇偶校验错)或硬件故障(I/O错)时,就会产生一类不可屏蔽的中断(NMI),要求CPU立即去处理,以保证系统的安全与正常运行。

中断不仅能由外部事件产生,也能由内部事件引起,如计算机中出现被零除的错误时,就会产生“零除某个数”的中断。

中断还可以由程序发出“中断指令”(INT　n)而产生,称为软件中断。这类中断用于对系统资源的共享与利用,其形式主要是对BIOS功能和DOS功能的调用。

无论计算机何时接到中断(请求)信号,在满足一定的条件下,它会中止自己正在进行的操作,并在程序中标记它的位置之后,把控制权交给中断服务程序。然后,由中断服务程序去处理急待处理的事件,处理完毕,随即返回,再把控制权归还给原来的程序。

所以,如果要详细一些来说,所谓中断,是指CPU在正常运行程序时,由于内部事件或由程序的预先安排的事件,引起 CPU 中断正在运行的程序,而转到为内部事件或为预先安排的事件服务的程序中去。服务完毕,再返回去继续执行被暂时中断的程序。也就是说,CPU 在执行当前程序的过程中,插入了另外一段程序运行。

8.1.2 中断源与中断识别

1. 中断源

发出中断请求的外部设备或引起中断的内部原因称为中断源。中断源有以下几类:

①外设中断。系统外部设备要求与 CPU 交换信息而产生的中断。

②指令中断。为了方便用户使用系统资源或调试软件而设置的中断指令,如调用 I/O 设备的 BIOS 及 DOS 系统功能的中断指令和设置断点中断等。

③程序性中断。程序员的疏忽或算法上的差错,使程序在运行过程中出现多种错误而产生的中断。如溢出中断、非法除数中断、地址越界中断、非法操作码中断及存储器空间不够中断等。

④硬件故障中断。机器在运行过程中,硬件出现偶然性或固定性的错误而引起的中断。如奇偶错中断、电源故障等。

2. 中断识别

CPU 响应中断后,只知道有中断源请求中断服务,但并不知道是哪一个中断源。因此,CPU 要设法寻找中断源,即找到是哪一个中断源发出的中断请求,这就是所谓的中断识别。中断识别的目的是要形成该中断源的中断服务程序的入口地址,以便 CPU 将此地址置入 CS:IP 寄存器,从而实现程序的转移。CPU 识别中断或获取中断服务程序入口地址的方法有两种:向量中断和查询中断。

向量中断是由中断向量来指示中断服务程序的入口地址。例如,对可屏蔽中断是在 CPU 响应中断后,发出中断回答$\overline{\text{INTA}}$时,由中断控制器通过数据总线返回到 CPU 的中断号来确定中断源的。

查询中断是采用软件或硬件(串行顺序链电路)查询技术来确定发出中断请求的中断源。

8.1.3 中断优先级排队方式

当系统有多个中断源时,就可能出现同时有几个中断源申请中断,而 CPU 在一个时刻只能响应并处理一个中断请求,为此,要进行排队。排队的方式有以下几种:

1. 按优先级排队

根据任务的轻重缓急,给每个中断源指定 CPU 响应的优先级,任务紧急的先响应,可以暂缓的后响应。安排了优先权后,当有多个中断源申请中断时,CPU 只响应并处理优先级别最高的中断申请。

2. 循环轮流排队

不分级别高低,所有中断源都一律平等,CPU 轮流响应各个中断源的中断请求。

还有其他一些排队方式,但使用最多的是按优先级排队方式。

8.1.4 中断嵌套

在实际应用系统中,当 CPU 正在处理某个中断源,即正在执行中断服务程序时,会出现优先级更高的中断源申请中断。为了使更高级别的中断源及时得到服务,需要暂时中断(挂起)当前正在执行的级别较低的中断服务程序,去处理级别更高的中断源,待处理完以后,再返回到被中断了的中断服务程序继续执行。但级别相同或级别低的中断源不能中断级别高的中断服务,这就是所谓的中断嵌套,并且称这种中断嵌套方式为完全嵌套方式。中断嵌套如图 8.1 所示。它是解决多重中断常用的一种方法。另外,还有特定完全嵌套方式,将在后面讨论。

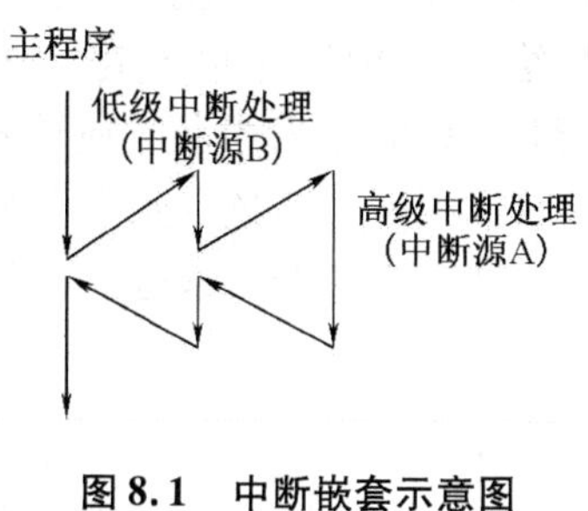

图 8.1 中断嵌套示意图

8.2 8086 中断系统

8086 的中断系统功能很强,中断源大致可分为两大类:一类是硬中断(外部中断);另一类是软中断(内部中断)。下面分别讨论它们产生的条件、特点及其应用。

8.2.1 硬中断

硬中断是由来自外部的事件产生,即由外部设备提出中断申请而产生的。硬中断的产生具有随机性,何时产生中断,CPU 预先并不知道。

由外部设备或电路产生的硬中断有两种:不可屏蔽中断 NMI 和可屏蔽中断 INTR。

1. 不可屏蔽中断 NMI

当 CPU 的 NMI 引脚上有一个来自外部的由低到高的上跳边触发信号时,产生中断类型号为 2 的 NMI 请求,并由此转入相应的服务程序。这种中断的特点是不能被 CPU 用指令 CLI 来禁止,而且一旦出现这种请求,CPU 应立即响应。CPU 不需要发中断响应的回答信号,也不要求中断源通过中断控制器返回中断号而立即进入预定的 2 号中断,并自动启动 NMI 服务程序,转向一个固定的地址单元,那里存放着 NMI 的服务程序。NMI 是一种“立即照办”的中断,其中断优先级在硬中断中最高。因此,它常用于紧急情况的故障处理,并由系统使用,一般用户不能使用。

2. 可屏蔽中断 INTR

当 CPU 的 INTR 引脚上有一个来自外部的“高”有效信号输入时,则产生硬件可屏蔽中断请求 INTR,这种请求可以被 CPU 用指令 CLI 禁止,也可由 STI 来允许。只有在 INIR 被允许时,CPU 才发出中断响应信号$\overline{INTA}$,这时中断源一定要向 CPU 提供中断类型号,以便找到中断服务程序入口。很明显,这种中断是由外部设备产生的。

INIR 中断请求线的扩充及兼容性问题。由于 CPU 芯片上只有一个引脚接收外部的可屏蔽中断,因此,当系统中多台外设采用中断方式交换数据时,就需使用 8259A 中断控制器进行扩充。

8.2.2 软中断

软中断不是由硬件产生,而是由用户在程序中发出中断指令 INT n 产生。指令长度是双字节,第 1 字节为指令操作码 CDH,第 2 字节为指令操作数 n,称软中断号。可见,软中断的中断号是在中断指令中直接给出。并且,何时产生软中断是由程序安排的,因此,是可以预料的。此外,软中断处理过程中,CPU 不发中断响应信号,也不要求中断控制器提供中断号(因为 CPU 已从中断指令中获取中断号),这一点和不可屏蔽中断相似。

软中断包括 ROM - BIOS 中断和 DOS 中断两部分。下面分别介绍。

1. ROM - BIOS 中断

基本的 ROM - BIOS 中断占用中断号 10H ~ 1FH,此外,还占用中断号 05H 及未定义自由软中断号 40H,41H 和 46H。这些中断的功能,包括对 I/O 设备的控制,提供对系统的实用服务程序和中断服务程序运行所需的参数等。

2. DOS 中断

DOS 中断占用中断号 20H ~ 3FH。这些中断程序提供了 DOS 系统的主要功能。

除了上述硬中断和软中断两类中断之外,PC 微机系列的中断系统还包括一些特殊中断,这些中断既不是由外部设备提出申请而产生的,也不是由用户在程序中发中断指令 INT 而发生的,而是由内部的突发事件所引起的中断,即在执行指令的过程中,对发现某种突发事件时就启动内部逻辑转去执行预先规定的中断号所对应的中断服务程序。这类中断也是不可屏蔽中断,其中断处理过程具有与软中断相同的特点,因此,有的书上把它们归到软中断一类。这类中断有:

(1)0 号中断——除数为零中断

当微处理器执行 DIV(无符号数除法)指令或 IDIV(有符号数除法)指令时,若出现商超出机器表示的最大值,就如同被 0 除了一样,引起 0 号中断。

(2)1 号中断——单步中断

微处理器执行一条指令前,如果检测到单步标志位 TF 为 1,则在该条指令执行后立即停止,引起 1 号中断,支持程序单步跟踪的功能。如 DEBUG 调试程序中的跟踪命令 T,就是将标志位 TF 置 1,然后执行一个单步中断程序。值得注意的是,CPU 并未直接提供使单步标志位 TF 置 1 或清零的指令,但可采用状态标志位的传送指令 LAHF 和 SAHF 或者堆栈指令 PUSHF 和 POPF 来实现置 1 和清零。

(3)3 号中断——断点中断

当微处理器执行当前指令码为 CCH(即单字节 INT 3H)时,立即引起 3H 号中断。须指出的是,系统并未提供断点中断服务程序。通常由实用软件支持,如 DEBUG 的 G 命令允许设置多达 10 个程序断点,并对断点处的指令执行结果进行显示,供用户调试程序时检查。它的基本思路是:根据设置的断点地址,将该地址的首字节指令码保存后换成 CCH。当

CPU 执行到此断点为 INT 3H 时,即刻转向断点处理服务程序。在完成必要的显示服务后随即恢复原断点处的首字节指令码,可供继续执行。

(4)4 号中断——溢出中断

当微处理器检测到溢出标志 OF 为 1 时,且本条指令码为 CEH(即单字节的 INIO 指令),则立即引起4 号中断。但要注意的是,在运算过程中出现溢出标志位为 1 后,CPU 并非会自动转入溢出处理服务程序。其实,OF =1 仅是一个必要条件。用户在编程时,若要对某些运算操作进行溢出监控,就应在这些操作指令之后加一条 INTO 指令,并设计相应的运算溢出中断服务程序。因为溢出标志位 OF 为零时,INTO 指令不产生任何操作。

8.2.3 硬中断与软中断的比较

1. 硬中断的特点

由以上分析可知,硬中断有如下特点:

(1)硬中断是外部事件而引起的中断,因此硬中断具有随机性和突发性。

(2)中断响应周期,CPU 需要发中断回答信号(NMI 硬中断不发中断回答信号)。

(3)中断号由中断控制器提供(NMI 硬中断的中断号由系统指定为 02H)。

(4)是可屏蔽的(NMI 硬中断是不可屏蔽的)。

2. 软中断的特点

(1)软中断是执行中断指令而产生的,无需外部施加中断请求信号。在 IBMPC 汇编语言指令系统中,设置了中断指令,在程序需要调用某个中断服务程序时,只要安排一条相应中断指令,就可转去执行所需要的中断程序,因此,中断的发生不是随机的,而是由程序安排好的。

(2)中断响应周期,CPU 不需要发中断回答信号。

(3)软中断的中断类型号是在指令中直接给出,因此不需要使用中断控制器。

(4)是不可屏蔽的。

8.2.4 软中断的应用

软中断的应用包括 ROM - BIOS 调用和 DOS 系统功能调用,这是用户使用系统资源的重要方法和基本途径。

ROM - BIOS 有一组存放在 ROM 中,独立于 DOS 的 I/O 中断服务程序。它在系统硬件层的上一层次,直接对系统中的 I/O 设备进行设备级控制,可供上层软件和应用程序调用。因此,它是用户访问系统设备的途径之一。

DOS 是存放在磁盘上的操作系统软件,其中软中断 INT 21H 是 DOS 的内核。它是一个极其重要、功能庞大的中断服务程序,包含 0 ~ 6CH 个子功能,包括对设备、文件、目录及内存的管理功能,涉及各个方面,可供系统软件和应用程序调用,因此,它也是用户访问系统资源(包括设备、文件、目录、内存等各方面)的另一个重要途径。通常所说的 DOS 系统功能调用就是指的 INT 21H 软中断的使用。由于它处在 ROM - BIOS 层的上一个层次,与系统硬件层有 ROM - BIOS 在逻辑上的隔离,所以它与系统硬件的依赖性大大减少,其兼容性大大提高。

有关 ROM - BIOS 和 DOS 系统功能调用的功能、调用的方法、步骤和入口/出口参数的设置,请参考相应的资料。

8.2.5 中断处理过程

虽然不同的微型计算机的中断系统有所不同,但实现中断时都有一个相同的中断过程。它包括中断请求、中断响应、中断服务和中断返回4个阶段。

1. 中断申请

当外部设备要求CPU为它服务时,都要发送一个"中断请求"信号给CPU进行中断申请,CPU在执行完每条指令后去检查"中断请求"输入线,看是否有外部发来的"中断请求"。CPU对外部的中断申请有权决定是否予以响应。若允许申请,则用STI指令打开中断;若不允许,则用CLI指令关闭中断。没有获得允许的中断请求,就称为中断被屏蔽。这种用软件指令来控制中断的开/关,给程序设计带来很多方便,使重要的程序段不受外来中断请求的打扰。比如,在实时控制程序的数据采集程序段就可用一条CLI指令来禁止一切外来中断请求进入CPU。在完成数据采集之后,再在后面的程序中放上一条STI指令,以便及时正确地收集现场数据。再如,管理程序中的某些重要程序也要用CLI指令进行屏蔽,以保证系统的正常运行。

2. 中断响应

当外部设备发出中断请求INT后,如果中断已经开放并且没有其他外设申请DMA传送,则CPU在当前指令执行结束时响应中断,进入中断的响应周期。CPU通过总线控制器连续发出两个中断回答信号$\overline{INTA}$完成一个中断响应周期以获取中断类型号(NMI和软中断以及特殊中断不做此项工作)。CPU响应中断之前,通过内部硬件,进行断点及标志保存,这叫保护程序断点,即将当前正在执行的程序的段地址(CS)和偏移地址(IP)以及标志(FR)压入堆栈。然后通过在中断响应周期中所读取的中断类型号,找到被响应的中断源的中断服务程序的入口地址,包括中断服务程序的段地址和偏移地址,再分别将它们装入CPU的CS和IP寄存器,一旦装入完毕,就进入中断服务程序并开始执行。

3. 中断服务程序

中断服务程序的功能与中断源的期望相一致。若INTR外部中断期望与CPU交换数据,则在中断服务程序中,主要是进行I/O操作。NMI外部中断期望CPU处理故障,则中断服务程序的主要内容是进行故障处理。从中断服务程序的格式来看,除了中断服务程序的主要内容(主体)之外,在程序开头,将中断服务程序中可能要使用的寄存器内容进栈,以免破坏这些寄存器的内容,这叫保护现场。当然,中断服务程序不会用到的寄存器可不入栈。中断处理完毕后,要把已入栈的寄存器内容弹出,还给各相应寄存器,这叫恢复现场。通过8259A可编程的中断控制器引发的中断,在中断服务完毕之后,还要给出"中断结束"(EOI)命令。中断服务程序最后安排一条"中断返回指令"(IRET)。

如果要在中断服务程序执行当中,能响应更高优先级的中断请求,就要在保护现场后或恢复现场后写一条开中断指令。

4. 中断返回

中断服务程序结束,执行"中断返回",就会自动将保存在堆栈中的标志及被中断的程序的断点弹出(依次弹出6个字节为IP,CS和FLAG),并装入程序段地址(CS)寄存器和偏移地址(IP)寄存器,这叫恢复程序断点,使程序又回到中断前的地址继续执行。

应该指出的是,CPU 处理一个中断时,不论该中断是由外部可屏蔽中断 INTR 或不可屏蔽中断 NMI,还是由 INT 指令或 CPU 内部操作引发,其中断现场保护和断点保护工作是一样的,并且都需要获取中断号,通过中断号(将中断号 *4 作为指针)从中断向量表中找到中断向量,然后再转移到该向量所指向的中断服务程序。其主要区别在于如何获取中断号的方法。正是由于获取中断号的方法不同,CPU 在对不同类型中断的响应和处理过程有差别。上述中断处理过程实际上是可屏蔽中断的处理过程。

8.2.6 中断响应周期及$\overline{INTA_2}$信号的作用

当 CPU 收到中断控制器提出的中断请求 INT 后,如果当前一条指令已执行完且中断标志位 IF =1 时,那么,CPU 进入中断响应周期,它要通过总线控制器发出两个连续中断应答信号$\overline{INTA}$完成一个中断响应周期。图 8.2 表示中断响应周期时序。

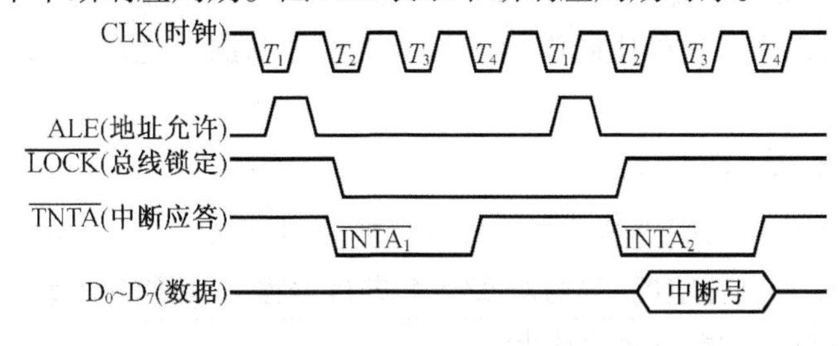

图 8.2 中断响应周期时序

从图 8.2 中可知,一个中断响应周期完成以下两个工作:

(1)当总线控制器发出第一个$\overline{INTA_1}$ 脉冲时,CPU 输出有效的总线锁定信号$\overline{LOCK}$,使总线在此期间处于封锁状态,防止其他处理器或 DMA 控制器占用总线。与此同时,8259A 将判优后选中的最高优先级置位 ISR,而相应 IRR 位被清零。

(2)当总线控制器发出第$\overline{INTA_2}$ 脉冲时,总线锁定信号$\overline{LOCK}$撤除,总线被解封,地址允许信号 ALE 也变为低电平(无效),即允许数据线工作。正好此时中断控制器将当前中断服务程序所对应的中断号送到数据线上由 CPU 读入。

需要指出的是,在自动结束中断方式下,由第一个$\overline{INTA_1}$ 脉冲在 ISR 中置 1 的位,接着又让第二个$\overline{INTA_2}$ 脉冲后沿清除,因此,在中断服务程序执行完毕之后,不需要向 8259A 发中断结束命令(EOI)。而在非自动结束中断方式下,ISR 置 1 的位不能由$\overline{INTA_2}$ 信号的后沿清除,而一直保持在 ISR 中。也就是说,对非自动中断结束方式,在中断服务程序执行完毕,中断运回之前,要由 CPU 向 8259A 发一个中断结束命令(EOI),以清除相应的 ISR 中被置"1"的位,以便让别的中断源(实际上是比它的优先级低的中断源)的中断请求得到服务。

8.3 可编程中断控制器 8259A

8.3.1 8259A 协助 CPU 处理中断事务所作的工作

前面提到中断系统中的硬件中断需使用中断控制器 8259A 协助 CPU 进行中断处理,通过它可以完成以下工作：

1. 优先级排队管理

根据任务的轻重缓急或设备的特殊要求，分配中断源的中断等级。8259A 具有完全嵌套、循环优先级、特定屏蔽等多种方式的优先级排队管理。

2. 接受和扩充外部设备的中断请求

一片 8259A 可以接受 8 个中断请求，经过级联可扩展至 8 片(共 9 片)8259A，实现 64 级中断。CPU 芯片只设置了一根可屏蔽中断请求线，利用 8259A 可以大大扩充系统的中断源。

3. 提供中断类型号

8259A 最突出的特点是具有对中断服务程序入口地址的寻址能力，也就是当 CPU 响应中断申请后，通过 8259A 提供的中断类型号可以找到中断服务程序的入口地址，转移到中断服务程序去执行。

4. 进行中断请求的屏蔽和开放

8259A 能够对提出中断请求的外部设备进行屏蔽或开放。可见，采用 8259A 可使系统的硬中断管理无需附加其他电路，只需对 8259A 进行编程，就可管理 8 级、15 级或更多的硬中断，并且还可实现向量中断和查询中断。

8.3.2 8259A 的外部特性和内部结构

1. 8259A 引脚功能

8259A 为 28 脚双列直插式芯片，外部引脚如图 8.3 所示。8259A 的外部引脚可分为 3 组：面向 CPU 的信号线：数据线($D_0 \sim D_7$)、地址线($\overline{CS}$, A_0)、控制线($\overline{WR} \sim \overline{RD} \sim INT \sim \overline{INTA}$)；面向 I/O 设备的信号线：中断请求线($IR_0 \sim IR_7$)；面向同类芯片的信号线：级联控制线($\overline{SP}/\overline{EN}$, $CAS_0 \sim CAS_3$)

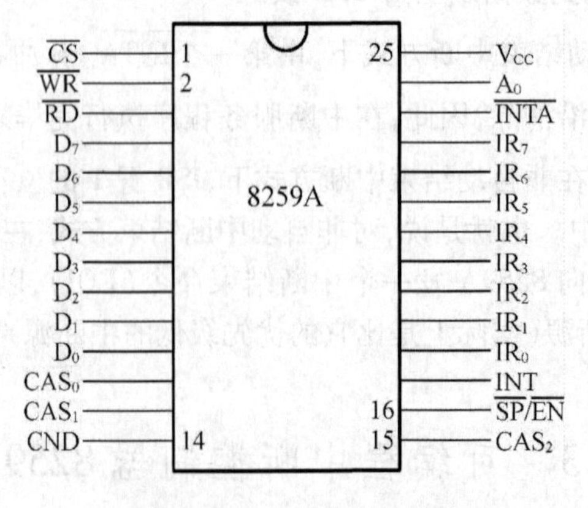

图 8.3 8259A 引脚示意图

2. 8259A 的内部结构

8259A 内部结构如图 8.4 所示。

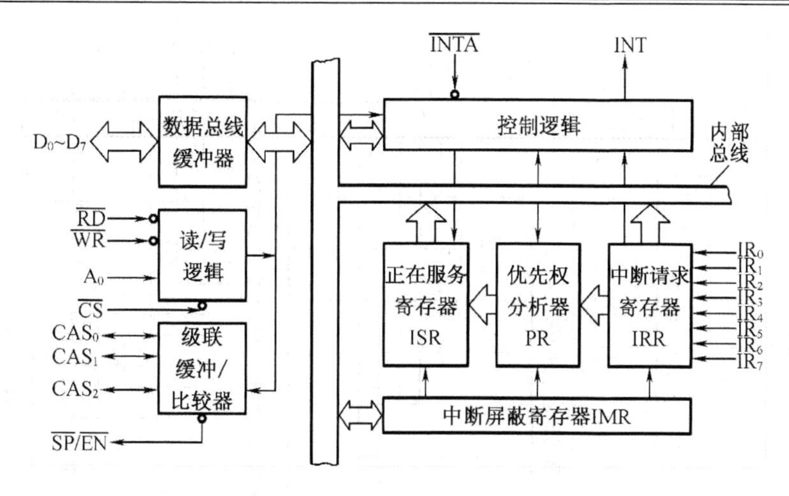

图 8.4　8259A 内部结构

(1)中断请求寄存器(IRR)

该寄存器存放在 IR 线上提出了中断请求的中断源。该寄存器 8 位($D_0 \sim D_7$)对应于连接在$IR_0 \sim IR_7$ 线上的外设所产生的中断请求,哪一根输入线有请求,哪位就置“1”。具有锁存功能,其内容可用 OCW_3 命令读出。

(2)正在服务寄存器(ISR)

在中断响应之后,第一个中断回答$\overline{INTA_1}$ 周期将获准中断请求的中断级在相应的 ISR 中置位。若 IR_3 获得中断请求允许,则 ISR 中相应的 IS_3 位置位,表明 IR_3 正处于被服务之中。因此,ISR 被用来存放正在被服务的所有中断级,包括尚未服务完而中途被别的中断所打断了的中断级,其内容可用 OCW_3 命令读出。在非自动中断结束方式下,ISR 的复位,要用 OCW_2 中的中断结束命令 EOI 来执行。

(3)中断屏蔽寄存器(IMR)

IMR 对 IRR 起屏蔽作用。寄存器 8 位($D_0 \sim D_7$)对应 8 级中断屏蔽。哪一级中断被屏蔽,哪位就写 1,即禁止 IR 提出中断请求;反之,写 0,就开放中断,即允许 IR 提出中断请求。屏蔽操作由屏蔽命令 OCW_1 执行。

(4)优先权分析器(PR)

PR 负责检查中断源的中断请求的优先级并和“正在服务中的中断”进行比较,确定是否让这个中断请求送给处理器。假定中断源的中断比正在服务中的中断有更高的优先权,则 PR 就使 INT 线变为高电平,送给 CPU,为它提出申请,并且在中断响应时将它记入 ISR 的对应位中。若中断源的中断等级等于或低于正在服务中的中断等级,则 PR 不为其提出申请。该分析器相当于一个优先级编码器和一个比较器电路,可实现中断判优及屏蔽的功能,如图 8.5 所示。

由图 8.5 中可知,中断优先级分析器工作的大致过程如下:

首先,由 8 个“与”门逻辑选出参加中断优先级排队的中断请求级,即由 8 位 IRR 与 8 位 IMR 分别送入“与”门输入端,只有当 IRR 位置“1”(有中断请求)和 IMR 位置“0”(开放中断请求)同时成立时,相应“与”门输出才为高电平,并送到优先级编码器的输入端参加编码。

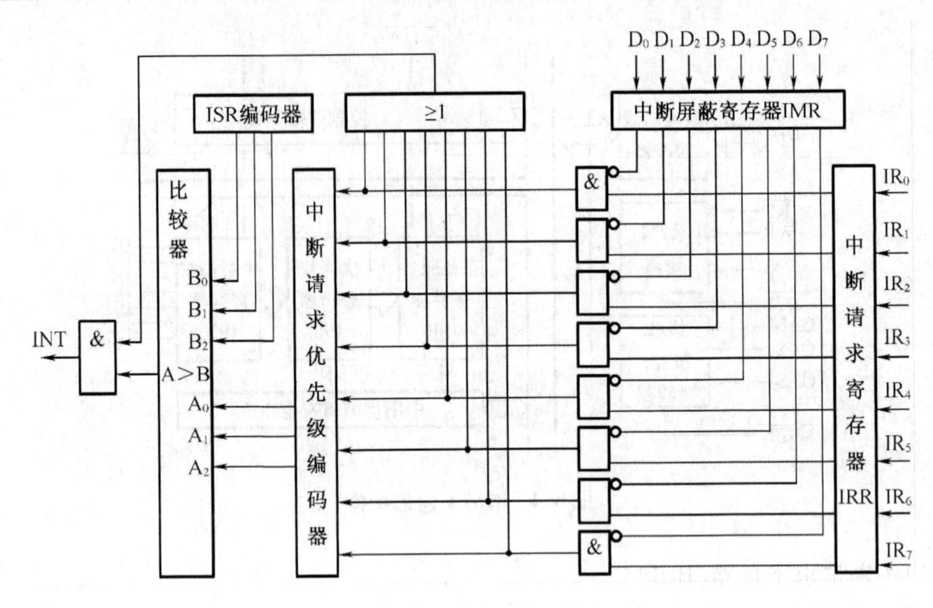

图 8.5 优先权分析器

其次,优先级编码器对参加排队的那些中断优先级进行编码,并从中选出当前最高优先级的代码,作为下一步比较器的一组输入($A_2A_1A_0$)。

最后,把来自 ISR 的当前正在服务的优先级编码($B_2\ B_1B_0$)与新来的中断请求的优先级代码($A_2A_1A_0$)一起送入比较器进行比较,当比较器 A > B 端输出有效时,并且只要当前存在可屏蔽的中断请求,或门输出有效时,8259A 即向 CPU 提出中断请求 INT。

可见,当一个中断优先级正被服务期间,它会禁止同级或低级中断请求的发生,而向高一级的中断请求开放。

(5)读写控制逻辑

CPU 对 8259A 的读/写操作除$\overline{\text{INTA}}$信号作读取中断类型号的特殊读操作之外,一般的读写操作是由$\overline{\text{CS}}$,$\overline{\text{WR}}$,$\overline{\text{RD}}$,A_0 几个输入线控制的,以便 8259A 接收 CPU 送来的初始化命令字(ICW)和操作命令字(OCW),或者向 CPU 送出内部状态信息。8259A 的读写操作 I/O 端口地址如表 8.1 所示。

表 8.1 8259A 的读写操作 I/O 端口地址

$\overline{\text{CS}}$	$\overline{\text{WR}}$	$\overline{\text{RD}}$	A_0	读写操作
0	0	1	0	写 ICW_1,OCW_2,OCW_3
0	0	1	1	写 ICW_2 ~ ICW_4,OCW_1
0	1	0	0	读 IRR,ISR,查询字
0	1	0	1	读 IMR

(6)级联缓冲器/比较器

它们用于多片级联及数据缓冲方式。级联方式中,主片和从片之间将 3 个引脚 CAS_0 ~ CAS_2 相互连接成为专用总线。主片将中断申请被响应的从片的标志号 ID 通过 CAS_0 ~

CAS_2 送到从片，通知中断被响应。从片收到标志号后，与自身的标志号比较，若相符，则在第二个$\overline{INTA_2}$ 脉冲到来时，从片将中断号送到数据总线上。

8.3.3　8259A 的工作方式

8259A 通过编程可选择多种工作方式，大致可分为以下几种：

1. 引入中断请求（中断触发）的方式

（1）边沿触发方式。以正跳沿向 8259A 请求中断，上跳沿后可一直维持高电平，不会再产生中断。

（2）电平触发方式。以高电平申请中断，但在响应中断后必须及时清除高电平，以免引起第二次误中断。

（3）中断查询方式。外设通过 8259A 申请中断，但 8259A 却不使用 INT 信号向 CPU 申请中断，CPU 用软件查询确定中断源，并为其服务。

2. 连接系统总线的方式

在多片级联的大系统中，要求数据总线有总线缓冲器。8259A 与这种带总线缓冲器的系统总线连接的方式称为缓冲器方式。此时的$\overline{SP}/\overline{EN}$用于启动缓冲器工作，不能用作表示主/从关系，故需在 ICW_4 中设置 M/S 位来表示级联中 8259A 芯片的主/从关系。若在小系统中，则 8259A 不需要总线缓冲器而是将其直接接至数据总线。8259A 与这种不需总线缓冲器而直接连到系统总线的方式称为非缓冲器方式。此时$\overline{SP}/\overline{EN}$用于表示主/从芯片。

3. 屏蔽中断源的方式

（1）通常屏蔽方式。利用操作命令字 OCW_1，使屏蔽寄存器 IMR 中的一位或几位置 1 来屏蔽一个或几个中断源的中断请求。若要开放某一个中断源的中断请求，则将 IMR 中相应的位置 0。

（2）特殊屏蔽方式。在某些场合，在执行某一个中断服务程序时，要求允许另一个优先级比它低的中断请求被响应，此时可采用特殊屏蔽方式。它可通过 OCW_3 的 $D_6D_5=11$ 来设定。

4. 优先级排队的方式

（1）全嵌套方式。在此种方式下，中断优先级按 0 ~ 7 顺序进行排队，并且只允许中断级别高的中断源去中断中断级别低的中断服务程序，而不能相反。这是 8259A 最常用的方式。若在对 8259A 进行初始化以后，没有设置其他优先级方式，则自动按此方式工作。

（2）特殊全嵌套方式。它和全嵌套方式基本相同，所不同的是在特殊全嵌套方式下，当执行某一级中断服务程序时，可响应同级的中断请求，从而实现对同级中断请求的特殊嵌套。特殊全嵌套方式用于多片级联。

（3）优先级自动轮换方式。在这种方式下，优先级顺序不是固定不变的，一个设备受到中断服务后，其优先级自动降为最低。其初始的优先级顺序规定该方式用在系统中多个中断源优先级相等的场合。

（4）优先级指定轮换方式。这种方式与优先级自动轮换方式唯一的区别是，其初始的优先级顺序不是固定 IR_0 为最高，然后开始轮换，而是由程序指定 IR_0 ~ IR_7 中任意一个为最高优先级，然后再按顺序自动轮换，决定优先级。

5. 结束中断的处理方式

(1)自动中断结束方式。在中断服务程序中,中断返回之前,不需发中断结束命令就会自动清除该中断服务程序所对应的 ISR 位。这种方式用在多个中断不会嵌套的系统中。

(2)非自动中断结束方式。在中断服务程序返回之前,必须发中断结束命令才能使 ISR 中的当前服务位清除。此时的中断结束命令有两种形式:

①不指定中断结束命令,即设置操作命令字 $OCW_2 = 00100000B$。

②指定中断结束命令,即设置 $OCW_2 = 00100\ L_2L_1L_0B$,其中最低 3 位 $L_2L_1L_0$ 的编码表示被指定要结束的中断请求线 IR 的编号。

8.3.4 8259A 的中断操作功能及其命令

8259A 的中断操作功能很强,包括中断的请求、屏蔽、排队、结束、级联以及提供中断类型号和查询等操作,并且其操作的方式又有所不同。它既能实现向量中断,又能进行查询中断,它可用于 16 位机,也可用于 8 位机。因此,使用起来感到纷繁复杂不好掌握。为此,我们以 8259A 的操作功能为线索,来讨论为实现这些功能的各个命令字的含义,为编程使用 8259A 提供一些思路。

为了简化,把命令字中有关 8 位机的部分一律略去不予讨论。书中见到的各命令字的内容只是针对 16 位以上微机的中断系统。8259A 有 7 个命令($ICW_1 \sim ICW_4$,$OCW_1 \sim OCW_3$),但只有 2 个命令端口。为了便于识别,8259A 设计者采用命令字定点分配命令端口地址及按顺序写命令相结合的办法,即命令按指定的命令端口写入(用 A_0 指定为偶地址或奇地址)。若同一端口需写入多个命令字时,则按规定的顺序写入,或以特征位做标记。

8259A 的命令分初始化命令和操作命令。前者是对 8259A 工作方式和工作条件的设置,后者是对中断处理过程实现动态控制的操作。下面分别讨论。

1. 中断请求触发方式的设置及 8259A 芯片数目的选择(ICW_1)

8259A 为了判断有无外部设备提出中断请求,设有两种检测方法供选择:电平触发和边沿触发。

(1)电平触发方式

在 IR 输入线上检测出一个高电平,并且在第一个 $\overline{INTA_1}$ 脉冲到来之后维持高,就认为有外设提出中断请求,并使 IRR 相应位置 1。电平触发方式提供了重复产生的中断,用于需要连续执行子程序直到中断请求 IR 变低为止的情况。这种方式允许对中断请求线按“或”关系连接,即若干个中断请求用同一个 IR 输入。但应注意,若只要求产生一次中断,则应在 CPU 发出 EOI 命令之前或 CPU 再次开放中断之前,必须让已响应的中断请求置为低电平,以防止出现第二次中断。

(2)边沿触发方式

当在 IR 输入端检测到由低到高的上跳变时,且正电平保持到第一个 $\overline{INTA}$ 到来之后,8259A 就认为有中断请求。

两种触发方式中如果在 $\overline{INTA}$ 到来之前 IR 变“低”,则已置位的 IR 位又被复位,相应的 ISR 位也不能建立。

触发方式,通过写 ICW_1 的 D_3 位(LTIM)来选择,芯片数目由 D_1 位决定。ICW_1 的格式如下：

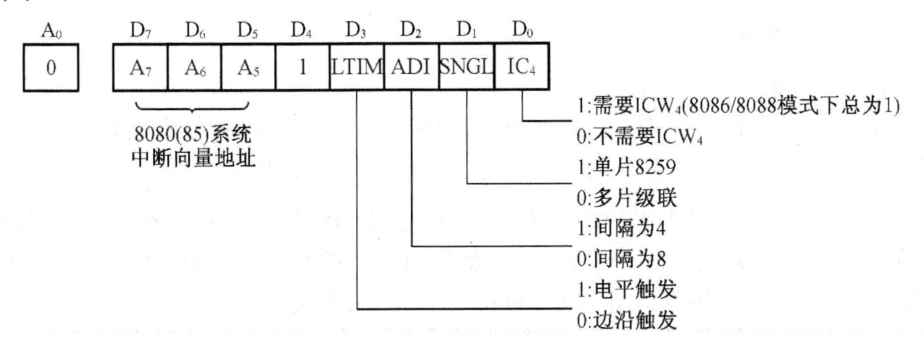

其中 D_3 位决定电平触发方式(LTIM)：$D_3=1$，为电平触发；$D_3=0$ 为边沿触发。

D_1 位决定单片使用(SNGL)：$D_1=1$，为单片使用；$D_1=0$，为多片级联方式。

D_0 位决定是否需要初始命令字 ICW_4，对16位以上的微机系统一般都需使用 ICW_4。$D_0=1$，需要 ICW_4，对16位以上微机，该位都写1；$D_0=0$，不需要 ICW_4，其他位只对8位微机(8085)有效，故写0。

例8-1　若8259A采用电平触发，单片使用，需要 ICW_4，则程序段为：

```
MOV   AL,1BH    ;ICW1 的内容
OUT   20H,AL    ;写入 ICW1 端口(A0 =0)
```

ICW_1 命令除了上述作用之外，实际上它是对8259A进行复位(8259A无RESET引脚)，因为执行 ICW_1 命令会使中断请求信号边沿检测电路复位，使它仅在IR信号由低变高时，才能产生中断；ICW_1 命令清除中断屏蔽寄存器，设置完全嵌套方式的中断优先级排队，使 IRQ_0 最高，IRQ_7 最低。

2. 中断类型号的设置(ICW_2)

8259A提供给CPU的中断类型号是一个8位代码，是通过初始化命令 ICW_2 提供的。但由于 ICW_2 的低3位被8位机占用，只有高5位能用，因此在初始化编程时，通过命令字 ICW_2 只写入高5位，它的低3位是由中断请求线 IR_i 的二进制编码(如 IR_4 的编码为100)决定，并且是在第一个 $\overline{INTA}$ 到来时，将这个编码写入低3位的。可见，同一片8259A上的8个中断源的中断号的高5位都相同。ICW_2 的格式如下：

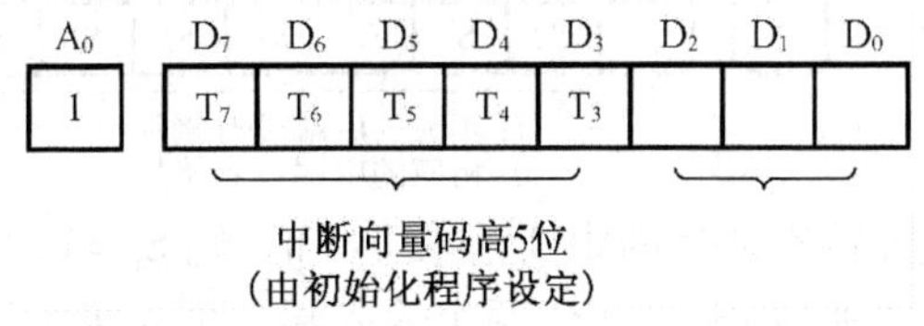

中断向量码高5位
(由初始化程序设定)

例8-2　在PC微机中断系统中，硬盘中断类型号的高5位是08H，它的中断请求线连到8259A的 IR_5 上，在向 ICW_2 写入中断类型号时，只写中断类型号的高5位(08H)，低3位取0：

```
MOV   AL,08H   ;ICW2 的内容(中断类型号高5位)
OUT   21H,AL   ;写入 ICW2 的端口(A0 =1)
```

当CPU响应硬盘中断请求后，8259A把 IR_5 的编码101作为低3位构成一个完整的8位中断类型号0DH，经数据总线提供给CPU。

可见外部硬中断中断源的中断号(8位代码)是由两部分构成的，即高5位(ICW_2)加低

3 位(IR_i 的编码)。

3. 中断级联方式的设置(ICW_3)

(1)级联的结构形式

在级联方式时,一般由一个作为主芯片的 8259A 和若干片作为从芯片的 8259A 组成。图 8-6 系统中包括了一个主芯片和两个从芯片,共提供了 22 个中断等级。

图 8.6 中 $\overline{SP}/\overline{EN}$ 引脚接高电平的 8259A 为主片,接地的为从片。从片的 INT 输出脚连到主片 IR 的输入端。主片的 $CAS_0 \sim CAS_2$ 应连到所有从片的 $CAS_0 \sim CAS_2$ 上。主片通过这 3 根专用总线来向从片送出识别码 ID,以便对每一个从片单独选址。

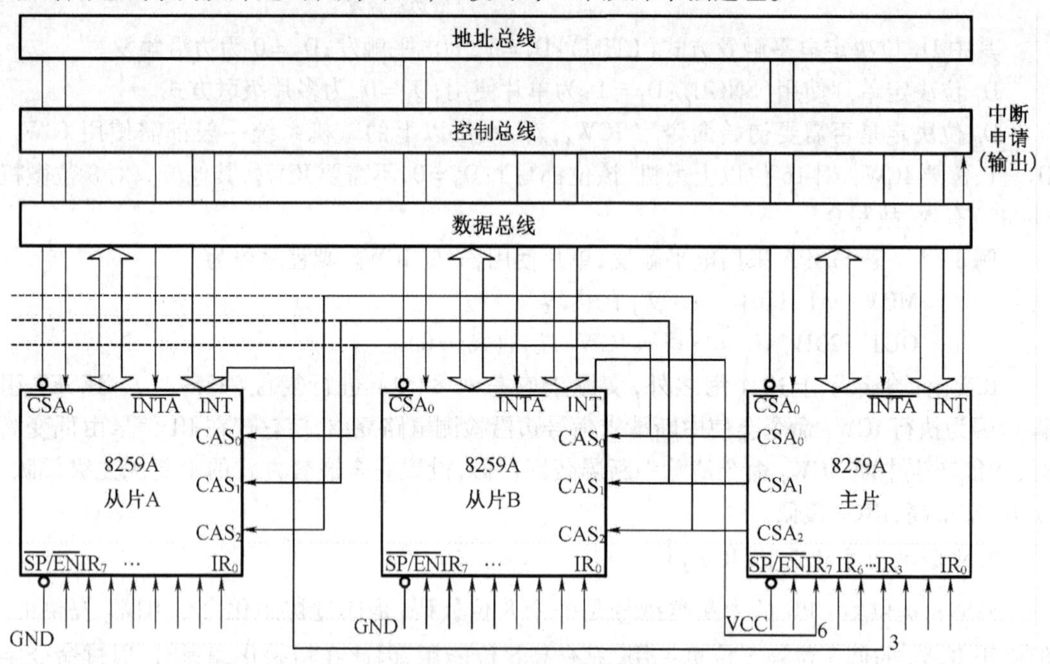

图 8.6　8259A 级联示意图

ICW_3 对主片和从片要分开写,主片的格式为:

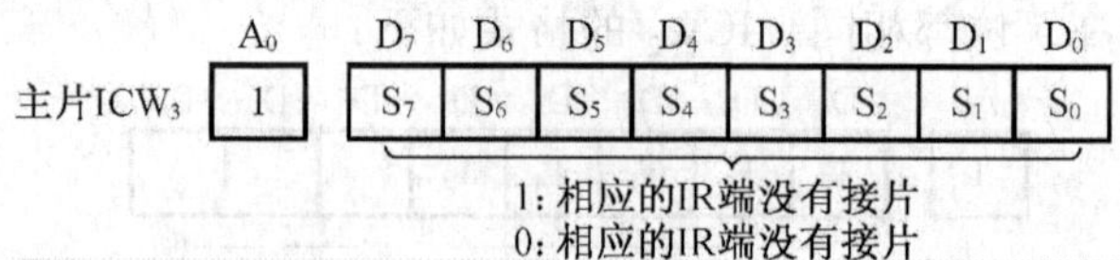

当主片输入端 IR_i 上连接有从片的中断请求 INT 时,则 $S_i = 1$;否则,$S_i = 0$。

例 8-3　图 8-6 中主片的 IR_3 和 IR_6 两个输入端分别连接了从片 A 与 B 的 INT,所以主片的 ICW_3 = 01001000B = 48H。

```
MOV   AL,48H       ;ICW3(主)
OUT   21H,AL       ;ICW3(主)端口(A0 = 1)
```

从片的格式为:

	A_0	D_7	D_6	D_5	D_4	D_3	D_2	D_1	D_0
从片 ICW_3	1	×	×	×	×	×	ID_2	ID_1	ID_0

从片标志码

3位从片标志码可有8种编码，表示从片的中断请求线INT被连到主片的哪一个输入端IR_i。

例8－4　图8.6中从片A和B的请求线INT分别连到主片的IR_3和IR_6，所以从片A的ICW_3＝00000011B＝03H；从片B的ICW_3＝00000110B＝06H。

```
MOV   AL,03H    ;ICW3(从片A)
OUT   0A1H,AL   ;ICW3(从片A)端口(A0=1)。
```

（2）级联方式下从片中断申请及响应的过程

假定一个从片的IR输入端已接收到一个中断申请，并假设这个申请比其他申请和比这个从片内正在服务中的等级具有最高优先权，那么这个从片的INT引脚变为高电平，向主片提出中断申请。主片接到这个申请后，要进行判优，如果这个申请与主片中其他的申请及服务中的等级（可能来自其他从片）相比是最高优先等级，则主片的INT脚变为高电平，向CPU提出中断请求。

在CPU看来，级联的"中断响应序列"和不是级联的"中断响应序列"是一样的，然而对于8259A却是不同的。第一个回答$\overline{INTA}$脉冲使所有的8259A得到通知：中断申请已被允许。在此同时，作为主片的8259A要在CAS_0～CAS_2总线上发出被响应的从片的ID码，通知它在下一个中断回答$\overline{INTA}$时，送出中断类型号到数据总线上，这样就完成了中断响应。

需要指出的是，用户若使用从片8259A时，则在中断服务完毕后，返回DOS之前必须发出两个EOI命令（若不是自动EOI方式），一个给主片，一个给从片。这是因为，在级联方式下，中断响应时，主片和从片分别将对应的ISR位置位。

4．特定完全嵌套方式的设置（ICW_4_D_4）

在处理从片8259A的多重中断时，不能采用正常的完全嵌套方式。在级联方式中，若从片接收到比该片"正在服务"中的一个优先级更高的中断申请，这时虽然从片会向主片发出申请，但这个申请由于是通过同一个从片提出的，就不会被主片识别。因为主片中相应于这个从片的ISR位是已经置位的，它不理睬相等的和较低级的优先权等级。因此在这种情况下，从片的较高优先等级的中断就不能被及时服务。

那么怎样来解决这个问题呢？8259A提供了一种特定的完全嵌套方式。在这个方式中，主片仅仅是不理睬那些比在ISR中更低的优先级的中断申请，而响应所有与ISR位相等的或较高优先级的中断申请。因此，如果在主片中采用特定完全嵌套方式，那么，当从片收到一个比该片服务中的那个优先等级更高的中断申请，向主片发中断请求时，它是会被主片识别的。特定完全嵌套方式是在主片的初始化时由命令字ICW_4的D_4（SFNM）位指定。

当使用特定完全嵌套方式时，值得注意的是，在从片中的服务程序完毕后，发送EOI命令给主片之前，要检查是否还有其他的从片中断要求服务，这可以通过读它的ISR来确定。若ISR内容全为零，说明从片中已经没有其他中断要求服务，此时就可将EOI命令送给主片；若ISR不全为零，说明还有从片中断要求服务，此时不能发送EOI命令，否则就会清除主片的ISR位，而使从片中的其他中断得不到服务。

5．缓冲器方式的设置（ICW_4_D_3 D_2）

图8.7表明缓冲方式下的3个8259A芯片级联的示意图。所谓缓冲方式是指在8259A和系统数据总线之间是否有缓冲器。若有，则为缓冲方式，就要设置控制信号，以便能打开缓冲器。在缓冲方式中，利用引脚$\overline{SP}/\overline{EN}$的$\overline{EN}$控制8286双向总线驱动器（即数据缓冲器）

的传送方向(T),而 SP 失去作用。若采用缓冲方式,并且是多片级联,则同时还要由 M/S 位来设定 8259A 是主片还是从片。缓冲方式是由命令字 ICW_4 的 D_3 D_2 两位(BUF,M/S)来指定。

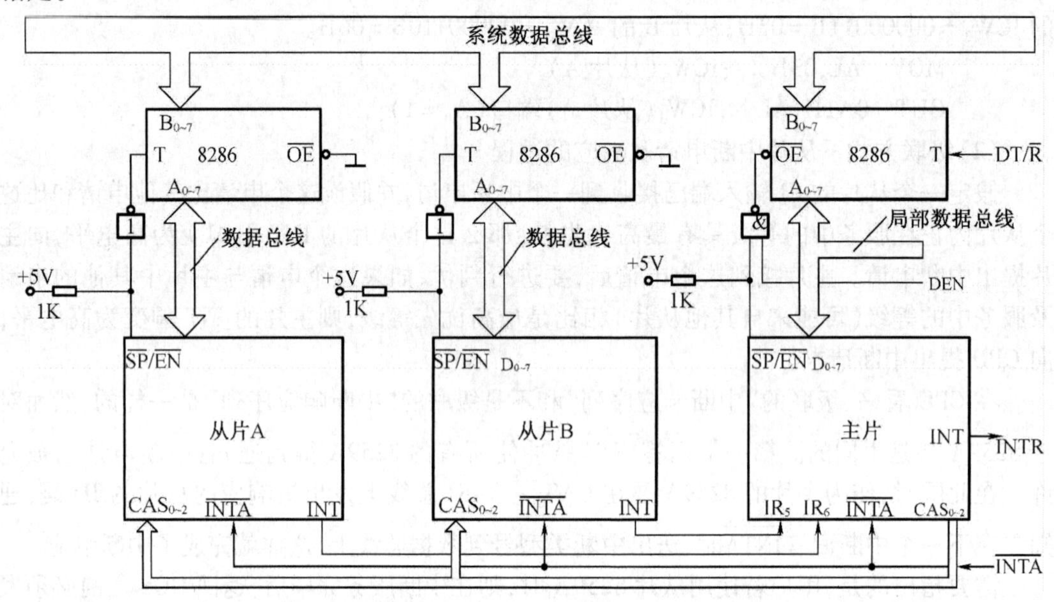

图 8.7 8259A 芯片级联的示意图

6. 中断结束方式的设置(ICW_4_D_1)。

8259A 的中断结束方式有两种:自动结束和非自动结束(正常结束)。

(1)自动结束是在第二个$\overline{INTA_2}$ 脉冲的后沿使 ISR 相应的位清 0。因此,在中断服务程序中,不需要写中断结束命令(EOI),它通常用于非嵌套中断的单片 8259A 中断系统。

(2)非自动结束要求在中断服务程序中写中断结束命令(EOI),才能使 ISR 中相应的位清零。中断结束方式是由命令字 ICW_3 的 D_1 位(AEOI)指定。格式如下:

	A_0	D_7	D_6	D_5	D_4	D_3	D_2	D_1	D_0
ICW_4	1	0	0	0	SFNM	BUF	M/$\overline{S}$	AEOI	μPM

$D_4=1$,主片采用特殊完全嵌套方式;$D_4=0$,主片采用一般完全嵌套方式。

$D_3=1$,8259A 为缓冲器方式,此时$\overline{SP}/\overline{EN}$引脚为输出线,用作控制缓冲器的数据传送方向。

$D_3=0$,8259A 为非缓冲器方式,此时$\overline{SP}/\overline{EN}$为输入线,用作主/从控制。

$D_2=1$,8259A 缓冲方式下作主片;$D_2=0$,8259A 作从片。若在非缓冲方式(BUF = 0 时),无意义,此时主/从分配由 SP 决定。

$D_1=1$,自动结束方式,即 ISR 有自动复位功能,无须发送中断结束命令 EOI;$D_1=0$,为非自动结束方式,则在中断服务程序完毕后,要发送 EOI 命令。

值得指出的是,这里所选定的中断结束方式,只是方式上的指定,而具体实施某种中断结束方式还要由操作命令字 OCW_2 来执行,将在下面讨论。

$D_0=1$,8259A 用于 16 位以上微机;$D_0=0$,8259A 用于 8 位微机。

例8-5　PC微机中CPU为80286,8259A与系统总线之间采用缓冲器连接,非自动结束方式,只用1片8259A,正常完全嵌套。

在这种条件下,ICW_4=00001101B=0DH。

```
MOV   AL,0DH        ;ICW4 的内容
OUT   21H,AL        ;ICW4 的端口(A0=1)
```

例8-6　PT86单板机中,CPU为8086,采用非自动结束方式,使用两片8259A,非缓冲方式,为使从片也能提出中断请求,主片采用特定完全嵌套方式。其ICW_4=00010101B=15H。若将它写入ICW_4的端口,则用以下程序段:

```
MOV   DX,0FFDEH     ;ICW4 的端口(A0=1)
MOV   AL,15H        ;ICW4 的内容
OUT   DX,AL
```

7. 中断屏蔽操作(OCW_1)

(1)通常屏蔽方式

8259A的中断屏蔽寄存器IMR,可以屏蔽一个或几个IR的中断请求,它加强了对中断的控制能力。屏蔽单个的或部分的IR,可以使得在主程序中的不同部分使用不同的中断,而不必改变硬件结构。还可以在子程序中禁止比自己优先级高的某些中断,这实际上也就改变了中断的优先级。

一个中断源提出中断申请时,虽然它被屏蔽(即相应的M_i位置1),但它的中断不一定被忽略,因此当它的屏蔽位复位(开放)时,并且,若它的IRR位未撤销,就会产生中断,若在IMR复位(开放)之前撤掉该申请,则中断就不会被响应。通常屏蔽方式是常用的一种屏蔽手段,其屏蔽命令OCW_1的格式如下:

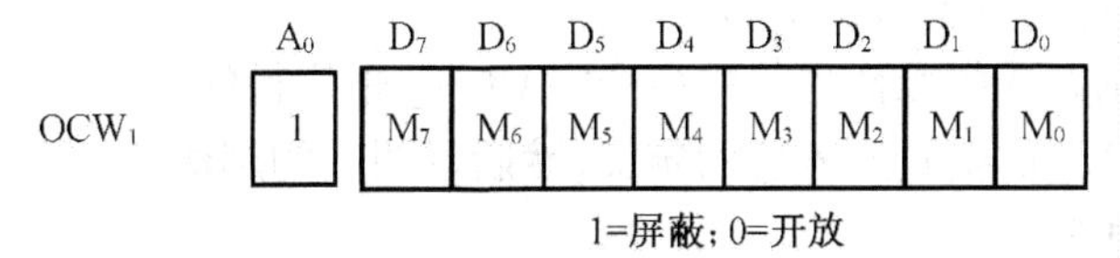

例8-7　要使中断源IR_3开放,其余均被屏蔽,其OCW_1=11110111B。

```
MOV   AL,0F7H   ;OCW1 内容
OUT   21H,AL    ;OCW1 端口(A0=1)
```

例8-8　IMR寄存器的内容,还可以读出。如BIOS中有一段检查中断屏蔽寄存器的程序:

```
MOV   AL,00H        ;置 IMR 为全 0
OUT   21H,AL        ;OCW1 口地址
IN    AL,21H        ;读 IMR
OR    AL,AL         ;检查是否为全 0
JNZ   CUO           ;不为 0,则出错
MOV   AL,0FFH       ;置 IMR 为全“1”
OUT   21H,AL        ;OCW1 口地址
IN    AL,21H        ;读 IMR
ADD   AL,1          ;检查是为全“1”
JNZ   CUO           ;不为全“1”,出错
```

CUO:(略) ;为出错处理

(2)特殊屏蔽方式

用于开放低级中断,允许比正在服务中的中断级别低的中断请求。特殊屏蔽方式,很少使用,其操作命令见后面的 OCW_3。

8. 非自动中断结束方式的操作(OCW_2)

在非自动结束方式下,当中断服务程序完毕时,8259A 需要得到一个通知,以便将该服务程序在 ISR 寄存器中对应位清除,让 ISR 寄存器只记录着那些正在被服务而未服务完的中断。非自动中断结束(EOI)有 2 种格式:不指定的 EOI 方式和指定的 EOI 方式。

(1)不指定的 EOI 方式

不指定的 EOI 方式虽然表面上没有指出它的级别,但实际上是指处于服务中的最高优先级服务程序。因此,当 8259A 接收到一个不指定的 EOI 命令时,它就直接地将最高优先级(在被置位的 ISR 中最高)的 ISR 复位。

(2)指定的 EOI 方式

指定的 EOI 方式不像"不指定的 EOI"方式那样自动复位最高级 ISR 位,而是指定出一个确切的被复位的 ISR,可以指定 8259A 的 8 个 IR 等级中的任何一个。

以上两种中断结束方式由命令字 OCW_2 来执行。指定还是不指定结束方式由 OCW_2 的 D_6 位(SL)决定。$D_6=0$,不指定结束;$D_6=1$,指定结束。若为指定结束时,还要求对 OCW_2 的低 3 位 $D_2 \sim D_0$(L_2 L_1 L_0)进行赋值,以指明是 8 级中断源中的哪一个中断结束。

9. 中断排队方式的操作(OCW_2)

8259A 对中断优先权的分配具有多种方式,分优先权固定方式和优先权轮换方式两类。其中,优先权轮换的排队方式很少使用。

这两类中断排队方式的操作也是由命令字 OCW_2 来执行的。

现在先介绍 OCW_2 的格式及各位的定义,然后说明它的用法。

OCW_2 的格式如下:

	A_0	D_7	D_6	D_5	D_4	D_3	D_2	D_1	D_0
OCW_2	0	R	SL	EOI	0	0	L_2	L_1	L_0
		优先级轮换	指定中断等级	中断结束	特征位		中断等级编码		

$D_0 \sim D_2$ 位:$L_0 \sim L_2$:3 位编码是用来指定中断等级(0~7)。该等级是为了对指定的 ISR 位复位或执行优先级指定轮换方式。它和 D_6 位 SL 配合使用。

D_5 位:EOI 用于所有需要使用中断结束命令的情况。若置 1,则在中断服务完毕之后需要发送中断结束命令;若置 0,就不需要发送中断结束命令(如自动中断结束)。

D_6 位:SL 用来设置需要指定的操作。若 SL 置 1,则需要指定,并且用 $L_0 \sim L_2$ 位编码来指定中断等级;若 SL=0,则不需要指定,并且 $L_0 \sim L_2$ 位无效(全部写 0)。

D_7 位:R 用来控制 8259A 中断优先级的轮换操作。若 R 位置 1,则采用轮换优先级方式,并且按照 SL,EOI 及 $L_2 \sim L_0$ 各位的组态来执行优先级指定轮换;若 R 为 0,则不采用优先级轮换方式,即优先级固定。

OCW_2 的作用:

(1)OCW_2 作中断结束操作。当在初始化命令 ICW_1 选用非自动结束方式时,就利用

OCW_2 来控制中断结束。此时 EOI(D_5) = 1。其中又分两种情况:若采用不指定中断结束,则 SL = 0,$L_2 \sim L_0$ = 000,OCW_2 = 00100000B;若采用指定中断结束,则 SL = 1,$L_2 \sim L_0$ 编码是被指定的中断等级,OCW_2 = 0110$L_2L_1L_0$B,其含义是将 $L_2 \sim L_0$ 编码所对应的 ISR 位复位,例如指定 IR_5 上的中断结束,则 OCW_2 = 01100101B = 65H。

例 8 - 9 若对 IR_3 中断源采用指定中断结束方式,则需在中断服务程序中,中断返回指令 IRET 之前,写如下程序段:

```
MOV   AL,01100011B      ;OCW2
OUT   20H,AL            ;写入,OCW2 端口(A0 =0)
```

(2)OCW_2 作中断优先级排队操作。当采用中断优先级轮换方式时(R = 1),其中又分两种情况:若 SL = 1 时,则为优先级指定轮换;若 SL = 0 时,则为优先级自动轮换。当采用中断优先权固定方式时(R = 0),则为完全嵌套方式。OCW_2 命令的功能如表 8.2 所示。

表 8.2　OCW_2 的功能

R	SL	EOI	0	0	L_2	L_1	L_0	功能
0	0	1	0	0	0	0	0	不指定 EOL 指令
0	1	1	0	0	L_2	L_1	L_0	指定 EOL 指令
1	0	1	0	0	0	0	0	在不指定 EOI 方式中轮换命令
1	0	0	0	0	0	0	0	在自动 EOI 方式中轮换置位命令
0	0	0	0	0	0	0	0	在自动 EOI 方式中轮换复位命令
1	1	1	0	0	L_2	L_1	L_0	在指定 EOI 方式中轮换命令
1	1	0	0	0	L_2	L_1	L_0	直接置优先级轮换命令

10. 查询中断方式的操作(OCW_3_D_2)

8259A 除提供向量中断之外,还为查询中断提供了查询命令,使得 CPU 可以用查询方式进行监控。不过此处 CPU 是查询 8259A,而不是查询每一个外部设备。

在使用查询中断方式时,首先 CPU 必须关闭它的中断申请,再发查询命令,一旦发出查询命令,8259A 就将下一个 CPU 发送给它的($\overline{CS}$为低电平)$\overline{RD}$脉冲(输入指令)作为中断响应,如果有中断请求,它就在 ISR 中将相应的位置位,并将特定的"查询"字送到数据总线上供 CPU 读入和分析。这个查询字的内容可以报告有无中断申请及申请服务的最高优先权等级。CPU 读出的"查询字"的内容:

D_7	D_6	D_5	D_4	D_3	D_2	D_1	D_0
I	–	–	–	–	W_2	W_1	W_0

I=1:有中断请求
I=0:无中断请求

申请服务的最高
优先权等级编码

$W_2 \sim W_0$:3 位表示正在申请服务的最高优先等级的二进制代码。位 7 的 I 指明有否中断申请出现。若有中断申请,则 I = 1,若没有中断申请,则 I = 0,CPU 继续执行程序。$D_3 \sim D_6$位未用。

查询中断,因为不需要中断向量表,节省内存,在存储器容量受限制的情况下,它是一种很好的替代办法,另外,若需要的中断等级大于 64,则采用查询命令以扩大中断源的数目,其限制仅仅是能够在该系统中对8259A选址的数目。另外采用查询方式可以使级连增加到第三层,CPU对前二层仍以向量中断方式,而对第三层以查询方式工作。查询命令还应用在没有INT和$\overline{INTA}$信号的情况。虽然在查询方式中没有用到中断向量,但每一个8259A必须接收规定的初始化序列(其中包括中断向量),在这种情况下,在初始化程序中的中断向量可以是假设的。查询中断方式由OCW_3命令字的D_2位(P)执行。

11. 特定屏蔽方式的操作(OCW_3_D_6 D_5)

在实际应用中,可能要求开放一个比现行服务程序优先级低的中断,然而在完全嵌套的方式中,低于"正在服务的中断"等级的中断都被禁止。如何才能开放它们呢?8259A控制器使用特定屏蔽的方式。采用特定屏蔽方式时,先用屏蔽命令(OCW_1)将正在服务中的那些中断屏蔽起来,然后发出置位特定屏蔽方式命令(ESMM=1,SMM=1),就可以开放那些除去正在服务中的中断之外的其他所有等级的中断,从而实现了允许优先级较低的设备产生中断的要求。特定屏蔽方式一经置位,它就一直保持有效,直到发出复位特定屏蔽方式命令(ESMM=1,SMM=0)时为止。特定屏蔽方式开放低级优先级中断的过程如图8.8所示。

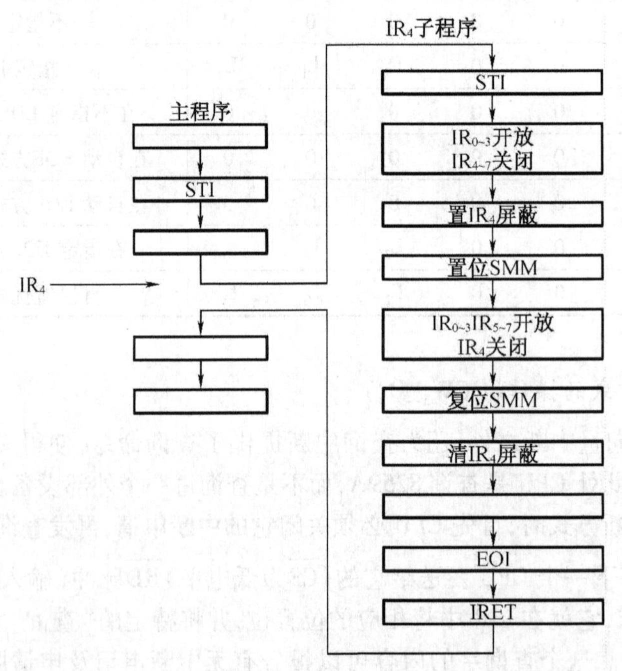

图8.8 特定屏蔽方式开放低级优先级中断的过程

在主程序被IR_4中断时,IR_4具有最高优先级,因此,进入IR_4中断服务程序。当IR_4服务程序中执行STI指令后,在正常的完全嵌套方式下仅允许IR_0~IR_3较高优先级中断申请去中断IR_4。若在IR_4子程序中将IMR的位4屏蔽,并且发送置位"特定屏蔽方式"命令(OCW_3的$D_6D_5=11$),那么就开放了除IR_4之外的所有中断级别,其中包括比IR_4低的IR_5~IR_7级中断,这样也就打乱了完全嵌套方式。为了脱离特定屏蔽方式,应以相反的次序发送复位(OCW_3的$D_6D_5=10$)和开放IR_4的命令序列即可。

12. 读状态操作(OCW_3_D_1 D_0)

8259A内部有3个寄存器(IRR,ISR,IMR)可供CPU读出当前的内容。对于IRR和

ISR,CPU 在发读命令之前,先要指定读哪个寄存器,然后,再发 IN 指令,才能读取 ISR 和 IRR 中的状态信息。若读状态寄存器不变,就不必每次都指定所要读的寄存器。当 8259A 初始化后,自动指向读 IRR。

对于 IMR 寄存器的读出,不需要事先发指定命令,只要读奇地址端口就行。

从以上分析可知:OCW_3 用来设置查询中断方式,操作特定屏蔽方式以及读取 8259A 的 IRR,ISR 寄存器的内容。OCW_3 的格式及各位定义如下:

	A_0	D_7	D_6	D_5	D_4	D_3	D_2	D_1	D_0
OCW_3	0	×	ESMM	SMM	0	1	P	RR	RIS
		不用	特定屏蔽允许	特定屏蔽设置	特征位		查询方式	读寄存器允许	读LSR

D_0 位:RIS 用于选择被读寄存器 ISR 或 IRR。若要读 ISR,则 RIS 置 1;若要读 IRR,则 RIS 置 0。RIS 的状态仅在 RR 位为 1 时有效。

D_1 位:RR 用于读寄存器允许。若 RR 置 1,则允许 CPU 按 RIS 位的设置读寄存器;若 RR 为 0,则不允许读寄存器。

D_2 位:P 用于发送出查询命令。若 P 置 1,则通知 8259A,CPU 将执行一条读查询字的指令($A_0=0$),并且同时使读其他寄存器命令无效,CPU 每读一次查询字之前都要发送该命令;若 P 为 0,则不执行读查询字的指令。

D_5 位:SMM 用于设置特定屏蔽方式。若 SMM 置 1,则设置特定屏蔽方式;若 SMM 置 0,则撤销特定屏蔽方式。

D_6 位:ESMM 为允许特定屏蔽方式位,用来允许或禁止 SMM。若 ESMM=1,则 SMM 位有效;若 ESMM=0,则 SMM 位无效。

下面举两个例子,说明 OCW_3 的用法。

例 8-10　特定屏蔽方式的编程方法。

如图 8.8 所示,假设系统正在为 IR_4 中断服务,在服务过程中希望允许优先级低的中断得到响应。其方法是先用屏蔽命令 OCW_1 将 IR_4 中断暂时屏蔽,并用 OCW_3 设置特定屏蔽方式,去响应级别比它低的中断,当低级中断服务完后,再用 OCW_3 解除特定屏蔽方式,并用 OCW_1 开放对 IR_4,继续为 IR_4 服务。其程序段为:

```
CLI
MOV   AL,10H          ;置 OCW1 的 M4 =1,屏蔽 IR4
MOV   DX,PORT1        ;OCW1 口地址
OUT   DX,AL
MOV   AL,68H          ;置 OCW3 的 D6D5 =11,设置特定屏蔽方式
MOV   DX,PORT2
OUT   DX,AL
STI
      ⋮
CLI
MOV   AL,48H          ;置 OCW3 的 D6D5 =10,清除特定屏蔽方式
MOV   DX,PORT2        ;OCW3 口地址
```

```
OUT  DX,AL
MOV  AL,00H            ;置OCW1的M4=0,解除对IR4的屏蔽
MOV  DX,PORT1          ;OCW1口地址
OUT  DX,AL
STI
     ⋮
MOV  AL,01100L2L1L0B   ;OCW2中断结束方式(指定中断结束命令)
MOV  DX,PORT2          ;OCW2口地址
OUT  DX,AL
IRET
```

例8-11 通过 OCW_3 命令读取8259A的状态时,要分两步。首先,要通过 OCW_3 命令指定被读寄存器,如

OCW_3 为00001010B时,表示下一个 $\overline{RD}$ 脉冲要读IRR寄存器的内容;

OCW_3 =00001011B时,表示下一个 $\overline{RD}$ 脉冲要读ISR寄存器的内容;

其次,是用输入指令才可读出IRR或ISR的内容。如BIOS中读取ISR寄存器的程序段:

```
MOV  AL,0BH            ;OCW3表示要读ISR
OUT  20H,AL            ;20H为OCW3口地址
NOP
IN   AL,20H            ;读ISR寄存器内容
MOV  AH,AL             ;保存ISR→AH
OR   AL,AH             ;是否全为0?
JNZ  AW-INT            ;否,转硬件中断处理程序
```

8.4 8259A在微机系统中的应用

1.8259A的编程命令的使用

8259A有两类编程命令:初始化命令字(ICW)和操作命令字(OCW)。

8259A初始化编程和中断向量的装入一样,在PC微机中是由系统软件来做,并且开机上电就已经做好,不需要也不允许用户自己去做,否则,将对微机的中断系统产生很大的干扰,甚至破坏。所以,8259A初始化,一般只在没有配置完善的操作系统的单板微机上进行。下面所举的例子只是说明8259A初始化编程如何进行,为那些使用单板机开发中断程序感兴趣的人提供参考。如果是在PC微机上开发中断程序,则不要使用 ICW_1 ~ ICW_4 去进行初始化,因为系统已经做好了,只需使用8259A的两个操作命令 OCW_1 和 OCW_2 进行中断屏蔽/开放和发中断结束命令。在实际中, OCW_3 很少使用。

(1)初始化命令字(ICW)

在中断系统运行之前,系统中的每一个8259A必须按先后次序接收CPU的2~4个ICW初始化命令字进行初始化。初始化程序放在8259A之前,作为主程序的一部分。初始

化命令一定要按规定的顺序写入,其流程图如图8.9所示。

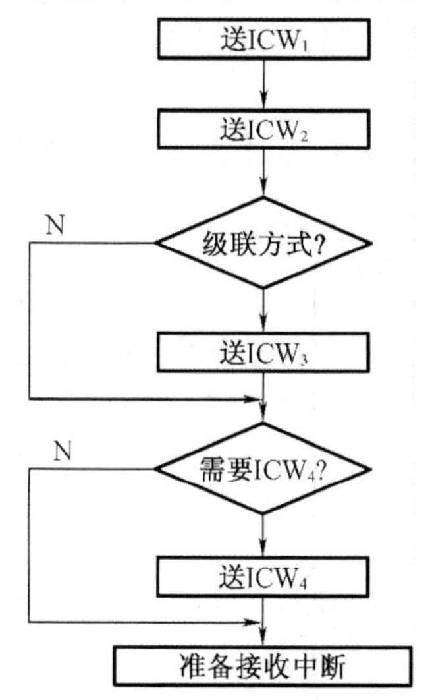

图8.9 初始化流程图

对于16位微机,ICW_1,ICW_2 和 ICW_4 是必须有的,而 ICW_3 则要看是否多片使用,如果是,则写 ICW_3,并且,主片与从片的 ICW_3 要分别写出。

(2)操作命令字(OCW)

当处理器对中断控制器完成初始化编程后,8259A就处于准备就绪状态,等待接收外界的中断请求,进行完全嵌套的中断管理。若用户要改变初始化设定的操作方式,可以通过CPU发操作命令OCW对中断控制器进行动态控制。

8259A的OCW与ICW不同,OCW不需要按顺序发送,一般也不要求安排在程序开头,而是根据需要在程序中任意安排。

2. 单片使用8259A的初始化编程

(1)8259A在早期的PC微机中是单片使用,其要求与特点如下:

①共8级向量中断,因为是采用单片方式,故 $CAS_2 \sim CAS_0$ 不用,$\overline{SP}/\overline{EN}$接+5V。

②端口地址在020H~03FH范围内,实际使用020H和021H两个端口。

③8个中断请求输入信号 $IR_0 \sim IR_7$ 均为边沿触发。

④采用完全嵌套方式,0级为最高优先级,7级为最低优先级。

⑤设定0级请求对应中断号为8,1级请求对应中断号为9,依次类推,直到7级请求中断号为0FH。

(2)硬件连接

根据上述要求,在单片8259A的中断系统中硬件连接如图8.10所示。

(3)初始化编程

根据上述硬件连接,在系统上电期间,对8259A执行初始化的程序段如下:

```
INA00   EUU   020H;8259A的端口0
INA01   EUU   021H;8259A的端口1
---
MOV   AL,13H        ;ICW1:边沿触发、单片、写ICW4
```

```
OUT  INTA00,AL
MOV  AL,8        ;ICW2:中断类型号高5位
OUT  INTA01,AL
MOV  AL,9        ;ICW4:全嵌套,16位微机,非自动结束
OUT  INTA01,AL
```

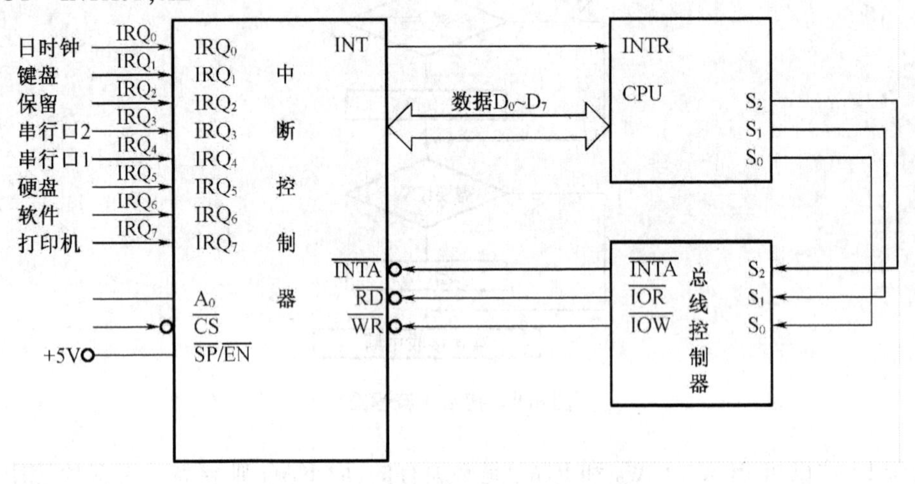

图8.10 单片8259A的中断系统中硬件连接

习 题 8

1. 解释下列概念:

中断源,中断向量,中断向量表,不可屏蔽中断,中断嵌套,可屏蔽中断。

2. 一个完整的中断过程有哪几个主要步骤?

3. 8088/8086在响应外部可屏蔽中断时有哪些操作?

4. CPU响应中断时堆栈指针SP的内容有何变化?

5. 在中断服务程序中,“保护现场”和“恢复现场”最常见的是采用什么指令来实现?

6. 指令IRET和RET的功能有何相同和不同之处?

7. 内部中断、软件中断和非屏蔽中断有中断响应周期吗,为什么?

8. 在中断向量表中向量50的CS和IP存放的地址各是多少?

9. 什么叫中断向量?对应于1CH的中断向量存放在哪里?如果1CH的中断处理子程序从5110H:2030H开始,则中断向量应如何存放?

10. 在8088/8086系统中,内存最低端RAM区的1024个单元物理地址从00000H到003FFH,内存的最高端ROM区的16个单元地址从FFFF0H到FFFFFH,系统有何用?

11. 若在CPU与外设之间进行中断方式交换数据,在主程序中应做些什么工作?

12. 8259中断屏蔽寄存器IMR与CPU内部的IF标志位都能对中断进行屏蔽或允许,二者有什么不同?在中断响应过程中它们如何配合工作?

13. 8259A的初始化命令字和操作命令字有什么差别?它们分别对应于编程结构中哪些内部寄存器?

14. 8259 中断控制器中断请求输入线 $IR_0 \sim IR_7$ 的中断优先级有何规定？

15. 对 8259 进行下面的初始化操作：系统中的 CPU 为 8088，使用一片 8259，中断申请信号采用电平触发，IR_2 中断类型号为 62H，采用特殊嵌套，非缓冲方式，自动结束方式。8259 芯片在系统中的端口地址为 80H，81H。

16. 8259A 的特殊屏蔽方式和普通屏蔽方式相比，有什么不同之处？特殊屏蔽方式一般用在什么场合？

17. 简述 8259 中断控制器的中断请求寄存器 IRR 和中断服务寄存器 ISR 的功能。

18. 怎样用 8259 中断控制器的屏蔽命令字来禁止 IR_1 和 IR_5 引脚上的中断请求？又怎样撤销该禁止命令？设 8259 的端口地址为 63H 和 64H。

19. 单片 8259 中断控制器能管理多少级可屏蔽中断？若用 3 片级联，能管理多少级可屏蔽中断？

20. 一个 8259 主片，连接两片从片，从片分别经主片的 IR_2 和 IR_5 引脚接入，系统中的优先级排列次序如何？

21. 当 8259 中断控制器的 A_0 接地址总线的 A_1 时，若其中一个端口的地址是 62H，另一个端口的地址为多少？若外设的中断类型号是 57H，则该中断源应加到 8259 的中断请求寄存器 IRR 的哪个输入端？

22. 如果 8259A 输出到总线上的类型码范围从 F0H ~ F7H，那么寄存器 ICW_2 应写入什么？

23. 假定主 8259A 配置成 $IR_3 \sim IR_0$ 输入直接从外部电路接受输入，但是 $IR_7 \sim IR_4$ 则由从片的 INT 输出提供，则主片的初始化命令字 ICW_3 的码值为多少？

24. 8259A 的优先级自动循环方式和优先级特殊循环方式有什么差别？

25. 比较主程序与中断服务程序和主程序与子程序的相同点与不同点。

第9章　定时/计数技术

通过学习本章后,你将能够:

了解并掌握可编程定时/计数器基本概念,了解可编程定时/计数器各种工作方式的应用特点。

9.1　基 本 概 念

1. 定时/计数

在计算机系统、工业控制领域,乃至日常生活中,都存在定时、计时和计数问题,尤其是计算机系统中的定时技术特别重要。

定时的本质就是计数,只不过这里的"数"的单位是时间单位。如果把一小片一小片计时单位累加起来,就可获得一段时间。例如,以秒为单位来计数,计满60秒为1分,计满60分为1小时,计满24小时即为1天。因此,定时的本质就是计数,我们把计数作为定时的基础来讨论。

2. 微机系统中的定时

微机系统常常需要为处理器和外设提供时间标记,或对外部事件进行计数。例如,分时系统的程序切换,向外设定时周期性地发出控制信号,外部事件发生次数达到规定值后产生中断,以及统计外部事件发生的次数等。因此,需要解决系统的定时问题。

3. 定时方法

为获得所需要的定时,要求有准确而稳定的时间基准,产生这种时间基准通常采用两种方法:软件定时和硬件定时。

(1)软件定时

它是利用CPU内部定时机构,运用软件编程,循环执行一段程序而产生的等待延时。这是常用的一种定时方法,主要用于短时延时。这种方法的优点是不需增加硬设备,只需编制相应的延时程序以备调用。缺点是CPU执行延时等待时间增加了CPU的时间开销,延时时间越长,这种等待开销越大,降低了CPU的效率,浪费CPU的资源。并且,软件延时的时间随主机频率不同而发生变化。即定时程序的通用性差。

(2)硬件定时

它是采用可编程通用的定时/计数器或单稳延时电路产生定时或延时。这种方法不占用CPU的时间,定时时间长,使用灵活。尤其是定时准确,定时时间不受主机频率影响,定时程序具有通用性,故得到广泛应用。这里对Intel8253/8254定时/计数器进行详细讨论。

9.2　可编程定时/计数器 8253－5/8254－2

可编程定时/计数器芯片型号有几种,它们的外形引脚及功能都是兼容的,只是工作的最高频率有所差异,例如,8253－5 和 8254－2,前者为 5 MHz,后者为 10 MHz。另外,还有 8253(2MHz),8254(8MHz)和 8254－5(5MHz)兼容芯片。下面以 8253－5 和 8254－2 为例进行分析。本书中,以后出现的 8253 和 8254 均分别指 8253－5 和 8254－2。

9.2.1　外部特性与内部逻辑

1. 外部特性

定时/计数器 8253/8254 是 24 脚双列直插式芯片,＋5V 电源供电。每个芯片内部有 3 个独立的计数器(计数通道),每个计数器都有自己的时钟输入 CLK、计数输出 OUT 和门控制信号 GATE。通过编程选择计数器和设置工作方式,计数器既可作计数器用,也可作定时器用,故称定时/计数器,记作 T/C,其引脚分配见图 9.1。

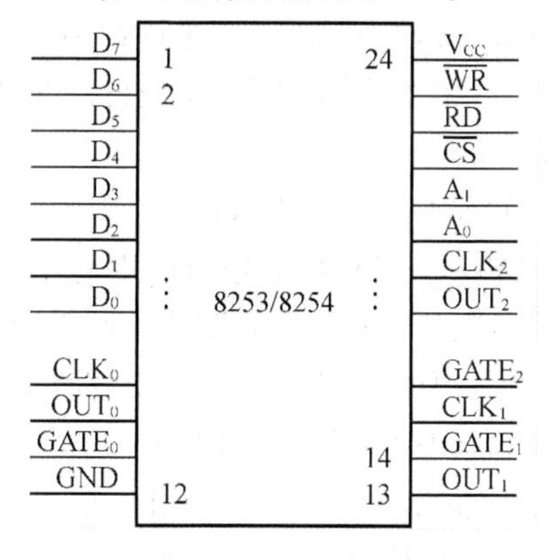

图 9.1　引脚分配图

首先,介绍面向 CPU 的信号线:

①数据总线 $D_0 \sim D_7$:为三态输出/输入线。用于将 8253 与系统数据总线相连,是 8253 与 CPU 接口数据线,供 CPU 向 8253 进行读写数据、传送命令和状态信息。

②片选线$\overline{CS}$:为输入信号,低电平有效。当$\overline{CS}$为低电平时,CPU 选中 8253,可以向 8253 进行读/写;当$\overline{CS}$为高电平时,CPU 未选中 8253,$\overline{CS}$由 CPU 输出的地址码经译码产生。

③读信号$\overline{RD}$:为输入信号,低电平有效。它由 CPU 发出,用于对 8253 寄存器进行读操作。

④写信号$\overline{WR}$:为输入信号,低电平有效。它由 CPU 发出,用于对 8253 寄存器进行写操作。

⑤地址线 A_1,A_0:这两根线接到系统地址总线的 A_1,A_0 上。当$\overline{CS}=0$,8253 被选中时,A_1,A_0 用于选择 8253 内部寄存器,以便对它们进行读写操作。8253 内部寄存器与地址线 A_1,A_0 的关系如表 9－1 所示。

表 9.1 8253 内部寄存器与地址线 A_1,A_0 的关系

$\overline{CS}$	$\overline{RD}$	$\overline{WR}$	A_1	A_0	操作
0	1	0	0	0	加载 T/C_0(向计数器 0 写入“计数初值”)
0	1	0	0	1	加载 T/C_1(向计数器 1 写入“计数初值”)
0	1	0	1	0	加载 T/C_2(向计数器 2 写入“计数初值”)
0	1	0	1	1	向控制寄存器写“方式控制字”
0	0	1	0	0	读 T/C_0(从计数器 0 读出“当前计数值”)
0	0	1	0	1	读 T/C_1(从计数器 1 读出“当前计数值”)
0	0	1	1	0	读 T/C_2(从计数器 2 读出“当前计数值”)
0	0	1	1	1	无操作三态
1	X	X	X	X	禁止三态
0	1	1	X	X	无操作三态

其次,介绍面向 I/O 设备的信号线:

①计数器时钟信号 CLK:CLK 为输入信号。3 个计数器各有一独立的时钟输入信号,分别为 CLK_0,CLK_1,CLK_2。时钟信号的作用是在 8253 进行定时或计数工作时,每输入 1 个时钟脉冲信号 CLK,便使计数值减 1。

②计数器门控选通信号 GATE:GATE 为输入信号。3 个计数器每一个都有自己的门控信号,分别为 $GATE_0$,$GATE_1$,$GATE_2$。GATE 信号的作用是用来禁止、允许或开始计数过程的。对 8253 的 6 种不同工作方式,GATE 信号的控制作用不同。

③计数器输出信号 OUT:OUT 为输出信号。3 个计数器每一个都有自己的计数器输出信号。分别为 OUT_0,OUT_1,OUT_2,OUT 信号的作用是,计数器工作时,每来 1 个时钟脉冲,计数器减 1,当计数值减为 0,就在输出线上输出一 OUT 信号,以示定时或计数已到。这个信号可作外部定时、计数控制信号引到 I/O 设备,用来启动某种操作(开/关或启/停);也可作为定时、计数已到的状态信号供 CPU 检测,或作为中断请求信号使用。

2. 内部逻辑结构

8253/8254 内部有 6 个模块,其结构框图如图 9.2 所示。

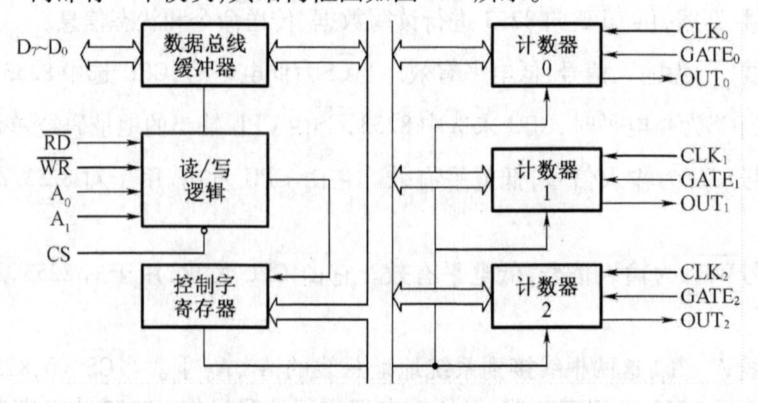

图 9.2 8253/8254 结构框图

①数据总线缓冲器。它是一个三态、双向 8 位寄存器，用于将 8253 与系统数据总线 $D_0 \sim D_7$ 相连。

数据总线缓冲器有 3 个基本功能：向 8253 写入确定 8253 工作方式的命令；向计数寄存器装入初值；读出计数器的初值或当前值。

②读/写逻辑。它由 CPU 发来的读/写信号和地址信号来选择读出或写入寄存器，并且确定数据传输的方向，是读出还是写入。

③控制命令寄存器。它接受 CPU 送来的控制字。这个控制命令用来选择计数器及相应的工作方式。控制命令寄存器只能写入，不能读出，其内容将在后面讨论。

④计数器。8253 有 3 个独立的计数器（计数通道），其内部结构完全相同，如图 9.3 所示。

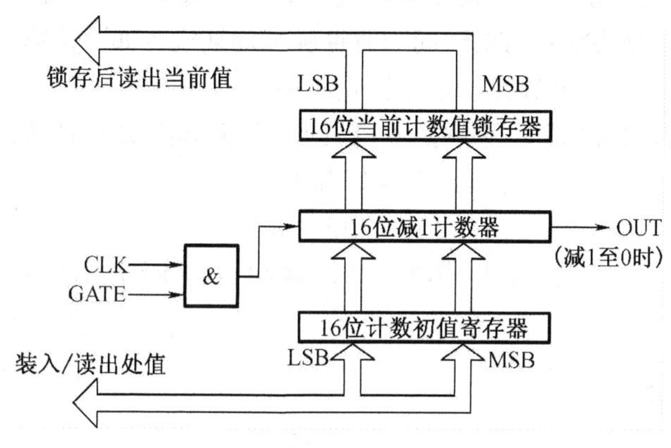

图 9.3　计数器内部结构

图 9.3 表示计数器由 16 位计数初值寄存器、减 1 计数器和当前计数值锁存器组成。

计数初值寄存器（16 位）：用于存放计数初值（定时常数、分频系数），其长度为 16 位，故最大计数值为 65536（64 KB）。计数初值寄存器的初值是和减 1 计数器的初值在初始化时同时一起装入的，计数初值寄存器的计数初值，在计数器计数过程中保持不变，故计数初值寄存器的作用是在自动重装操作中为减 1 计数器提供计数初值，以便重复计数。所谓自动重装是当减 1 计数器减 1 至 0 后，可以自动把计数初值寄存器的内容再装入减 1 寄存器，重新开始计数。

减 1 计数器（16 位）：用于进行减 1 计数操作，每来一个时钟脉冲，它就做减 1 运算，直至将计数初值减为零。如果要连续进行计数，则可重装计数初值寄存器的内容到减 1 计数器。

当前计数值锁存器（16 位）：用于锁存减 1 计数器的内容，以供读出和查询。由于减 1 计数器的内容是随输入时钟脉冲在不断改变的，为了读取这些不断变化的当前计数值，只有先把它送到当前计数值锁存器，并加以锁存才能读出。

因此，若要了解计数初值，则可从计数初值寄存器直接读出。而如果要想知道计数过程中当前计数值，则必须将当前值锁存后，从输出锁存器读出，不能直接从减 1 计数器中读出当前值。为此，在 8253 的命令字中，设置了锁存命令。

9.2.2　计数初值

从上述 8253 定时/计数器的逻辑结构可以看出，8253 是一种减 1 计数器（逆计数器），而不是加 1 计数器(正计数器)。因此,在它开始计数(定时)之前,一定要根据计数(定时)的要求,先计算出计数初值(定时常数),并装入计数初值寄存器和减 1 计数器。然后,才能在门控信号 GATE 的控制下,由时钟脉冲 CLK 对减 1 计数器进行减 1 计数。当计数初值(定时常数)减为 0 时,计数结束(定时已到),则在计数器输出端 OUT 产生波形变化。如果要求继续计数(定时),就需要再次重新装入计数初值。8253 的 2 方式及 3 方式具有自动重装计数初值的功能,故在这两种方式下,可以在输出端得到连续的输出波形。可见,计数初值(定时常数)是决定 8253 的定时长短与计数多少的重要参数。

8253 无论作定时器用,还是作计数器用,其内部操作完全相同,区别只在于前者是由计数脉冲(间隔不一定相同)进行减 1 计数,而后者是由周期一定的时钟脉冲做减 1 计数。作计数器用时,要求计数的次数可直接作为计数初值预值到减 1 计数器;作定时器用时,计数初值即定时系数应根据要求定时的时间和时钟脉冲周期进行如下换算才能得到

$$定时系数 = 要求定时的时间/时钟脉冲周期$$

计数初值与输入时钟(CLK)频率及输出波形(OUT)频率之间的关系为

$$C_i = CLK/OUT$$

或

$$T_C = CLK/OUT \tag{9.1}$$

利用关系式(9.1),可以计算出当给定 CLK 频率,要求所输出的波形的频率为某值时的计数初值。

9.2.3 编程命令

1. 方式命令的作用

主要是对 8253 进行初始化,同时也可对当前计数值进行锁存。8253 初始化的工作有两点:一是向命令寄存器写入方式命令,以选择计数器(3 个计数器之一),确定工作方式(6 种方式之一),指定计数器计数初值的长度和装入顺序,以及计数值的码制(BCD 码或二进制码);二是向已选定的计数器按方式命令的要求写入计数初值。

2. 方式命令的格式

方式命令的格式如下所示:

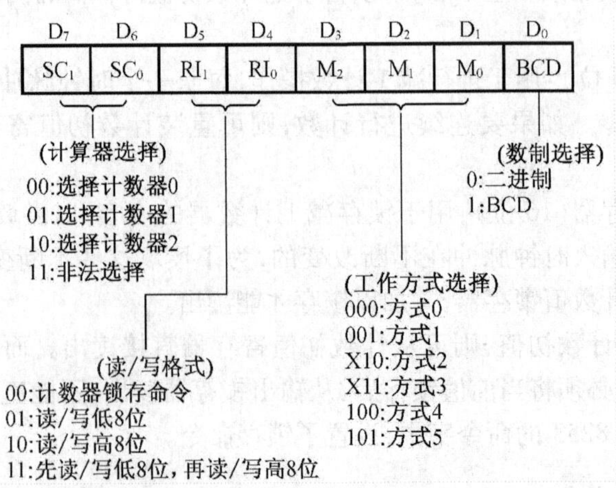

①D_7D_6(SC_1 SC_0):用于选择计数器。

SC_1 SC_0

0　0　选择0号计数器

0　1　选择1号计数器

1　0　选择2号计数器

1　1　不用

②D_5 D_4(RL_1RL_0):用来控制计数器读/写的字节数(1或2个字节)及读/写高低字节的顺序。

RL_1 RL_0 = 00　为锁存命令,把由 SC_1　SC_0 指定的计数器的当前值锁存在锁存寄存器中,以便去读取它

RL_1　RL_0 = 01　仅读/写一个低字节

RL_1　RL_0 = 10　仅读/写一个高字节

RL_1　RL_0 = 11　读/写2个字节,先是低字节,后是高字节

③D_3 ~ D_1(M_2 ~ M_1):用来选择计数器的工作方式。

M_2 M_1 M_0 = 000　0方式　M_2 M_1 M_0 = 011　3方式

M_2 M_1 M_0 = 001　1方式　M_2 M_1 M_0 = 100　4方式

M_2 M_1 M_0 = 010　2方式　M_2 M_1 M_0 = 101　5方式(110和111不用)

④D_0(BCD):用来指定计数器的码制,是按二进制数还是按二-十进制数计数。

BCD = 0　二进制

BCD = 1　二-十进制

例9-1　选择2号计数器,工作在3方式,计数初值为533H(2个字节),采用二进制计数。其初始化程序段为

```
MOV   DX,307H          ;命令口地址
MOV   AL,10110110B     ;2号计数器的初始化命令字
OUT   DX,AL            ;写入命令寄存器
MOV   DX,306H          ; 2号计数器数据口地址
MOV   AX,533H          ;计数初值
OUT   DX,AL            ;先送低字节到2号计数器
MOV   AL,AH            ;取高字节送AL
OUT   DX,AL            ;后送高字节到2号计数器
```

3. 读当前计数值

在事件计数器的应用中,需要读出计数过程中的当前计数值,以便根据这个值做计数判断。为此,8253/8254内部逻辑提供了将减1计数器的内容锁存后读操作功能。具体做法是,先发一条锁存命令(即方式命令中的 RL_1RL_0 = 00),将减1计数器的计数值锁存到输出锁存器;然后,执行读操作,便可得到锁存器的内容,即当前计数值。

例9-2　要求读出并检查1号计数器的当前计数值是否是全"1"(假定计数值只有低8位),其程序段为

```
   MOV   DX,307H          ;命令口地址
L: MOV   AL,01000000B     ;1号计数器的锁存命令
   OUT   DX,AL            ;写入命令寄存器
   MOV   DX,305H          ;1号计数器数据口地址
   IN    AL,DX            ;读1号计数器的当前计数值
```

```
CMP  AL,0FFH          ;比较
JNE  L                ;非全"1",再读
HLT                   ;是全"1",暂停
```

9.2.4 工作方式及特点

8253/8254 芯片的每个计数器通道都有 6 种工作方式可供选用。区分这 6 种工作方式的主要标志有 3 点:一是输出波形不同;二是启动计数器的触发方式不同;三是计数过程中门控信号 GATE 对计数操作的控制不同。现结合各种操作实例,分别讨论不同工作方式的特点及编程方法。例中 8253 的 3 个计数器及控制器的端口地址分别是 304H,305H,306H 和 307H。

1.0 方式——计数结束后输出由低变高

0 方式有如下特点:

(1)写入控制字后,OUT 输出端变为低电平。当写入计数初值后,计数器开始减 1 计数。在计数过程中 OUT 一直保持为低电平,直到计数到 0 时,OUT 输出变为高电平。此信号可用于向 CPU 发出中断请求,方式 0 的波形如图 9.4(a)所示。

(2)计数器只计数一遍。当计数到 0 时,不恢复计数初值,不开始重新计数,且输出一直保持为高电平。只有在写入新的计数值时,OUT 才变低,并开始新的计数。

(3)GATE 是门控信号,GATE = 1 时允许计数,GATE = 0 时,禁止计数。在计数过程中,如果 GATE = 0 则计数暂停,当 GATE = 1 后接着计数。

(4)在计数过程中可改变计数值。若是 8 位计数,在写入新的计数值后,计数器将按新的计数值重新开始计数。如果是 16 位计数,在写入第一个字节后,计数器停止计数,在写入第二个字节后,计数器按照新的计数值开始计数,如图 9.4(b)所示。

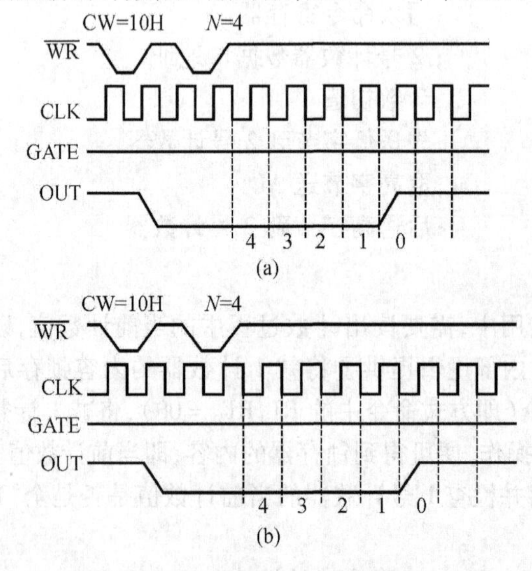

图 9.4 8253 的 0 方式时序波形

(a)方式 0 波形;(b)方式 0 计数过程中改变计数初值

例 9 - 3 使计数器 T_1 工作在 0 方式,进行 16 位二进制计数,计数初值的高低字节分别为 $BYTE_H$ 和 $BYTE_L$。其初始化程序段为

```
MOV   DX,307H         ;命令口地址
MOV   AL,01110000B    ;方式字
OUT   DX,AL
MOV   DX,305H         ;T1 数据口地址
MOV   AL,BYTE_L       ;计数值低字节
OUT   DX,AL
MOV   AL,BYTE_H       ;计数值高字节
OUT   DX,AL
```

2.1 方式——可编程序的单拍脉冲

方式1的波形如图9.5所示,其特点是:

(1)写入控制字后,输出OUT将保持为高电平,计数由GATE启动。GATE启动之后,OUT变为低电平,当计数到0时,OUT输出高电平,从而在OUT端输出一个负脉冲,负脉冲的宽度为N个(计数初值)CLK的脉冲宽度。

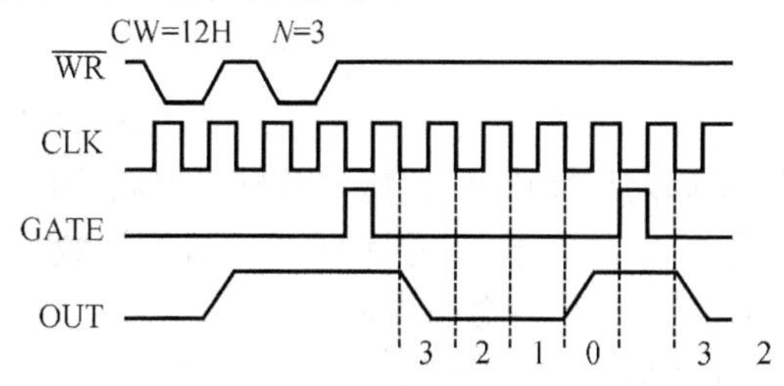

图9.5　8253的1方式时序波形

(2)当计数到0后,不用送计数值,可再次由GATE脉冲启动,输出同样宽度的单拍脉冲。

(3)在计数过程中,可改变计数初值,此时计数过程不受影响。如果再次触发启动,则计数器将按新输入的计数值计数。

(4)在计数未到0时,如果GATE再次启动,则计数初值将重新装入计数器,并重新开始计数。

例9-4　使计数器T_2工作在1方式,进行8位二进制计数,并设计数初值的低8位为$BYTE_L$。其初始化程序段为

```
MOV   DX,307H         ;命令口地址
MOV   AL,10010010B    ;方式字
OUT   DX,AL
MOV   DX,306H         ;T2 数据口地址
MOV   AL,BYTE_L       ;低8位计数值
OUT   DX,AL
```

程序中把T_2设定成仅读/写低8位计数初值,高8位自动补0。

3.2 方式——频率发生器(分频器)

方式2的波形如图9.6所示,它的特点是:

(1)写入控制字后,输出将变为高电平。写入计数值后,计数立即开始。在计数过程中

输出始终为高电平,直至计数器减到 1 时,输出将变为低电平。经过一个 CLK 周期,输出恢复为高,且计数器开始重新计数。因此,它能够连续工作,输出固定频率的脉冲。

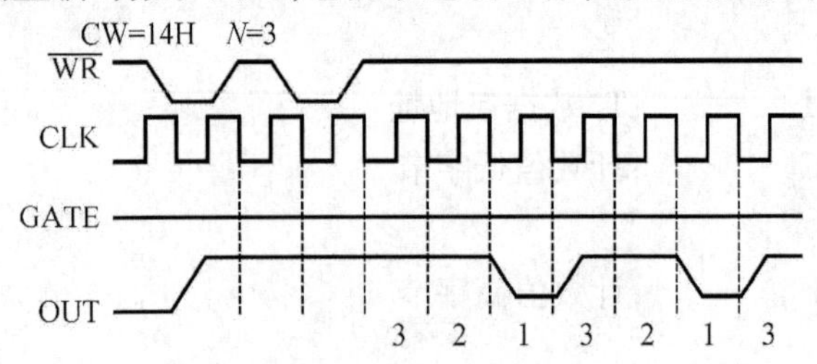

图 9.6 8253 的 2 方式时序波形

(2)如果计数值为 N,则每输入 N 个 CLK 脉冲,输出一个脉冲。因此,相当于对输入脉冲的 N 分频。通过对 N 赋不同的初值,即可在输出端得到所需的频率,起到频率发生器的作用。

(3)计数过程可由门控脉冲控制。当 GATE =0 时,暂停计数;当 GATE 变高自动恢复计数初值,重新开始计数。

(4)在计数过程中可以改变计数值,这对正在进行的计数过程没有影响。但在计数到 1 时输出变低,经过一个 CLK 周期后输出又变高,计数器将按新的计数值计数。

例 9-5 使计数器 T_0 工作在 2 方式,进行 16 位二进制计数。其初始化程序段为

```
MOV   DX,307H          ;命令口地址
MOV   AL,00110100B     ;方式字
OUT   DX,AL
MOV   DX,304H          ;T0 数据口地址
MOV   AL,BYTE_L        ;低 8 位计数值
OUT   DX,AL
MOV   AL,BYTE_H        ;高 8 位计数值
OUT   DX,AL
```

4.3 方式——方波发生器

方式 3 的波形如图 9.7 所示。它的特点是:

(1)输出为周期性的方波。若计数值为 N,则输出方波的周期是 N 个 CLK 脉冲的宽度。

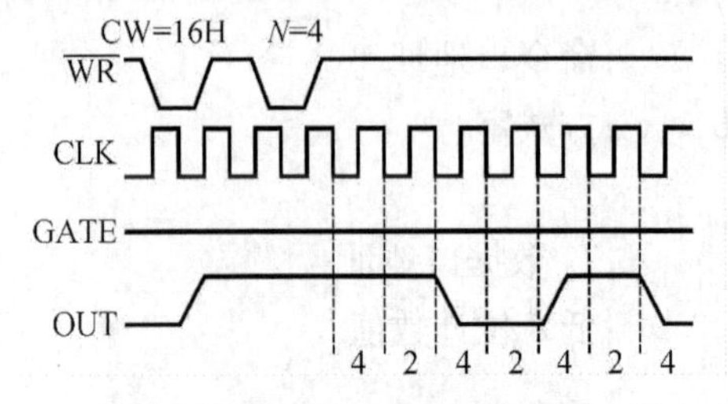

图 9.7 8253 的 3 方式时序波形

(2)写入控制字后,输出将变为高电平. 当写入计数初值后,就开始计数,输出仍为高电平;当计数到初值一半时,输出变为低电平,直至计数到 0,输出又变为高电平,重新开始计数。

(3)若计数值为偶数,则输出对称方波。如果计数值为奇数,则前$(N+1)/2$个CLK脉冲期间输出为高电平,后$(N-1)/2$个CLK脉冲期间输出为低电平。

(4)GATE信号能使计数过程重新开始。GATE =1允许计数,GATE =0禁止计数。停止后OUT将立即变高开,当GATE再次变高以后,计数器将重新装入计数初值,重新开始计数。

5. 4方式——软件触发选通

方式4的波形如图9.8所示,这种方式的特点是:

(1)写入控制字后,输出为高电平。写入计数值后立即开始计数(相当于软件触发启动),当计数到0后,输出一个时钟周期的负脉冲,计数器停止计数。只有在输入新的计数值后,才能开始新的计数。

(2)当GATE =1时,允许计数,而GATE =0时,禁止计数。GATE信号不影响输出。

(3)在计数过程中,如果改变计数值,则按新计数值重新开始计数。如果计数值是16位,则在设置第一字节时停止计数,在设置第二字节后,按新计数值开始计数。

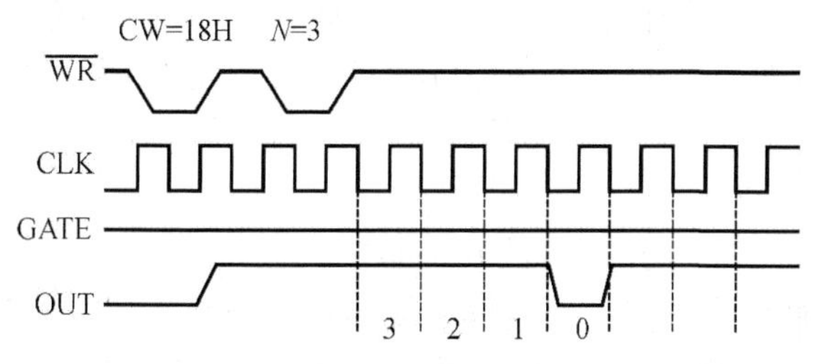

图9.8　8253的4方式时序波形

例9-6　使计数器T_1工作在4方式,进行8位二进制计数,并且只装入高8位计数值。其初始化程序段为

```
MOV   DX,307H          ;命令口地址
MOV   AL,01101000B     ;方式字
OUT   DX,AL
MOV   DX,305H          ;T1数据口地址
MOV   AL,BYTE_H        ;高8位计数值
OUT   DX,AL
```

6. 5方式——硬件触发选通

方式5的波形如图9.9所示,这种方式的特点是:

(1)写入控制字后,输出为高电平。在设置了计数值后,计数器并不立即开始计数,而是由门控脉冲的上升沿触发启动。当计数到0时,输出一个CLK周期的负脉冲,并停止计数。当门控脉冲再次触发时才能再计数。

(2)在计数过程中如果再次用门控脉冲触发,则使计数器重新开始计数,此时输出还保持为高电平,直到计数为0,才输出负脉冲。

(3)如果在计数过程中改变计数值,只要没有门控信号的触发,不影响计数过程。当有新的门控脉冲的触发时,不管是否计数到0,都按新的计数值计数。

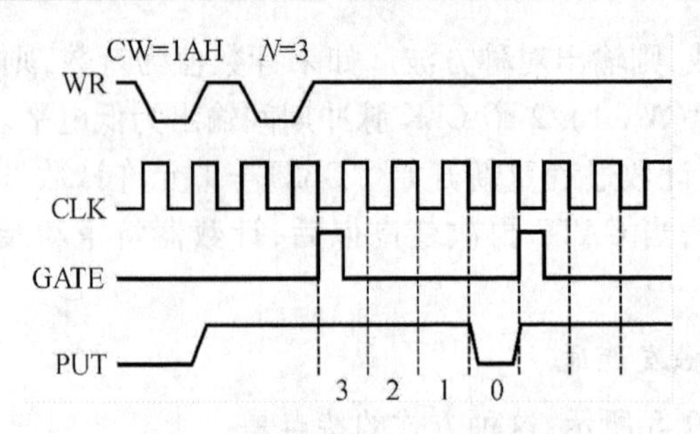

图 9.9 8253 的 5 方式时序波形

7. 6 种工作方式的比较

上面分别说明了 8253 -5 六种方式的工作过程,现在来对比分析这 6 种方式的特点和彼此之间的差别,以便在应用时有针对性地加以选择。

(1)0 方式和 1 方式

这两种方式的输出波形类似,它们的 OUT 在计数开始时变为低电平,在计数过程中保持低电平,计数结束立即变高电平,此输出作为计数结束的中断请求信号,或作为单稳延时,两者均无自动重装能力。它们的不同点在于门控信号 GATE 上升沿对计数的影响及启动计数器的触发信号不同。

(2)2 方式(分频器)和 3 方式(方波发生器)

这两种方式共同的特点是具有自动再加载(装入)能力。即减 1 至 0 时,初值寄存器的内容又被自动装入减 1 计数器继续计数,所以,OUT 可输出连续的波形。输出信号的频率都是(f_{CLK}/初值)二者的区别在于:2 方式在计数过程中输出高电平,而在每当减 1 至 0 时输出宽度为 1 个 T_{CLK}的负脉冲;3 方式是在计数过程中,输出 1/2 初值 * T_{CLK}[若初值为奇数,则是1/2(初值 +1) * T_{CLK}]的高电平,然后输出 1/2 初值 * T_{CLK}[若初值为奇数,则是 1/2(初值 -1) * T_{CLK}]的低电平,于是 OUT 的信号是占空比为 1:1 的方波或近似方波。

(3)4 方式(软件触发单脉冲)和 5 方式(硬件触发单脉冲)

这两种方式的 OUT 输出波形相同,在计数过程中 OUT 为高电平,在计数结束后 OUT 输出一个宽度为 1 个 T_{CLK}的负脉冲,这个脉冲可作为在延时(初值 * T_{CLK})后的选通脉冲。它们无自动重新装入能力。两者的区别是计数启动的触发信号不同,前者由写信号$\overline{WR}$启动计数,后者从 GATE 的上升沿开始计数。

从以上对比分析可知,一般,0 方式、1 方式、4 方式和 5 方式选作计数器用(输出一个电平或一个脉冲),而 2 方式、3 方式选作定时器用(输出周期脉冲或周期方波)。

9.3 8253 在 PC 机中的应用

IBM PC/XT 机系统板上使用了一片 8253,其连接如图 9.10 所示。各计数器通道分别用于日时钟计时、动态 RAM 定时刷新和扬声器发声。

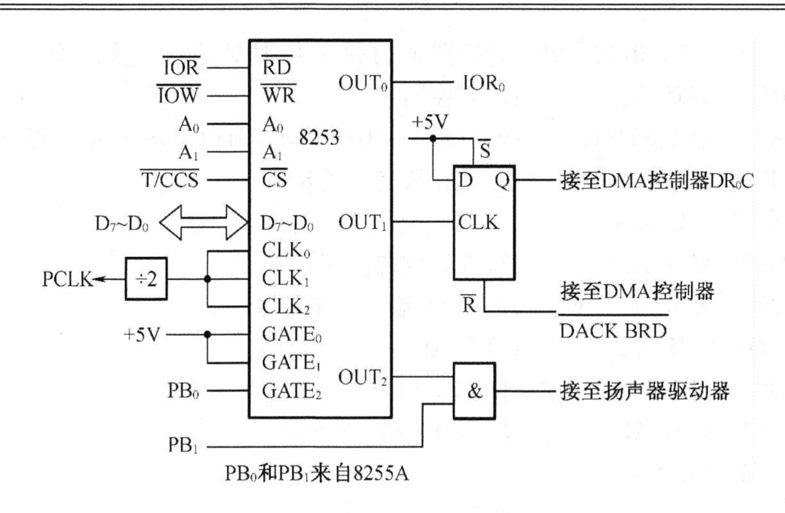

图9.10 IBM PC/XT机系统板与一片8253连接图

1. 计数器0——日时钟中断请求

计数器0工作于方式3,门控信号线GATE接+5 V。OUT_0接到8259A的IRQ_0,每隔55 ms向8259A提出一次作为XT机的日时钟的中断请求。计数初值为65536(实际写入值为0),因此输出信号的频率为1.19318 MHz/65536 = 18.206 Hz,即每秒产生18.2次中断请求。初始化程序如下:

```
MOV   AL,36H      ;控制字,计数器0,方式3,二进制计数,16位计数
OUT   43H,AL      ;写入控制字
MOV   AL,0        ;计数初值65536
OUT   40H,AL      ;写入计数初值低8位
OUT   40H,AL      ;写入计数初值高8
```

2. 计数器1——定时DMA请求

计数器1工作于方式2,门控信号线GATE接+5 V。OUT_1连往DMA请求电路,每隔15.12 μs向DMA的0通道请求一次DMA操作,作为动态内存刷新的DMA请求信号。初始化程序如下:

```
MOV   AL,54H        ;计数器1,方式2,只写低8位,二进制计数
OUT   43H,AL        ;写入控制字
MOV   AL,12H        ;计数初值
OUT   41H,AL        ;写入计数初值
```

3. 计数器2——发声程序

计数器2的输出送往扬声器发声电路。门控信号$GATE_2$接8255并行接口电路的PB_0,因此计数器2的计数过程将受到PB_0的控制,而PB_0又受I/O端口61H的D_0位的控制,当PB_0=1时,OUT_2才能输出方波。OUT_2和PB_1经过一个与门接至扬声器驱动电路。因此OUT_2也将受到PB_1的控制,而PB_1又受I/O端口61H的D_1位的控制。ROM-BIOS中的发声子程序BEEP使计数器2工作于方式3,产生约为1 kHz的方波,程序如下:

```
        BEEP   PROC
```

```
        MOV   AL,10110110B ;计数器2,方式3,16位计数,二进制计数
        OUT   43H,AL       ;写入控制字
        MOV   AX,0533H     ;计数初值为0533H=1331(1.19318 MHz/1331=896 Hz)
        OUT   42H,AL       ;写入计数初值低8位
        MOV   AL,AH
        OUT   42H,AL       ;写入计数初值高8位
        IN    AL,61H       ;读8255端口B的原值
        MOV   AH,AL        ;暂存AH
        OR    AL,03H       ;使PB0=1、PB1=1
        OUT   61H,AL       ;输出,使扬声器发声
        SUB   CX,CX
LOP:    LOOP  LOP          ;延时
        DEC   BL           ;BL值由入口参数提供,决定发声长短
        JNZ   LOP          ;BL=6发长声,BL=1发短声
        MOV   AL,AH
        OUT   61H,AL       ;恢复8255端口B的原值,停止发声
        RET                ;返回
BEEP    ENDP
```

例9－7　利用PC机中的8253的计数器2连续发出26个频率不同的声音。要求第一个发出声音的频率为896 Hz,其后发出声音的频率逐次降低,使最后一个发出声音的频率约为407 Hz。

解　要使8253发出声音的频率为896 Hz,计数初值应为1331。要使8253发出声音的频率逐次降低,只要逐次增大8253的计数初值即可。程序中每次循环使计数初值都增加64,最后一次发出声音时的计数初值为1331＋(25×64)＝2931,声音频率为1.19318 MHz/2931＝407 Hz。程序如下:

```
CSEG  SEGMENT
  ASSUMECS:CSEG
GENSOUND  PROC   FAR
          PUSH   DS
          MOV    AX,0
          PUSH   AX
          MOV    AL,0B6H   ;计数器2,方式3,16位计数,二进制计数
          OUT    43H,AL
          MOV    DX,26
          MOV    AX,1331   ;计数初值为1331(1.19318 MHz/1331=896 Hz)
AGAIN:  PUSH  AX
        OUT   42H,AL       ;写入计数初值低8位
        MOV   AL,AH
        OUT   42H,AL       ;写入计数初值高8位
        IN    AL,61H
```

```
        MOV   AH,AL
        OR   AL,3
        OUT   61H,AL          ;输出,使扬声器发声
        MOV   BX,0FFFFH
WAIT1:MOV   CX,2801
DELAY:LOOP   DELAY   ;延时
        DEC   BX
        JNZ   WAIT1
        MOV   AL,AH
        OUT   61H,AL
        POP   AX
        ADD   AX,64   ;使计数初值加64
        DEC   DX
        JNZ   AGAIN   ;判断循环是否结束
        RET
GENSOUND   ENDP
CSEG   ENDS
        ENDGENSOUND
```

习　题　9

1. 比较软件、硬件和可编程定时/计数器用于定时控制的特点。

2. 在8253每个计数器中有几种工作方式？它们的主要区别是什么？

3. 叙述8253定时/计数器中,时钟信号CLK和门控信号GATE分别起的作用。

4. 为什么8253的方式0可用作中断请求？

5. 为什么8253的方式2具有频率发生器的功能？

6. 当计数值为奇数的情况下,8253在方式3时的输出波形如何？

7. 8253的方式5与方式6有什么异同？

8. 8253选用二进制与BCD码计数的区别是什么？以二进制或BCD码计数时的最大值分别是多少？

9. 对8253三个计数器进行编程,使0#计数器设置为方式0,计数初值为2D4AH;1#计数器设置为方式2,计数初值为3000;2#计数器设置为方式3,计数初值为4。设8253的端口地址为300H,301H,302H,303H。

10. 8253的片选信号如图9.11连接。列出8253内各计数器及控制字寄存器的一组地址。现有1MHz的方波,欲应用这片8253产生1KHz方波。请简要说明如何实现(说明使用的计数器、工作方式及计数初值),并编写程序实现。

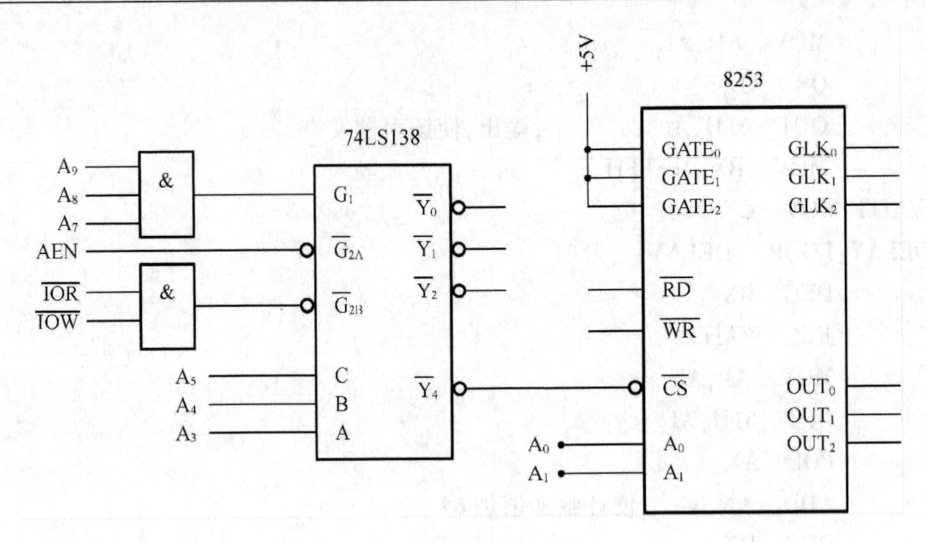

图 9.11 题 10

11. 请解释 8253 读取计数值的方法。某系统中 8253 芯片的控制端口的地址为 307H，三个通道的端口地址分别为 304H，305H，306H，要求采用计数锁存命令来读取计数器通道 1 的当前值，请编程实现。

第 10 章　DMA 技术

通过学习本章后,你将能够:

了解 DMA 是用硬件实现高速数据传输,用 DMA 控制器取代 CPU,在存储器和外设之间,外设和外设之间利用数据总线直接进行数据交换。

10.1　DMA 传送的特点

在一般的程序控制传送方式(包括查询与中断方式)下,数据从存储器送到外设,或从外设送到存储器,都要经过 CPU 的累加器中转,再加上检查是否传送完毕以及修改内存地址等操作都由程序控制,要花费不少时间。采用 DMA 传送方式是让存储器与外设,或外设与外设之间直接交换数据,不需经过累加器,减少了中间环节,并且内存地址的修改、传送完毕的结束报告都由硬件完成,因此大大提高了传输速度。

DMA 传送主要用于需要高速大批量数据传送的系统中,以提高数据的吞吐量。如磁盘存取、图像处理、高速数据采集系统、同步通信中的收/发信号等方面应用甚广。

DMA 传送方式的优点是以增加系统硬件的复杂性和成本为代价的,如图 10.1 所示,DMA 方式和程序控制方式相比,是用硬件控制代替了软件控制。另外,DMA 传送期间 CPU 被挂起,部分或完全失去对系统总线的控制,这可能会影响 CPU 对中断请求的及时响应与处理。因此,在一些小系统或速度要求不高、数据传输量不大的系统中,一般并不采用 DMA 方式。

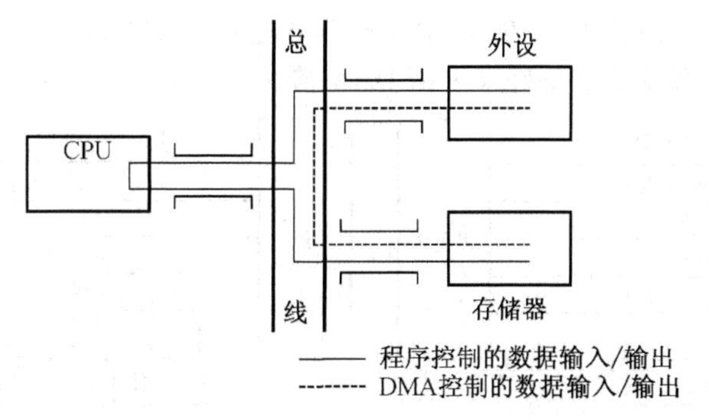

图 10.1　DMA 方式和程序控制方式比较

DMA 传送虽然脱离 CPU 的控制,但并不是说 DMA 传送不需要进行控制和管理。通常是采用 DMA 控制器(DMAC—Direct Memory Access Controller)来取代 CPU,负责 DMA 传送的全过程控制。由于 DMA 控制器是实现 DMA 传送的核心器件,对它的工作原理、外部特性以及编程使用方法等方面的学习,就成为掌握 DMA 技术的重要内容。

10.2 DMA 传送的过程

在 DMA 传送期间,使 CPU 与系统总线处于高阻(浮空)状态,由 DMAC 占有总线控制权的操作过程如图 10.2 所示。

使 CPU 脱离总线,DMAC 接管总线控制权的过程如下:

①当外部 I/O 设备准备就绪(数据准备好或外部设备准备好接收数据),它就会向 DMAC 发出通道请求信号 DREQ。

②当 DMAC 采样到有效的通道请求信号后,就向 CPU 发出占用总线的请求信号 HOLD,请求 CPU 让出总线控制权。

③CPU 在现行总线周期操作结束之后,使其地址总线、数据总线和控制总线都进入浮空(高阻)状态,并向 DMAC 发去同意让出总线控制权的回答信号 HLDA。

④DMAC 获得总线控制权后,向接口发去响应回答信号 DACK,DACK 可用作接口的选通信号。

⑤~⑧DMAC 获得总线控制权后,控制数据的传送过程:首先 DMAC 将源地址放到地址总线上,以便选通源地址单元(⑤);随后它又发出读命令,将源地址单元中的数据放到数据总线上(⑥⑦);然后发出写命令将数据写入目的地址(⑧)。上述过程一直持续到 DMAC 完成预定的数据块传送。

⑨DMAC 的请求信号 HOLD 变为无效的低电平。

⑩CPU 使 HLDA 引脚变为无效的低电平,并恢复对系统总线的控制权,继续进行被中断了的操作。

DMA 传送方式和中断方式一样,从开始到结束全过程有几个阶段。在 DMA 操作开始之前,用户应根据需要先对 DMA 控制器(DMAC)编程,把要传送的数据字节数、数据在存储器中的起始地址、传送方向、DMAC 的通道号等信息送到 DMAC,这叫作 DMAC 的初始化。初始化之后,就等待外部设备准备好来申请 DMA 传送。

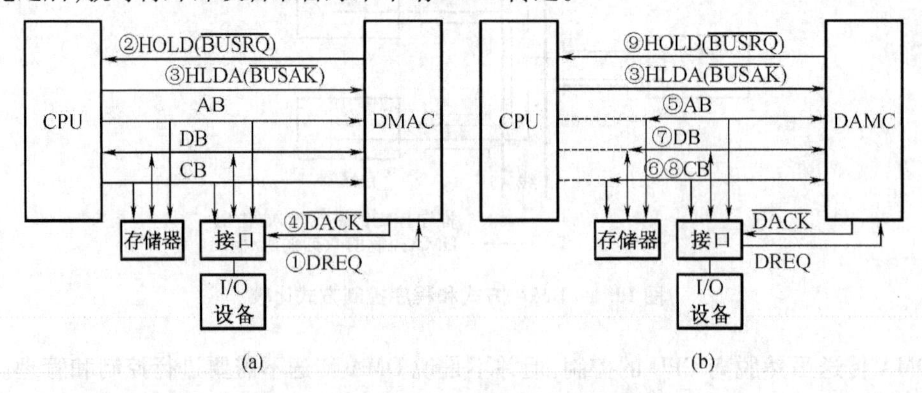

图 10.2 DMAC 占有总线控制权的操作过程

(a)CPU 控制总线,接口向 DMA 发出 DREQ 请求;(b)CPU 与系统总线浮空,DMAC 变为总线主控者

1. 申请阶段

在初始化工作完成之后,若外部设备要求系统以 DMA 方式为它服务,则向 DMAC 发出

DMA 请求信号 DREQ;DMAC 如果允许外部设备的请求,就进一步向 CPU 发出总线保持请求信号 HOLD($\overline{\text{REQUSE}}$)(HRQ),即总线请求信号,申请占用总线。这就是申请阶段。

2. 响应阶段

CPU 在每个总线周期结束时检测 HRQ 是否有效,当 HRQ 有效,并且总线锁定信号 LOCK 无效时,响应 DMAC 的 HRQ 请求,进入保持状态,使 CPU 一侧的三总线"浮空",CPU 脱开三总线,同时以总线保持回答信号 HOLDACK(HLDA),即总线回答信号,通知 DMAC 总线已让出,DMAC 一侧的总线"接通",此时,DMAC 正式成为系统的主控者。

3. 数据传送阶段

DMA 接管三总线成为主控者后,一方面以 DMA 请求回答信号 DMACK 通知发出请求外部设备,使之成为被选中的 DMA 传送设备;同时 DMAC 行使总线控制权,向存储器发地址信号和向存储器及外设发读写控制信号,控制数据按初始化设定的方向传送数据。

4. 传送结束阶段

当初始化中规定的数据字节数传送完毕后,DMAC 就产生一个"计数已到"或"过程结束"的信号,并发送给外设。外设收到此信号,认为它请求传送的数据已完毕,于是就撤销 DMA 请求信号 DREQ,进而引起总线请求信号 HRQ 和总线回答信号 HLDA 相继变为无效,DMAC 脱开三总线,DMAC 一侧的总线"浮空",CPU 一侧的总线"接通",CPU 又重新控制总线。至此,DMA 传送结束。如果需要,还可以用"过程结束"信号引发一个中断请求,由 CPU 去处理 DMA 传送结束后的事宜。

10.3　DMA 传送的方式

10.3.1　DMA 操作类型

DMA 传送主要是做数据传送操作,但也包括一些并不是进行数据传送的操作,如数据校验和数据检索等。

1. 数据传送

数据传送是把源地址的数据传送到目的地址去。一般来说,源地址和目的地址都可以是存储器,也可以是 I/O 设备,并且 DMA 传送的读/写操作是站在存储器的立场来说的,即读,是指从存储器读,DMA 写是指向存储器写,而不是站在 I/O 设备的立场上来定义 DMA 读写的。

2. 数据校验

校验操作并不进行数据传送,只对数据块内部的每个字节进行某种校验,因此,DMA 通道用于校验操作时,DMAC 不发送存储器或 I/O 设备的读/写控制信号。但是,DMA 过程的几个阶段还是一样,要由外部设备向 DMAC 提出申请,DMAC 响应,进入 DMA 周期,只不过进入 DMA 周期后,不是传送数据,而是对一个数据块的每个字节进行校验,直到所规定的字节校验完毕或外设撤除 DMA 请求为止。这种数据校验操作一般安排在读数据块之后,以便校验所读的数据是否有效。

3. 数据检索

数据检索操作和数据校验操作一样,并不进行数据传送,只是在指定的内存区内查找某个关键字节或某几个关键数据位是否存在,如果查到了,就停止检索。具体检索方法:将要查找的关键字节或关键位写入比较寄存器,然后从源地址的起始单元开始,逐一读出数据与比较器内的关键字节或关键位进行比较。若两者一致,则达到字节匹配,停止检索,并在状态字中标记或申请中断,表示要查找的字节或数据位已经查到。若两者不一致,则表示未查到要查找的字节或数据位。

10.3.2 DMA 操作方式

DMA 操作方式是指进行上述每种 DMA 操作类型时,每次 DMA 操作所操作的字节数。每种 DMA 操作类型,一般都有 3 种操作方式。

1. 单字节方式

每次 DMA 操作(包括数据传送、数据校验或数据检索操作)只操作一个字节,即发出一次总线请求,DMAC 占用总线后,进入 DMA 周期,只传送(或只校验或只检索)一个字节数据,便释放总线。单字节方式下,只能一个字节一个字节地传送(或校验或检索),每传送一个字节,DMAC 必须重新向 CPU 申请占用总线。

一般是在 DMAC 中设置字数计数器,DMA 传送时,每传送一个字节数据,计数器减 1,并释放总线,将控制权还给 CPU,当计数器从 0 减到 FFFF 时,产生终止计数信号 T/C。

2. 连续方式

在数据块传送的整个过程中,只要 DMA 传送一开始,DMAC 始终占用总线,直到数据传送结束或校验完毕或检索到“匹配字节”,才把总线控制权还给 CPU。即使在传送过程中 DMA 请求变得无效,DMAC 也不释放总线,只暂停传送/检验/检索,它将等待 DMA 请求重新变为有效后,而继续往下传送/检验/检索。这种方式传送速度很快,但由于在整个数据块的传送过程中一直占用总线,也不允许其他 DMA 通道参加竞争,因此,可能会产生冲突。

连续(块字节)方式的实现,一般也是在 DMAC 中设置字节数计数器,每传送一个字节,计数器减 1,直到字数计数器由 0 减到 FFFF 时,产生终止计数信号 T/C 或由外部输入一个过程结束信号 $\overline{EOP}$ 为止。

3. 请求方式

这种方式是以外部是否有 DMA 请求来决定,有请求时,DMAC 才占用总线;当 DMA 请求无效,或数据传送结束,或检索到匹配字节,或校验完毕,或由外部送来过程结束信号 $\overline{EOP}$,DMAC 都会释放总线,把总线控制权交给 CPU。可见请求(问询)方式,只要没有计数结束信号 T/C 或外部施加的过程结束信号 $\overline{EOP}$,且 DREQ 信号有效,DMA 传送就可一直进行,直至外部设备把数据传送完毕为止。

10.4　DMA 控制器(DMAC)

10.4.1　DMA 控制器在系统中的地位

DMA 控制器是作为两种存储实体之间实现高速数据传送而设计的专用处理器。它与其他外围接口控制器不同,它具有接管和控制微机系统总线(包括数据、地址和控制线)的功能,即取代 CPU 而成为系统的主控者。但在它取得总线控制权之前,又和其他 I/O 接口芯片一样,受 CPU 的控制。因此,DMA 控制器在系统中有两种工作状态:主动态与被动态。它们可处在两种不同的地位:主控器与受控器。

在主动态时,DMAC 取代处理器 CPU,获得了对系统总线(AB,DB,CB)的控制权,成为系统总线的主控者,向存储器和外设发号施令。此时,它通过总线向存储器或外设发出地址和读/写信号,以控制在两个存储实体(存储器和外设)间的数据传送。DMA 写操作时,它发出$\overline{IOR}$和$\overline{MEMW}$号,数据由外设传到存储器,DMA 读操作时,它发出$\overline{MEMR}$和$\overline{IOW}$信号,数据从存储器传送到外设。

在被动态时,DMAC 接受 CPU 对它的控制和指挥。例如在对 DMAC 进行初始化编程以及从 DMAC 读取状态时,它就如同一般 I/O 芯片一样,受 CPU 的控制,成为系统 CPU 的受控者。一般当 DMAC 上电或复位时,DMAC 自动处于被动状态。也就是说在进行 DMA 传送之前,必须由 CPU 处理器对 DMAC 编程,以确定通道的选择、DMA 操作类型及方式、内存首址、地址递增还是递减以及需要传送的字节数等参数。在 DMA 传送完毕后,需读取 DMAC 的状态。这些时候 DMA 控制器是 CPU 的从设备。

10.4.2　总线控制权在 DMA 控制器与 CPU 之间的转移

为了说明 DMAC 如何获得总线控制权和进行 DMA 传送的过程,先介绍 DMAC 的两类(组)联络“握手”信号:它和 I/O 设备之间,有 I/O 设备发向 DMAC 的请求信号 DREQ 和 DMAC 发向 I/O 设备的应答信号$\overline{DACK}$,它和处理器之间,有 DMAC 向 CPU 发出的总线请求信号 HRQ 和 CPU 发回的总线回答信号 HLDA。

当 DMAC 收到一个从外设发来的 DREQ 请求信号请求 DMA 传送时,DMAC 经判断及屏蔽处理后向 CPU 送出总线请求 HRQ 信号要求占用总线。CPU 在它认为可能的情况下,完成总线周期后进入总线保持状态,使 CPU 对总线的控制失效(地址、数据、读写控制线呈高阻浮空),并且 HLDA 总线回答信号通知 DMAC,CPU 已交出系统总线控制权。此时 DMAC 就接管总线控制权,由被动态进入主动工作态,成为系统的主控者。然后,由它向 I/O设备发 DMA 应答信号$\overline{DACK}$和读/写信号;向存储器发地址信号和读/写信号,开始 DMA 传送。传送结束,DMAC 发出过程终止信号$\overline{EOP}$。

DMA 传送期间,HRQ 信号一直保持有效,同时 HLDA 信号也一直保持有效,直到 DMA 传送结束,HRQ 撤销,HLDA 随之失效,这时系统总线控制权又回到处理器 CPU。

10.4.3　DMA 控制器 8237A－5

DMA 控制器 8237A－5 有 4 个独立的通道,每个通道均有 64 KB 寻址与计数能力,并且还可以用级联方式来扩充更多的通道。它允许在外部设备与系统存储器以及系统存储器与存储器之间直接交换信息,其数据传送率可达 1.5 MB/s。它提供了多种控制方式和操作类型,大大增强了系统的性能,8237A-5 是一个高性能通用可编程的 DMAC。

1.8237A-5 的外部特性

8237A-5 DMA 控制器是一个 40 个引脚的双列直插式组件,如图 10.3 所示。

引脚名	引脚	8237	引脚	引脚名
$\overline{IOR}$	1		40	A_7
$\overline{IOW}$	2		39	A_6
$\overline{MEMR}$	3		38	A_5
$\overline{MEMW}$	4		37	A_4
NC	5		36	$\overline{EOP}$
READY	6		35	A_3
HLDA	7		34	A_2
ADSTB	8		33	A_1
AEN	9		32	A_0
HRQ	10		31	V_{CC}(+5V)
$\overline{CS}$	11		30	DB_0
CLK	12		29	DB_1
RESET	13		28	DB_2
$DACK_2$	14		27	DB_3
$DACK_3$	15		26	DB_4
$DREQ_3$	16		25	$DACK_0$
$DREQ_2$	17		24	$DACK_1$
$DREQ_1$	18		23	DB_5
$DREQ_0$	19		22	DB_6
(地)V_{SS}	20		21	DB_7

图 10.3 8237A-5 DMA 控制器

由于它既是主控者又是受控者,故其外部引脚设置也具有特色,如它的 I/O 读/写线($\overline{IOR}$,$\overline{IOW}$)和部分地址线(A_0 ~ A_3)都是双向的,另外,还设置了存储器读/写线($\overline{MEMR}$,$\overline{MEMW}$)和 16 位地址输出线(DB_0 ~ DB_7,A_0 ~ A_7)。这些都是其他 I/O 接口芯片所没有的。下面对各引脚功能加以说明。

$DREQ_0$ ~ $DREQ_3$:外设对 4 个独立通道 0 ~ 3 的 DMA 服务请求线,由申请 DMA 服务的设备发出,可以是高或低电平有效,由程序选定。它们的优先级按 $DREQ_0$ 最高,$DREQ_3$ 最低的顺序排列。

$DACK_0$ ~ $DACK_3$:8237A-5 控制器发给 I/O 设备的 DMA 应答信号,有效电平可高可低,由编程选定,在 PC 系列中将 DACK 编程设置为低电平有效。系统允许多个 DREQ 信号同时有效,即可以几个外设同时提出 DMA 申请,但在同一个时间,8237A-5 只能有一个回答信号 DACK 有效(按优先级进行回答),为其服务。这一点类似于中断请求/中断服务的情况。

HRQ:总线请求,高电平有效,是由 8237A-5 控制器向 CPU 发出的要求接管系统总线的请求线。

HLDA:总线应答,高电平有效,由 CPU 发给 8237A-5 控制器,它有效时,表示 CPU 已让出总线。

$\overline{IOR}$/$\overline{IOW}$:I/O 读/写信号,是双向的。8237A-5 为主动态工作时,它们是输出,在 DMAC 控制下,对 I/O 设备进行读/写。被动态工作时,它们是输入,由 CPU 向 DMAC 写命令、初始化参数或读 8237 内部寄存器的状态。

$\overline{MEMR}$/$\overline{MEMW}$:存储器读/写信号,单向输出。只有当 8237A-5 为主动态工作时,才由

它发出，控制向存储器读或写数据。

$\overline{CS}$：该脚为低电平时，允许 CPU 与 DMAC 交换信息，在被动态时由地址总线经译码电路产生。

$A_0 \sim A_3$：这 4 个最低地址线，双向三态。被动态时为输入，作为 CPU 对 8237A－5 进行初始化时访问芯片内部寄存器与计数器寻址之用，4 位最低地址说明 8237A－5 片内 16 个端口可访问。主动态时为输出，作为 20 位存储器地址的最低 4 位。

$A_4 \sim A_7$：这 4 个地址线，单向。当 8237A－5 为主动态时输出，作为访问存储器地址的 20 位中的低 8 位的高四位。

$DB_0 \sim DB_7$：双向三态双功能线。被动态时，为数据线，作为 CPU 对 8237A－5 进行初始化传送命令，或传送结束后传送状态。主动态时，为地址线，作为访问存储器的地址的高 8 位地址线，同时也作数据线，地址和数据分时复用。另外，在存储器到存储器传送方式时，$DB_0 \sim DB_7$ 还作为数据的输入输出端。

可见，8237A－5 最多也只能提供 16 位地址线：$A_0 \sim A_7$（低 8 位），$DB_0 \sim DB_7$（8 位）。

ADSTB：地址选通，输出。是 16 位地址的高 8 位锁存器的输入选通信号，即当 $DB_0 \sim DB_7$ 作为高 8 位地址线时，ADSTB 是把这 8 位地址锁存到地址锁存器的输入选通信号。高电平允许输入，低电平锁存。

AEN：地址允许，输出。是高 8 位地址锁存器输出允许信号。AEN 还用来在 DMA 传送时禁止其他系统总线驱动器占用系统总线。

READY：准备就绪，输入，高电平有效。慢速 I/O 设备或存储器，若要求在 S_3 和 S_4 状态之间插入 SW，即需要加入等待周期时，迫使 READY 处于低电平，一旦等待周期满足要求，该信号电位变高，表示准备好。

$\overline{EOP}$：过程结束，双向，输出。在 DMA 传送时，每传送一个字节，字节计数寄存器减 1，直至为 0 时，产生传送过程计数终止信号$\overline{EOP}$负脉冲输出，表示传送结束，通知 I/O 设备。若从外部在此端加负脉冲，则迫使 DMA 中止，强迫结束传送。不论采用内部终止或外部终止，当$\overline{EOP}$信号有效时（$\overline{EOP}=0$），即终止 DMA 传送并复位内部寄存器。

2. 8237A－5 内部寄存器及编程命令

8237A－5 的内部逻辑框图，包括定时和控制逻辑、命令控制逻辑、优先级控制逻辑、寄存器组、地址/数据缓冲器等部分，如图 10.4 所示。其中，与用户编程直接发生关系的是内部寄存器组，将作为重点加以讨论。

8237A－5 内部有 4 个独立通道，每个通道都有各自的 4 个寄存器（基地址、当前地址、基字节计数、当前字节计数），另外还有各个通道共用的寄存器（工作方式寄存器、命令寄存器、状态寄存器、屏蔽寄存器、请求寄存器以及暂存寄存器等）。通过对这些寄存器的编程，可实现 8237A－5 的 3 种 DMA 操作类型和 3 种操作方式，2 种工作时序，2 种优先级排队，自动预置传送地址和字节数，以及实现存储器到存储器之间的传送等一系列操作功能。下面从编程使用的角度分别讨论这些寄存器的含义与命令的格式。

从图 10.4 中的 4 根地址输入线 $A_0 \sim A_3$ 可知，8237A－5 内部有 16 个端口可供 CPU 访问，记作 DMA＋0～DMA＋15。

在 PC 微机中，8237A－5 占用的 I/O 端口地址为 00H～0FH，各寄存器的口地址分配如表 10.1 所示。

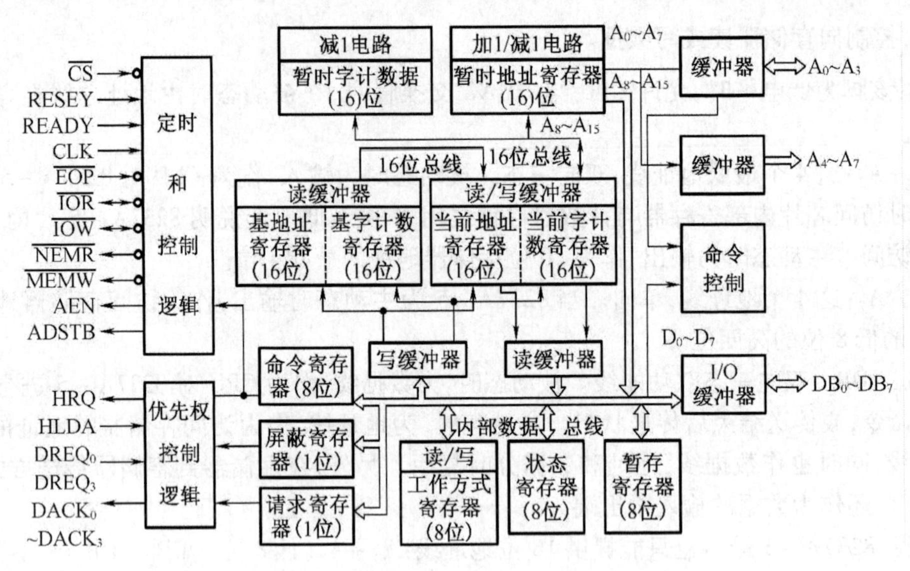

图 10.4　8237A－5 的内部逻辑框图

表 10.1　各寄存器的口地址分配

端口	通道	I/O 口地址(Hex)	寄存器	
			读($\overline{IOR}$)	写($\overline{IOW}$)
DMA0	0	00	读通道 0 的当前地址寄存器	写通道 0 的基地址与当前地址寄存器
DMA1	0	01	读通道 0 的当前字节计数寄存器	写通道 0 的基字节计数与当前字节计数寄存器
DMA2	1	02	读通道 1 的当前地址寄存器	写通道 1 的基地址与当前地址寄存器
DMA3	1	03	读通道 1 的当前字节计数寄存器	写通道 1 的基字节计数与当前字节计数寄存器
DMA4	2	04	读通道 2 的当前地址寄存器	写通道 2 的基地址与当前地址寄存器
DMA5	2	05	读通道 2 的当前字节计数寄存器	写通道 2 的基字节计数与当前字节计数寄存器
DMA6	3	06	读通道 3 的当前地址寄存器	写通道 3 的基地址与当前地址寄存器
DMA7	3	07	读通道 3 的当前字节计数寄存器	写通道 3 的基字节计数与当前字节计数寄存器
DMA8	公用	08	读状态寄存器	写命令寄存器
DMA9		09	—	写请求寄存器
DMA10		0A	—	写单个通道屏蔽寄存器
DMA11		0B	—	写工作方式寄存器
DMA12		0C	—	写清除先/后触发器命令 *
DMA13		0D	读暂存寄存器	写总清除命令 *
DMA14		0E	—	写清四个通道屏蔽寄存器命令 *
DMA15		0F	—	写置四个屏蔽寄存器命令

(1)工作方式寄存器

用于设置 DMA 的操作类型、操作方式、地址改变方式,以及选择通道。其格式如下:

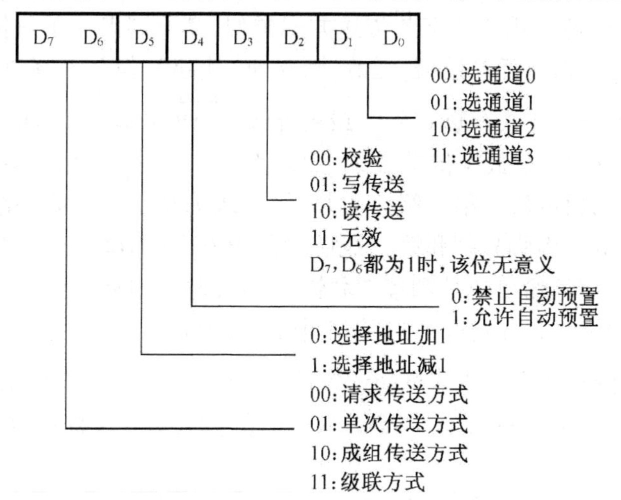

①D_3,D_2 位决定 DMA 操作类型。8237A 提供了 4 种操作类型。

读操作(DMA 读):数据从内存读出,写到 I/O 设备。

写操作(DMA 写):数据从 I/O 设备读入,写到内存。

校验:是一种伪传送,仅对数据块内部的每个字节进行某种校验,而对存储器与 I/O 接口的读写控制信号均被禁止。但是在每一 DMA 周期后,地址增 1 或减 1,字节计数器减 1,直至产生$\overline{EOP}$,校验过程结束。

存储器到存储器:为数据块传送而设置。这种操作占用通道 0 与通道 1。通道 0 作为源,通道 1 作为目的。从以通道 0 的当前地址寄存器的内容指定的内存单元中读出数据,先存入 8237A－5 的暂存寄存器中,然后,从暂存寄存器取出数据,写到以通道 1 的当前地址寄存器的内容指定的内存单元中去。每传送一个字节,双方内存地址加 1 或减 1,通道 1 的当前字节计数器减 1,直到为 0 时,产生$\overline{EOP}$信号而终止传送。这种操作是采用软件请求的方法来启动 DMA 服务的,它是为进行数据块传送而设置的。由于 PC 微机有很强的块传送指令,故未使用此种操作。

②D_7,D_6 决定 DMA 操作方式。上述每种 DMA 操作类型又可有多种操作方式。DMA 控制器共有 4 种操作方式。

单一字节传送方式:在这种方式下,通道启动一次只传送一个字节数据,传送之后就释放系统总线并交还给 CPU。每次传送后,当前地址寄存器的内容增 1 或减 1(由 D_5 位决定)。当前字节计数器内容减 1,当字节计数器减 1 至零时,送出$\overline{EOP}$信号,表示传送过程结束。

这种方式的特点是,一次 DMA 请求只传送一个数据,占用一个总线周期,然后释放系统总线。因此,这种方式又称为总线周期窃取方式,每次总是窃取一个总线周期完成一个字节的传送之后立即归还总线。

块字节传送方式:在这种方式下,通道启动一次可把整个数据块传送完。当进入 DMA 周期,开始传送数据,就一直到整个数据块传送完为止。也就是说,只有当前字节计数器内容减 1 到 0 时,或由外部输入$\overline{EOP}$信号才结束 DMA 传送过程,并释放系统总线,这也就是连续方式。这种方式下,进行传送期间,CPU 失去总线控制权,因而别的 DMA 请求也就被禁止,因而在 PC 微机中不采用。

询问传送方式:这种方式与块字节传送方式类似,其不同点在于每传送一个字节之后要检测(询问)DREQ 引脚是否有效,若无效,则立即"挂起",但并不释放总线,当变成有效时,则继续传送,直到当前计数器减 1 至 0,或由外部在$\overline{EOP}$引脚施加负脉冲为止。

级联方式:这种方式不是数据传送方式,而是表示 8237A - 5 用于多片连接方式,以扩展系统的 DMA 传送的通道数。第一级为主片,第二级为从片。当第一级编程为级联方式时,它的 DREQ 和 DACK 引脚分别和第二级芯片的 HRQ 和 HLDA 引脚相连。主片在响应从片的 DMA 请求时,它不输出地址和读/写控制信号,避免与从片中有效通道的输出信号相冲突。利用这种两级级联方式可扩充到 15 个 DMA 通道。

③D_4 位设置"自动预置"。所谓自动预置是当完成一个 DMA 操作,出现$\overline{EOP}$负脉冲时,则把基值(地址、字节计数)寄存器的内容装入当前(地址、字节计数)寄存器中去,又从头开始同一操作。

④D_5 位设置每传送一个字节后存储器地址是加 1 还是减 1。$D_5=0$,地址加 1;$D_5=1$,地址减 1。

例 10 - 1 PC 系列软盘读/写操作选择 DMA 通道 2,单字节传送,地址增 1,不用自动预置,其读/写/校验操作的方式字如下:

写操作→01000110B = 46H ;读盘(DMA 写)

读操作→01001010B = 4AH ;写盘(DMA 读)

校验操作→01000010B = 42H ;校验盘(DMA 校验)

因此,若采用上述方式从软盘上读出的数据存放到内存区,则方式字为 01000110B = 46H。

如果从内存取出数据写到软盘上,则方式字为 01001010B = 4AH。

(2)基地址寄存器

它们是 16 位地址寄存器,存放 DMA 传送的内存首址,在初始化时,由 CPU 以先低字节后高字节顺序写入。传送过程中基地址寄存器的内容不变。其作用是在自动预置时,将它的内容重新装入当前地址寄存器。只能写,不能读。

(3)当前地址寄存器

它们是 16 位地址寄存器,存放 DMA 传送过程中的内存地址,在每次传送后地址自动增 1(或减 1),它的初值与基地址寄存器的内容相同,并且是两者由 CPU 同时写入同一端口的。在自动预置时,$\overline{EOP}$信号使其内容重新置为基地址值。可读可写。

(4)基字节数计数器

它们是 16 位的,存放 DMA 传送的总字节数,在初始化时,由 CPU 以先低字节后高字节顺序写入。传送过程中基字节数计数器的内容不变,当自动预置时,将它的内容重新装入当前字节数计数器。在写基字节数计数器时应注意,因为 8237A 执行当前字节数计数器减 1 是从 0 开始的,所以,若欲传送 N 字节,则写基字节计数器的字节总数应为 $N-1$。只能写,不能读。

(5)当前字节计数器

它们是 16 位的,存放 DMA 传送过程中没有传送完的字节数,在每次传送之后,字节数计数器减 1,当它的值减为零时,便产生$\overline{EOP}$,表示字节数传送完毕。它的初值与基字节数计数器的内容相同，并且两者是由 CPU 同时写入同一端口的。自动预置时，$\overline{EOP}$信号使当前字节数计数器的内容重新预置为基计数值。可读可写。

(6)屏蔽寄存器

屏蔽寄存器用来禁止或允许通道的 DMA 请求。当屏蔽位置位时，禁止本通道的 DREQ 进入。若通道编程为不自动预置，则当该通道遇到$\overline{EOP}$信号时，它所对应的屏蔽位置位。屏蔽命令有两种格式，即写单通道屏蔽的屏蔽字和写 4 个通道屏蔽位的屏蔽字。

①单个通道屏蔽寄存器。单个通道屏蔽寄存器每次只能屏蔽一个通道，通道号由 D_1，D_0 位决定。通道号选定后，若 D_2 置 1，则禁止该通道请求 DREQ；若 D_2 置 0，则开通请求 DREQ。该寄存器只能写，不能读。其格式如下：

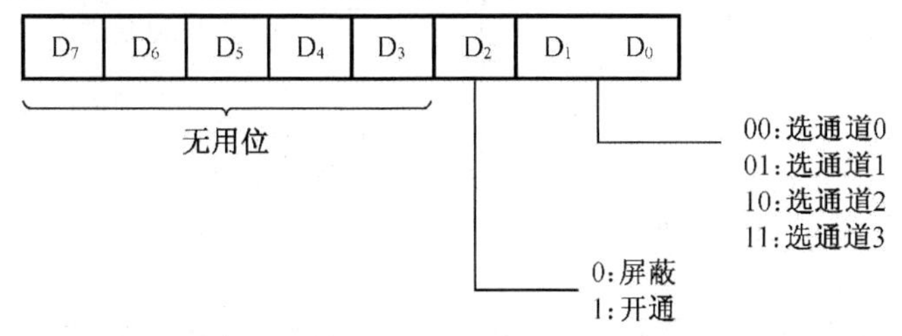

所以，它的作用是作为开通或屏蔽各通道的 DMA 请求。编程时，要使用哪个通道，就应该使该通道的屏蔽位置 0。例如，如果要使 8237A－5 的通道 2 开通，只需用程序向它写入 02H 代码。如果要使通道 2 屏蔽，则写入 06H。

②4 个通道屏蔽寄存器。4 个通道屏蔽寄存器可同时屏蔽 4 个通道(但对由软件设定的 DMA 请求位不能屏蔽)。若用程序使寄存器的低 4 位全部置 1，则禁止所有的 DMA 请求，直到清屏蔽寄存器命令(软命令)的执行，或置 0 低 4 位，才允许 DMA 请求。该寄存器只能写，不能读。其格式如下：

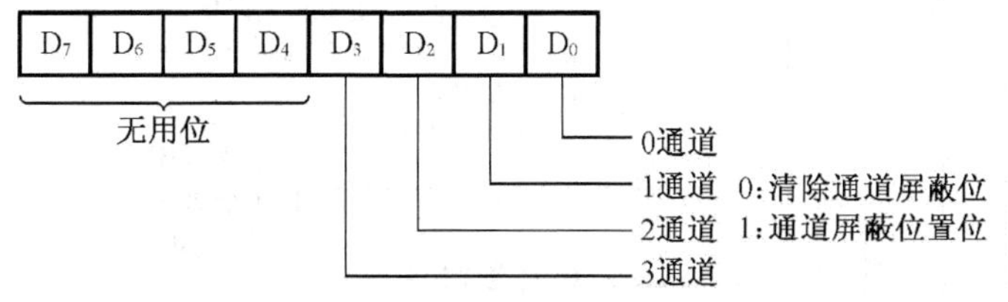

例 10－2　为了在每次软盘读/写操作时，进行 DMA 初始化，都必须开放通道 2，以便响应软盘的 DMA 请求，可采用下述两种方法之一来实现。

· 使用单个通道屏蔽寄存器。

```
MOV   AL,00000010B      ;最低 3 位 =010B,开放通道 2
OUT   0AH,AL            ;写单个通道屏蔽寄存器
```

· 使用 4 个通道屏蔽寄存器。

```
MOV   AL,00001011B      ;最低 4 位 =1011B,仅开放通道 2
OUT   0FH, AL           ;写 4 个通道屏蔽寄存器
```

另外，8237A－5 还设有一个开放 4 个通道的清屏蔽寄存器命令，其端口地址是 0EH，属于软命令，将在后面介绍。

(7)请求寄存器

DMA 请求可由 I/O 设备发出,也可由软件产生。请求寄存器就是用于由软件来启动 DMA 请求的,存储器到存储器传送就是利用软件 DREQ 来启动的。这种软件请求 DMA 传输操作必须是块字节传输方式,并且在传送结束后,$\overline{EOP}$信号会清除相应的请求位,因此,每执行一次软件请求 DMA 传送,都要对请求寄存器编程一次,如同硬件 DREQ 请求信号一样。RESET 信号清除整个请求寄存器。软件请求位是不可屏蔽的。该寄存器只能写,不能读,其格式如下:

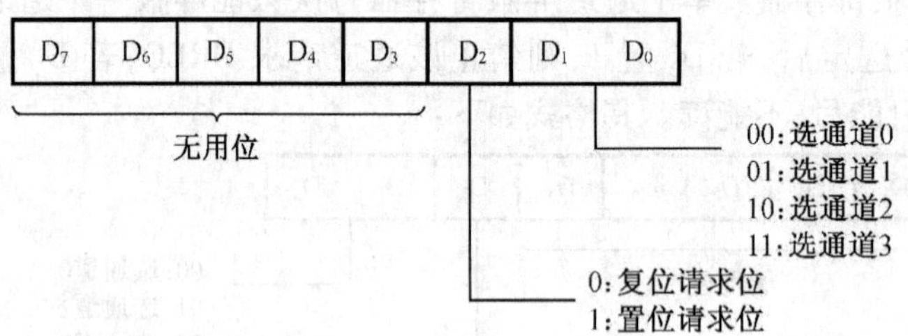

请求使用的通道号由最低 l 两位 D_1 D_0 的编码决定。D_2 是请求使用位,$D_2=1$,请求使用该通道;$D_2=0$,不请求。

例如,若用软件请求使用通道 1 进行 DMA 传送,则向请求寄存器写入 05H 代码即可。

(8)命令寄存器

用来控制 8237A-5 的操作,其内容由 CPU 写入,由复位信号 RESET 和总清除命令清除。该寄存器只能写,不能读,各命令位的功能如下:

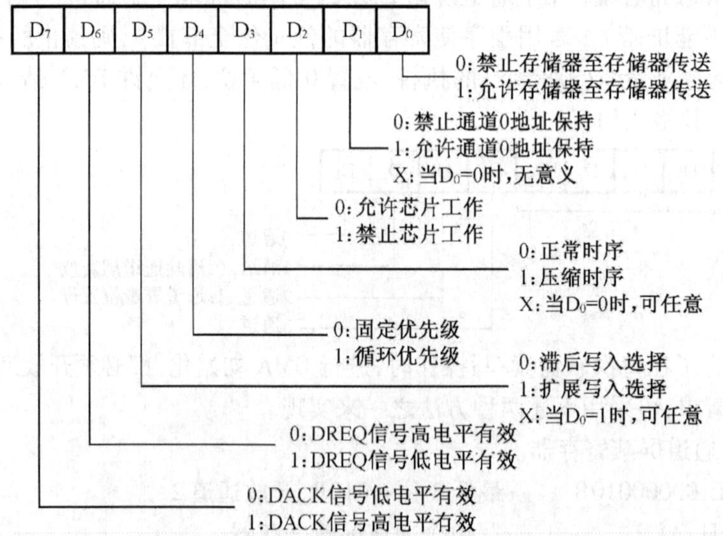

D_0 位控制存储器到存储器传送。$D_0=0$ 时,禁止存储器到存储器传送。$D_0=1$ 时,允许存储器到存储器传送,此时,把要传送的字节数写入通道 1 的字节数计数器,首先由通道 0 发软件 DMA 请求,并从通道 0 的当前地址寄存器的内容指定的源地址存储单元读取数据,读取的数据字节存放在暂存寄存器中,再把暂存寄存器的数据写到以通道 1 的当前地址寄存器的内容指定的目标地址存储单元,然后两通道地址各自加 1 或减 1。通道 1 的字节计数器减 1,直到为零时,产生$\overline{EOP}$信号而结束 DMA 传送。存储器到存储器的操作在 PC 微机中不使用。

D_1 位控制通道 0 地址在存储器到存储器整个传送过程中保持不变,这样可把同一个源地址存储单元的数据写到一组目标存储单元中去。$D_1=1$，保持通道 0 地址不变；$D_1=0$，不保持通道 0 地址不变。若 D_0 位 $=0$，则 D_1 位无意义。

D_2 位 DMA 控制器工作允许。$D_2=0$，允许 8237A－5 工作；$D_2=1$，禁止 8237A－5 工作。

D_3 位选择工作时序。$D_3=0$，采用标准（正常）时序（保持 S3 状态）；$D_3=1$，为压缩时序（去掉 S_3 状态）。

D_4 位控制通道的优先权。$D_4=0$，采用固定优先权，即 $DREQ_0$ 优先权最高，$DREQ_3$ 优先权最低。$D_4=1$，为循环优先权，如表 10.2 所示，即通道的优先权随着 DMA 服务的结束而发生变化，已服务过的通道优先权变为最低，而它下一个通道的优先权变成了最高，如此循环下去。请注意，任何一个通道开始 DMA 服务后，其他通道不能打断该服务的进行，这一点和中断嵌套处理是不相同的。

表 10.2　循环优先权的变化

	第1次服务 通道	第2次服务 通道	第3次服务 通道
最高优先权	0	2 — 服务完毕	3 — 服务完毕 —
	1 — 服务完毕	3 — 请求服务	0
	2	0	1
最低优先权	3	1	2

$D_5=0$，为滞后写（写入周期滞后读周期）；$D_5=1$，为扩展写（写入周期与读周期同时）。

D_6 和 D_7 位决定 DREQ 和 DACK 信号的有效电平。$D_6=0$，DREQ 高电平有效；$D_6=1$，DREQ 低电平有效。$D_7=0$，DACK 低电平有效；$D_7=1$，DACK 高电平有效。

例：PC 微机中的 8237A－5，按如下要求工作：禁止存储器到存储器传送，正常时序，滞后写入，固定优先级，允许 8237A－5 工作，DREQ 信号高电平有效，DACK 信号低电平有效，命令字为 00000000B＝00H。将命令写入命令口的程序段为：

```
MOV  AL,00H     ;命令字
OUT  08H,AL     ;写入命令寄存器
```

（9）状态寄存器

存放 8237A－5 的状态，提供哪些通道已到终止计数，哪些通道有 DMA 请求等状态信息供 CPU 分析，该寄存器只能读出，不能写入，其格式如下：

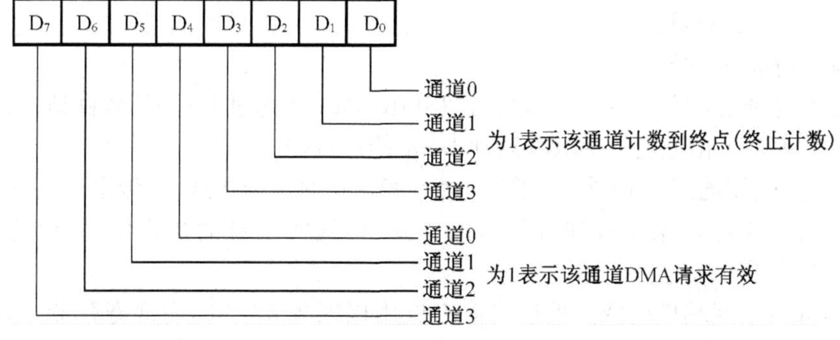

$D_0\sim D_3$ 位表示 4 个通道中哪些通道已到计数终止或出现外加 $\overline{EOP}$ 信号。$D_4\sim D_7$ 位表示 4 个通道中哪些通道有 DMA 请求还未处理。

(10)暂存寄存器

暂存寄存器用于存储器对存储器传送时,暂时保存从源地址读出的数据。RESET 信号和总清除命令可清除暂存寄存器的内容。

(11)软命令

8237A-5 有 3 条特殊的软命令。所谓软命令就是只要对指定的地址进行一次写操作(即$\overline{CS}$和内部寄存器地址及$\overline{IOW}$同时有效),命令就生效,而与写入的数据无关。它们是:

①清先/后触发器命令。前面已提到,在向 16 位地址寄存器字节计数器进行写操作时,要分两次写入。先/后触发器就是用来控制写入次序的。先后触发器有两个状态,当它为 0 态时,对地址寄存器或字节计数器写低 8 位;为 1 态时,写高 8 位。在实际工作时,当先/后触发器为 0 态时,先写入低 8 位,写完低 8 位后它自动置为 1,再写入高 8 位,写完高 8 位后它又自动清为 0。因此,在写入基地址和基字节数计数值之前,一般要将先/后触发器清为 0 态,以保证先写入低 8 位。在程序中,只需向先/后触发器的端口(0CH)写入任意数即可使先/后触发器清为 0 态。程序段如下:

```
MOV   AL,0AAH    ;AL 为任意值 AAH
OUT   0CH,AL     ;写入先/后触发器端口使其置为 0 态
```

②总清除命令。它与硬件 RESET 信号作用相同,即执行本软件命令的结果会使"命令""状态""请求""暂存"寄存器以及"先/后触发器"清除,系统进入空闲状态。而屏蔽寄存器置位,屏蔽所有外部的 DMA 请求。程序段如下:

```
MOV   AL,0BBH    ;AL 为任意值 BBH
OUT   0DH,AL     ;写入总清除端口,执行总清除命令
```

③清屏蔽寄存器命令。该命令使 4 个通道的屏蔽位均清为 0。这样,4 个通道均允许接受 DMA 请求。程序段如下:

```
MOV   AL,0CCH    ;AL 为任意值 CCH
OUT   0EH,AL     ;执行清屏蔽寄存器命令
```

3.8237 的编程步骤

(1)输出主清除命令;

(2)写入基址与当前地址寄存器;

(3)写入基址与当前字节数地址寄存器;

(4)写入模式寄存器;

(5)写入屏蔽寄存器;

(6)写入命令寄存器;

(7)写入请求寄存器。

若有软件请求,就写入到指定通道,可以开始 DMA 传送过程;若无软件请求,则在完成(1)~(7)的编程后,由通道的 DREQ 启动 DMA 传送过程。

例如,若要利用通道 0,由外设(磁盘)输入 32 KB 的一个数据块,传送至内存 8000H 开始的区域(增量传送),采用块连续传送的方式,传送完不自动初始化,外设的 DREQ 和 DACK 都为高电平有效。

编程首先要确定端口地址。地址的低 4 位用以区分 8237 的内部寄存器,高 4 位地址 $A_7 \sim A_4$ 经译码后,连至片选端$\overline{CS}$,假定选中时高 4 位为 5。

初始化程序如下:

```
OUT   5DH,AL   ;输出主清除命令
MOV   AL,00H
OUT   50H,AL   ;输出基址和当前地址的低8位
MOV   AL,80H
OUT   50H,AL   ;输出基址和当前地址的高8位
MOV   AL,00H
OUT   51H,AL
MOV   AL,80H
OUT   51H,AL   ;给基址和当前字节数赋值
MOV   AL,84H
OUT   5BH,AL   ;输出模式字
MOV   AL,00H
OUT   5AH,AL   ;输出屏蔽字
MOV   AL,0A0H
OUT   58H,AL   ;输出命令字
```

10.4.4 8088访问8237的寻址

当8237处于空闲状态时,CPU可以对它进行访问,但是否访问此8237,这要取决于它的片选引脚$\overline{CS}$是否出现低电平。若CPU执行的是OUT指令,则$\overline{IOW}$有效,CPU送上数据总线的数据,写入8237内部寄存器。若8088执行的是IN指令,则$\overline{IOR}$有效,就会将8237内部寄存器的数据,送上数据总线并读入CPU。8237内部又有多个寄存器,CPU与8237传送数据时,具体访问哪个内部寄存器,要取决于它的$A_3 \sim A_0$地址信息的编码状态。

10.4.5 8237的初始化编程

在进行DMA传输之前,CPU要对8237进行编程。DMA传输要涉及RAM地址、数据块长、操作方式和传输类型,因此在每次DMA传输之前,除自动预置外,都必须对8237进行一次初始化编程。若数据块超过64 KB界限时,还必须将页面地址写入页面寄存器。

IBM-PC/XT机中,BIOS对8237的初始化程序如下:

1. 对8237A-5芯片的检测程序

在系统上电后,要对DMA系统进行检测,其主要内容是对8237A-5芯片所有通道的16位寄存器进行读/写测试,即对四个通道的八个16位寄存器先写入全"1"后,读出比较,再写入全"0"后,读出比较。若写入内容与读出结果相等,则判断芯片可用;否则,视为致命错误。下面是PC/XT机的DMA系统检测的例程。

```
                        ;检测前禁止DMA控制器工作
MOV   AL,04H            ;命令字,禁止8237工作
OUT   DMA+08,AL         ;命令字送命令寄存器
OUT   DMA+0DH,AL        ;主清除DMA命令
                        ;对CH0~CH3作全"1"和全"0"检测,设置当前地址、寄存器和
                         字节计数器
MOV   AL,0FFH           ;对所有寄存器写入FFH
```

```
C16:MOV   BL,AL      ;为比较将 AL 存入 BL
    MOV   BH,AL
    MOV   CH,8       ;置循环次数为 8
    MOV   DX,DMA     ;DMA 第一个寄存器地址装入 DX
C17:OUT   DX,AL      ;数据写入寄存器低 8 位
    OUT   DX,AL      ;数据写入寄存器高 8 位
    MOV   AX,0101H   ;读当前寄存器前,写入另一个值,破坏原内容
    IN    AL,DX      ;读通道当前地址寄存器低 8 位或当前字节计数器低 8 位
    MOV   AH,AL
    IN    AL,DX      ;读通道当前地址寄存器高 8 位或当前字计数器高 8 位
    CMP   BX,AX      ;比较读出数据和写入数据
    JE    C18        ;相同转去修改寄存器地址
    JMP   ERR01      ;不相同转出错处理
C18:INC   DX         ;指向下一个计数器(奇数)或地址寄存器(偶数)
    LOOP  C17        ;CH 不等于 0,返回;CH = 0 继续
    NOT   AL         ;所有寄存器和计数器写入全 0
    JZ    C16
```

2. *对动态存储器刷新初始化和启动 DMA*

(1)设定命令寄存器命令字为 00H。禁止存储器至存储器传送、允许 8237 操作、正常时序、固定优先权、滞后写、DREQ 高电平有效、DACK 低电平有效。

(2)存储器起始地址 0。

(3)字节计数初值 FFFFH(64KB)。

(4)CH_0 工作方式。读操作、自动预置、地址加 1、单次传送。

(5)CH_1(为用户保留)工作方式、校验传送、禁止自动预置、地址加 1、单次传送。

(6)CH_2(软磁盘)、CH_3(硬磁盘)对它们工作方式的设置均与 CH_1 相同。

```
                        ;对存储器刷新初始化并启动 DMA
                        ;全"1"和全"0"检测通道后,设置命令字
MOV   AL,0              ;命令字为 00H:禁止 M→M,允许 8237 工作
                        ;正常时序,固定优先级、滞后写。DREQ 高有效,DACK 低有效
OUT   DMA + 8,AL        ;写入命令寄存器
MOV   AL,0FFH           ;设 CH0 计数器值,即长为 64KB
OUT   DMA + 1,AL        ;装入 CH0 字节计数器低 8 位
OUT   DMA + 1,AL        ;装入 CH0 字节计数器高 8 位
MOV   AL,58H            ;CH0 方式字:DMA 读,自动预置,地址 + 1,单次传送
OUT   DMA + 0BH,AL      ;写入 CH0 方式寄存器
MOV   AL,41H            ;CH1 方式字
OUT   DMA + 0BH,AL      ;写入 CH1 方式寄存器
MOV   AL,42H            ;CH2 方式字
OUT   DMA + 0BH,AL      ;写入 CH2 方式寄存器
MOV   AL,43H            ;CH3 方式字
OUT   DMA + 0BH,AL      ;写入 CH3 方式寄存器
```

```
MOV  AL,0
OUT  DMA +0AH,AL      ;清除 CH0 屏蔽寄存器。允许 CH0 请求 DMA,启动刷新
MOV  AL,01010100B
OUT  TIMER +3,AL      ;8253 计数器 1 工作于方式 2,只写低 8 位
MOV  AL,18
OUT  TIME +1,AL
```

PC/XT 机采用 8253 定时/计数器通道 1 和 8237 通道 0 构成刷新电路,8253 的通道 1 每隔 15 μs 请求一次 DMA 通道 0,即 8253 的 OUT_1,每隔 15 μs 使触发器翻为 1,它的 Q 端发出 DREQ 信号去请求 8237CH_0 进行一次 DMA 读操作。一次 DMA 读传送读内存的一行,并进行内存的地址修改。这样经过 128 次 DMA 请求,共花去 15 μs ×128 =1.92 ms 的时间便能读 DRAM 相邻的 128 行,也就是说每 1.92 ms 能保证对 DRAM 刷新一次。由于从内存任何位置开始对 128 行连续读,就能保证对整个 DRAM 在低于 2 ms 内刷新一次,因此上述程序没有设置通道 0 的起始地址。由于 DMA 刷新需要连续地进行,因此 CH_0 设置为自动预置。实际上,8237CH_0 的计数器也不一定要设置为 FFFFH,这样设置是为了使 CH_0 终止计数信号为 15 μs ×65 536 =0.99 s 有效一次。

10.4.6 利用 8237 的通道 1 实现 DMA 数据传送

假定利用 PC/XT 机主系统板内的 8237DMA 控制器的通道 1,实现 DMA 方式传送数据。如图 10.5 所示,要求将存储在存储器缓冲区的数据传送到 I/O 设备中。I/O 设备是一片 74LS374 锁存器,锁存器的输入接到系统板 I/O 通道的数据线上,而它的触发脉冲 CLK 是由 $DACK_1$ 和 $\overline{IOW}$ 通过或门 74LS32 综合产生的。因此,当 74LS374 的 CLK 负跳变时,将数据总线 D_7 ~ D_0 上的数据锁存入 74LS374。74LS374 的输出通过反相器 74LS04 驱动后,接到 LED 显示器上。当 $DREQ_1$ 为高电平时,请求 DMA 服务。8237 进入 DMA 服务时,发出 $DACK_1$ 低电平信号。在 DMA 读周期,8237 发出 16 位地址信息,页面寄存器送出高 4 位地址,选通存储器单元。8237 又发出 $\overline{MEMR}$ 低电平信号,将被访问的存储器单元的内容送上数据总线并锁存入 74LS374。当为低电平时,将锁存在 74LS374 的数据送到 LED 显示器上显示。

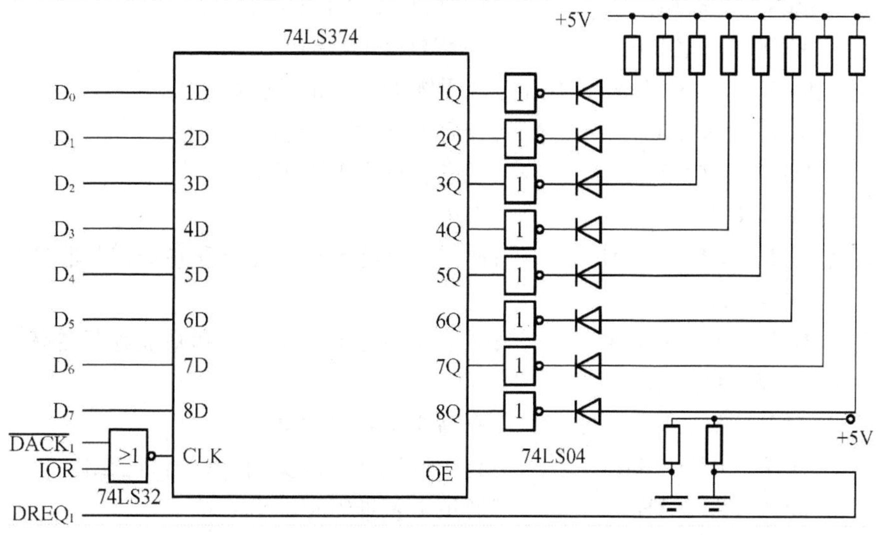

图 10.5 利用 8237 的 CH_1 实现 DMA 数据传送

DMA 传送的初始化程序：

```
STACK   SEGMENT  PARA  STACK'STACK'
    DB  256  DUP  (0)
STACK  ENDS
DATA   SEGMENT
    DAM   EQU  0
BUFFER  DB  4  DUP  (0FH)
DATA   ENDS
CODE   SEGMENT
       START   PROCFAR
       ASSUME  CS:CODE,DS:DATA
       PUSH  DS
       MOV   AX,0
       PUSH  AX
       MOV   AX,DATA
       MOV   DS,AX
       CLI                         ;禁止全部中断申请
       MOV   AL,89H                ;工作方式:通道 1,读传送,禁止自动预置
                                   ;地址加 1,成组传送
       OUT    DMA +0BH,AL          ;写入通道 1 方式寄存器
       OUT    DMA +0CH,AL          ;清除字节指示器
                                   ;计算缓冲区 20 位绝对地址
       MOV   AX,DS                 ;取数据段地址
       MOV   CL,4                  ;移位次数
       ROL   AX,CL                 ;循环左移 4 次
       MOV   CH,AL                 ;将 DS 的高 4 位存 CH
       AND   AL,0F0H               ;去除 DS 的高 4 位
       MOV   BX,OFFSET  BUF        ;获得缓冲区首地址偏移量
       ADD   AX,BX                 ;计算 16 位绝对地址
       JNC   DMAIN                 ;无进位跳入 DMAIN
       INC   CH                    ;有进位 DS 高 4 位加 1
 DMAIN: OUT  DMA +2,AL             ;通道 2 当前地址寄存器和基址寄存器低 8 位
       MOV   AL,AH
       OUT   DMA +2,AL             ;通道 2 当前地址寄存器和基址寄存器高 8 位
       MOV   AL,CH
       AND   AL,0FH                ;取高 4 位绝对地址
       OUT   083H,AL               ;高 4 位地址写入页面寄存器第三组
       MOV   AL,03H                ;通道 1 基址寄存器低 8 位
       OUT   DMA +3,AL
       MOV   AL,0                  ;通道 1 基址寄存器高 8 位
```

```
        OUT   DMA+8,AL        ;命令字为0,禁止M→M允许DMA,正常时序
                              ;固定优先权,滞后写DREQ高有效,低有效
        MOV   AL,01H
        OUT   DMA+10,AL       ;清CH1屏蔽位,允许CH1的DMA请求
      STI
START  ENDP
CODE  ENDS
END   START
```

习　题　10

1. 什么是 DMA 传送方式？它与中断方式有何不同？

2. 一般 DMA 控制器应具有哪些基本功能？

3. 8237A DMA 控制器的当前地址寄存器、当前字节寄存器、基地址寄存器和基字节寄存器各保存什么值？

4. 8237A DMA 控制器什么时候作为主模块工作？什么时候作为从模块工作？在这两种情况下，各控制信号处于什么状态？

5. DMA 控制器 8237A 的成组传送方式和单字节传送方式各有什么特点？

6. 8237A 具有几个 DMA 通道？每个通道有哪几种传送方式？各用于什么场合？什么叫自动预置方式？

7. 叙述 DMA 控制器 8237A 初始化工作包括哪些内容？

8. DMA 控制器 8237A 占几个端口地址？这些地址在读写时的作用是什么？

9. DMA 控制器 8237A 是怎样进行优先级管理的？

10. DMA 控制器 8237A 在进行单字节方式 DMA 传送和块方式 DMA 传送时，有什么区别？

11. 用 DMA 控制器进行内存到内存的传送时，有什么特点？

12. 怎样用指令启动一次 DMA 传输？怎样用指令允许/关闭一个通道的 DMA 传输？

13. 设计 8253 的初始化程序。8237A 的端口地址为 0000H ~ 000FH，设通道 0 工作在块传送模式，地址加 1 变化，自动预置功能；通道 1 工作于单字节读传送，地址减 1 变化，无自动预置功能；通道 2、通道 3 和通道 1 工作于相同方式。然后对 8237 设控制命令，使 DACK 为高电平有效，DREQ 为低电平有效，用固定优先级方式，并启动 8237A 工作。

14. 假设利用 8237A 通道 1 在存储器的两个区域 BUF_1 和 BUF_2 间直接传送 100 字节的数据，采用连续传送方式，传送完毕后不自动预置，试写出初始化程序。

15. 试对 DMA 编程，用通道 2 将内存 2100H ~ 2300H 中的数据传输到 8000H 开始的内存区域。

第 11 章　模拟量输入/输出接口及其应用

通过学习本章后,你将能够:

了解 D/A,A/D 转换的工作原理;理解 D/A,A/D 实时控制系统的原理;掌握 D/A,A/D 转换的主要参数,理解 D/A,A/D 转换器与微机系统的连接和应用。

微型计算机在实时控制、在线动态测量和对物理过程进行监控,以及图像、语音处理领域的应用中,都要与一些连续变化的模拟量(温度、压力、流量、位移、速度、光亮度、声音等模拟量)打交道,但数字计算机本身只能识别和处理数字量,因此必须经过转换器,把模拟量转换成数字量(图 11.1 为模拟量输入/输出通道的结构框图,图中的虚线框 1 为模拟量输入通道),或将数字量转换成模拟量(图 11.1 中的图中的虚线框 2 为模拟量输出通道),才能实现 CPU 与被控对象之间的信息交换。所以微机在面向自动控制,自动测量和自动监控系统与各种被控、被测对象发生关系时,就需设置模拟变化的模拟信号电压、电流之间建立起适配关系,以使计算机执行控制与测量任务。从硬件角度来看,模拟接口就是处理器与 A/D(Analog to Digital)、D/A(Digital to Analog)转换器之间的连接电路。

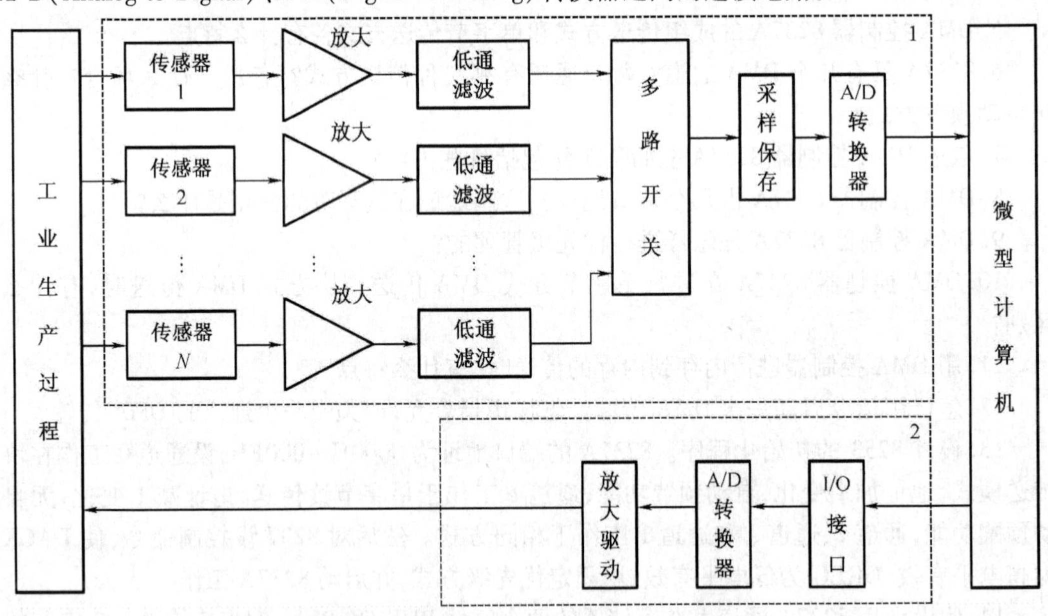

图 11.1　模拟量输入、输出通道的结构框图

本章将详细讨论这种接口原理、设计方法及如何进行驱动程序的设计。

11.1　D/A 转换器的接口方法

11.1.1　D/A 转换器及其连接特性

D/A 转换器是把数字量变换成模拟量的线性电路器件,已做成集成芯片。由于实现这种转换的原理和电路结构及工艺技术有所不同,出现了各种各样的 D/A 转换器。

1. D/A 转换器的主要参数

(1)分辨率。指 D/A 转换器能够转换的二进制数的位数。位数多,分辨率也就高,例如,一个 D/A 转换器能够转换 8 位二进制数,转换后的电压满量程是 5 V,则它能分辨的最小电压是 5 V/256 = 20 mV。

如果是 10 位分辨率的 D/A 转换器,获得同样的转换电压,则它能分辨的最小电压是5 V/1 024 = 5 mV。

(2)转换时间。指数字量从输入到完成转换、输出达到最终值并稳定为止所需的时间。电流型 D/A 转换较快,一般在几百纳秒到几微秒之内。电压型 D/A 转换较慢,取决于运算放大器的响应时间。

(3)精度。指 D/A 转换器实际输出电压与理论值之间的误差。一般采用数字量的最低有效位作为衡量单位,例如 ±1/2LSB,如果分辨率为 8 位,则它的精度是: ±(1/2) × (1/256) = ±1/512。

(4)线性度。指数字量变化时,D/A 转换器输出的模拟量按比例关系变化的程度。理想的 D/A 转换器是线性的,但实际上有误差,模拟输出偏离理想输出的最大值称为线性误差。

2. D/A 转换器的输入/输出特性

把一个 D/A 转换器连接到 PC 系统中,应当了解它的输入/输出特性。表示一个 D/A 转换器输入/输出特性的几个方面为:

(1)数据输入缓冲能力。DAC 是否带有三态输入缓冲器或锁存器来保存输入数字量,这对不能长时间在数据总线保持数据的微机系统中使用 D/A 转换器,十分重要。带有三态输入锁存器的 DAC,其输入数据线才能与系统的数据总线直接连接;否则,两者不能直连,而需外接三态缓冲器或锁存器。

(2)输入数据的宽度(即分辨率)。DAC 有 8 位、10 位、12 位、14 位、16 位等。当 DAC 的分辨率高于微机系统数据总统的宽度时,需分两次输入数字量。

(3)输入码制。DAC 能接收不同码制的数字量输入。一般对单极性输出的 DAC 只能接收二进制码或 BCD 码。

(4)输出模拟量的类型。DAC 的输出可以是电流也可以是电压,输出电流的叫电流型 DAC,输出电压的叫电压型 DAC。电流型 D/A 连接成电压输出方式如图 11.2 所示。

(5)输出模拟量的极性。DAC 的模拟量输出有单极性输出也有双极性输出。对一些需要正负电压控制的设备,就要使用双极性 DAC,或在输出电路中采取措施,使输出电压有极性变化。单极性和双极性输出方式如图 11.3 所示。

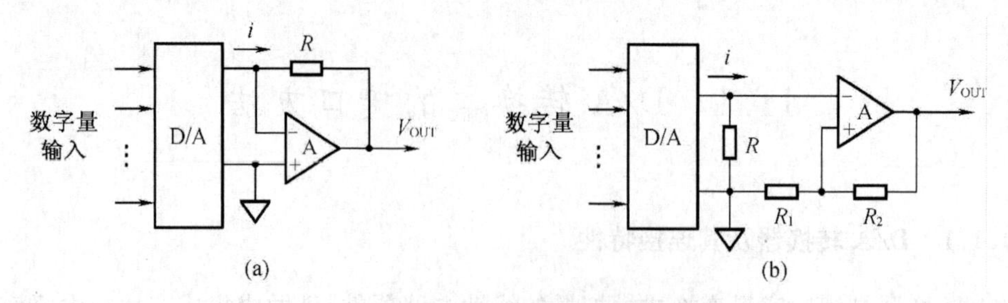

图 11.2　电流型 D/A 连接成电压输出方式

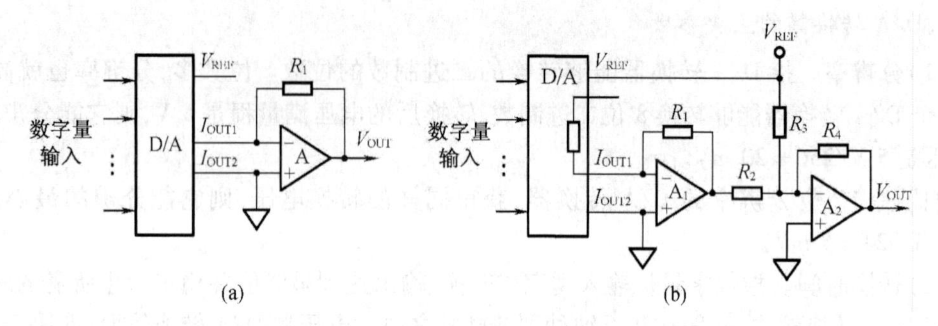

图 11.3　单极性和双极性输出方式

11.1.2　D/A 转换器与微处理器的接口方法

大家知道,D/A 转换器工作时,只要 CPU 把数据送到它的输入端,就开始转换,而不需要专门的控制信号去触发转换开始。同时,DAC 也不提供转换结束之类的状态信号,所以 CPU 向 DAC 传送数据时,也不必查询 DAC 的状态是否准备好,只要两次传送数据之间的间隔不小于 DAC 的转换时间,都能得到正确的结果。可见,CPU 对 DAC 的数据传送是一种无条件传送。因此,CPU 对 D/A 转换器的控制比较简单。但是,如果 D/A 转换器不带三态输入锁存缓冲器时,CPU 就不能把数据直接通过数据总线送到 D/A 转换器,而需要在 CPU 的数据总线与 D/A 转换器的数据输入线之间加三态锁存缓冲器。或者虽然 D/A 转换器带有三态锁存缓冲器,但 D/A 转换器的分辨率大于数据总线的宽度时,CPU 也不能把数据一次直接送到 D/A 转换器,而需要加三态锁存缓冲器,先分两次把数据送到两个三态锁存缓冲器,再同时选通两个缓冲器,将数据送到 D/A 转换器进行转换。所以 D/A 转换器接口的主要任务是要解决 CPU 与 DAC 之间的数据缓冲问题。为此,接口电路要提供一些对锁存缓冲器的控制信号,很显然,这些控制信号并非 D/A 转换器本身所要求的。例如,DAC0832 外部有 5 个控制信号,它们都是用来控制两级锁存器的。

11.2　D/A 转换器接口电路设计

根据上面对 DAC 外部特性的分析,DAC 接口设计应考虑的问题是被控对象 DAC 的输入缓冲能力和分辨率。因为这两方面的特性不同,使 DAC 与系统数据总统的连接方法不同,从而使接口电路的设计也不同。为此,把 DAC 归纳成 4 种情况来讨论。从 DAC 的输入缓冲能力,可分为 DAC 芯片内有三态输入缓冲和无三态输入缓冲器;从 DAC 的分辨率,可分为分辨率 <8 位和分辨率 >8 位。下面举例分别说明 DAC 接口设计的不同特点。

11.2.1 片内有三态输入缓冲器的 8 位 D/A 转换器 DAC0832 的接口设计

1. DAC0832 的内部结构和外部引脚

DAC0832 的内部结构及其引脚如图 11.4 所示。该转换器由输入寄存器和 DAC 寄存器构成两级数据输入锁存。使用时数据输入可以采用两级锁存(双锁存)形式、单级锁存(一级锁存,一级直通)形式或直接输入(两级直通)形式。

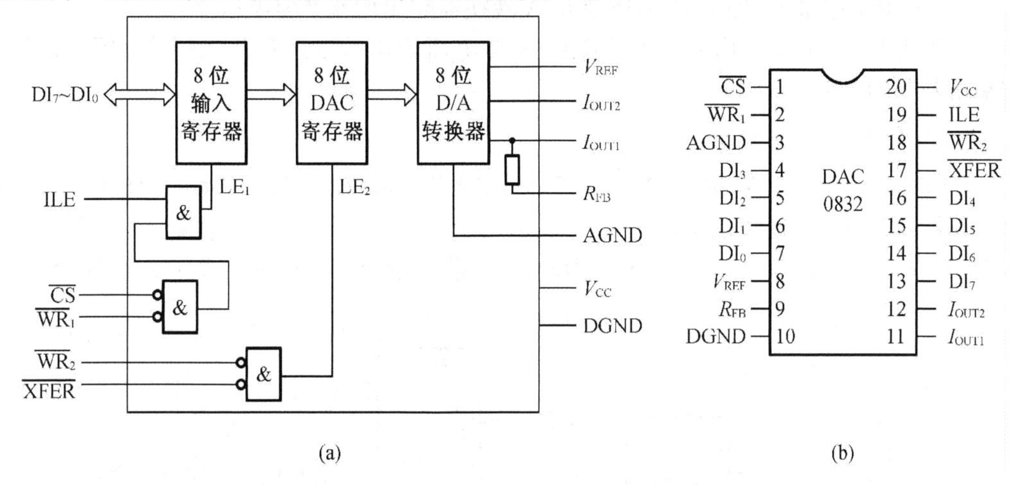

图 11.4　DAC0832 的内部结构及其引脚

(a) DAC0832 的内部结构;(b) DAC0832 的引脚信号

此外,由三个与门电路组成寄存器输出控制逻辑电路,该逻辑电路的功能是进行数据锁存控制。当 LE =0 时,输入数据被锁存;当 LE =1 时,锁存器的输出跟随输入。

D/A 转换电路是一个 R -2R T 型电阻网络,实现 8 位数据的转换。

对各引脚信号说明如下:

$DI_7 \sim DI_0$——转换数据输入。

$\overline{CS}$——片选信号(输入),低电平有效。

ILE——数据锁存允许信号(输入),高电平有效。

$\overline{WR_1}$——第 1 写信号(输入),低电平有效。

上面两个信号控制输入寄存器是数据直通方式还是数据锁存方式:

当 ILE =1 和 $\overline{WR_1}$ =0 时,为输入寄存器直通方式;

当 ILE =1 和 $\overline{WR_1}$ =1 时,为输入寄存器锁存方式。

$\overline{WR_2}$——第 2 写信号(输入),低电平有效。

$\overline{XFER}$——数据传送控制信号(输入),低电平有效。

上述两个信号控制 DAC 寄存器是数据直通方式还是数据锁存方式:

当 $\overline{WR_2}$ =0 和 XFER =0 时,为 DAC 寄存器直通方式;

当$\overline{WR_2}=1$和 XFER = 0 时,为 DAC 寄存器锁存方式。

V_{REF}——D/A 转换器的基准电压,其范围可在 -10 ~ +10 V 内选定。该端连至片内的 R-2R T 型电阻网络,由外部提供一个准确的参考电压。该电压精度直接影响着 D/A 转换精度。

I_{OUT1}——电流输出 1,当输入的数字量为全“1”时,其值最大,约为$\frac{255}{256}\times\frac{V_{REF}}{R_{FB}}$;全“0”时,其值最小,即为 0。

I_{OUT2}——电流输出 2,DAC 转换器的特性之一是 $I_{OUT1}+I_{OUT2}=$ 常数。

R_{fB}——内部反馈电阻端,用来外接 D/A 转换器输出增益调整电位器。

0832 是电流输出,为了取得电压输出,需在电压输出端接运算放大器,R_{fB} 即为运算放大器的反馈电阻端。

2. DAC0832 的模拟输出

DAC0832 的输出分为单极性输出和双极性输出两种,如图 11.5 所示。图 11.5(a)是 DAC0832 实现单极性电压输出的连接示意图。图 11.5(b)是 DAC0832 实现双极性电压输出的连接示意图。选择 $R_2=R_3=2R_1$。DAC0832 数字量与模拟量对照表如表 11.1 所示。

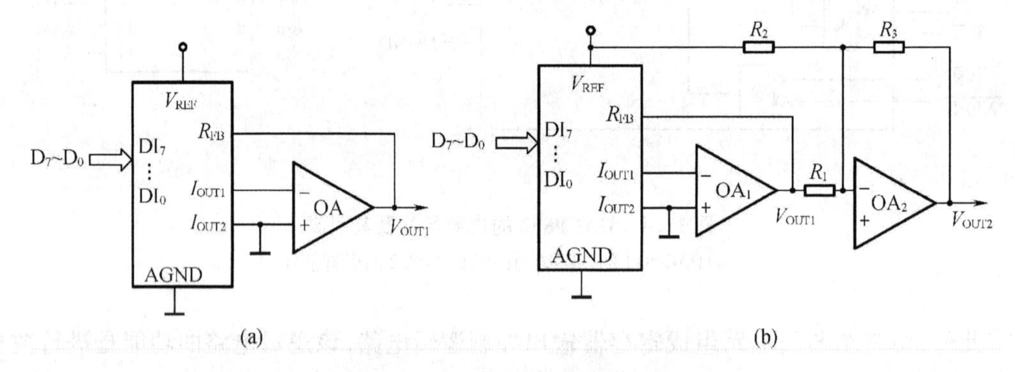

图 11.5 DAC0832 电压输出电路

(a)单极性电压输出;(b)双极性电压输出

表 11.1 DAC0832 数字量与模拟量对照表

单极性($V_{REF}=+5$ V)		双极性($V_{REF}=+5$ V)	
数字量的二进制码	模拟量输出 V_{OUT1}/V	数字量的偏移码	模拟量输出 V_{OUT2}/V
11111111	-4.98	11111111	+4.96
11111110	-4.96	11111110	+4.92
⋮	⋮	⋮	⋮
10000001	-2.52	10000001	+0.04
10000000	-2.50	10000000	0
01111111	-2.48	01111111	-0.04
⋮	⋮	⋮	⋮
00000001	-0.02	00000001	-4.96
00000000	0	00000000	-5

3. DAC0832 与 CPU 的连接及其应用举例

DAC0832 芯片在以上几个信号不同组合的控制下，可实现单缓冲、双缓冲和直通 3 种工作方式。

直通就是不进行缓冲，CPU 送来的数字量直接送到 DAC 转换器，条件是除 ILE 端加高电平以外，将所有的控制信号都接低电平。

单缓冲是只进行一级缓冲，具体可用第一组或第二组控制信号对第一级或第二级缓冲器进行控制。在实际应用中，如果只有一路模拟量输出，或虽有几路模拟量但并不要求同步输出的情况，就可采用单缓冲方式。

双缓冲是进行两级缓冲，用两组控制信号分别进行控制。

(1)单缓冲方式连接

DAC 芯片作为一个输出设备的接口电路，与 CPU 的连接比较简单，主要是处理好数据总线的连接。DAC0832 内部有数据锁存器，可以直接与 CPU 数据总线相连，只需外加地址译码器给出片选信号。CPU 只要执行一条输出指令，即可把累加器中的数据送入 DAC0832 完成数/模转换。DAC0832 与 CPU 的连接如图 11.6 所示。

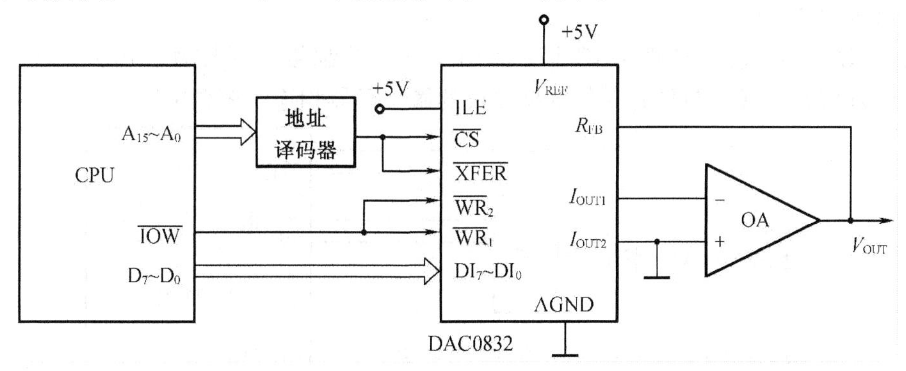

图 11.6　DAC0832 与 CPU 的接口电路

D/A 转换器应用十分广泛，一方面应用在自动测控系统中，将微处理器的数字信号转换成模拟信号，驱动执行机构工作；另一方面应用是作为波形发生器，产生方波、三角波和锯齿波等。

例 11－1　在实际应用中，经常需要用到线性增长的电压去控制检测过程或者作为扫描电压去控制电子束的移动。我们利用 DAC 芯片，采用软件的方法产生这个线性增长的电压。设 DAC0832 的端口地址为 PORT(由译码电路产生)。

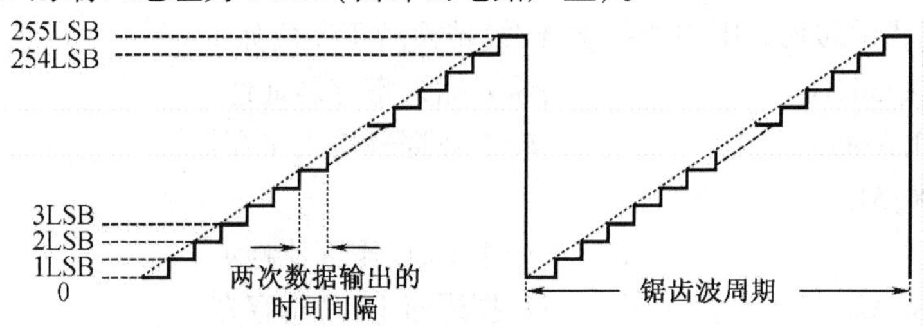

图 11.7　DAC0832 编程产生的正向锯齿波

程序段如下：

```
        MOV   DX,PORT           ; DAC 端口地址
        MOV   AL,00H            ;初始值
REPEAT: OUT   DX,AL             ;输出，完成 D/A 转换
        INC   AL                ;增量
        JMP   REPEAT            ;重复转换过程
```

上述程序段产生的正向锯齿波如图 11.7 所示。从 0 增长到最大输出电压，中间要分成 256 个小台阶，分别对应 0，1LSB，2LSB，3LSB，…，255LSB 时的模拟输出电压。

单从宏观来看，它是一个线性增长的电压。如果将上述输出的电压接到示波器上，则能看到一个连续增长的正向锯齿波。对于锯齿波的周期，可以利用延时时间进行调整。延时时间较短时，可利用几条 NOP 指令完成。如果延时时间较长，则可以编制延时子程序。若要产生负向的锯齿波，只要将 INC 指令改为 DEC 指令即可。上述程序是一个死循环，在应用中要根据实际情况设置循环退出的条件。

(2) 双缓冲方式的接口与应用

①双缓冲方式连接

所谓双缓冲方式，就是把 DAC0832 的两个锁存器都接成受控锁存方式。图 11.8 是 DAC0832 双缓冲方式下与具有 8 位数据总线的微处理器相连的逻辑电路。

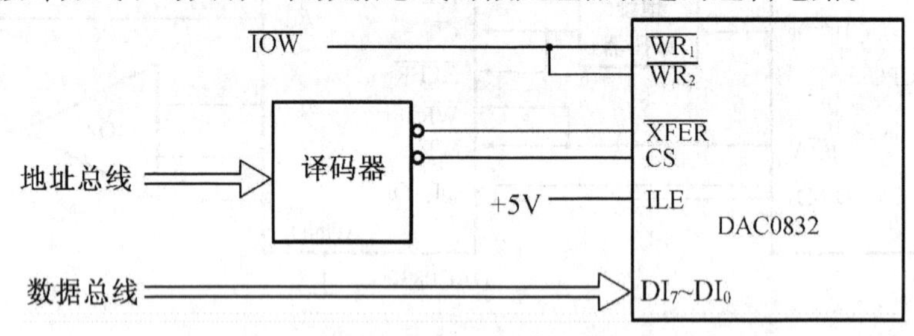

图 11.8　DAC0832 双缓冲方式

为了实现寄存器的可控，应当给寄存器分配一个地址，以便能按地址进行操作。图 11.8中是使用地址译码输出分别接$\overline{CS}$和$\overline{XFER}$实现的。假设图 11.8 中$\overline{CS}$的端口地址是 300H，XFER 的端口地址是 301H，然后再给$\overline{WR_1}$ 和$\overline{WR_2}$ 提供写选通信号。这样就完成了两个锁存器都可控的双缓冲接口方式。

由于两个锁存器分别占据两个地址，因此在程序中需要使用两条传送指令，才能完成一个数字量的模拟转换。则完成一次数/模转换的程序段如下：

```
MOV   DX,300H                 ;装入输入寄存器地址
MOV   AL,DATA                 ;转换数据送输入寄存器
OUT   DX,AL
INC   DX                      ;产生 DAC 寄存器地址
OUT   DX,AL                   ;数据通过 DAC 寄存器
```

最后一条指令，表面上看来是把 AL 中数据送 DAC 寄存器，实际上这种数据传送并不真正进行，该指令只是起到打开 DAC 寄存器使输入寄存器中数据通过的作用，数据通过后就去进行 D/A 转换。

②双缓冲方式应用举例

双缓冲方式用于多路数/模转换系统,以实现多路模拟信号同步输出的目的。例如使用微机控制 X－Y 绘图仪。X－Y 绘图仪由 X,Y 两个方向的电机驱动,其中一个电机控制绘笔沿 X 方向运动,另一个电机控制绘笔沿 Y 方向运动,从而绘出图形。因此对 X－Y 绘图仪的控制有两点基本要求:一是需要两路 D/A 转换器分别给 X 通道和 Y 通道提供模拟信号;二是两路模拟量要同步输出。

两路模拟量输出是为了使绘图笔能沿 X－Y 轴做平面运动,而模拟量同步输出则是为了使绘制的曲线光滑。否则绘制出的曲线就是台阶状的,如图 11.9 所示。

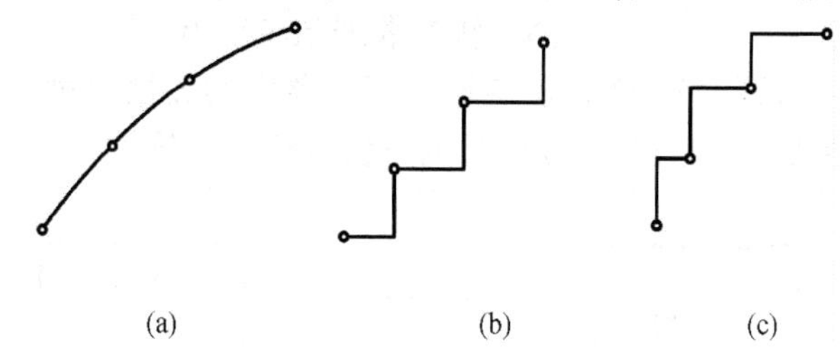

图 11.9　控制 X－Y 绘图仪

为此就要使用两片 DAC0832,并采用双缓冲方式连接,如图 11.10 所示。

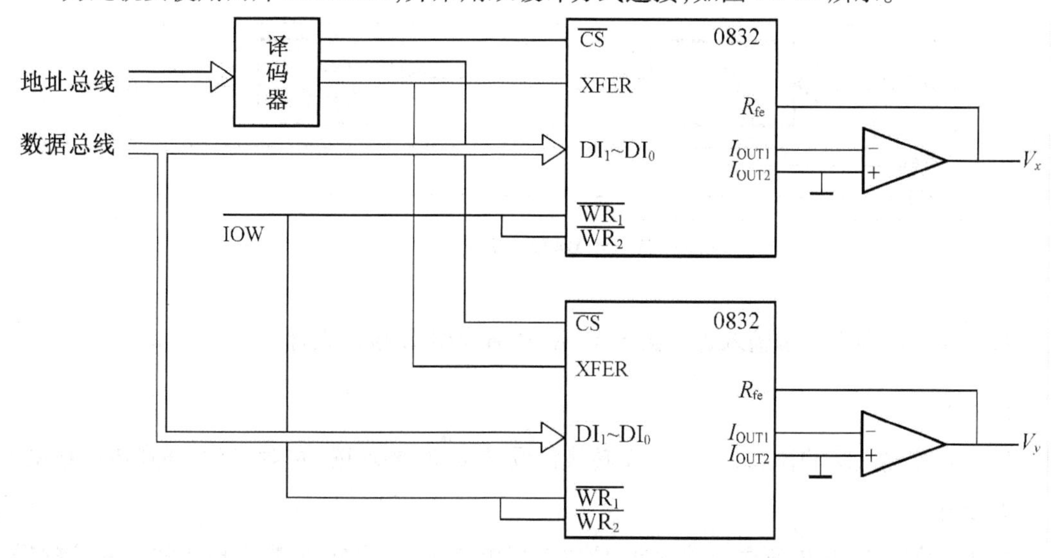

图 11.10　控制 X－Y 绘图仪的双片 DAC0832 接口

电路中以译码法产生地址。两片 DAC0832 共占据三个单元地址,其中两个输入寄存器各占一个地址,而两个 DAC 寄存器则合用一个地址。这样就形成了如图 11.11 所示的控制形式。

编程时,先用一条传送指令把 X 坐标数据送到 X 向转换器的输入寄存器,再用一条传送指令把 Y 坐标数据送到 Y 向转换器的输入寄存器。最后再用一条传送指令打开两个转换器的 DAC 寄存器,进行数据转换,即可实现 X,Y 两个方向坐标量的同步输出。

假定 X 方向 0832 输入寄存器地址为 300H,Y 方向 0832 输入寄存器地址为 301H,两个 DAC 寄存器公用地址为 302H。X 坐标数据存于 XDATA 单元中,Y 坐标数据存于 YDATA

单元中。则绘图仪的驱动程序如下:

```
MOV  DX,300H       ;指向 x 输入寄存器地址
MOV  AL,XDATA      ;X 坐标数据送 AL
OUT  DX,AL         ;X 坐标数据送输入寄存器
INC  DX            ;指向 Y 向输入寄存器地址
MOV  AL,YDATA      ;Y 坐标数据送 AL
OUT  DX,AL         ;Y 坐标数据送输入寄存器
INC  DX            ;指向 DAC 寄存器地址
OUT  DX,AL         ;XY 转换数据同步输出
```

最后一条指令只是打开 DAC 寄存器使输入锁存器中的数据通过并进行 D/A 转换,而与该指令中 AL 的内容无关,执行该指令的目的是使 XFER 有效。

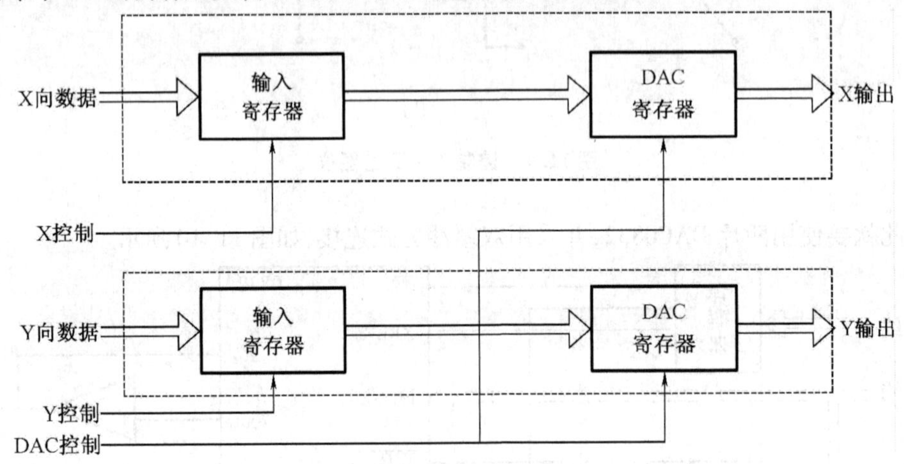

图 11.11 双 DAC0832 的控制形式

11.2.2 片内有三态输入缓冲器的 12 位 D/A 转换器接口设计

1. 要求

对片内有输入缓冲器的 12 位 D/A 转换器设计接口,要求按"左对齐"的格式传送数据。

2. 分析

由于 DAC1210 片内有两级锁存器,所以接口电路中,在 DAC 的数据输入线与系统数据总线之间就不必外加锁存器,而直接相连,但由于 DAC1210 的分辨率位数大于系统数据总线的位数,因此,数据的传送还是要分两次。

DAC1210 的内部结构如图 11.12 所示。图中 LE 是锁存允许,LE =1,锁存器的输出随输入而变化;LE =0 数据被锁存在输出端。$BYTE_2/\overline{BYTE_2}$ 是高/低字节控制,当它为高电平时,锁存高字节;为低电平时,锁存低字节。$\overline{CS}$,$\overline{WR_1}$,$\overline{WR_2}$ 和$\overline{XFER}$信号的作用与 DAC0832 的相同。

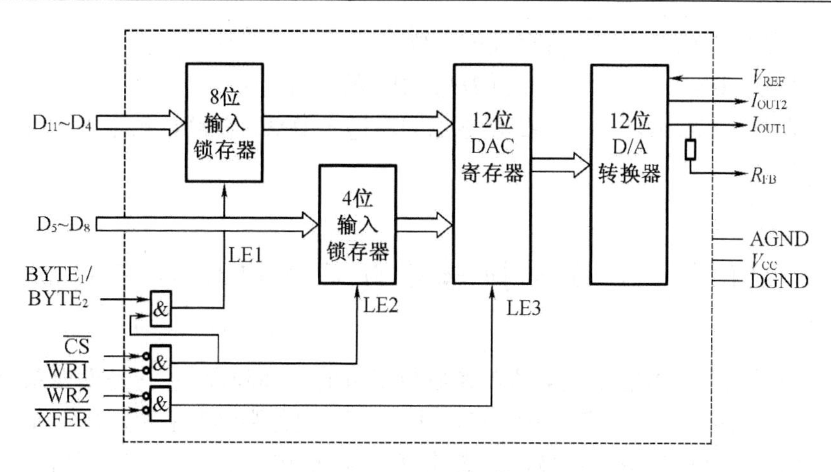

图 11.12　DAC1210 的内部结构

3. 设计

(1)硬件连接

图 11.13 表示了 DAC1210 与 CPU 的连接。

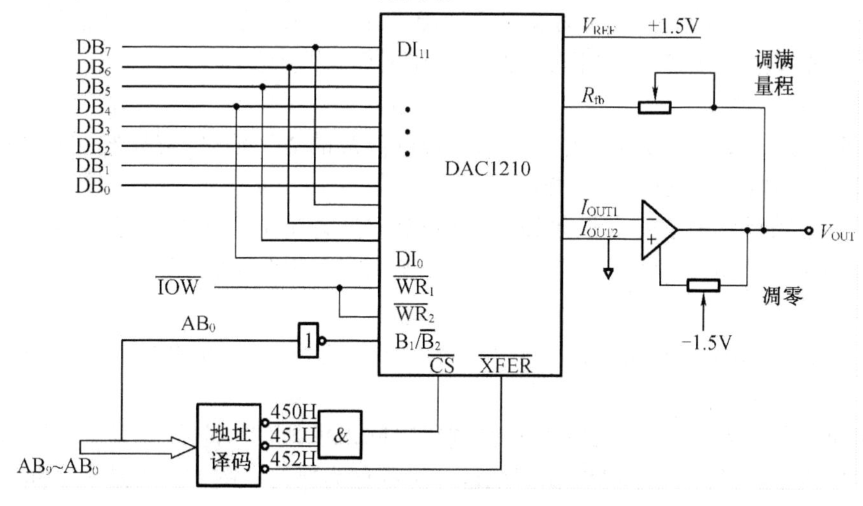

图 11.13　DAC1210 与字长为 8 位 CPU 的连接

DAC1210 输入数据线的高 8 位 DI_{11} ~ DI_4 连到数据总线的 DB_7 ~ DB_0，低 4 位 DI_3 ~ DI_0 接到数据总线的 DB_7 ~ DB_4，以实现左对齐格式。

下面的程序段为图中完成一次转换输出的程序。设 BX 寄存器中的低 12 位为待转换的数字量。

```
START:MOV   DX, 0450H    ;DAC1210 的基地址
      MOV   CL,04
      SHL   BX,CL        ;BX(输出的 12 位数)中的 12 位数左移 4 位
      MOV   AL, BH       ;高 8 位数→AL
      OUT   DX,AL        ;写入高 8 位
      INC   DX           ;修改 DAC1210 的端口地址
      MOV   AL,BL        ;低 4 位数→AL
```

```
OUT  DX,AL        ;写入低4位
INC  DX           ;修改DAC1210的端口地址
OUT  DX,AL        ;12位数据同时进入DAC寄存器,启动D/A转换
HLT
```

11.3 A/D转换器接口基本原理与方法

A/D转换器是将模拟电压或电流转换成数字量的器件和设备,它是模拟系统和数字设备或计算机之间的接口,它的实现方法有多种。用于和微型计算机系统接口的A/D转换基本方法有:计数式(又称二进制斜坡法)、逐次逼近法、双积分法、电压到频率转换法、并行比较法等。其中逐次逼近法和双积分法目前应用较多,许多A/D转换器根据此原理制成。

11.3.1 模/数转换的方法和原理

1. A/D转换的原理

A/D转换的输入是连续变化的模拟信号,输出则是离散的二进制数字信号。从输入到输出完成上述转换,一般要经过采样、保持、量化和编码四个步骤。

(1)采样和保持

把随时间连续变化的模拟信号变化成对应的离散的数字信号,首先按一定的时间间隔取出模拟信号的值,这一过程叫采样。

为了保证采样后的信号能恢复原来的模拟信号,理论上和实践上证明,要求采样的频率f_S必须高于一定的数值,它与被采样的模拟信号的最高频率f_{Imax}应满足下面关系:

$$f_S \geqslant 2f_{Imax}$$

也就是说,采样频率f_S必须高于输入模拟信号最高频率f_{Imax}的两倍,这一关系称为采样定理。

由于模-数转换需要一定的时间,在这段时间内模拟信号应保持不变,因此要求采样后模拟信号值必须保持一段时间,我们把这一过程称为保持。图11.14是表示模拟信号、采样信号及采样后保持信号波形图。其V_i为模拟信号;V_S为采样信号,频率为$f_s=\dfrac{1}{T_s}$;V_O为采样保持后的输出波形,每个采样值保持的时间只要f_S高于V_i最高频率的两倍,则从输出信号V_O中可以恢复出输入信号V_i。

(2)量化和编码

经过采样和保持得到的信号波形(见图11.14中的V_L),在数值大小上是随机的。它可以是输入模拟信号的最大值和最小值之间的任意数值,但是,数字信号的大小只能是某个规定的最小数量的单位整数倍,因此必须把采样、保持后的输出电压V_O转化成最小单位的整数倍,我们通常把这种取整过程称为量化。也就是说:量化就是把输入模拟信号的变化范围划分成若干层,每一层都由一个数字来代表,采样值落到哪一层,就由哪一层的数字来代表。这样,所有的采样值经过“量化”后,就化为了对应的数字量,成为了整数值。

其中所取的最小单位称为量化单位,一般用Δ表示;当量化单位ΔR取得愈小时,误差越小。

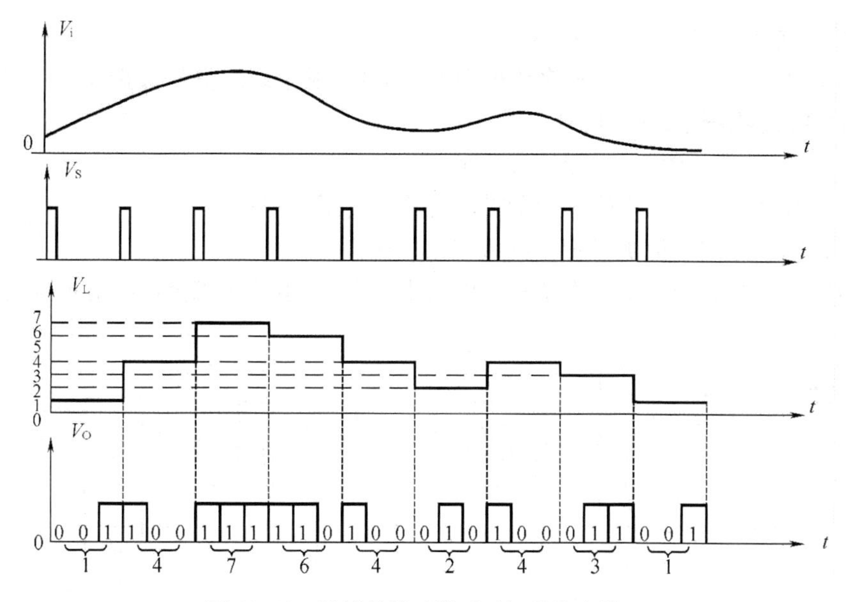

图 11.14　模拟量的采样、保持、量化和编码

数字电路处理的信号都是二进制数字信号,因此量化后的信号还需要用二进制代码信号表示出来,这一过程则称为编码。图 11.14 是将采样、保持后的信号,经过量化和编码的波形图,其中 V_L 为采样、保持后的输出波形;同时 V_L 为量化后的波形图;V_0 为编码后的波形图,注意编码波形只有高、低两个电平,高电平表示 1,低电平表示 0。

11.3.2　A/D 转换器的主要技术指标

1. 分辨率

A/D 转换器的分辨率一般用输出二进制数字量的位数表示,输出数字量为 n 位的 A/D 转换器,能区分输入模拟电压的 2^n 个不同等级。若最大输入模拟电压为 FSR(Full Scale Range),则每个等级相差$\frac{1}{2^n}$FSR。例如输入模拟信号最大值为 5 V,在 10 位 A/D 转换器中,应能区分输入电压的差异值为$\frac{5}{2^{10}}$ V = 4.88 mV。

2. 转换误差

它表示 A/D 转换器实际输出的数字量和理想数字量之间的差别。实际使用的转换误差多用相对误差表示。常用最低有效位表达。例如 A/D 转换器的相对误差$\leqslant\frac{1}{2}$LSB,表示实际输出的数字量和理论上应得到的输出数字量之间的误差小于最低位 1 的一半。

3. 转换速度

它表示一次 A/D 转换所需时间的长短。转换时间越长,转换速度越慢。它主要和转换电路的类型有关。多数逐次渐近 A/D 转换器的转换时间在 10 ~ 50 μs 之间;而双积分型 A/D转换器的转换时间在数十毫秒至数百毫秒之间。

4. A/D 转换器基本结构

A/D 转换芯片是由集成在单一芯片上的模拟多路开关、采样/保持器、A/D 转换电路及数字输出接口构成。如图 11.15 所示。

(1)模拟多路开关。用于切换多路模拟输入信号,根据地址信号选择某一个通道,使芯片能够分时转换多路模拟输入信号。

(2)采样/保持器。缩短采样时间,减小误差。

(3)精密基准电压源。产生芯片所需要的基准电压。

(4)A/D 转换电路。完成模拟量到数字量的转换。

(5)数字接口和控制逻辑。将微机总线与芯片相连,接收控制命令、地址信息,输出转换结果。

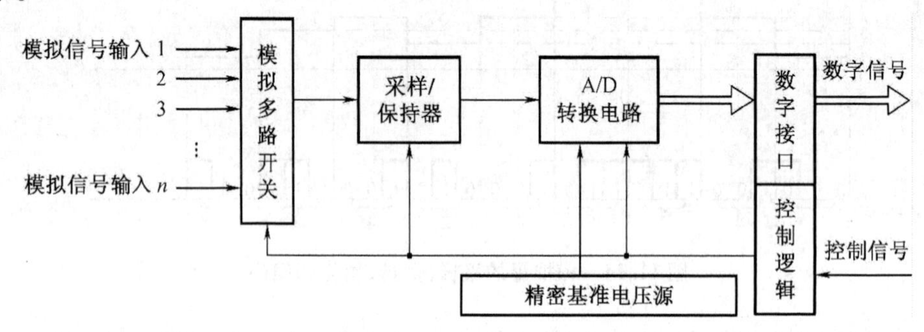

图 11.15 A/D 转换器内部结构

为了适应不同的自动测控系统和信息处理系统对分辨率、精度、速度、价格等提出的各种要求,很多厂家设计生产出多种类型、多种功能的 A/D 转换芯片。

11.3.3 A/D 转换器和系统连接时要考虑的问题

随着集成电路的发展,现在已经有各种集成电路的 A/D 转换芯片,它们内部包含了 D/A转换器、比较器、逐次逼近寄存器、控制电路和数据输出缓冲器。各种型号的 A/D 转换芯片的外引脚都是类似的。一般 A/D 转换芯片的引脚涉及这样几种信号:模拟输入信号、数据输出信号、启动转换信号和转换结束信号。A/D 芯片和系统连接时,就要考虑这些信号的连接问题。下面,我们逐一对这些问题进行讨论。

1. 输入模拟电压的连接

A/D 转换芯片的输入模拟电压既可以是单端的,也可以是差动的。属这种类型的 A/D 芯片常用 $V_{IN(-)}$、$V_{IN(+)}$ 或 $IN_{(-)}$、$IN_{(+)}$ 一类标号注出输入端。如果用单端输入的正向信号,则把 $V_{IN(-)}$ 接地,信号加到 $V_{IN(+)}$ 端;如果用单端输入的负向信号,则把 $V_{IN(+)}$ 接地,信号加到 $V_{IN(-)}$ 端;如果用差动输入,则模拟信号加在 $V_{IN(-)}$ 端和 $V_{IN(+)}$ 端之间。

2. 数据输出线和系统总线的连接

A/D 转换器芯片一般有两种输出方式。有些芯片输出具有可控三态输出门,其数据输出线可直接和系统相连,由读信号控制此三态门,将数据从 A/D 转换器读出。另一些 A/D 芯片内部虽有三态输出门,但不受外部信号的控制,或者根本没有三态输出门,它们的数据输出线不可直接和系统总线相连,而必须通过 I/O 端口或附加的三态门和系统总线相连。

3. 启动信号的供给

A/D 转换器的转换开始启动信号一般有两种形式:电平启动信号和脉冲启动信号。对于用电平启动信号的芯片,整个转换过程中必须保证电平启动信号有效。对于用脉冲启动信号的芯片,如 ADC0809,可用系统控制器执行指令时发出的片选信号和写信号即可在芯片内产生启动信号,从而开始转换。

4. 转换结束信号和转换数据的读取

A/D 转换器在转换结束时,都会输出转换结束信号 EOC,通知系统读取数据。系统可以采用程序查询方式、中断方式、固定的延时程序方式来读取 A/D 转换器中的数据。一般由程序设计人员,根据 A/D 转换的速度,系统任务的多少等进行转换数据的读取的选择。

11.4　A/D 转换器的接口与应用

11.4.1　A/D 转换器概述

A/D 转换器用于实现模拟量与数字量的转换,按转换原理可分为四种,即:计数式 A/D 转换器、双积分式 A/D 转换器、逐次逼近式 A/D 转换器和并行式 A/D 转换器。

目前最常见的是双积分式和逐次逼近式。双积分式 A/D 转换器的主要特点是转换精度高,抗干扰性能好,价格便宜,但转换速度较慢。因此这种转换器主要用于速度要求不高的场合。

A/D 转换器的主要参数:

1. 分辨率

分辨率是指 A/D 转换器能够转换成二进制数的位数。例如:1 个 10 位 A/D 转换器,去转换一个满量程为 5 V 的电压,则它能分辨的最小电压为 5 000 mV/1 024 = 5 mV。这表明,若模拟输入值的变化小于 5 mV 的电压,则 A/D 转换器无反应,输出保持不变。同样 5 V 电压,若采用 12 位 A/D 转换器,则它能分辨的最小电压为 5 000 mV/4 096 = 1 mV。可见 A/D 转换器的数字量输出位数越多,其分辨率就越高。

2. 精度

精度是指 A/D 转换器输出数字量所对应的实际输入电压值与理论上产生该数字量应有的输入电压之差。精度分为绝对精度和相对精度。

3. 转换时间

转换时间是指完成一次 A/D 转换所需的时间,即从启动 A/D 转换器开始工作到转换结束所经历的时间间隔。转换时间的倒数称为转换速率。例如 ADC0809 的转换时间为 100 μs,则转换速率为每秒 1 万次。其他参数与 D/A 转换器类似。

11.4.2　A/D 转换器与微处理器的接口方法

1. A/D 转换器与 CPU 的连接

A/D 转换器与 CPU 连接时,有几个值得特别注意的问题:

(1) A/D 转换器的分辨率

ADC 的分辨率位数与 CPU 的数据总线的位数是否一致?若不一致,并且是分辨率高于数据总线的宽度,则 CPU 读数据时,需要两次读取,而且读取的数据在存储区存放的格式,有左对齐与右对齐之分。所谓"左对齐"是指一个数据的最高位放在最左边,缺位在右边,并以 0 补齐。而"右对齐"是一个数据的最低位放在最右边,缺位在左边,并以 0 补齐。

(2)A/D 转换器的输出锁存器

在 ADC 芯片内有无三态数据输出锁存器?若有,则 ADC 的数据线可直接挂在 CPU 的数据总线上;若无,则须在 ADC 的输出数据线与 CPU 的数据总线之间,外加三态锁存器,才能连接。

(3)A/D 转换器的启动信号

ADC 的转换启动,有电平启动和脉冲启动之分,如 AD570 是低电平启动,AD574 为脉冲启动。对于采用电平启动的 ADC,其启动电平要在整个转换过程中维持不变,直到转换结束为止。如果转换结束之前撤销启动信号,就会中止转换过程,而得不到正确的转换结果。对于脉冲方式启动的 ADC,只要转换开始之后,即可撤除启动信号,一般采用$\overline{IOW}$或$\overline{IOR}$的脉宽就可以了。但有的 ADC 芯片(如 ADC574)对启动和其他控制信号的脉宽有一定要求。特别是当计算机时钟频率较高时,正面和正面信号的脉宽可能满足不了要求,应附加某些逻辑电路延长控制信号的脉宽。

2. A/D 转换器接口的主要操作

A/D 转换器接口,一般要完成以下几个操作:

(1)进行通道选择。对有多个模拟量输入通道的系统,要分别选用各模拟量输入端,以引入模拟量。对单通道模拟量输入,则不需通道寻址。通常,模拟量通道的编号是以代码的形式从数据线上发出的,当然,也可以从地址线上发出。

(2)发转换启动信号。因为 A/D 转换器的转换何时开始,是由外部来控制的,所以A/D 接口的首要任务是向 A/D 转换器发"转换启动"控制信号,使 ADC 开始转换。

(3)取回"转换结束"状态信号。当转换完毕,ADC 产生转换结束信号,这个状态信号可作查询的依据,或利用它来申请"中断请求"或"DMA 请求"。

(4)读取转换的数据。当得到"转换结束"信号后,在 CPU 控制下,用查询或中断方式将数据读入内存,或在 DMA 控制下,直接输入内存。

(5)发采样/保持控制信号。进行高速信号的 A/D 转换时,一般还需要设置采样/保持器,故接口要对采样/保持器发控制信号,以进行采样与保持操作。

3. A/D 转换器数据的传送

采集的数据用什么方式传送到内存,这是数据采集系统设计中的一个重要内容,因为数据传送的速度是关系到数据采集速率的重要因素。为了提高数据采集速率,一是采用高速 A/D 芯片,使 T 尽量小;二是减少数据传送过程中所花的时间,特别是高速或超高速数据采集系统,T 的减少显得尤为重要。

A/D 转换器与内存之间交换数据,根据不同的要求,可采用查询、中断、DMA 方式以及在板 RAM 技术。不同的方式体现了数据传送的方法不同,也使 A/D 转换器接口电路的组成不同,编程的方法也不同。

对于查询方式,只需一个程序,程序中包括选择通道、发转换启动信号、查转换结束信号。若转换结束,就开始读数据,最后是把数据存入内存。若采集的数据未完,就再次发转换启动信号,循环下去,直到采集完所要求的次数为止。

对于中断方式,需要两个程序,一个主程序和一个服务程序。在主程序中,选择通道,发转换启动信号,开中断,然后 CPU 就可以干别的事或等待中断请求。当 ADC 转换完毕,让其转换结束信号去申请中断,若 CPU 响应中断,就进入中断服务程序,在服务程序中,读取数据,并存入内存,然后返回主程序。主程序除了执行上述数据采集的操作之外,还要处理一些中断事务,如中断开始前的准备:修改中断向量、开放中断请求。程序结束之前恢复中断向量,屏蔽中断请求等操作。

对于 DMA 方式,其数据采集的操作与查询和中断方式基本相同,只是对所采集的数据如何传送到内存的方法有所不同。在 DMA 方式下,数据从 A/D 转换器接口直接送到存储区,而不经过 CPU 的累加器中转,大大减少了数据传送的时间,使传输速率大大提高。但是,还需要做一些 DMA 传送开始之前的准备,如选定传送通道及工作模式、开放 DMA 请求以及设定传送总字节数和存储器地址。传送完毕,也要做一些清理工作,如屏蔽 DMA 请求、撤销 DMA 回答、释放总线,并交回给 CPU。

对于超高速数据采集系统,A/D 转换器速度非常快,采用 DMA 方式传送也跟不上转换的速度,故在 A/D 转换器板上设置 RAM,把采集的数据先就近存放在 RAM 中,然后,再从板上的 RAM 取出数据送到内存。这也是数据采集系统中为解决转换速度快,而传输速度跟不上的一种方法。

4. A/D 转换器接口电路的结构形式

任何型号的 A/D 芯片与任何型号的 CPU 都可连接,但其接口形式随所使用的 A/D 转换器的型号,以及对 A/D 转换速度、分辨率的要求不同而有所差异。从接口电路的结构形式来看,A/D 转换器与 CPU 的接口方式有如下 3 种:

(1)采用中小规模逻辑电路

这种接口电路在与 CPU 的时序配合上,调试时可能有些麻烦,适应于控制信号较少的简单接口设计。

(2)采用通用的可编程并行接口芯片

例如采用 8255A 作 ADC 的接口,这种接口电路设计方便,尤其在与 CPU 连接时的信号线及其时序配合中不需做什么工作。加上是可编程,使用灵活。不过,在接口电路中,需要设置 I/O 端口地址译码电路。

(3)采用 GAL(Generic Array Logic)器件

采用 GAL 器件,可以实现 A/D 转换器接口电路中的全部功能,包括提供控制信号、接收状态信号和进行 I/O 端口地址译码。这种接口电路不仅可实现复杂的控制逻辑,可靠性高,而且可以加密,这是通用并行接口芯片无法做到的。使用 GAL 器件,需要专用编程工具。

以上是 A/D 转换器与 CPU 接口的基本原理和方法,下面讨论 A/D 转换器接口电路设计,这些具体例子是不同分辨率、不同启动信号、不同数据传送方式和不同接口电路结构形式,以及片内有无三态输出锁存器的 A/D 转换器接口电路。要说明一点,这些 A/D 转换器并不是只适合于例中的某种传送方式或电路结构形式,它们还可以有其他的传送方式和电路结构形式。

11.4.3　ADC0809 内部结构及其应用

ADC0809 是 CMOS 型的 8 位逐次逼近式单片 A/D 转换器。

1. 主要特性

分辨率为 8 位;转换时间 100 ms;单一 +5 V 供电,模拟电压输入在 0 ~ +5 V 之间;有 8 路模拟输入通道;功耗为 15 mW。

数据有三态输出能力,易于与微处理器相连,也可独立使用。

2. 内部结构及引脚信号

ADC0809 是 28 引脚双列直插式芯片,内部结构和引脚信号如图 11.16 所示。

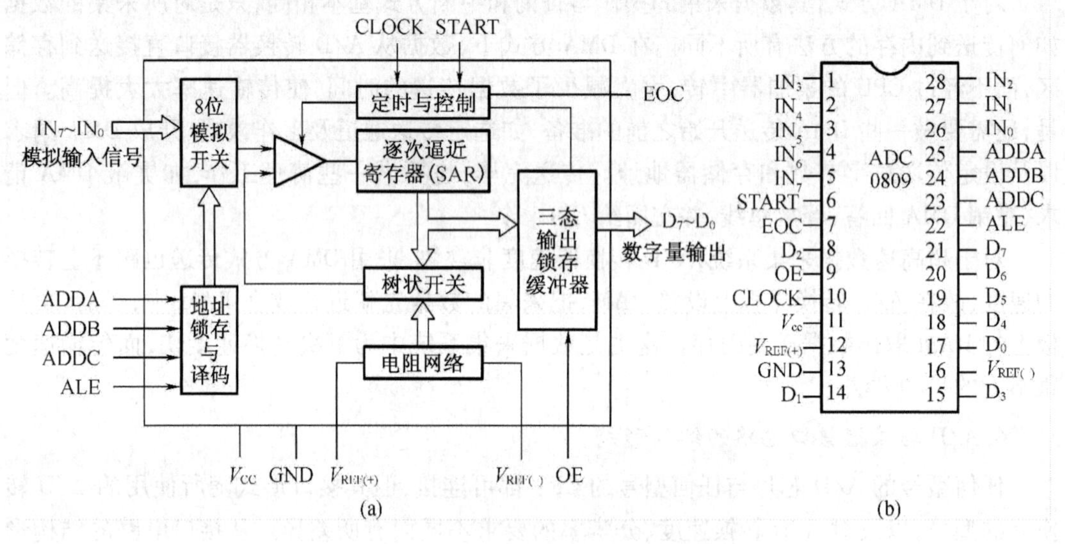

图 11.16 ADC0809 的内部结构和引脚信号

(a) ADC0809 的内部结构;(b) ADC0809 的引脚信号

ADC0809 内部由 8 位模拟通道选择开关、地址锁存与译码单元、定时与控制单元、逐次逼近寄存器、树状开关、电阻网络和输出锁存缓冲器组成。

8 位模拟通道选择开关通过 3 位地址输入 ADDC, ADDB, ADDA 的不同组合来选择模拟输入通道。树状开关和电阻网络的作用是实现单调性的 D/A 转换。定时与控制单元的 START 信号控制 A/D 转换开始,转换后的数字信号在内部锁存,通过三态缓冲器输出。

$IN_7 \sim IN_0$(Input Channel):8 路模拟电压输入引脚。

$D_7 \sim D_0$(Digital Output):8 位数字量输出引脚。

ADDC, ADDB, ADDA(Address):地址输入引脚,地址与输入通道的关系见表 11.2。

START(Start Control Signal):启动 A/D 转换的控制信号,输入,高电平有效。

表 11.2 ADC0809 地址与输入通道的关系

输入通道	地址		
	ADDC	ADDB	ADDA
IN_0	0	0	0
IN_1	0	0	1
IN_2	0	1	0
IN_3	0	1	1

表 11.2(续)

输入通道	地址		
	ADDC	ADDB	ADDA
IN_4	1	0	0
IN_5	1	0	1
IN_6	1	1	0
IN_7	1	1	1

ALE(Address Latch Enable):地址锁存允许控制信号,输入,高电平有效。ALE 有效时,ADDC, ADDB, ADDA 才能控制选择 8 路模拟输入中的某一通道。START 和 ALE 两个引脚可以连接在一起,当通过软件输入一个正脉冲时,便立即启动 A/D 转换。

EOC(End Of Conversion):转换结束状态信号,输出,高电平有效。

OE(Output Enable):数据输出允许信号,高电平有效。只有 OE 信号有效时,才能打开输出三态缓冲器,用于指示转换已经完成,在查询方式下,OE 信号可以作为 A/D 转换结束的状态信号。

CLOCK(Clock):时钟信号,要求频率在 10kHz ~ 1MHz 范围内,典型值为 640 kHz,可由微处理器时钟分频后得到。

V_{CC}: +5V 电源。

GND:接地端。

$V_{REF(+)}$(Noninverting Reference Voltage Input):参考电压输入引脚,通常与 V_{CC}相连。

$V_{REF(-)}$(Inverting Reference Voltage Input):参考电压接地端,通常与 GND 相连。

ADC0809 的工作时序如图 11.17 所示。

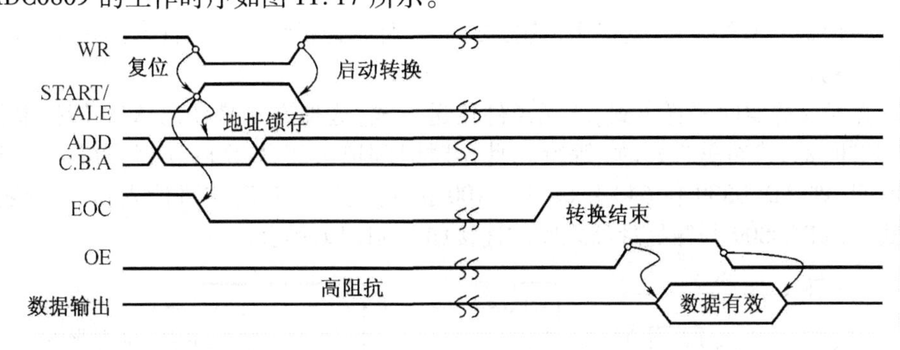

图 11.17　ADC0809 的工作时序

3. 转换结束信号 EOC 的处理

当 A/D 转换结束后,ADC0809 将输出一个转换结束信号 EOC,通知 CPU 读取转换结果。主机查询判断 A/D 转换是否结束的方式有四种。CPU 对转换结束信号 EOC 的处理方式不同,对应的硬件电路和程序设计方法也就不同。

查询方式:把转换结束信号 EOC 作为状态信号经三态缓冲器送到 CPU 的数据总线的某一位上。CPU 启动 ADC0809 开始转换后,就不断地查询这个状态位,当 EOC 有效时,便读取转换结果。这种方式程序设计比较简单,实时性也较强,是比较常用的一种方法。

中断方式:把转换结束信号 EOC 作为中断请求信号接到 CPU 的中断请求线上。ADC0809 转换结束,向 CPU 申请中断。CPU 响应中断请求后,在中断服务程序中读取转换结果。这种方式 ADC0809 与 CPU 并行工作,适用于实时性较强和参数较多的数据采集系统。

延时方式:在这种方式下,不使用转换结束信号 EOC。CPU 启动 A/D 转换后,延时一段时间(略大于 A/D 转换时间),此时转换已经结束,可以读取转换结果。这种方式,通常采用软件延时的方法(也可以采用硬件延时电路),无须硬件连线,但要占用主机大量时间,多用于主机处理任务较少的系统中。

DMA 方式:把转换结束信号 EOC 作为 DMA 请求信号。A/D 转换结束,即可启动 DMA 传送,通过 DMA 控制器直接将数据送入内存缓冲区。这种方式特别适合要求高速采集大量数据的系统。

4. ADC0809 的模拟量输入是单极性的

范围为 0 ~ +5V,若实际模拟输入信号是双极性的,比如为 -5V ~ +5V,则需要设计极性转换电路,图 11.18 所示为常用的极性转换电路。若信号源的内阻小,可采用图 11.18(a)电路;若信号源的内阻大,可采用图 11.8(b)电路。

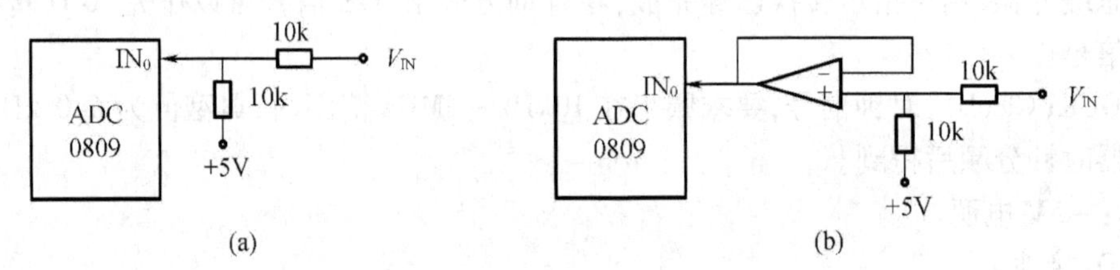

图 11.18 ADC0809 常用的极性转换输入电路

5. ADC0809 与 CPU 的连接及其应用举例

A/D 转换器与 CPU 的数据传送控制方式通常有 3 种:等待方式、查询方式和中断方式。

(1)等待方式

等待方式又称定时采样方式,或无条件传送方式,这种方式是在向 A/D 转换器发出启动指令(脉冲)后,进行软件延时(等待),此延时时间取决于 A/D 转换器完成 A/D 转换所需要的时间(如 ADC0809 在 640 kHz 时为 100 μs),经过延时后才可读入 A/D 转换数据。等待方式下,ADC0809 与微处理器之间的连接如图 11.19 所示。

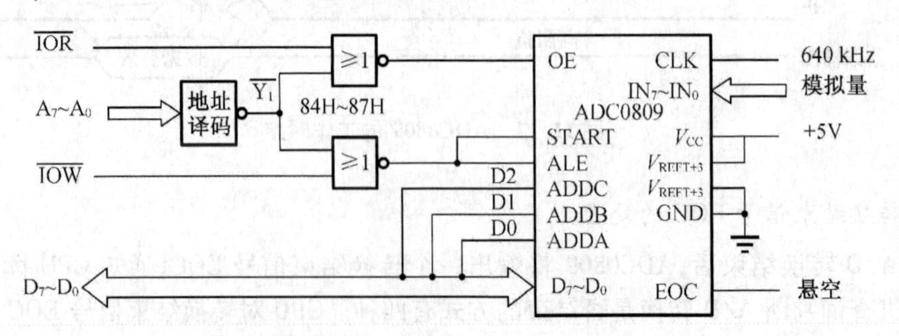

图 11.19 ADC0809 与微处理器之间等待方式的连接

图 11.19 中译码器的输出作为 ADC 0809 的转换启动地址 START(同时通道地址锁存信号 ALE 有效)和数字量数据输出地址 OE,转换结束信号 EOC 未用,若采集通道 IN_0 的数

据,可设计如下程序:

```
MOV   AL,00H        ;设置通道号 0
OUT   84H,AL        ;启动 0 通道进行 A/D 转换
CALL  DELAY100      ;延时 100μS,等待 A/D 转换结束
IN    AL,84H        ;转换结束,读入 A/D 转换结果
```

(2)查询方式

所谓程序查询方式,就是先选通模拟量输入通道,发出启动 A/D 转换的信号,然后用程序查看 EOC 状态,若 EOC =1,则表示 A/D 转换已结束,可以读入数据;若 EOC =0,则说明 A/D 转换器正在转换过程中,应继续查询,直到 EOC =1 为止。

ADC0809 与微处理器之间的查询方式连接如图 11.20 所示。利用该接口电路,采用查询方式,对现场 8 路模拟量输入信号循环采集一次,其数据存入数据缓冲区中。

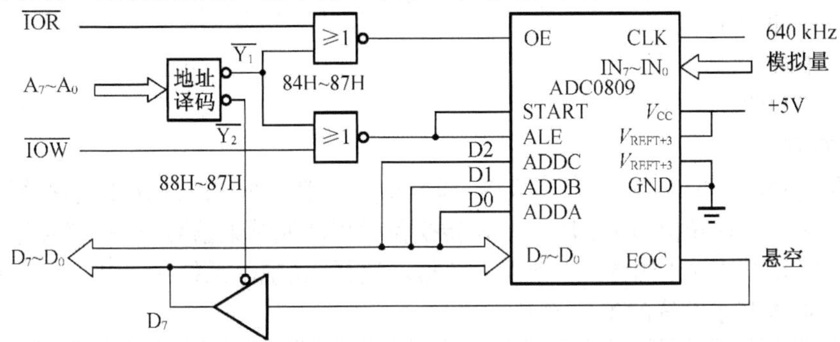

图 11.20　ADC0809 与微处理器之间的查询方式连接

程序设计如下:

```
DATA   SEGMENT
COUNT   DB   00H                      ;采样次数
        NUMBER   DB   00H             ;通道号
        ADCBUF   DB   8   DUP   (?)   ;采样数据缓冲区
DATA   ENDS
        ADCC   EQU   84H              ;A/D 控制口地址
        ADCS   EQU   88H              ;A/D 状态口地址
CODE   SEGMENT
ASSUME   CS:CODE,DS:DATA
START:MOV   AX,DATA
       MOV   DS,AX
       MOV   BX,OFFSET ADCBUF         ;设置 A/D 缓冲区
       MOV   CL,COUNT                 ;设置采样次数
       MOV   DL,NUMBER                ;设置通道号
    X3:MOV   AL,DL
        OUT   ADDC,AL                 ;启动 ADC0809 相应通道
    X1:IN   AL,ADCS                   ;读取状态口
        TEST   AL,80H                 ;析取 EOC
        JNZ   X1                      ;EOC≠0,ADC0809 未开始转换,等待
```

```
X2:IN   AL,ADCS
   TEST   AL,80H
   JZ   X2                  ;EOC≠1,ADC0809 未转换完成,等待
   IN   AL,ADCC             ;读数据
   MOV   [BX],AL
   INC   BX                 ;指向下一个数据缓冲单元
   INC   DL                 ;指向下一个通道
   INC   CL                 ;采样次数加 1
   CMP   CL,08H
   JNZ   X3
   MOV   AH,4CH
   INT   21H
CODE   ENDS
END    START
```

(3)中断方式

在这种方式中,CPU 启动 A/D 转换后,即可转而处理其他事情,比如继续执行主程序的其他任务。一旦 A/D 转换结束,则由 A/D 转换器发出转换结束信号,这一信号作为中断请求信号发给 CPU,CPU 响应中断后,便读入数据。这样,在整个系统中,CPU 与 A/D 转换器是并行工作的,提高了系统的工作效率。

11.4.4 12 位的 A/D 转换器 AD574A

1. AD574 的主要特性

12 位分辨率;转换时间:25μs(12 位),16μs(8 位);单通道模拟电压输入;无漏码;采用逐次逼近式原理。

电压输入:单极性为 0 ~ 10 V,0 ~ 20 V,双极性为 ±5 V, ±10 V;

供电电源:V_{LOGIC}逻辑电平:+4.5 V~ +5.5 V(+5 V);

V_{CC}:+13.5 V ~ +16.5 V(+12 V, +15 V);

V_{EE}供电电源:-13.5 V ~ -16.5 V(-12 V, -15 V);

参考电压不需外部提供,芯片内部具有稳定为 10.00 V ±0.1 V(max)的参考电压。

片内具有输出三态缓冲器,可与通用的 8 位或 16 位微处理器直接接口。

低功耗:390 mW。

存放温度:-65 ~ +150 ℃。

2. AD574 内部结构

AD574 的内部结构如图 11.21 所示。由图 11.21 可知,AD574 由两部分组成,一部分是模拟芯片,另一部分是数字芯片。其中模拟芯片是由高性能的 AD565 D/A(12 位)转换器和参考电压组成数字芯片,由控制逻辑电路、逐次逼近型寄存器和三态输出缓冲器组成。其采用逐次逼近式原理工作。

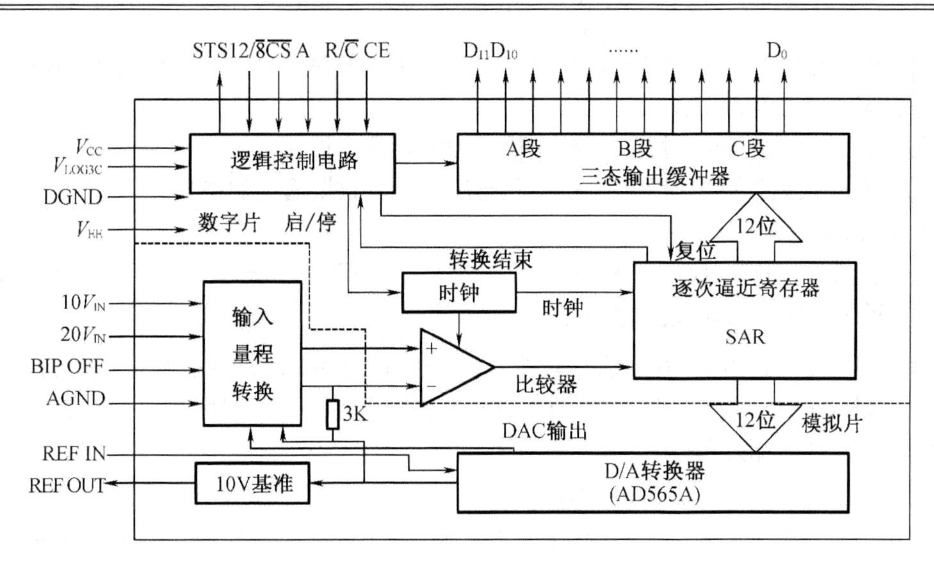

图 11.21　AD574A 的内部结构

3. AD574 引脚功能

AD574 各引脚功能如下：

(1)工作电源及“地”

V_{CC}：正工作电源，+12 V/+15 V；V_{EE}：负工作电源，-12 V/-15 V。

AGND：模拟地；DGND：数字地。

(2)逻辑电平端 V_{LOGIC}

为 +5 V 电源。这个电源使 AD574 虽然使用的工作电源为 ±12 V 或 ±15 V，但数字量输出及一些控制信号的逻辑电平仍可直接与 TTL 兼容。需要注意的是，此 +5 V 电源的“地”要和数字量的“地”DGND 连在一起。

(3)参考电压输出端 REF OUT 和参考电压输入端 REF IN

AD574 具有内部参考电压，内部参考电压为 10.00 ±1% V。

(4)模拟量输入端 $10V_{IN}$、$20V_{IN}$和极性选择端 BIP OFF

当模拟量输入为单极性 0～10 V 或双极性 -5～+5 V 时，使用 $10V_{IN}$端；当模拟量输入为单极性 0～20 V 或双极性 -10～+10 V 时，使用 $20V_{IN}$端。

如果模拟量输入为单极性，则极性选择端 BIP OFF 接 AGND(模拟量的“地”)即可，若为双极性，则 BIP OFF 需接 +5～+10 V 电压。

(5)数字量输出端 D_{11}～D_0

在 AD574 内部结构中，三态输出缓冲器分为三段：A 段为高 4 位(D_{11}～D_8)，B 段为中 4 位(D_7～D_4)，C 段为低 4 位(D_3～D_0)。

(6)控制信号端 CE，$\overline{CS}$，R/$\overline{C}$

CE 为芯片使能端，高电平有效。$\overline{CS}$为片选端，低电平有效。只有当 CE =1 且$\overline{CS}$ =0 时，AD574 才能工作。R/$\overline{C}$是读出/转换信号。当 CE 和$\overline{CS}$同时有效时，R/$\overline{C}$ =0，为 AD574 转换操作，即控制 AD574 开始转换，而 R/$\overline{C}$ =1 为读出操作，控制 AD574 送出转送结果。

(7)寄存器控制端 12$\sqrt{8}$，A_0

为数据输出格式选择信号。当 12$\sqrt{8}$ =1 时，若 R/$\overline{C}$ =1(即进行读出操作)，则 AD574 一次

送出 12 位的数据转换结果；当 $R/\overline{C}=0$ 时，$R/\overline{C}=1$，则 AD574 一次送出 8 位数据转换结果。

A_0 引脚的状态有两个作用：

其一，在转换操作开始时，A_0 的状态用于控制转换字长；

其二，在转换数据读出操作中，A_0 的状态决定 8 位数据输出的格式。

(8)状态输出端 STS

STS 用于表示 AD574 现行工作状态。STS =1 表示 AD574 正在转换，STS =0 表示转换完成。

综上所述，AD574 的启动过程是：

当$\overline{CS}=0$，CE =1，$R/\overline{C}=0$ 时启动转换。$A_0=0$ 时，启动 12 位转换；$A_0=1$ 时启动 8 位转换。在转换期间 STS 为高电平，转换结束后 STS 为低电平。启动时序如图 11.22 所示。

读 AD574 的数据过程是：

当$\overline{CS}=0$，CE =1，$R/\overline{C}=1$ 时读取数据。当 $12\sqrt{8}=1$ 时，一次读出 12 位数据；当 $12\sqrt{8}=0$ 时，12 位数据分两次读出：$A_0=0$ 时读取高 8 位有效位；$A_0=1$ 时，读取低 4 位有效位。

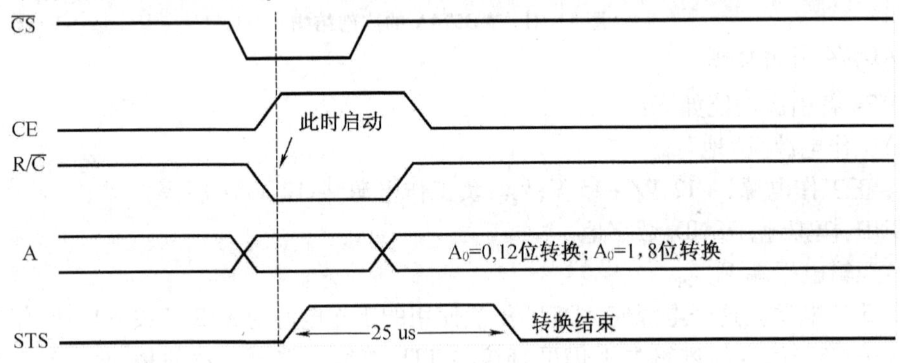

图 11.22 AD574 的启动时序

4. AD574 工作方式

AD574 有两种工作方式：单极性模拟输入和双极性模拟输入，其电路结构分别如图 11.23和图 11.24 所示。表 11.3 表示了 12 位 A/D 输入模拟量与输出数字量的对应关系。

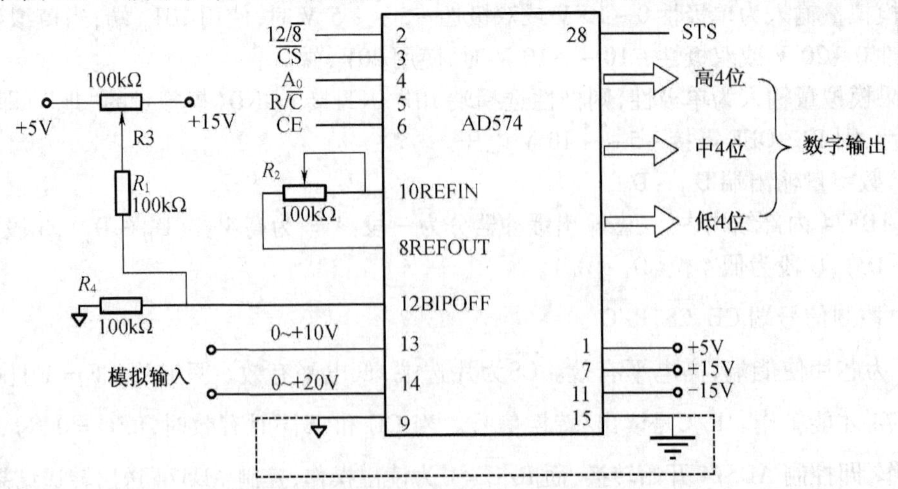

图 11.23 AD574 单极性模拟输入接线图

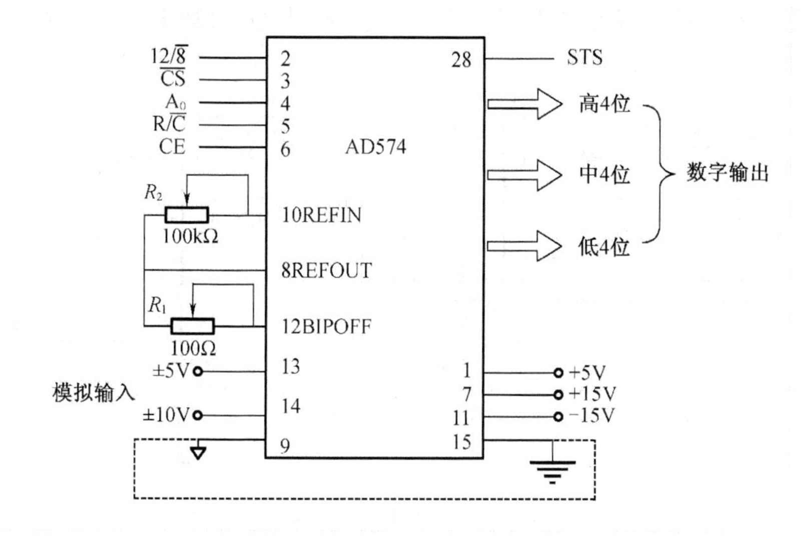

图 11.24　AD574 双极性模拟输入接线图

表 11.3　12 位 A/D 输入模拟量与输出数字量的对应关系

输入方式	量程	输入量	输出数字量
单极性	0 ~ 10 V	0 V	000H
		5 V	7FFH
		10 V	FFFH
	0 ~ 20 V	0 V	000H
		10 V	7FFH
		20 V	FFFH
双极性	-5 ~ +5 V	-5 V	000H
		0 V	7FFH
		+5 V	FFFH
	-10 ~ +10 V	-10 V	000H
		0 V	7FFH
		+10 V	FFFH

（1）单极性模拟输入

对于单极性模拟输入，0 ~ 10 V 量程使用 $10V_{IN}$ 引脚，0 ~ 20 V 量程使用 $20V_{IN}$ 引脚。AD574 单极性输入电路接法如图 11.23 所示。

（2）双极性模拟输入

对于双极性模拟输入，-5 ~ +5 V 量程使用 $10V_{IN}$ 引脚，-10 ~ +10 V 量程使用 $20V_{IN}$。AD754 双极性输入电路接法如图 11.24 所示。

5. AD574 接口设计

图 11.25 是 AD574 与 8088CPU 的单极性接口框图，模拟量信号范围可为 10 V 或20 V。

8088CPU 通过常规的总线驱动得到三总线信号，通过 74LS138 译码器进行端口地址的寻址，各端口的地址如表 11.4 所示。

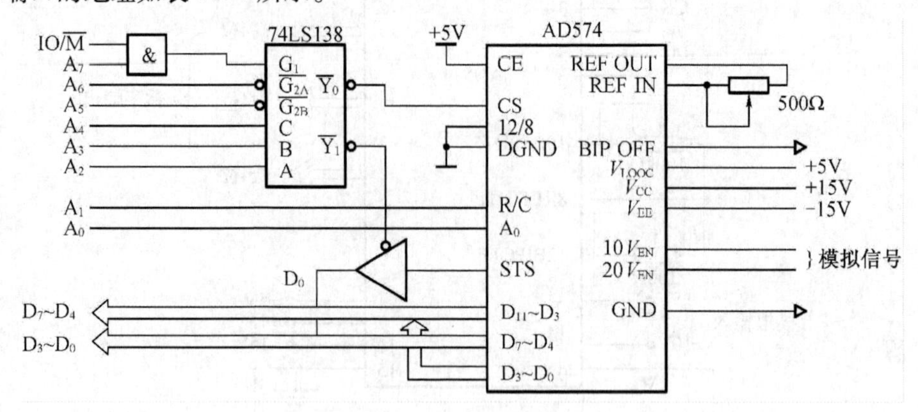

图 11.25 AD574 与 8088CPU 的单极性接口

表 11.4 端口地址表

A_7	A_6	A_5	A_4	A_3	A_2	A_1(R/C)	A_0(A_0)	功能说明	端口地址
1	0	0	0	0	0	0	0	启动 A/D12 位转换	80H
						0	1	启动 A/D8 位转换	81H
						1	0	读高 8 位转换结果	82H
						1	1	读低 4 位转换结果	83H
1	0	0	0	0	1	X	X	读状态	84H ~ 87H

其中，12/$\overline{8}$引脚接地，表示该芯片在数据输出时，每次输出 8 位数据。AD574 的 R/$\overline{C}$和 A_0 分别接到 8088CPU 的 A_1 和 A_0 上，从而用不同的端口地址来实现对 AD574 的启动转换和数据输出。AD574 的工作状态由 STS 引脚输出，可将 STS 经三态门电路（比如 74LS244）连至数据总线 D_0 上，于是可以用查询的方法判断 AD574 是否转换完成，可否读入数据。

综上所述，若要求对 AD574 进行 12 位 A/D 转换，连续采样 100 次，转换结果依次存入 2000H:1000H 开始的内存单元，可写出 AD574 在查询方式下的转换程序：

```
START:MOV  AX,2000H
      MOV  DS,AX
      MOV  DI,1000H
      MOV  CX,100
X1:   OUT  80H,AL
      NOP
X2:   IN   AL,84H
      TEST AL,01H
      JNZ  X2
      IN   AL,82H
      MOV  AH,AL
```

```
IN    AL,83H
MOV   [DI],AX
ADD   DI,2
LOOP  X1
HLT
```

目前生产 A/D 和 D/A 转换器的公司有很多,每个公司都有自己的产品系列,各具特色,有 8 位、10 位、12 位和 16 位的 A/D 和 D/A 转换器,可以满足用户的不同需要。同时,现在有许多型号的单片机(如 MCS8096/8098)和数字信号处理器 DSP(Digital Signal Processor)中都集成了 A/D 和 D/A 部件,用户不再需要外扩 A/D 和 D/A 转换器,使用更加方便。

习　题　11

1. A/D 和 D/A 转换器在微型计算机应用系统中起什么作用?

2. 某 8 位 D/A 转换器芯片,其输出为 0 ~ +5V。当 CPU 分别输出 90H,50H,20H 时,其对应的输出电压各为多少?

3. D/A 转换器有哪些技术指标? 什么因素影响这些指标?

4. 说明 DAC0832 芯片工作于双缓冲应用中 8 位输入寄存器和 8 位 DAC 寄存器的作用与工作过程。

5. 试说明 DAC1210 的基本组成,各组成部件的作用以及工作过程。

6. DAC1210 有哪几种工作方式? 各有什么特点?

7. 使用带两级数据缓冲器 D/A 转换器时,为什么有时要用三条指令才能完成 16 位或 12 位的数据转换?

8. A/D 转换器与 CPU 之间采用查询方式和采用中断方式下,接口电路有什么不同? 根据图 11.20,若 ADC0809 与微机接口采用中断方式,电路应如何连接? 编写程序实现。

9. 试说明 AD574 的基本组成,各组成部件的作用以及工作过程。

10. AD574 有哪几种工作方式? 各有什么特点?

参考文献

[1] 沈美明,温冬婵. IBM - PC 汇编语言程序设计[M]. 北京:清华大学出版社,1991.

[2] 龚尚福. 微机原理与接口技术[M]. 2 版. 西安:西安电子科技大学出版社,2008.

[3] 孙德文. 微型计算机及接口技术[M]. 北京:经济科学出版社,2007.

[4] 何桥. 计算机硬件技术基础[M]. 北京:电子工业出版社,2009.

[5] 杨素行,等. 微型计算机系统原理及应用[M]. 2 版. 北京:清华大学出版社,2004.

[6] 雷丽文,等. 微机原理与接口技术[M]. 北京:电子工业出版社,1997.

[7] 李继灿. 微型计算机系统与接口[M]. 北京:清华大学出版社,2005.

[8] 刘乐善. 微型计算机接口技术及应用[M]. 武昌:华中理工大学出版社,2000.

[9] 李兰友. 微机原理与接口技术[M]. 天津:南开大学出版社,2001.